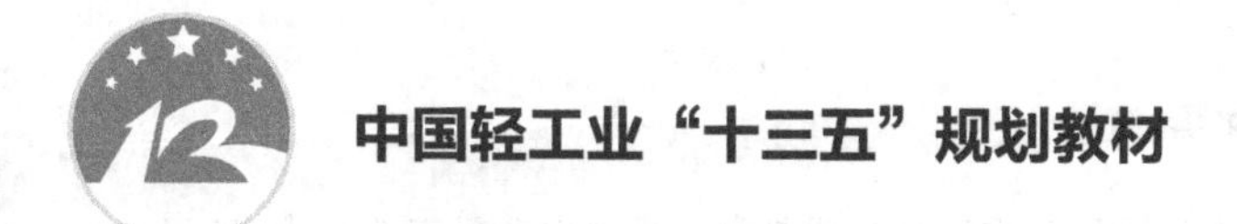

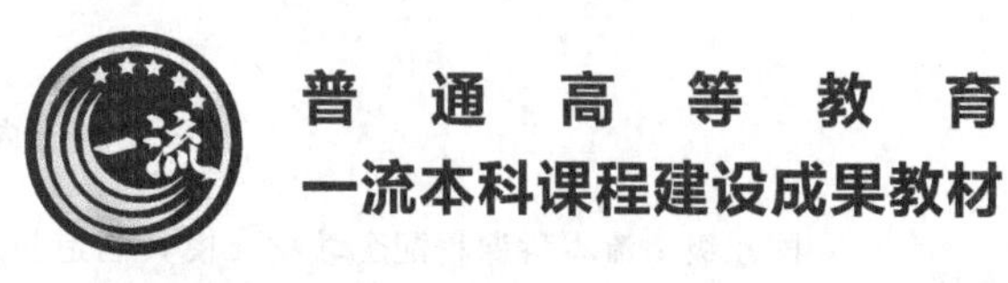

模具制造技术

田普建　主编

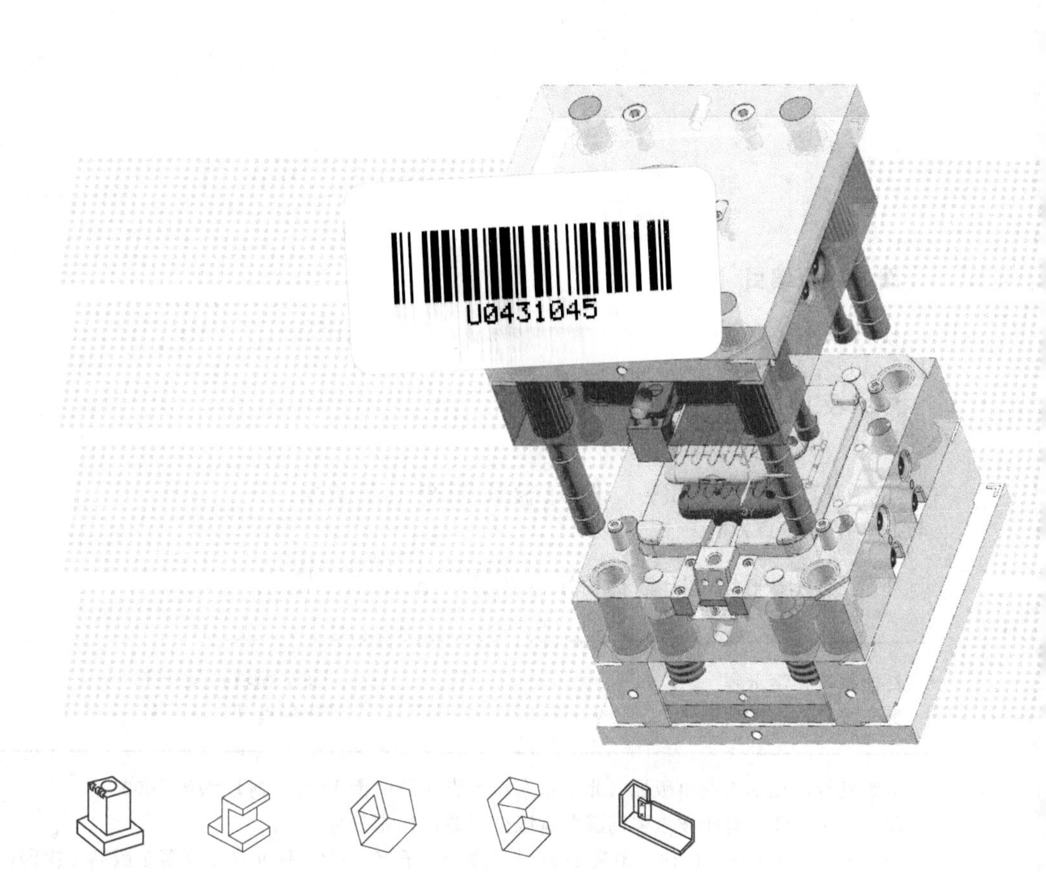

化学工业出版社

·北京·

内容简介

国家级一流本科课程配套教材《模具制造技术》适用于本科项目化教学，是“中国轻工业‘十三五’规划教材”。本书内容包括模具制造流程、模具零件及其加工方法的综述，模具零件加工工艺规程的制定，模具零件的常规机械加工、数控加工、电加工、其他加工技术，模具装配、安装与调试等知识阐述；以及模具零件加工方法与设备的选择，模具零件加工工艺规程的编制，模具零件常规机械加工的应用，模具零件的数控加工编程，模具零件的电加工，模具装配、安装与调试六个能力训练项目。

《模具制造技术》配套中国大学慕课 MOOC“模具制造工艺”（课程编号：0802SUST006），本书教学视频、数字模型、课件均可在该课程资料库中查询下载、观看。本书通过典型模具的制造串连相关的机械加工制造知识并对技术技能加以实践训练。每章的学习思维导图揭示了各章内容之间以及本书与先修、后续课程之间的联系，帮助读者建立模具制造的整体工程观念。

《模具制造技术》是理论实训一体化本科教材，体现一流本科专业建设和一流课程建设成果，适用于材料成型及控制工程专业核心课程“模具制造技术”线上、线下混合教学，也可供模具制造技术人员参考。

图书在版编目（CIP）数据

模具制造技术/田普建主编. —北京：化学工业出版社，2022.2（2023.9 重印）
中国轻工业“十三五”规划教材
ISBN 978-7-122-40396-4

Ⅰ.①模… Ⅱ.①田… Ⅲ.①模具-制造-高等学校-教材 Ⅳ.①TG76

中国版本图书馆 CIP 数据核字（2021）第 250154 号

责任编辑：李玉晖　　文字编辑：吴开亮
责任校对：李雨晴　　装帧设计：张　辉

出版发行：化学工业出版社（北京市东城区青年湖南街 13 号　邮政编码 100011）
印　　装：北京科印技术咨询服务有限公司数码印刷分部
787mm×1092mm　1/16　印张 18¼　字数 449 千字　2023 年 9 月北京第 1 版第 2 次印刷

购书咨询：010-64518888　　售后服务：010-64518899
网　　址：http://www.cip.com.cn
凡购买本书，如有缺损质量问题，本社销售中心负责调换。

定　　价：55.00 元

前 言

“模具制造技术”是材料成型及控制工程专业的专业核心课程，本书是为该课程开展教学编写的教材。本书为中国轻工业“十三五”规划教材，陕西科技大学材料成型及控制工程一流本科专业和国家级一流本科课程“模具制造技术”建设成果教材，中国大学 MOOC（慕课）课程配套教材。

“模具制造技术”课程的工程实践性较强，因此本书编写不但保证理论体系的完整性，更重要的是强调理论知识在工程中的应用，以缩小课堂所学和企业所用之间的差距。本书知识内容的编排以学生能力的培养为目的，从学生掌握知识和培养能力的自然规律入手，以案例的实施为载体，方便学生更好地理解“所学为何用”，以便更好地提升学生知识掌握程度和能力培养效果。

本书除纸质教材外，还配有模具零件生产现场加工视频及动画等电子素材。为了本书的编写，编者专门在企业拍摄了 2 套典型模具的加工视频，本书中的加工案例和课后能力类题目均以这 2 套模具的零件为主，这 2 套模具中包含的零件所对应的加工技术基本涵盖了目前行业应用到的模具加工技术，通过对 2 套模具中若干模具零件的具体加工方法的学习，就可以整体掌握模具加工技术。同时，以本书作为核心教材，编者已在中国大学 MOOC 建成“模具制造工艺”（课程编号： 0802SUST006）开放课程，本书配套的生产视频、数字模型等所有电子素材以及电子课件均存放于资源库中，读者可以随时进行观看、下载。

本书内容分为模具制造技术的基本认知，模具零件加工工艺规程的制定，模具零件的常规机械加工，模具零件的数控加工，模具零件的特种加工（电加工），模具零件的其他加工技术，模具装配、安装与调试，模具常用材料及热处理工艺和模具制造管理及非技术因素共 9 章。每章首先通过学习思维导图介绍本章的主要内容及其在整个课程中的地位，接着以案例实施为背景对模具零件加工技术进行讲解，最后通过知识类题目掌握本章所讲知识内容，通过能力类题目训练完成能力的培养，以实现学校教学和现代企业生产相融合、理论教学与实践教学有机融合、讲授和自学相融合。

本书具有以下特点：

① 教材内容的重构与更新：打破现有教材内容结构的束缚，摒弃过时的加工方法，结合现代企业生产模式，引入现代企业的加工理念和方法，采用行业普遍应用的软件，如 Pro/E、 UG、 CAXA 线切割加工等。

② 配套生产现场模具加工视频：将设计好的模具委托模具制造企业进行加

工制造，同时拍摄整个加工过程及模具装配、试模过程，将理论教学与实践教学、课堂讲授和生产现场视频有机融合，形式上配合工作过程导向的教学过程。

③ 有利于更有效的教学方法的实施：因为教材内容的重构，所以使用本教材时，可以将“项目教学法”“案例教学法”“实验教学法”“研讨教学法”“引导教学法”等教学方法有效地融合到教学中。

④ 使用本教材可以引导学生进行自主学习：学生通过课后能力类题目的任务分析、知识获取、任务实施、任务总结、知识整理等过程，完成理论知识的获取和实践能力的训练，从而提高自身的工程应用能力和学术素质，以此培养学生自我设计、项目设计、自主学习、创新思维、分析问题、解决问题的能力。

本书采用大量的图例直观清晰地表述内容，同时配套视频和动画，重视理论与实践的有机结合，可作为材料成型及控制工程及相关专业的教材，也可作为相关技术人员的自学和培训教材。学校可以利用本书结合中国大学 MOOC“模具制造工艺”在线课程，开展在线教学或线上、线下混合教学。

本书第 1～7 章由陕西科技大学田普建编写，第 8、 9 章由陕西科技大学葛正浩编写。全书由陕西科技大学田普建统稿。教材及 MOOC 中涉及的生产加工视频的拍摄，得到了陕西群力电工有限责任公司潘晓析先生，全国五一劳动奖章获得者、三秦工匠霍威先生，燕秀系列设计工具创始人赖心秀先生等各位同仁的大力支持。教材编写中参阅了同类教材与著作，在此特向参考文献的著者一并表示感谢。

本书内容难免有疏漏之处，敬望各位读者批评指正，不吝赐教。

编　者

2022 年 4 月

目 录

·第1章·

模具制造技术的基本认知

随着现代工业的快速发展，模具在铸造、锻造、冲压、塑料、橡胶、玻璃、粉末冶金、陶瓷等生产行业中的应用越来越广泛。模具作为“工业之母”，是衡量一个国家制造业水平的重要标志之一。党的二十大报告提出，坚持把发展经济的着力点放在实体经济上，推进新型工业化，加快建设制造强国、质量强国、航天强国、交通强国、网络强国、数字中国。实施产业基础再造工程和重大技术装备攻关工程，支持专精特新企业发展，推动制造业高端化、智能化、绿色化发展。在全面推进中国式现代化的进程中，工业产品的更新、改型速度明显加快，这就使得企业对模具的需求总量大大增加，同时对模具的高端化、智能化有了更高的要求。为了适应现代化工业生产对模具的需求，大量的先进制造设备和新型制造工艺被应用于模具制造过程中，有效提升了模具制造的智能化、自动化程度。

我们要制造出一套满足要求的模具，需要哪些环节？模具制造过程一般是什么样的流程？模具零件的加工与一般的机械零件加工有何区别？模具制造过程中，常用的加工设备有哪些？如何根据模具零件的结构特点和精度要求合理选择加工设备？这些问题是我们开始学习各种模具零件加工技术首先要解决的问题，也是学习模具制造技术课程的基础，通过本章的学习，我们将进行以下知识的学习和能力的培养：

① 模具制造的一般流程；

② 模具零件的分类；

③ 典型模具零件的加工过程认知；

④ 模具零件结构的加工工艺性分析；

⑤ 模具零件精度要求与加工方法及加工设备的关系；

⑥ 模具零件加工设备的合理选择。

本章是学习模具制造具体加工技术和加工工艺前，对模具制造技术的基本认知和对模具制造技术整体框架的了解。在前期学过的“机械制造基础”课程基础上，了解模具制造的一般流程。通过本章的学习，我们要能够按照结构和精度要求对模具零件进行分类，能够正确选择相应的加工技术与设备，为后续模具制造工艺的编排、各种具体加工技术的学习打基础。本章的学习重点及与其他章节之间的关系如图 1-1 所示。

1.1 模具制造的一般流程

模具制造的一般流程，是指通过对用户提供的产品信息进行用途分析、结构分析、成型

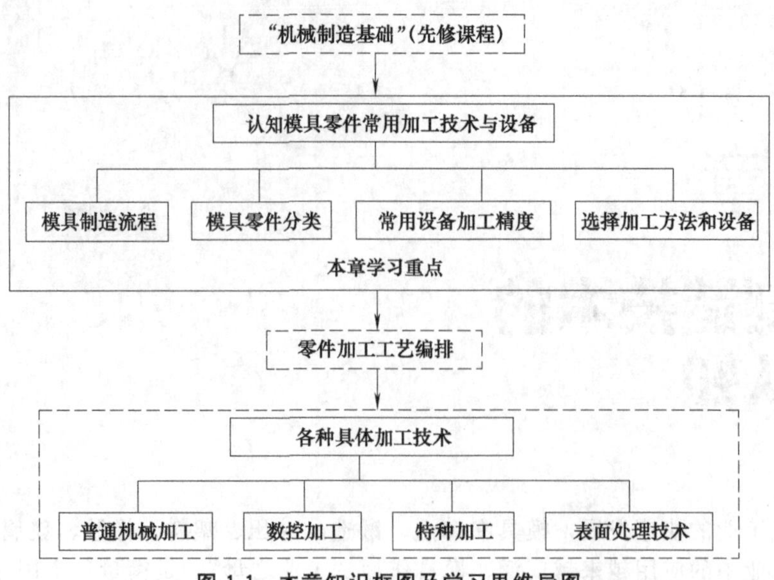

图 1-1 本章知识框图及学习思维导图

各章学习思维导图中虚线框的内容为先修或后续课程知识，实线框的内容为本章内容

工艺性分析等，设计出模具三维模型并生成工程图；在此基础上完成模具各个零件的加工，再对各个模具零件进行装配，最终成为可用于生产的模具实物的整个过程。

模具制造工艺过程是根据模具的设计图纸、三维模型，利用加工设备加工出各个模具零件，并装配成可用于生产的模具实体的加工装配过程，是模具设计过程的延续。因此，根据设计要求，正确、合理地确定模具零件的加工工艺内容、工艺性质和方法，尤其是正确地制订被加工面的加工工艺组合，对优化模具制造工艺过程，提高工艺过程的先进性和经济性，达到模具设计的要求具有非常重要的作用。

具体地说，模具制造的流程分技术准备，加工前准备，模具零件加工，装配、修模、试模，模具验收 5 个阶段。它们的关系和内容如图 1-2 所示。

(1) 技术准备阶段

技术准备是整个生产的基础，也是后续零件加工过程的主要依据，对于模具制造的质量、成本、进度和管理都有重大的影响。该阶段的工作内容包括：根据制件图档及要求分析产品零件结构、尺寸精度、表面质量要求及成型工艺并形成相关文档，根据制件要求及成型工艺进行模具的模型设计并生成相关图档，根据设计的模具零件结构和精度要求进行加工工艺技术文件的编制、材料定额和加工工时定额的制订、模具成本的估价，根据模具零件结构特点编制数控（NC）、计算机数控（CNC）加工程序等。

(2) 加工前准备阶段

加工前准备阶段的主要工作内容包括：根据已确定的模具零件毛坯材料的种类、形式、大小及有关技术要求进行零件坯料的准备；根据加工工艺安排，准备相关电极材料。对于一些板类零件，一般提供坯料的厂家在下料后，基本已经完成了板类零件的粗加工，在进行板类零件的工艺安排时要予以考虑。同时该阶段还要根据设计的模具图档，完成标准零、部件的订购；根据加工工艺安排准备相应的加工刀具、工装等。

(3) 模具零件加工阶段

模具零件加工阶段是整个模具制造流程中最重要的阶段，也是工作量最大的阶段。该阶

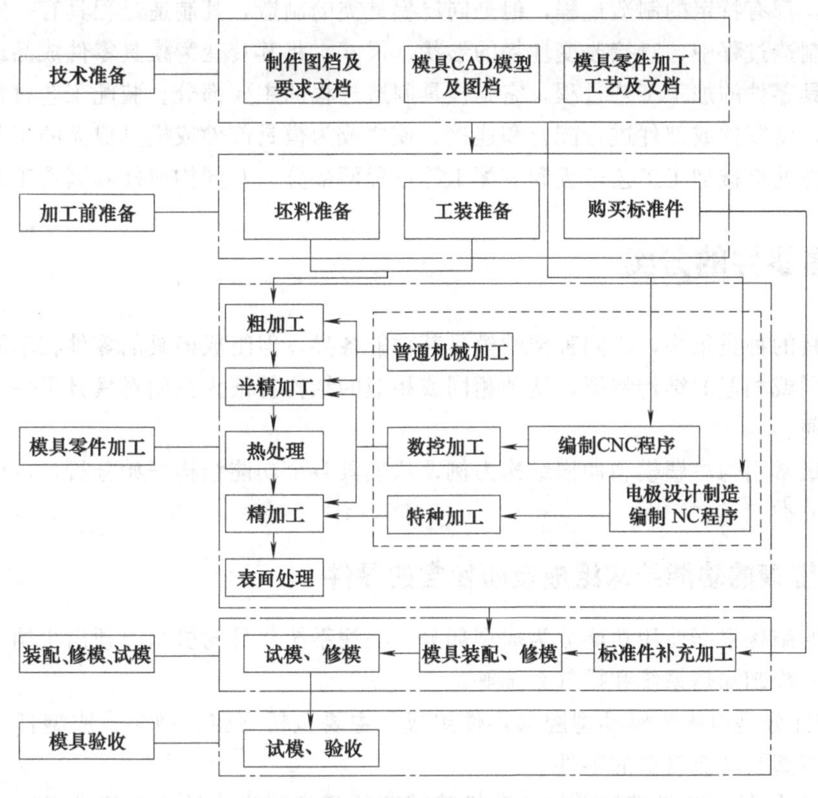

图 1-2 模具制造流程及各阶段之间的关系

段的主要工作内容包括：根据既定的加工工艺规程，利用各种加工设备及加工技术完成模具零件的加工。本阶段的工作内容也是本课程要重点学习的内容。

(4) 装配、修模、试模阶段

根据模具设计图档中的要求，检查各零、部件和成型零件的尺寸精度、位置精度，以及表面粗糙度等要求，按装配工艺规程进行装配，对装配过程中出现的由于加工误差引起的装配问题进行钳工修整。随着加工设备精度的不断提升，现代的模具加工误差已经很小了，钳工修整的工作量相比以前小了很多。最后通过试模完成对模具功能的检验。如果试模后发现问题，还需要返修模具，直至模具满足设计要求。

(5) 模具验收阶段

对模具设计及制造质量做合理性与正确性的评估，根据各类模具的验收技术条件标准和合同规定，对模具试模制件（五金件、塑料件等）、模具性能和工作参数等进行检查评估，判断模具是否能达到预期的功能要求。最后通过客户的验收后，交付使用。

随着模具标准化的发展，模具的标准零、部件（如模架、定位圈、顶杆等），通用标准零件（如螺钉、销钉），以及冷却、加热系统中的标准、通用元件，都可以直接购买或定制，这样会降低模具的制造成本。所以，由上述模具制造流程可以发现，模具厂只是依据模具设计要求，完成非标准件的加工，最后按照装配顺序将标准件与本厂加工完成的零件等装配成模具。

模具的种类很多，包括冲压模（简称冲模）、塑料模、锻造模、铸造模、粉末冶金模、橡胶模、无机材料成型模（玻璃成型模、陶瓷成型模）、拉丝模等。每种模具的结构、要求和用途不同，都有特定的制造过程，但是同属模具类的制造，其制造过程具有一定的共性。

在模具制造过程中，直接改变坯料的形状、尺寸，将其转变为模具零件成品或半成品的过程就是模具零件的加工工艺过程，它是模具制造过程的主要部分。装配工艺过程是按规定的技术要求，将零件或部件进行配合和连接，使之成为模具部件或模具成品的工艺过程。

模具零件的机械加工工艺过程和装配工艺过程两部分，共同构成模具制造工艺过程。

1.2 模具零件的分类

尽管模具的种类很多，不同种类的模具其功能各异，但组成模具的零件在不同的模具中往往具有相同或相似的结构特征，这种相同或相似的结构特征为我们对模具零件进行加工分类提供了方便。

我们以最常用的注塑模和冲模结构为例，从模具各个功能结构开始分析，进而对模具零件进行加工分类。

1.2.1 注塑模的功能结构组成及所包含的零件

注塑模的结构根据使用功能分为成型部分、浇注系统、导向机构、顶出机构、侧向分型与抽芯机构、冷却加热系统和排气系统等。

① 成型部分是由构成模具型腔的零件组成，主要包括型腔、型芯、成型杆、成型环及镶块等直接与塑料料流接触的零件。

② 浇注系统是指塑料模具中从注塑机喷嘴开始到型腔为止的塑料流动通道。普通浇注系统由主流道、分流道、浇口、冷料穴等组成，分别分布在模具的不同零件中。

③ 导向机构在模具工作过程中主要起定位和导向的作用，保证动、定模合模平稳准确。导向机构由导柱、导套或导向孔（直接开在模板上）、定位锥面（虎口）等组成。

④ 顶出机构主要起成型完成后将制件从模具中顶出的作用，由顶杆或顶管或推板、顶出板、顶杆固定板、复位杆及拉料杆等组成。

⑤ 侧向分型与抽芯机构的作用是使侧向成型零件分型或侧向抽芯的机构，通常包括斜导柱、弯销、斜导槽、斜顶杆、楔紧块、斜滑块、齿轮、齿条等零件。

⑥ 冷却加热系统的作用是调节模具成型工艺温度，由冷却系统（冷却水孔、冷却水槽、铜管）或加热系统组成。

⑦ 排气系统的作用是在注射过程中将型腔内的气体排出，主要由排气槽、配合间隙等组成。

1.2.2 冲模的功能结构组成及所包含的零件

冲模的基本结构可分为工艺类零件和辅助类零件。工艺类零件包括工作零件、定位零件、卸料和顶出零件等。辅助类零件包括导向零件、支撑和夹持零件、紧固零件及其他零件。

① 工作零件主要由凸模、凹模、凸凹模和刃口镶块等组成。

② 定位零件由定位销、挡料销、导正销、导料板和定距侧刃等组成。

③ 卸料和顶出零件由压料板、卸料板、顶出器、浮料钉和推板等组成。

④ 导向零件主要由导柱、导套、导板等组成。

⑤ 支撑和夹持零件由上下模板、模柄、固定板、垫板和限位器等组成。

⑥ 紧固零件及其他零件包括螺钉、销钉、弹簧、起重柄和托架等。

1.2.3 模具零件的加工分类

组成模具结构的零件虽然很多，功能、形状及使用要求也不相同，但从结构的加工工艺特征分析，可以大致分成以下 4 大类。

① 轴套类零件：包括模具中的导柱、导套、浇口套、模柄、定位圈等。

② 杆类零件：包括顶杆、复位杆、推杆、拉料杆等。

③ 板类零件：包括模板、垫板、卸料板、推板、垫块等。

④ 成型零件：包括凸模、凹模、型芯、型腔等。

以一套香皂盒注塑模具为例，其各个组成零件的分类如图 1-3 所示，该模具的加工是在购买标准模架的基础上进行的。

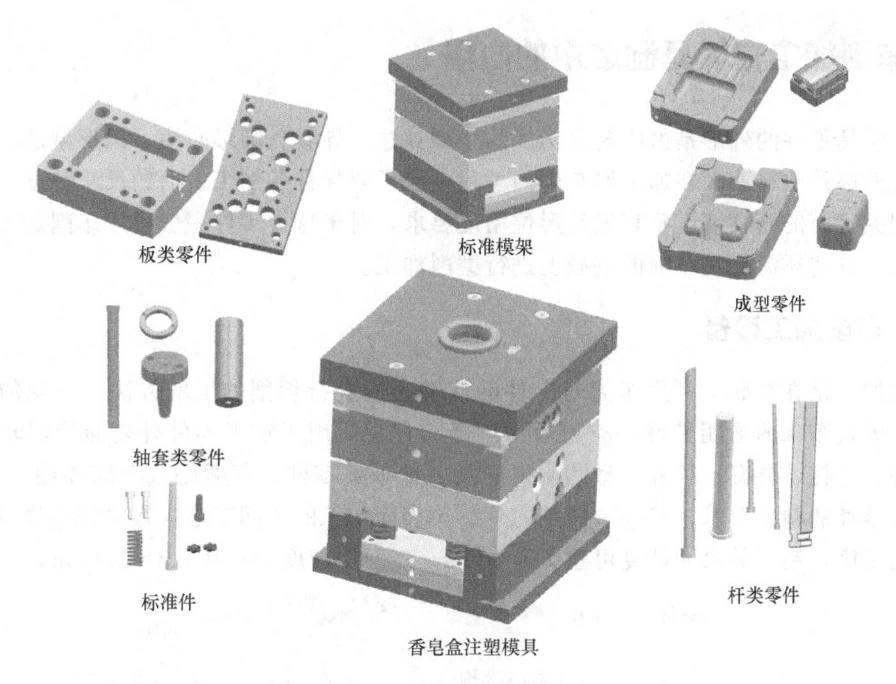

图 1-3 注塑模具零件分类

组成模具的零件形状虽然各异，但分析每个零件的基本表面形状构成都可以概括为以下 3 种形式。

① 回转体类零件的外圆面、内圆面、圆锥面等回转面。

② 板类零件的表面、轴的端面等平面。

③ 成型零件的曲面轮廓和空间曲面等曲面。

模具零件加工的实质就是解决这 3 种基本表面的加工问题。对于回转面和平面通常采用普通的机械切削加工就可以成型，尺寸精度要求高的可采用数控加工的方法完成，曲面的加工则以数控铣（或加工中心）加工为主，对于机加工比较难实现的曲面可采用特种加工方法实现。另外，根据零件的材质，为了满足零件表面不同的精度要求，需要根据具体要求合理制订加工工艺方案。

普通机械切削加工一般采用通用机加工机床对模具零件进行加工。首先由工人利用普通铣床、车床等进行粗加工、半精加工，然后由钳工修正、研磨、抛光。这种工艺方案，生产效率低、周期长，质量也不易保证，加工零件的精度和一致性对工人的加工技术依赖程度较高。但设备投资较少，机床通用性强，作为精密加工、电加工之前的粗加工和半精加工又不可少，因此仍被广泛采用。

数控机床加工是指采用数控铣、数控车、加工中心等机床对模具零件进行粗加工、半精加工、精加工，采用高精度的成型磨床、坐标磨床等进行经热处理后硬度较高零件的精加工。这种工艺降低了对熟练工人的依赖程度，生产效率高，特别是对一些复杂成型零件，采用通用机床加工很困难，不易加工出合格的产品，采用数控机床加工显然是很理想的。但是相比普通机械加工，设备的一次性投资较大。

特种加工，主要是指电火花成型加工、电火花线切割加工、化学腐蚀加工、电解加工、电铸等成型方法。对于机械加工难以完成的模具零件，一般采用特种加工方法。

1.3 车削加工在模具制造中的应用

许多模具零件的外形是由回转面构成的，如导柱、导套、圆形凸模、圆形型芯、顶杆等的外形表面都是回转面。在加工回转面的过程中除了要保证各加工表面的尺寸精度，还必须保证各相关表面的同轴度、垂直度等形位精度要求，对于这类零件一般可用车削加工，根据零件要求，有些还需要在车削的基础上进行磨削加工。

1.3.1 车削加工设备

车削加工是在车床上利用车刀对工件的旋转表面进行切削加工的方法。车床的种类很多，其中卧式车床的通用性好，应用最为广泛，它主要用于加工零件外表面为回转面的凸模、镶件、导柱、导套、顶杆、型芯、模柄及各种轴类零件。普通卧式车床如图 1-4 所示。根据模具零件的精度要求，车削一般是内外旋转表面加工的中间工序，很少作为模具零件的最终加工工序，精车的尺寸精度可达 IT6～IT8，表面粗糙度 Ra 为 0.8～1.6μm。

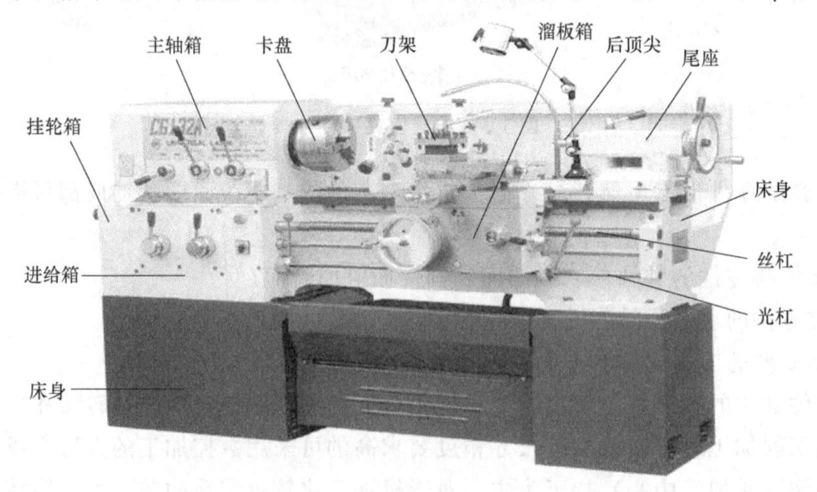

图 1-4　普通卧式车床

主轴箱是车床的核心部件，通过主轴带动夹持工件的卡盘转动。挂轮箱将主轴箱的运动传递给进给箱，并通过换挂轮来改变主运动和进给运动速度的比例。进给箱将主轴传来的旋转运动传给丝杠或光杠，使丝杠或光杠得到不同的转速。溜板箱是操纵车床实现进给运动的主要部分。通过手柄接通光杠可使刀架做纵向或横向进给运动，接通丝杠可车螺纹。刀架是用来安装车刀的。尾座用来安装后顶尖以支撑较长工件，提高工件的刚性，也可以安装钻头、铰刀、丝锥等进行孔和螺纹加工，还能横向少量偏移用来加工圆锥。

在普通车床上车外圆时，工件用自定心卡盘安装（自动定心、装夹方便）。当工件尺寸较大或形状复杂时采用四爪卡盘或花盘安装工件。对于细长轴，常用前后顶尖支撑工件，此时工件两端必须预先钻好顶尖孔，加工时以顶尖孔确定工件的位置，通过拨盘或鸡心夹头带动工件旋转并承受切削扭矩。

在加工圆柱面的过程中要保证各加工表面的尺寸精度及各相关表面的同轴度、垂直度要求。现代模具制造过程中，随着模具零件标准化的发展，模架、顶杆、斜导柱、浇导套等都是以购买标准件的方式获得，不需要模具制造企业自行加工，所以，车削加工在模具制造中仅被用于外形为回转面的圆形凸模、凹模、型芯等工作零件的加工，并且车削加工在模具零件的加工工艺中，一般只作为粗加工和半精加工工序。

1.3.2 车削加工实例

（1）圆形凸模的车削加工

下面将通过对一些模具零件的结构分析，认知车削加工在模具零件加工中的应用，对于具体的车削工艺参数会在后续的章节中进行讲解。

图 1-5 所示为典型结构的圆形凸模，凸模总长 70mm，外表面由回转面构成，结构相对简单，完全可以采用车削加工成型，但因该零件为凸模有硬度要求，制造过程中需要进行淬火热处理，同时凸模的固定部分和工作部分都有较高的尺寸精度要求和表面粗糙度要求，所以需要在粗车、半精车完成后淬硬零件，然后进行磨削加工达到零件要求。

图 1-5 典型结构的圆形凸模

综上该凸模一般采用卧式车床按图样对毛坯进行粗加工和半精加工，车削时除了固定台阶的径向尺寸可以直接车削到尺寸外，其余尺寸在车削加工时都需要为后续的磨削加工留加工余量，之后经过热处理淬硬零件，然后在外圆磨床上精磨到尺寸，最后由钳工将其抛光及刃磨修整成型，获得较理想的工作型面及配合表面。

（2）圆形凸凹模的车削加工

图 1-6 所示为圆形落料冲孔凸凹模，零件总高 50mm，同样是表面完全由回转面构成，结构相对图 1-5 所示的圆形凸模稍微复杂一些，但从零件的结构上看，也完全可以采用车削加工成型，同样因该零件为凸凹模有硬度要求，需要进行淬火热处理，同时其作为凸模的外径和作为凹模的内径部分在径向都有较高的尺寸精度和表面精度要求，所以这两部分的尺寸在粗车、半精车完成后要留磨削余量，漏料孔的直径、固定台的直径可以直接车削到尺寸，之后淬硬零件，最后对落料部分的凸模外表面和冲孔部分的凹模内表面，以及刃口部分进行磨削加工达到零件要求。

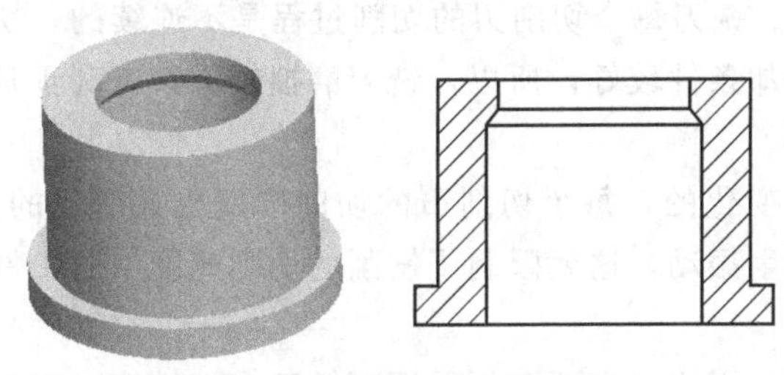

图 1-6 圆形落料冲孔凸凹模

所以该凸凹模的加工工艺过程为：粗车→半精车加工→热处理→外圆磨→内圆磨→钳工修整。

在模具零件中，导柱、导套、复位杆、顶杆、定位圈、浇导套、支撑杆等零件都属于由回转面构成的零件外形，他们的加工过程中也是以车床和内、外圆磨床为主。这里需要说明一下，上面提到的这些零件目前都已经标准化，由专门的生产厂家进行生产，一般的模具制造企业无须进行加工。车削加工目前在一般模具制造企业中，仅用于圆形凸凹模、圆形镶件等非标准模具零件的粗加工和半精加工。

1.4 铣削加工在模具制造中的应用

铣削加工在模具零件的加工中有着广泛的应用，平面加工、孔系加工、复杂型面加工、复杂空间曲面加工、沟槽的加工等都可以采用铣削加工，所以铣削加工是模具零件加工中应用最为广泛的加工工艺。

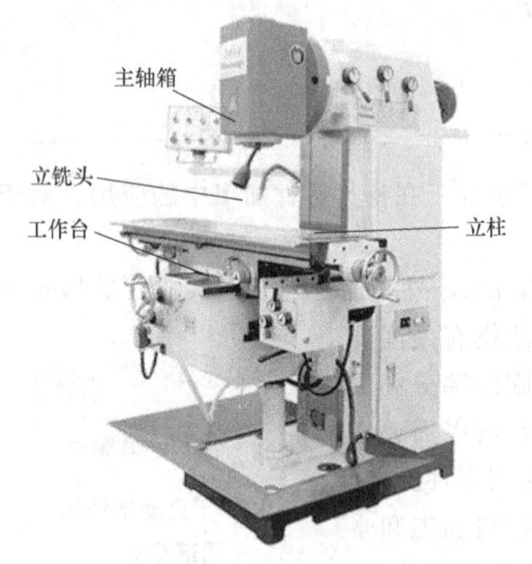

图 1-7 立式铣床

1.4.1 铣削加工设备

铣削加工是在铣床上用铣刀进行加工的方法。加工时以铣刀的旋转做主运动，工件相对于铣刀做进给运动。铣床的种类主要有立式铣床、卧式铣床、龙门铣床、工具铣床等，图 1-7 所示为立式铣床。工件在铣床工作台上的装夹可以采用平口虎钳、回转工作台及万能分度头等来实现，如果工件平面面积较大也可采用磁性吸盘进行固定。铣刀是一种多齿刀具，根据铣削对象的不同，需要不同种类的铣刀。

在普通铣床上采用不同形式的铣刀，可以完成水平面、垂直面、斜面、台阶面、直角沟槽、T 形槽、燕尾槽等加工，如图 1-8 所示。曲面的铣削一般采用数控铣床加工，这里没有列出。

铣刀是多齿刀具，切削过程中有多个切削刃同时参加工作，切削刃总长度较长，并可以使用较高的铣削速度和较大的切削用量，金属切除效率高，故铣削的生产效率较高。

铣刀种类多、加工范围广。普通铣削精度一般为 IT7～IT9，表面粗糙度 $Ra=1.6\sim6.3\mu m$，可用于粗加工、半精加工以及精加工。铣刀每个切削刃的切削过程是不连续的，切削刃与工件接触时间短，刀体体积又较大，冷却条件较好，所以，铣刀磨损较小，有利于延长铣刀的使用寿命。

铣削过程中，同时参加切削的切削刃数是变化的，每个切削刃的切削厚度也是变化的，因此切削力变化较大，工件与切削刃间容易产生振动，这就限制了铣削的切削速度，对工件的加工质量也有不小的影响。

垂直面的铣削可采用圆柱形铣刀对工件进行周铣，水平面可采用面铣刀（端铣刀）对工件进行端铣。与周铣相比，端铣同时参加工作的刀齿数目较多，切削厚度变化较小，刀具与工件加工部位的接触面较大，切削过程较平稳，且面铣刀上有修光刀齿，可对已加工表面起到修光作用，加工质量较好。另外，面铣刀刀杆的刚性好，切削部分大都采用硬质合金刀

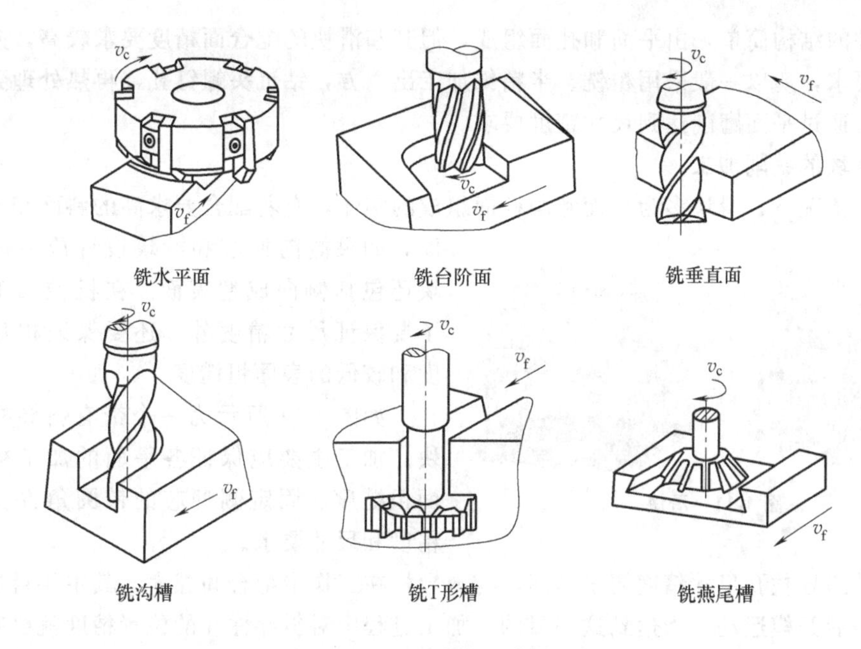

图 1-8 铣削加工表面

片，可采用较大的切削用量，常可在一次走刀中加工出整个工作表面，生产效率较高。因此，在立铣床上使用面铣刀加工平面或斜面的方法，在模具零件的加工中得到了广泛应用。

在模具零件的普通铣削加工中，应用最广的是在立式铣床和万能工具铣床上进行的立铣加工，毛坯零件的粗加工、板类零件的粗加工有时也会使用卧式铣床和龙门铣床。由于标准模架的广泛使用，在模具零件的加工中模板的加工量大大减少，普通铣床往往只被用于零件的粗加工，或者精度要求不高的部位的加工。

1.4.2 铣削加工实例

(1) 滑槽压块的铣削加工

注塑模具侧向抽芯的滑块要实现侧向运动抽芯，就需要滑块在横向滑槽中运动，滑槽一般由平面组成，它的表面要求有较高的耐磨性和较低的表面粗糙度。在保证滑槽耐磨性的前提下，为了降低加工和装配难度，一般很少在模板上直接加工出滑槽来，而是在模板上开出方槽，然后用螺钉将滑槽压块固定在模板的方槽中，形成滑块运动导向的滑槽，如图 1-9 所示，滑槽压块和滑块都是侧向分型与抽芯机构里面的重要零件。图 1-10 所示为一个结构简单的滑槽压块，是一个外形尺寸为 40mm×15mm×10mm 的六面体，中间有两个固定螺钉的沉头通孔。

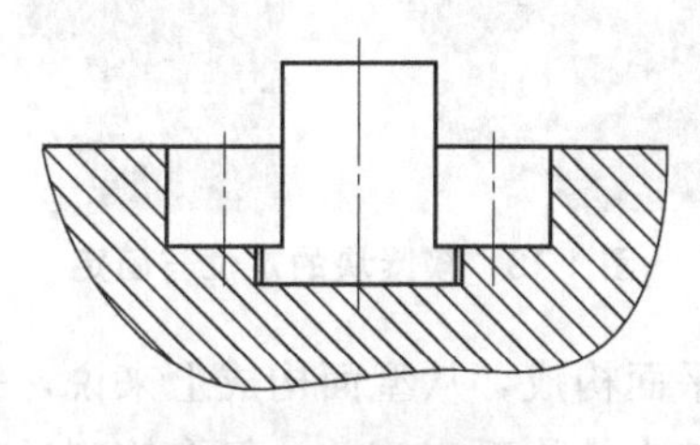

图 1-9 滑块滑槽

图 1-10 滑槽压块

该零件的结构简单，由平面和孔面组成，但其和滑块的配合面精度要求较高，并且有较高的硬度要求，所以一般采用粗铣、半精铣加工出六方，钻沉头螺钉孔，再热处理到要求的硬度，最后通过平面磨削达到尺寸精度要求。

(2) 滑块的铣削加工

在一般情况下，滑块多为平面和圆柱面组成的实体，有着配合要求高的斜面和导滑工作面，如果侧向抽芯和滑块设计成一体，则滑块还包括侧向成型表面。在机械加工中，除了要保证尺寸精度外，还要保证相互位置精度和较低的表面粗糙度。

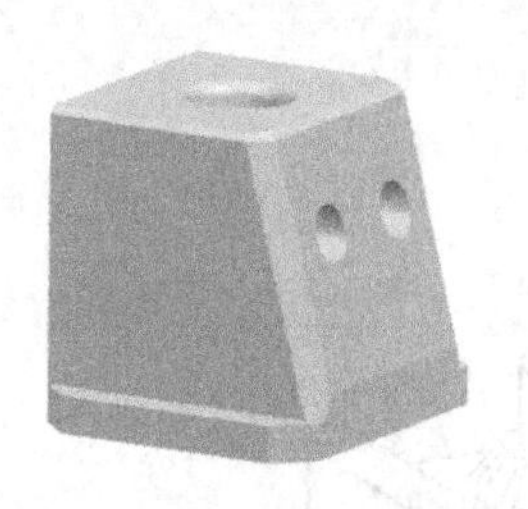

图 1-11 滑块

如图 1-11 所示为一个带有斜导柱孔的滑块。加工主要应保证各平面的加工精度和表面粗糙度、固定侧型芯的带圆角方孔的位置精度和尺寸要求。

滑块的斜导柱孔尺寸精度要求不高，与斜导柱在工作中配合间隙大，其主要目的是要使抽芯运动滞后开模运动。为达到这一目的，加工过程中对斜导柱孔的位置精度就要有比较高的要求。因此要求斜导柱孔内孔表面和斜导柱外圆表面做滑动接触，斜导柱孔内表面粗糙度要求高，并且有较高的硬度。故对滑块应做淬火热处理，并在热处理后，通过内孔研磨修正热处理造成的变形并降低表面粗糙度。这里需要说明一下，斜导柱孔也可以采用线切割进行加工，这就需要在热处理之前进行穿丝孔的加工，热处理之后进行线切割加工，这里不做详细说明。

根据滑块要求和以上对滑块功能和结构的分析，对其加工工艺过程有如下的认识：通过对锻造毛坯进行粗铣、半精铣加工，完成滑块外形的加工，接着铣出固定侧型芯用的带圆角方孔，然后钻、镗（或铣）斜导柱孔，钻出复位弹簧孔、两个螺钉孔加工到尺寸要求，经过热处理后，磨出上下平面、滑动导轨面、两侧面、端面和斜面到尺寸要求，最后研磨斜导柱孔达到表面粗糙度要求。

(3) 楔紧块的铣削加工

楔紧块的作用就是在合模状态下锁紧侧向抽芯滑块，防止滑块在成型过程后退，其斜面角度通常比斜导柱的角度大 2°～3°，图 1-12 所示就是一种楔紧块，该楔紧块靠带两个倒角的四方凸台和模板对应的通槽和凹坑来定位，靠两个螺钉紧固在模板上，如图 1-13 所示。

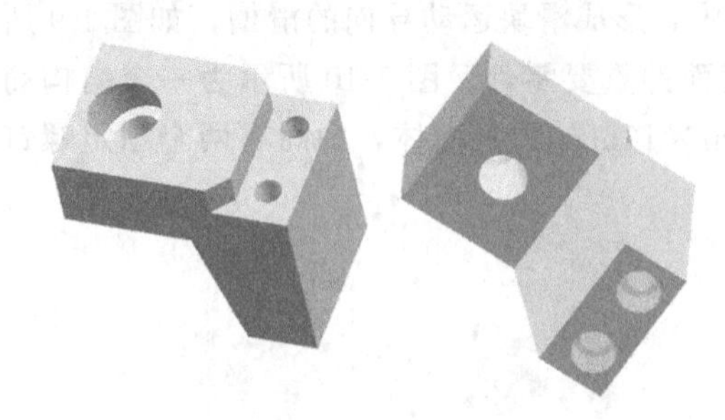

图 1-12 楔紧块

图 1-13 楔紧块的定位与固定

该楔紧块的型面除斜导柱固定孔和螺钉孔外都由平面构成，从型面构成上来说，完全可以采用铣削加工方法完成零件的加工。该楔紧块虽然基本结构看似简单，但在铣削过程中存在多次装夹的问题，使得加工变得复杂。另外，加上楔紧块还有较高的硬度要求，使得加工更加复杂，实际加工过程中利用线切割加工要更容易一些，这里大家只需要通过这个零件对铣削加工方法能加工哪些型面有一个感性的认识就可以了。

楔紧块和滑块的加工工艺相似，首先通过对锻造毛坯进行粗铣、半精铣加工，完成楔紧块外形的铣削加工，其中定位用的凸台顶面及前后立面、斜面、侧面留磨削加工余量，其他部位铣削到尺寸，接着钻、镗（或铣）斜导柱固定孔，钻出两个螺钉孔到尺寸要求，经过热处理后，磨出凸台上平面、两侧面、前后立面和斜面到尺寸要求，最后研磨斜导柱孔至零件要求。

1.5 磨削加工在模具制造中的应用

通过前面几个加工实例的简单介绍可以发现，在模具零件的加工工艺过程中，往往将磨削工序作为比较靠后的工序，原因是磨削加工是用磨具（如砂轮）以较高的线速度对工件表面进行加工，不仅可以磨削各种碳钢、铸铁、有色金属，还能磨硬度很高的淬火钢、各种切削刀具和硬质合金等。所以对于硬度较高的模具零件，经过机械粗加工后需要进行淬火热处理以提高零件的硬度，淬硬后的零件很难采用机械切削加工，这时就可以采用磨削加工，磨削加工也是模具零件精密加工的主要方法之一。

模具零件的表面大多数都要经过磨削加工，例如，模板的工作表面，型芯、型腔的工作表面，导柱的外圆表面，导套的内外圆表面，以及模具零件之间的配合面等。在模具制造中形状相对简单的平面，如圆和外圆表面可使用普通磨削加工，而形状复杂的零件则需使用各种精密磨床进行成型磨削。对于精度要求高的多孔、多型孔的模板或凹模的精加工，比较理想的方法就是利用坐标磨床进行磨削加工。

这里我们将通过几个简单的案例，让大家对磨削加工在模具零件的加工中的应用有一个初步的认识。

1.5.1 磨削加工设备

磨削加工在模具零件的加工中主要以平面、外圆、内圆、成型面的磨削为主，砂轮对工件的磨削形式如图 1-14 所示。

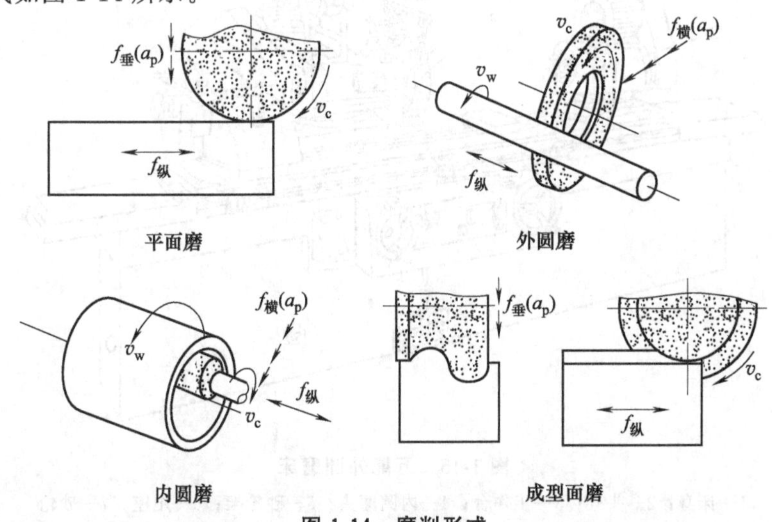

图 1-14 磨削形式

作为磨削加工设备，模具零件加工中常用的磨床根据其功能可分为平面磨床、外圆磨床、内圆磨床，另外，在专业模具生产厂家，特别是精密小型模具的生产厂家，光学曲线磨床应用也较为广泛，其加工精度高，表面质量好，生产效率高，常用于加工具有非圆形截面的小型零件，如非圆形凸模、小型芯等。

(1) 平面磨床

平面磨床可以对模具零件上的贯穿平面进行磨削加工，立轴式平面磨床利用砂轮的端面磨削工件，卧轴式磨床利用砂轮的圆周面磨削工件，在平面磨床上利用夹具也可以磨削斜面，相比而言，平面磨削加工中卧轴式磨床应用更为广泛。其主要由立柱、砂轮架、砂轮、工作台和床身等部分组成。卧轴式平面磨床如图 1-15 所示。

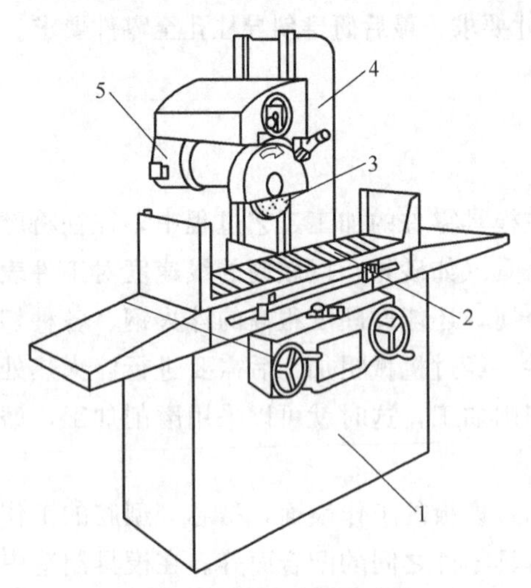

图 1-15 卧轴式平面磨床

1—床身；2—工作台；3—砂轮；4—立柱；5—砂轮架

砂轮安装在砂轮架的主轴上，由单独的电机直接带动，砂轮沿托板的水平导轨可由液压驱动做横向进给，也可用手动进给，托板可沿立柱的垂直导轨做上下移动，以调整砂轮的高低位置及完成垂直进给运动。工作台的往复运动可由液压传动实现，也可通过手轮进行手工操纵，以便进行必要的调整。

在平面磨床上，中小型工件是靠工作台上安装的磁性吸盘来装夹的，大型工件或不便于吸紧的工件才采用平口虎钳或压紧装置固定在工作台面上。

(2) 外圆磨床

普通外圆磨床一般用来加工外圆柱面、外圆锥面和端面等，在万能外圆磨床上还可以加工内圆柱面和内圆锥面。万能外圆磨床由床身、工作台、头架、砂轮架、尾座、内圆磨头和砂轮组成，如图 1-16 所示。

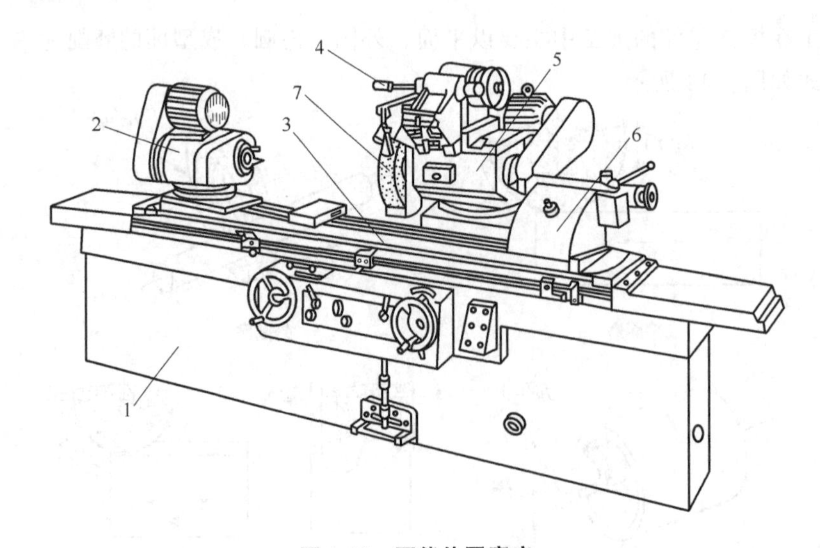

图 1-16 万能外圆磨床

1—床身；2—头架；3—工作台；4—内圆磨头；5—砂轮架；6—尾座；7—砂轮

床身用来安装磨床各部件，并保证各部件间相对位置精度，床身上部装有工作台、砂轮架、头架和尾座等。工作台可沿着床身的纵向导轨做直线往复运动，使工件实现纵向进给，在工作台前侧面的 T 形槽内，装有两个换向挡块，用以控制工作台的自动换向，工作台也可以手动操作使之换向。头架上装有主轴，主轴端部可以安装顶尖、拨盘或卡盘，用来装夹工件。砂轮架是专门用于安装砂轮的部件，并有单独的电机通过皮带带动砂轮做高速旋转运动，砂轮架可以在床身后部的横向导轨上移动。尾座上装有套筒，套筒内安装顶尖，用来配合头架上安装的顶尖、拨盘或卡盘装夹工件，尾座在工作台上的位置，可以根据加工工件的长度不同进行调整。内圆磨头是磨削内圆表面用的，在它的主轴上可以安装内圆磨削砂轮，由单独的电机带动，内圆磨头可以绕支架转动，使用时翻下，不用时翻向砂轮架上方。砂轮是磨床磨削的刃具，用来磨削工件，砂轮由磨床的主电机带动。

(3) 内圆磨床

内圆磨床主要用于磨削内圆柱面、内圆锥面等。内圆磨床由床身、工作台、头架、砂轮架、滑板座等部件组成，如图 1-17 所示。内圆磨床各部件的作用和液压传动系统与外圆磨床相似。

另外，在模具零件的加工中，还会用到坐标磨床和光学曲线磨床。坐标磨床具有精密坐标定位装置，用于磨削位置精度要求很高的精密孔和成型表面。坐标磨床与坐标镗床有相同的结构布局，不同的是镗刀主轴换成了高速磨头主轴。磨削时，工件固定在能按坐标定位移动的工作台上，砂轮除高速自转外还通过行星传动机构做慢速的公转，并能做垂直进给运动。改变磨头行星运动的半径，就可改变所磨孔径的大小。磨头通常采用高频电动磨头或气动磨头。坐标磨床除能磨削圆柱孔外，还可磨削圆弧内外表面和圆锥孔等，主要用于加工淬硬的模具零件。在坐标磨床的主轴上安装插磨转接件后，可以使砂轮轴线由竖直方向变为水平方向，砂轮除自身旋转外还做上下往复运动，这样就可以进行类似于插削形式的磨削加工了。数控坐标磨床可以通过 NC 程序控制磨削运动，能够磨削各种成型表面，其应用越来越广泛。

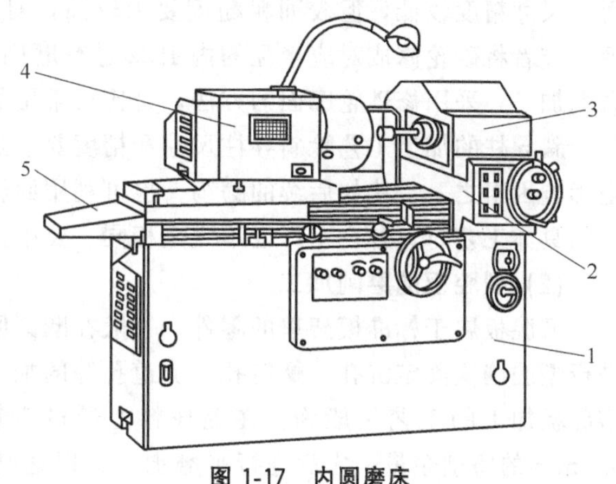

图 1-17 内圆磨床

1—床身；2—滑板座；3—砂轮架；4—头架；5—工作台

光学曲线磨床是在没有数控技术前所使用的一种高精度的曲线磨床，它是通过光的折射反映出曲线的形状，能将工件、砂轮经光学系统放大几十倍，投影在一个屏幕上，工作时，操作者可在屏幕上随时观察砂轮沿工件型面加工的情况，工件的运动可用手动操作或用直流电机控制，以达到精密加工型面的目的。该磨床一般用于精度要求高的曲面的加工，以前是进行曲面磨削必不可缺的设备，但目前逐步被数控磨床所代替。

1.5.2 磨削加工实例

(1) 斜导柱的磨削加工

斜导柱的结构形状如图 1-18 所示。固定部分的端面有一半为斜面，工作部分头部为便于斜导柱导入滑块，做成半球形。材料为 20 钢渗碳处理，淬火硬度在 55HRC 以上，工作

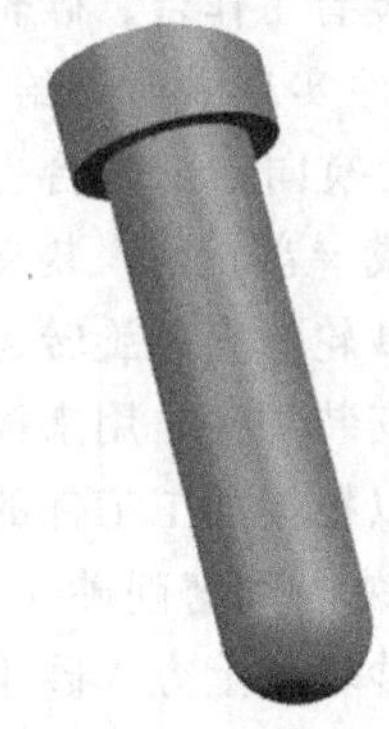

图 1-18 斜导柱

表面经磨削加工后表面粗糙度 Ra 达到 0.8μm。

构成斜导柱的主要表面为不同直径的同轴圆柱表面。根据其尺寸和材料，可直接选用热轧圆钢为坯料。

在机械加工中主要保证其配合面精度和滑动面的表面粗糙度。另外还要注意各圆柱面间的同轴度和表面硬度要求。

由于斜导柱滑动面表面有硬度要求，故一般在精加工前要安排热处理工序。

斜导柱的加工工艺过程可归纳为：备料、粗车加工、半精车加工、热处理和磨削加工等步骤。

在经过下料、粗车、精车加工后，除工作面单边留 0.2～0.3mm 的磨削余量外，其他都可以加工到尺寸要求，之后铣削固定端部的斜面（该斜面也可装配到固定板上后统一进行平面磨削加工），然后进行渗碳热处理使斜导柱达到硬度要求，最后通过外圆磨床磨斜导柱工作面到尺寸要求，导正部分的半球面只具有导向作用，尺寸精度较低，但表面粗糙度要求较高，对于这部分的磨削，可以由钳工进行抛光处理，或者将砂轮修成对应半径的内 R 形进行磨削。模具回转体零件中类似的内、外圆角的磨削加工，采用修砂轮廓面的方法，是比较常用的工艺。

斜导柱的加工工艺除斜导柱尺寸和精度要求是主要确定因素外，工厂现有的加工设备也是影响因素之一。比如后续的磨削，也可利用回转台在平面磨床上进行，故在确定斜导柱加工的具体工艺时，各个工厂也不完全相同，要根据工厂设备的具体情况进行确定。

(2) 型腔板的磨削加工

型腔板属于标准模架里的零件，一般在购买回标准模架后，可以拆下后直接在型腔板上进行型腔镶块固定沉孔、螺钉孔、流道孔等的加工。作为标准模架厂商在生产标准模架时，型腔板加工的工艺一般为：在毛坯料上通过粗铣、调质热处理、精铣后各平面留 0.3～0.5mm 的磨削余量，之后进行平磨加工，以达到型腔板六面体的要求尺寸和表面粗糙度，接着铣出背面四个角的起模小沉台，然后钻、扩、镗导套固定孔，为保证装配时型腔板上的导套和型芯板上的导柱的同轴要求，一般是将型腔板和型芯板放在一起配做两个板上的导柱孔和导套孔，最后由钳工钻固定螺钉底孔并攻螺纹，完成标准模架中型腔板的加工。

标准模架中板类零件较多，模座、垫板、固定板、卸料板、推件板等均属此类。不同的板类零件其形状、材料、尺寸、精度及性能要求不同，但每一块板类零件的型面都是由平面和孔系组成的，并且一般都采用 45 钢调质处理，硬度要求一般在 28～32HRC 之间，属于普通机械加工可加工的硬度，所以其他板的加工工艺和上述型腔板的加工工艺大同小异。

这些板类零件在磨削加工时，重点要保证 6 个表面之间的平行度和垂直度以及各表面的表面粗糙度和精度等级，一般模板平面的加工尺寸精度要达到 IT7～IT8，表面粗糙度 Ra 达到 0.8～3.2μm。如果型芯板和型腔板的配合面直接作为分型面，则这两个配合面加工精度要达到 IT6～IT7，表面粗糙度 Ra 要达到 0.4～1.6μm。另外，模板上各孔的尺寸精度、垂直度和孔间距也要保证要求，常用模板各孔径的配合精度一般为 IT6～IT7，Ra 为 0.4～1.6μm。假如动模板上导柱的固定孔和定模板上导套的固定孔直径相同时，可以将定模板和动模板合起来，用工艺定位销定位并夹紧后同时镗孔，这样既能保持孔径和孔距相同，又能保证孔的同轴度要求。但随着加工设备精度的不断提高，目前在数控机床上分开对各板的孔进行加工，也可以保证安装配合精度。对安装滑动导柱的模板，孔轴线与上下模板平面的垂直度要求为 4 级精度。模板上各孔之间的孔间距应保持一致，一般误差要求在±0.02mm以内。

图 1-19 所示的加工后的型腔板为香皂盒注塑模具的型腔板，材料为 45 钢，调质处理，图 1-20 所示为加工前的型腔板，是从购买的标准模架中拆卸下来的，我们将在该板的基础上进行加工，最终得到图 1-19 所示的型腔板。

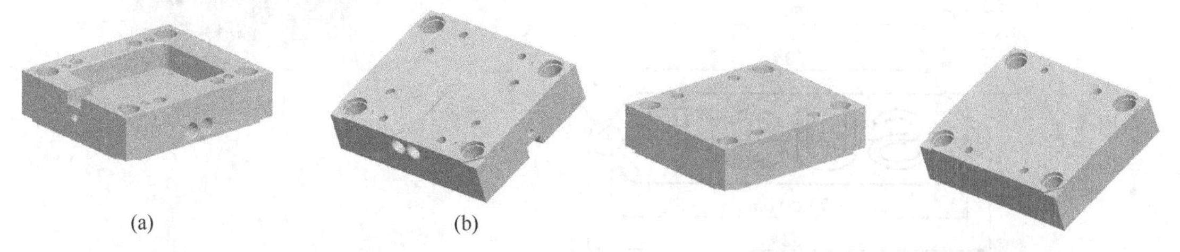

图 1-19 加工后的型腔板

图 1-20 加工前的型腔板

该标准模架中的型腔板的加工工艺和前面所述相似，这里不再赘述，那么在此基础上要完成如图 1-19 所示的型腔板的加工，采用的工艺主要包括铣削加工、钻削加工、磨削加工。现代模具设计一般不再以型腔板的表面作为主分型面的贴合面，而是以型腔镶块和型芯镶块的配合面作为分型面，所以型腔镶块装配好之后，一般要求型腔板的表面比型腔镶块的表面低 0.1～0.3mm。模具设计时往往直接采用标准模架中型腔板的厚度尺寸，所以有的企业为了保证型腔板的表面比型腔镶块的表面低，在进行其他加工前，先将型腔板的大面在平磨床上进行磨削。之后，由钳工划线打出水道孔，然后按照基准将型腔板固定在数控铣床上并找正，加工型腔镶块固定方孔这一面，如图 1-19（a）所示，依次经过粗铣、精铣完成型腔镶块固定方孔和滑块方槽的加工，接着在数控铣床上用中心钻点出各个螺钉孔的孔位，这些孔的精度要求都不是很高，可以在数控铣床上完成孔的加工，也可后续由钳工完成。完成这面的加工后，将工件翻转加工背面的流道及流道孔，如图 1-19（b）所示。这里需要注意，流道孔一般是待型腔镶块压装后再配做加工，这样保证型腔镶块上的流道孔与固定板上的流道孔对正。有些企业的加工设备精度较高，也可分开加工，但如果分开加工的两个流道孔装配后出现了错位，会使流道脱模非常困难。为了避免这种情况，分开加工时往往让固定板上的流道孔径比型腔镶块上的流道孔径单边大 0.3～0.5mm，以消除两孔错位带来的脱模困难问题。

(3) 铭牌冲裁凸凹模的磨削加工

铭牌冲裁凸凹模零件如图 1-21 所示。在冲裁模具中，本凸凹模零件的凸模工作部分完成铭牌外形的落料，凹模部分完成两个圆柱孔及“SUST”字样的冲孔。从零件图上可以看出，该凸凹模的加工采用“凸凹模配做法”，外成型轮廓面是非基准轮廓面，它与落料凹模的实际尺寸配制，保证双面间隙为 0.06mm；凸凹模的两个凹模内孔及字样凹模也是与冲孔凸模的实际尺寸配间隙。

该零件的外形尺寸是 82mm×18mm×25mm。成型表面是外形轮廓、两个圆孔及“SUST”字样。底面有两个用于紧固的 M6 的螺纹孔。凸凹模的外成型轮廓由直线和两端的样条线构成，侧表面为直纹曲面，形状比较复杂。该零件的凹模部分的漏料孔为台阶式。外成型表面的精加工可以采用数控成型磨削加工或电火花线切割（后续会有详细介绍）方法。该零件的底面还有两个 M6 螺纹孔，这两个螺纹孔可以先加工出来，作为后续数控铣削或数

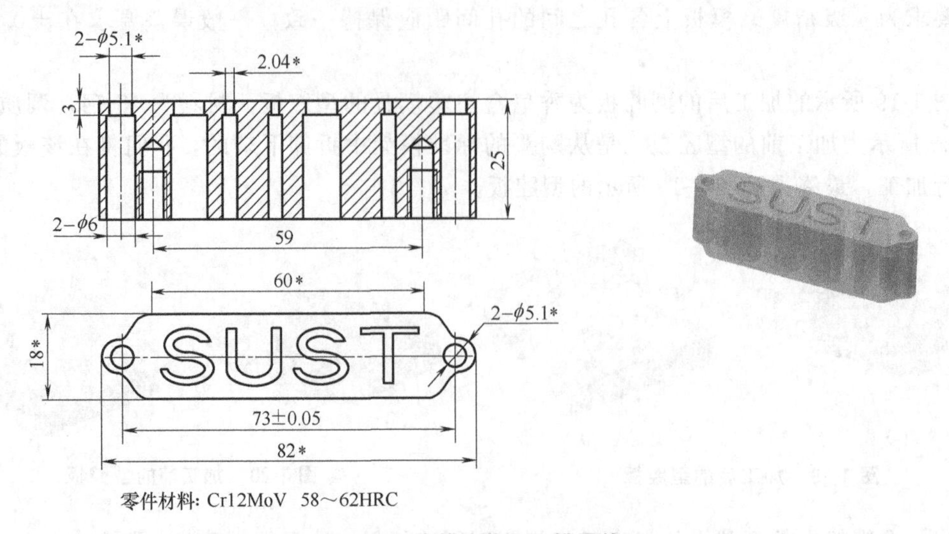

图 1-21 铭牌冲裁凸凹模零件

标有“*”的尺寸与其对应的凸模或凹模实际尺寸配做，保证双面间隙 0.06mm；
文字部分的轮廓尺寸参见三维数字模型

控成型磨削时夹装工艺孔用。凸凹模零件的两个圆孔内成型表面，在热处理前可以用铰刀铰削，热处理后再进行研磨，保证冲裁间隙。漏料孔在热处理后不再进行加工。

“SUST”字样部分的加工需要在热处理前预打穿丝孔，并在数控铣床上加工漏料孔，热处理之后，采用线切割加工出字样的成型，两个圆孔的加工也可采用这种工艺在线切割机床上加工。

经过上述分析，我们可以根据现有的加工设备条件，参考以下两个加工工艺方案，来确定该零件的加工工艺方案：

方案一：备料→退火→铣六方→磨六面→数控粗、半精加工外形→数控点圆成型孔位及字样的穿丝孔位置→钻圆成型孔→钻穿丝孔→钻并攻螺纹孔→数控铣漏料孔→铰成型圆孔→热处理到硬度要求→研磨内成型孔→成型磨削外形→钳工修配。

方案二：备料→退火→铣六方→粗磨六面→数控铣漏料孔→数控点圆成型孔位及字样的穿丝孔位置→钻或利用打孔机加工各个穿丝孔→钻并攻螺纹孔→热处理到硬度要求→平磨上下两面→电火花线切割外形→线切割圆孔及字样→钳工修配。

1.6 数控加工在模具制造中的应用

现代模具中的一些成型零件，结构复杂，精度要求极高。采用传统机械加工机床显然无法满足加工要求，要解决这类加工问题就需要采用数控设备进行加工。

在模具零件的加工中用到的数控设备很多，包括数控铣床、数控车床、数控磨床、数控雕刻机、数控电火花成型机床、数控电火花线切割机床以及其他一些利用数字程序控制工件和工具之间相对运动轨迹的加工设备。在模具制造企业，应用频率最高的数控设备是数控铣、数控电火花成型、数控电火花线切割，数控车、数控磨、数控雕刻使用频率相对要低一些。

其中数控电火花成型加工和数控电火花线切割加工因为是利用电能通过电腐蚀进行加工，并不是利用机械能进行加工，所以加工过程中没有切削力，因此把这两种加工方法归属为特种加工范畴，我们将在稍后进行简单的认知，并在第 5 章进行详细讲解。这里主要是对数控铣床、数控车床、数控雕刻机进行一个简单的认知。

数控加工在模具制造领域相比传统机械加工具有以下特点：

(1) 自动化程度高

在数控机床上加工零件时，整个加工过程都是由数控系统按照加工程序来控制机床的运动部件自动完成的，不需要人工通过转轮来移动刀具或工作台，操作者只需进行工件装夹、对刀、程序调入等加工前的准备和加工过程中的观察。

(2) 适应性强

数控机床实现加工的过程是由程序来控制的。当要加工某一零件时，先要按零件图上的尺寸、形状和技术要求编写出加工程序，然后再送入数控系统的计算机中。当被加工对象的形状发生变化时，除了更换刀具和夹具外，只需按照新对象的加工要求编写新的加工程序即能实现加工。因此，数控机床的加工范围很广，能节省很多的专用夹具，特别适用于模具零件的单件小批量加工。

(3) 加工质量好、精度高

数控机床大多采用高性能的主轴、伺服传动系统，高效、高精度的传动部件（如滚珠丝杠副、直线滚动导轨等）和具有较高动态刚度的机床结构，采取了提高机床耐磨性和减小热变形的措施，这些都能保持机床较高的几何精度和定位精度。又由于数控机床采用自动加工，减少了人为的操作误差，因此具有较高的加工精度。

(4) 生产效率高

由于数控机床的自动化程度高，在加工过程中省去了划线、夹具设计制造、多次装夹定位和检测等工作，所以数控加工的生产效率相比传统机加工高。

(5) 可进行远程协作加工

可以用一台主计算机通过网络控制多台数控机床，也可以在多台数控机床之间建立通信网络，还可以通过网络进行异地远程协作加工，因而有利于形成计算机辅助设计、生产管理和制造一体化的集成制造系统。

(6) 设备成本高

应用数控加工方法加工模具零件优势明显，但相比普通车、铣设备，数控机床价格高、技术复杂，对机床的维护与编程人员技术要求高。

(7) 加工前准备复杂

为了充分利用数控机床的高性能，发挥其高效率的优点，必须在加工前编制好零件加工程序，准备好相应的刀具和夹具。故而，数控机床不适宜加工形状简单、精度要求低、毛坯余量过大的零件。

模具成型零件的表面若是母线比较复杂的回转面，一般采用数控车削加工；对于复杂的外形轮廓或空间曲面成型面，一般采用数控铣加工或者先粗铣再进行电火花成型精加工；对于微细复杂形状、特殊材料模具、塑料镶拼型腔及嵌件、带异形槽的模具零件，可以采用数控电火花线切割加工；对精度要求较高的解析几何曲面可以采用数控磨削加工。

1.6.1 数控加工设备

(1) 数控车床

数控车床就是配备了数控系统的车床，机床结构和常规车床相似，如图 1-22 所示。数

图 1-22　数控车床

1—卡盘；2—导轨；3—刀架；4—滑板座；5—数控面板；6—床身

控车床由包含床身、进给机构的主机、数控装置和驱动装置等部件构成。其中主机是数控机床的主体，包括床身、主轴、进给机构等机械部件，用于完成各种切削加工。数控装置是数控机床的核心，包括硬件以及相应的软件，用于输入数字化的加工程序，并完成输入信息的存储、数据的变换、插补运算以及实现各种控制功能。驱动装置是数控机床执行机构的驱动部件，包括主轴驱动单元、进给单元、主轴电动机及进给电动机等。它在数控装置的控制下通过电气或电液伺服系统实现主轴和进给驱动。当几个进给联动时，可以完成刀具相对工件的定位，直线、平面曲线和空间曲线的运动轨迹。另外，数控车床还包括其他一些必要的配套部件，用以保证数控机床的运行，如冷却、排屑、润滑、照明、监测等。

数控车床主要用于轴类和盘类回转体零件的多工序加工，数控车削是数控加工中应用较广泛的加工方法。由于数控车床具有加工精度高、能做直线和圆弧插补以及在加工过程中能自动变速的特点，因此，其工艺范围比普通机床广得多，最适合加工精度高、表面粗糙度低、轮廓形状复杂、有特殊螺纹的回转体零件。

(2) 数控铣床

数控铣床是在常规铣床的基础上发展起来的一种自动加工设备，两者的加工工艺基本相同，结构也有些相似。数控铣床主要由床身、立柱、铣头、工作台、数控装置和驱动装置等部分构成，如图 1-23 所示。

数控铣床又分为不带刀库和带刀库两大类。其中带刀库的数控铣床又称为加工中心。

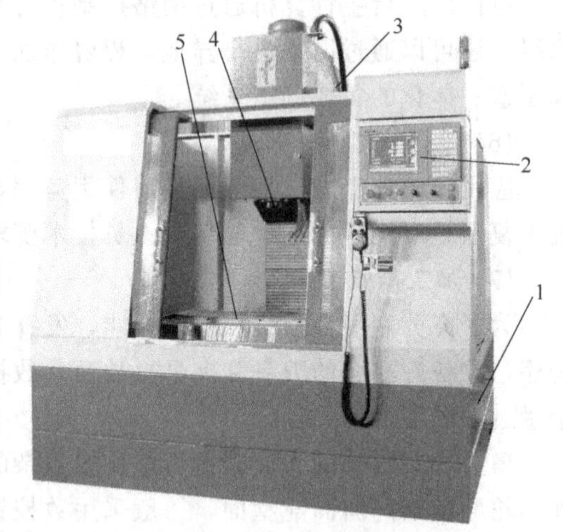

图 1-23　数控铣床

1—床身；2—数控面板；3—立柱；4—铣头；5—工作台

床身部分是整个机床的基础。床身底面通过调节螺栓和垫铁与地面相连。调整调节螺栓可保证机床工作台完全水平。立柱部分安装于床身后部，上面设有 Z 向矩形导轨，用于连接铣头部件，并使其沿导轨做 Z 向进给运动。铣头部分由铣头壳体、主传动系统及主轴组成，用于支撑主轴组件及各传动件。壳体后部的垂直导轨处装有压板、镶条及调节螺钉，用于调节铣头与立柱导轨的间隙。主传动系统用于实现夹刀、装刀动作，并保证主轴的回转精度。工作台位于床鞍上，用于安装工件并与床鞍一起分别执行 X、Y 向的进给运动。数控装置和驱动装置的作用和数控车床相似。

数控铣削加工除了具有普通铣床加工的能力，还能加工普通机床无法加工或很难加工的零件形状，如用数学模型描述的复杂轮廓零件以及三维空间曲面类零件，可以一次装夹定位对零件进行多道工序加工，加工精度高、加工质量稳定可靠。数控装置的脉冲当量一般为0.001mm，高精度的数控系统的脉冲当量可达0.1μm。另外，数控铣床具有铣削、镗削、钻削的功能，使工序高度集中，大大提高了生产效率。另外，数控铣床的主轴转速和进给速度都是无级变速的，因此有利于选择最佳切削用量。

(3) 数控雕刻机

数控雕刻加工，也叫CNC雕刻加工，它的工作原理与数控铣床加工是一模一样的，也有自动进刀、自动进给的功能，可以进行多种复杂曲面的加工。普通铣削加工采用低的进给速度和大的切削参数，而数控雕刻加工则采用高的进给速度和小的切削参数，精雕机加工时通常采用小刀、小切削量、高转速的加工工艺，所以数控雕刻机的主轴转速较高，一般为15000～40000r/min，最高可达100000r/min，刀具最小直径仅0.1mm。在切削钢时，其切削进给速度约为400m/min，比传统的铣削加工高5～10倍，在加工模具型腔时与传统的加工方法（传统铣削、电火花成型加工等）相比其效率提高4～5倍。另外，由于高速铣削时工件温升小（约为3℃），故表面没有变质层及微裂纹，热变形也小。数控雕刻的表面粗糙度 Ra 一般小于1μm。目前国内的雕刻机厂家生产的雕刻机，已经可以实现0.1μm进给、1μm切削深度的精准切削控制，加工表面的表面粗糙度达到0.01μm，完全不用再进行磨削及抛光。

目前数控雕刻在模具制造领域主要被用于型腔表面文字、图案的雕刻，模具零件的清角加工、多而细的条纹加工，紫铜和石墨电极的加工（可高效精细加工棱角分明的电火花成型电极），五金冲模和精密冲头的加工（五金冲模主要以Cr12为加工材料，数控雕刻在加工小型精密冲头时优势明显，可以铣削硬度为50～54HRC的钢材，铣削的最高硬度可达60HRC）。

无论是数控车床、数控铣床还是数控雕刻机，在进行模具零件加工时都需要利用软件编制加工程序。目前模具行业应用较广的程序编制软件有MasterCAM、PowerMill和UG。其中，UG是一款融合了实体造型、曲面造型、线框建模以及数控加工、模拟分析等多功能的大型CAD/CAE/CAM软件。

利用UG可以进行模具的设计、分析，并进行数控加工程序的自动编程。UG为模具的加工提供了平面铣、曲面轮廓铣、型腔铣、等高轮廓铣和固定轴轮廓铣等多种操作。对于一些形状复杂的模具，利用UG中的模具加工模块，可以实现数控加工程序的自动编制，既保证了加工的质量，又提高了模具加工的效率。

在利用UG进行模具的数控加工之前，必须要先建立模具的三维模型。根据模具的三维模型，利用UG的CAM模块可以选择并最终确定理想的加工工艺路线。用户利用UG加工模块中的交互式编程功能，通过创建程序节点、几何节点、刀具节点和加工方法节点，可以实现精确的模拟刀具加工轨迹。用户通过观察刀具运动轨迹，可以对加工程序进一步地编辑和调整。最后通过对最终的刀位源文件进行后置处理，UG即可自动生成数控加工程序。

利用UG可以轻松实现复杂模具的计算机辅助制造。在现代工业对质量和效率并重的背景下，充分利用基于UG的数控加工技术，可以提高模具加工的质量和精度，缩短模具的制造周期。因此，本书后续的实例中都是以UG软件作为工具软件。

1.6.2 数控车削加工实例

(1) 圆形型芯镶块的数控车削加工

图1-24所示为圆形塑料模具型芯镶块，零件表面由圆柱、圆锥和圆弧等表面组成，材

料为 P20，调质硬度 28～30HRC。因该型芯尺寸不大，热处理硬度不高，为便于加工和热处理，可在下料后先调质热处理再进行机加工。先粗车，最后在数控车床上完成精车。为了便于加工和装夹，在下料时长度方向应加长 10mm，并将该段长度留在右端，用作钻中心孔和装夹精加工完成后去掉夹持段。

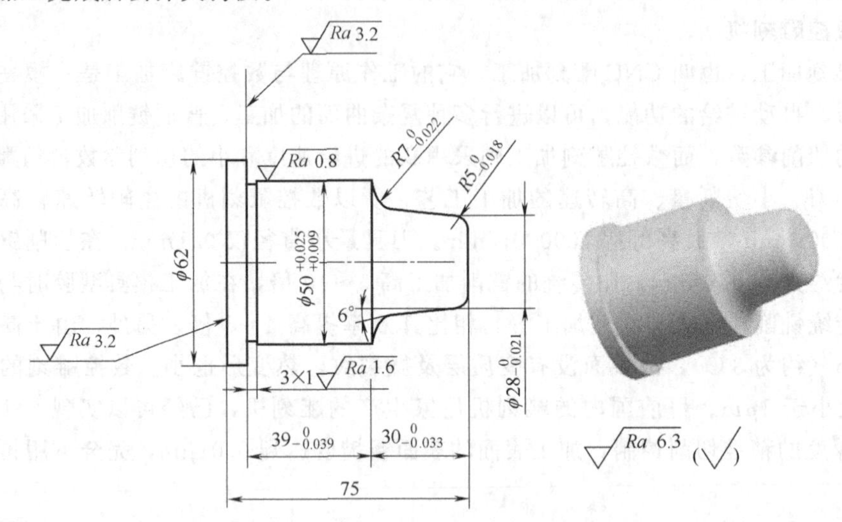

图 1-24 圆形塑料模具型芯镶块

所以该型芯的机械加工工艺过程为：下料→调质热处理→粗车并钻中心孔→数控车削精加工→抛光工作表面→钳工修光端面→检验。为保证零件精度，左端采用自定心卡盘定心夹紧，右端用活顶尖支承装夹。一次装夹在数控车床上，分半精车和精车两个步骤完成型芯的车削加工。

(2) 型腔的数控铣削加工

图 1-25 所示为香皂盒注塑模具的型腔镶块，作为成型零件，其尺寸精度和表面粗糙度要求都较高，其中有文字部分的型腔表面为仿皮纹，另一半为磨砂面，材料为 P20，硬度为 30～32HRC。由图 1-25 可以看出，型腔成型部分完全由三维曲面构成，并且其中一个型腔表面还有凹沉的文字，顶端有圆弧面槽，分流道为半圆形流道，四周有定位台，侧面有水道。镶块的背面只有固定螺钉孔和水道孔，相对比较简单。重点是正面的加工，而正面的加工重点又是型腔成型部分的曲面加工，所以该零件的加工主要以数控铣削加工为主。

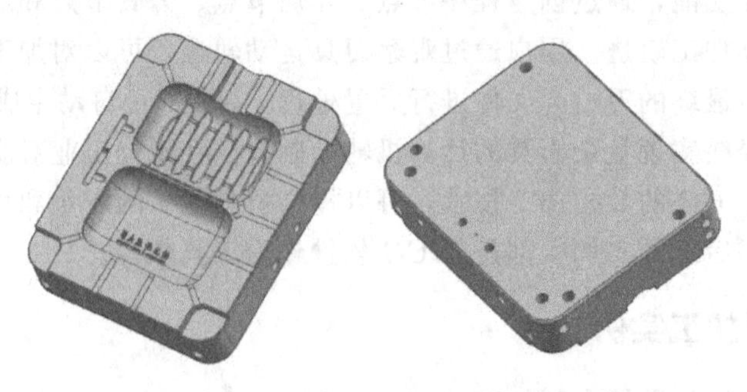

图 1-25 香皂盒注塑模具型腔镶块

由于零件的硬度要求不高，所以在下料后就进行调质热处理，然后在普通铣床上铣出六方，通过平面磨床磨六面到尺寸要求。因螺纹孔和水道相对精度较低，可以由钳工划线加工出。之后的重点工作就是在数控铣床上，由于整个镶块正面没有直角内凹、窄槽等形状，所以可以在数控铣床上通过一次装夹完成外轮廓、成型面、流道、定位台的半精及精加工。铣削完成后就是型腔的表面处理，有文字的型腔部分为仿皮纹，要通过晒纹处理，其本质是化学腐蚀加工，在第 6 章会有讲解。无文字部分表面为磨砂面，可以通过电火花放电完成。最后由钳工完成其他部分的抛光处理即可。

(3) 型腔的数控雕刻加工

如图 1-25 所示的型腔镶块中，包含有如图 1-26 所示的“陕西科技大学”汉字反文及“SHAANXI UNIVERSITY OF SCIENCE & TECHNOLOGY”英文字母的反文图案，所有文字图案深 0.2mm，英文字母笔画宽度为 1mm。

图 1-26 型腔镶块上的文字图案

对于文字的数控雕刻加工一般按照数控程序先采用较粗的刻刀进行粗加工，再采用较细的刻刀进行精加工，所以对于该零件的雕刻加工先采用 ϕ1mm 的圆刀进行粗加工，再用 ϕ0.2mm 的球刀进行最后的精加工。

对于较浅、较细的文字图案目前采用较多的是化学腐蚀方法。另外，激光雕刻在现代模具制造中对于文字、图案等的加工应用也越来越广泛。

1.7 特种加工在模具制造中的应用

随着工业生产的发展和科学技术的进步，具有高熔点、高硬度、高强度、高韧性的新型模具材料不断涌现，而且结构复杂和工艺要求特殊的模具也越来越多。这样，仅仅采用传统的机械加工方法来加工各种模具，就会感到十分困难，甚至无法加工。因此，人们除进一步完善和发展模具机械加工方法外，还借助于现代科学技术的发展，开发了一类有别于传统机械加工的新型加工方法，如电火花成型加工、电火花线切割加工、电解加工、电铸成型、电化学抛光、化学加工、超声波加工等，这些加工方法统称为特种加工技术。

模具的特种加工与机械加工有本质的不同，因为特种加工过程中工具对工件没有施加明显的机械力，不是利用机械能，而是直接利用电能、化学能、光能和声能对工件进行加工，以达到一定的形状尺寸和表面粗糙度，所以对工件的材料硬度没有要求。

目前，模具特种加工不仅有系列化的先进设备，而且广泛用于模具制造的各个部门，已经成为模具制造中必不可少的加工工艺手段。其中，电火花成型加工和电火花线切割加工是模具零件加工中应用最为广泛的两种特种加工方法，这里只对这两种加工方法进行一个简单的认知。

电火花加工是一种在一定介质中，通过工具电极和工件电极之间脉冲放电时产生的高温进行电腐蚀作用，对工件进行加工，以达到一定形状、尺寸和表面粗糙度要求的工艺方法。

电火花加工可以加工各种高熔点、高硬度、高强度、高纯度、高韧性、高脆性金属材料，广泛用于加工各类冲压模、热锻模、压铸模、挤压模、塑料模和橡胶模等的型腔、型孔（圆孔、方孔、异形孔）、曲线孔（弯孔、螺纹孔）以及窄缝、小孔、微孔的加工。

电火花加工根据应用范围可分为电火花成型加工（习惯简称为电火花加工）和电火花线切割加工（习惯简称为线切割加工）。

电火花成型加工大多用于模具不穿透的、复杂形状的型腔和型芯沟槽加工，以及切削加工无法完成的尖角、窄槽加工（也有用于尺寸精度要求不高的穿孔加工）。

1.7.1 电火花线切割加工设备和实例

电火花线切割机床分为慢走丝和快走丝两种形式，图 1-27 所示为数控快走丝线切割机床结构示意图。数控快走丝线切割机床的主机部分由床身、丝架、工作台、走丝机构、锥度装置、工作液循环系统等组成。

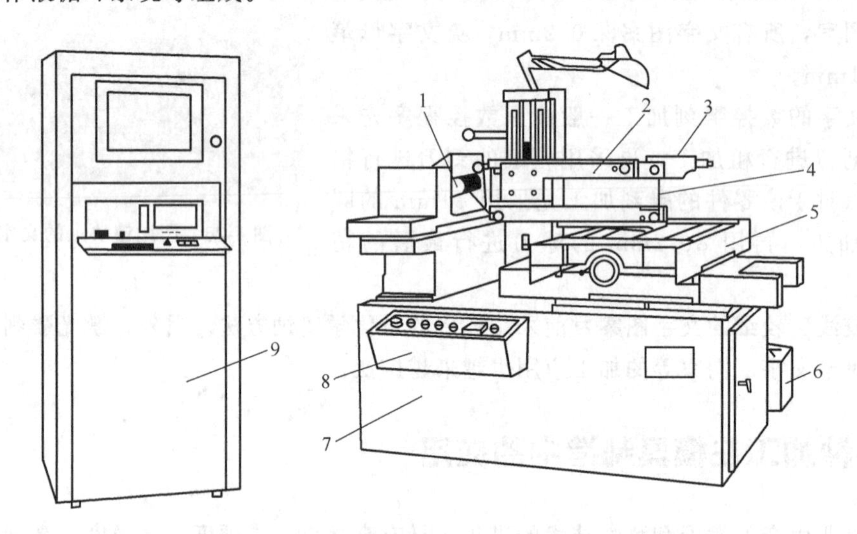

图 1-27 数控快走丝线切割机床结构示意图

1—储丝筒；2—丝架；3—锥度装置；4—电极丝；5—工作台；6—工作液箱；7—床身；8—操纵盒；9—控制柜

电火花线切割加工时是通过工作台与电极丝的相对运动来完成零件的加工进给。工作台可以联动进行两个坐标方向各自的直线进给移动，故而电极丝可以相对工件移动出各种平面曲线轨迹。

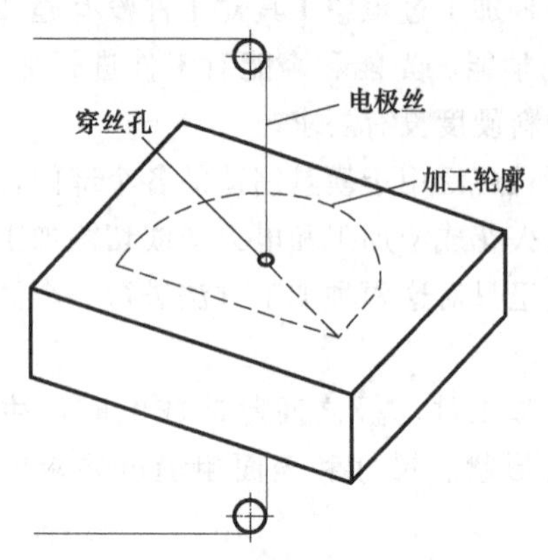

图 1-28 线切割加工的基本过程

线切割加工的基本过程如图 1-28 所示，电极丝从穿丝孔位置开始沿虚线轨迹进行放电加工，直到走完整个加工轮廓。

图 1-29 所示为一些线切割加工的零件。其中图 1-29（a）所示是一个六面体，在靠边的位置打了穿丝孔，然后电极丝从穿丝孔开始沿轮廓进行加工，最后得到曲面轮廓的零件，类似凸模的线切割加工。图 1-29（b）所示同样是一个六面体，在六面体的中心位置打了穿丝孔，然后电极丝从穿丝孔开始沿轮廓进行加工，最后得外面为六面体、内面为

曲面轮廓的零件，类似凹模的线切割加工。图 1-29（c）所示是在圆盘零件内部加工出窄槽。图 1-29（d）所示为线切割加工出的小型芯镶块。

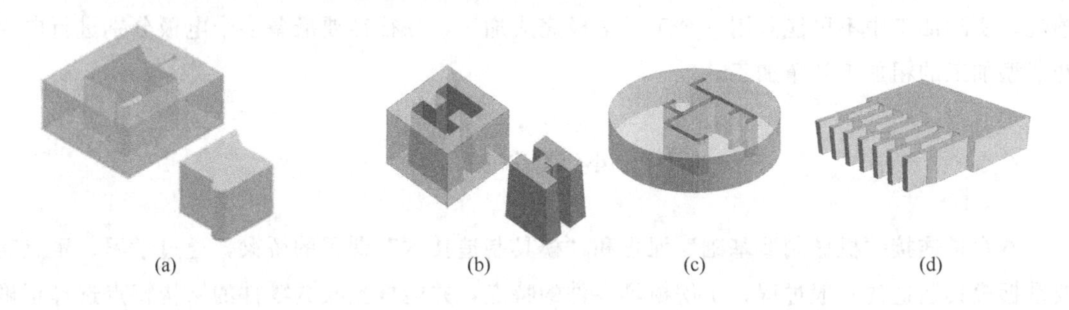

图 1-29 线切割加工的零件

1.7.2 电火花成型加工设备和实例

电火花成型机床主要由床身、主轴头、立柱、工作台与工作液槽以及控制柜等组成，如图 1-30 所示。

工作台一般都可做纵向和横向移动，即 X、Y 两个方向的移动，以达到工具电极与被加工零件间所要求的相对位置。工作台上还配有工作液槽，使工具电极与被加工零件浸泡其中，起到冷却、排屑的作用。

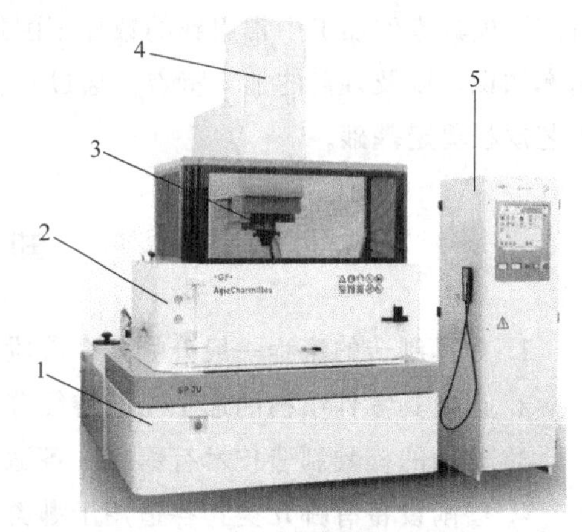

图 1-30 电火花成型机床
1—床身；2—工作液槽；3—立柱；4—主轴头；5—控制柜

控制柜主要由脉冲电源、自动进给调节系统等组成。脉冲电源是把工频交流电转变成一定频率的单向脉冲电流，以供给电火花加工所需要的放电能量。通过调节电流参数，可满足粗、中、精加工的不同需要。自动进给调节系统的作用是通过自身的自动控制系统，保证电极和工件之间在加工过程中始终保持一定的放电间隙，确保电火花加工过程的稳定性。

图 1-31 所示为电火花成型加工的零件，

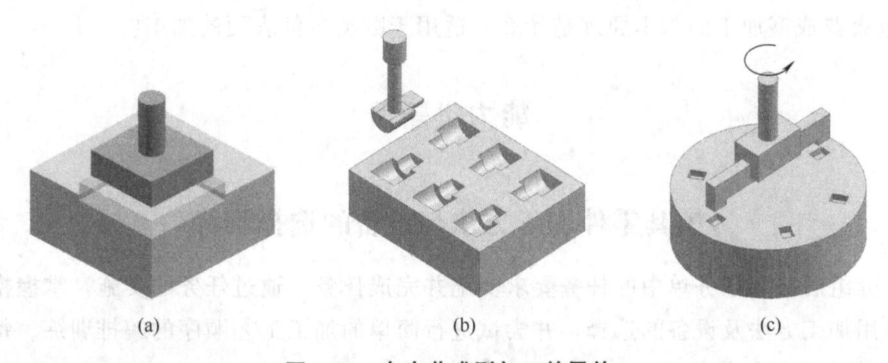

图 1-31 电火花成型加工的零件

图 1-31（a）所示是采用方形电极在工件上加工出一个方形的沉孔。图 1-31（b）所示是采用一个工具电极通过工作台的平移加工多型腔零件。图 1-31（c）所示是采用一个电极同时加工两个腔位，通过旋转机床主轴头，可实现多个腔位的加工。因为电极在加工过程中会有损耗，实际加工中不可能只用一个工具电极完成加工，往往需要准备多个电极分别进行电火花成型加工的粗加工和精加工。

本 章 小 结

本章是连接“机械制造基础”课程和“模具制造技术”课程的桥梁，通过学习，重点需要掌握模具制造的一般过程，了解模具零件的特点，并能根据模具零件的结构特点选择正确的加工设备和加工方法。

这里只是对模具零件加工中常用的加工设备和加工方法的一个认知，以便大家对模具制造及模具零件加工有一个整体的感性认知，对于每个加工方法的具体工艺参数设定、刀具选择、工装定位等问题，会在后续的章节中详细讲解。

本章通过各种不同的模具零件结构分析，讲解了车削加工、铣削加工、磨削加工等传统机械加工方法在模具零件加工中的应用，及其相应加工设备的基本结构和加工特点。同时，讲解了模具零件加工中常用到的数控车削加工、数控铣削加工、数控雕刻加工及特种加工的基本知识，以及各自的加工特点。通过对各加工方法的基本认知，为后续编制模具零件制造工艺规程奠定基础。

知识类题目

1. 模具制造的流程一般分哪几个阶段？
2. 以模具零件结构的加工工艺特征分类，模具零件可以分成哪几类？
3. 常用的模具制造技术有哪些？各适用于哪类零件表面的加工？
4. 磨削设备有哪几类？各适用于哪类零件的加工？
5. 数控加工相比常规机械加工有哪些特点？
6. 特种加工相比机械切削加工有哪些特点？
7. 电火花线切割的基本原理是什么？适用于哪类零件表面的加工？
8. 电火花成型加工的基本原理是什么？适用于哪类零件表面的加工？

能力类题目

模具零件加工方法与设备的选择训练

学生分组后按照任务单中的任务要求实施并完成任务。通过任务的实施，掌握模具零件加工中常用加工方法及设备的选择，并尝试进行简单的加工工艺顺序的编排训练。每组学生5～6 人。本章的任务单如表 1-1～表 1-3 所示。

表 1-1 任务单 1

<table>
<tr><td>任务名称</td><td colspan="3">型腔板加工方法和设备的选择
注:零件的外形尺寸为 350mm×300mm×90mm,镶块固定孔尺寸为 230mm×190mm×50mm,圆角半径 20mm,其他尺寸参见中国大学 MOOC“模具制造工艺”(课程编号:0802SUST006)资源库中,“任务零件”文件夹下的“cavity_plate. prt”三维数字模型</td></tr>
<tr><td>组别号</td><td></td><td>成员</td><td></td></tr>
<tr><td>任务要求</td><td colspan="3">每个成员先独立完成以下任务:
1. 分析零件的加工结构特点
2. 根据该零件在模具中的作用,分析各个工作部位的使用要求
3. 确定该零件各个部位加工中用到的加工方法和设备
4. 按照下表初步规划加工工艺顺序
每个成员完成上述任务后,按组进行讨论,最后形成书面讨论结果

型腔板
加工前的型腔板
<table>
<tr><th>顺序</th><th>加工部位</th><th>加工方法和设备</th><th>备注</th></tr>
<tr><td>1</td><td></td><td></td><td></td></tr>
<tr><td>2</td><td></td><td></td><td></td></tr>
<tr><td>3</td><td></td><td></td><td></td></tr>
<tr><td>4</td><td></td><td></td><td></td></tr>
<tr><td>…</td><td></td><td></td><td></td></tr>
</table>
</td></tr>
</table>

表 1-2 任务单 2

<table>
<tr><td>任务名称</td><td colspan="3">落料模凹模板加工方法和设备的选择
注：零件的三维数字模型，参见中国大学 MOOC“模具制造工艺”课程资源库中“任务零件”文件夹下的“cross_die. prt”，该零件的加工从毛坯下料开始</td></tr>
<tr><td>组别号</td><td></td><td>成员</td><td></td></tr>
<tr><td>任务要求</td><td colspan="3">每个成员先独立完成以下任务：
1. 分析零件的加工结构特点
2. 根据该零件在模具中的作用，分析各个工作部位的使用要求
3. 确定该零件各个部位加工中用到的加工方法和设备
4. 按照下表初步规划加工工艺顺序
每个成员完成上述任务后，按组进行讨论，最后形成书面讨论结果

截面 1—1

凸模材料：Cr12
热处理：淬火60～63HRC

凹模材料：Cr12
热处理：淬火60～63HRC
凹模刃口尺寸按单边冲裁间隙0.02～0.03mm配做
刃口表面粗糙度为0.4μm

落料模凹模板</td></tr>
</table>

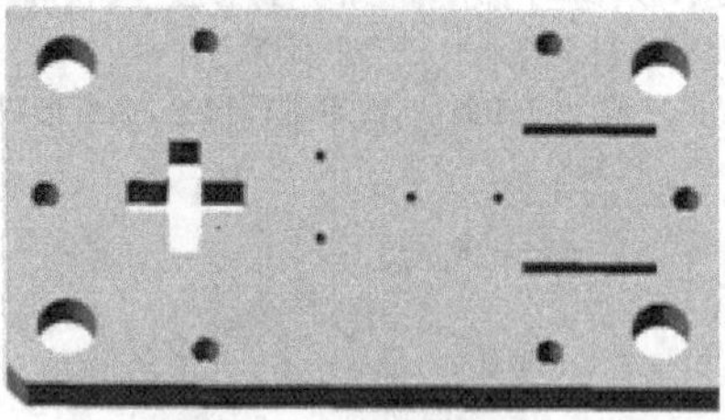

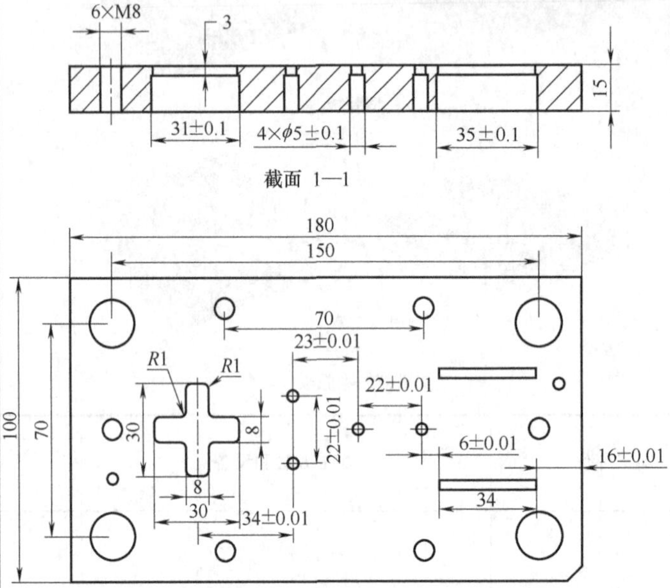

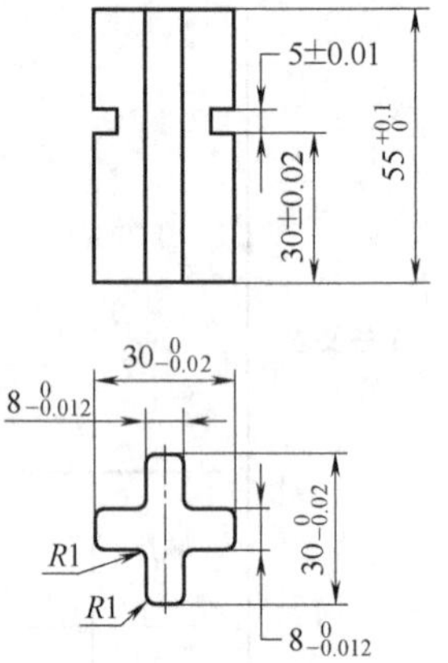

顺序	加工部位	加工方法和设备	备注
1			
2			
…			

表 1-3 任务单 3

<table>
<tr><td>任务名称</td><td colspan="3">香皂盒注塑模具型腔镶块加工方法和设备的选择
注：零件的三维数字模型为中国大学 MOOC“模具制造工艺”资源库中“任务零件”文件夹下的“cavity_insert.prt”，该零件的加工从毛坯下料开始，零件外形尺寸为 230mm×190mm×50mm，文字深度为 0.3mm</td></tr>
<tr><td>组别号</td><td></td><td>成员</td><td></td></tr>
<tr><td>任务要求</td><td colspan="3">每个成员先独立完成以下任务：
1. 分析零件的加工结构特点
2. 根据该零件在模具中的作用，分析各个工作部位的使用要求
3. 确定该零件各个部位加工中用到的加工方法和设备
4. 按照下表初步规划加工工艺顺序
每个成员完成上述任务后，按组进行讨论，最后形成书面讨论结果
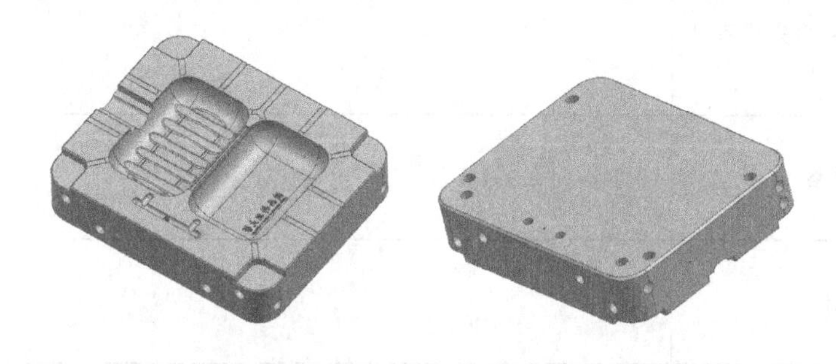

型腔镶块
<table>
<tr><th>顺序</th><th>加工部位</th><th>加工方法和设备</th><th>备注</th></tr>
<tr><td>1</td><td></td><td></td><td></td></tr>
<tr><td>2</td><td></td><td></td><td></td></tr>
<tr><td>3</td><td></td><td></td><td></td></tr>
<tr><td>4</td><td></td><td></td><td></td></tr>
<tr><td>…</td><td></td><td></td><td></td></tr>
</table>
</td></tr>
</table>

各组学生任务实施完成后，对任务实施的整个环节进行自评总结，再通过组内互评和教师评价对任务的实施进行评价。各评价表具体内容如表 1-4～表 1-7 所示。

表 1-4 学生自评表 1

<table>
<tr><td>任务名称</td><td colspan="5">________零件加工设备的选择</td></tr>
<tr><td>姓名</td><td></td><td>班级</td><td colspan="3"></td></tr>
<tr><td>学号</td><td></td><td>组别</td><td colspan="3"></td></tr>
<tr><td colspan="4">评价观测点</td><td>分值</td><td>得分</td></tr>
<tr><td colspan="4">零件结构分析</td><td>20</td><td></td></tr>
<tr><td colspan="4">零件加工工艺性分析</td><td>40</td><td></td></tr>
<tr><td colspan="4">加工设备的选择</td><td>40</td><td></td></tr>
<tr><td colspan="4">总计</td><td>100</td><td></td></tr>
<tr><td>任务实施过程中完成较好的内容</td><td colspan="5"></td></tr>
<tr><td>任务实施过程中完成不足的内容</td><td colspan="5"></td></tr>
<tr><td>需要改进的内容</td><td colspan="5"></td></tr>
<tr><td>任务实施总结</td><td colspan="5"></td></tr>
</table>

表 1-5 学生自评表 2

<table>
<tr><td>任务名称</td><td colspan="5">________零件加工设备的选择</td></tr>
<tr><td>姓名</td><td></td><td>班级</td><td colspan="3"></td></tr>
<tr><td>学号</td><td></td><td>组别</td><td colspan="3"></td></tr>
<tr><td colspan="4">评价观测点</td><td>分值</td><td>得分</td></tr>
<tr><td colspan="4">零件结构分析</td><td>20</td><td></td></tr>
<tr><td colspan="4">零件加工工艺性分析</td><td>40</td><td></td></tr>
<tr><td colspan="4">加工设备的选择</td><td>40</td><td></td></tr>
<tr><td colspan="4">总计</td><td>100</td><td></td></tr>
<tr><td>任务实施过程中完成较好的内容</td><td colspan="5"></td></tr>
<tr><td>任务实施过程中完成不足的内容</td><td colspan="5"></td></tr>
<tr><td>需要改进的内容</td><td colspan="5"></td></tr>
<tr><td>任务实施总结</td><td colspan="5"></td></tr>
</table>

表 1-6 组内互评表

<table>
<tr><td colspan="2">任务名称</td><td colspan="6">________零件加工设备的选择</td></tr>
<tr><td colspan="2">班级</td><td colspan="2"></td><td colspan="2">组别</td><td colspan="2"></td></tr>
<tr><td rowspan="2">评价观测点</td><td rowspan="2">分值</td><td colspan="6">得分</td></tr>
<tr><td>组长</td><td>成员 1</td><td>成员 2</td><td>成员 3</td><td>成员 4</td><td>成员 5</td></tr>
<tr><td>分析问题能力</td><td>15</td><td></td><td></td><td></td><td></td><td></td><td></td></tr>
<tr><td>解决问题能力</td><td>20</td><td></td><td></td><td></td><td></td><td></td><td></td></tr>
<tr><td>责任心</td><td>15</td><td></td><td></td><td></td><td></td><td></td><td></td></tr>
<tr><td>实施决策能力</td><td>15</td><td></td><td></td><td></td><td></td><td></td><td></td></tr>
<tr><td>协作能力</td><td>10</td><td></td><td></td><td></td><td></td><td></td><td></td></tr>
<tr><td>表达能力</td><td>10</td><td></td><td></td><td></td><td></td><td></td><td></td></tr>
<tr><td>创新能力</td><td>15</td><td></td><td></td><td></td><td></td><td></td><td></td></tr>
<tr><td>总计</td><td>100</td><td></td><td></td><td></td><td></td><td></td><td></td></tr>
</table>

表 1-7 教师评价表

<table>
<tr><td>任务名称</td><td colspan="5">________零件加工设备的选择</td></tr>
<tr><td>班级</td><td></td><td>姓名</td><td></td><td>组别</td><td></td></tr>
<tr><td colspan="4">评价观测点</td><td>分值</td><td>得分</td></tr>
<tr><td rowspan="5">专业知识和能力</td><td colspan="3">零件结构分析能力</td><td>10</td><td></td></tr>
<tr><td colspan="3">零件加工工艺分析能力</td><td>10</td><td></td></tr>
<tr><td colspan="3">零件加工规划能力</td><td>15</td><td></td></tr>
<tr><td colspan="3">加工基础理论知识</td><td>15</td><td></td></tr>
<tr><td colspan="3">机床加工特点分析能力</td><td>15</td><td></td></tr>
<tr><td rowspan="4">方法能力</td><td colspan="3">自主学习能力</td><td>5</td><td></td></tr>
<tr><td colspan="3">决策能力</td><td>3</td><td></td></tr>
<tr><td colspan="3">实施规划能力</td><td>3</td><td></td></tr>
<tr><td colspan="3">资料收集、信息整理能力</td><td>3</td><td></td></tr>
<tr><td rowspan="6">个人素养</td><td colspan="3">交流沟通能力</td><td>3</td><td></td></tr>
<tr><td colspan="3">团队组织能力</td><td>3</td><td></td></tr>
<tr><td colspan="3">协作能力</td><td>3</td><td></td></tr>
<tr><td colspan="3">文字表达能力</td><td>2</td><td></td></tr>
<tr><td colspan="3">工作责任心</td><td>5</td><td></td></tr>
<tr><td colspan="3">创新能力</td><td>5</td><td></td></tr>
<tr><td colspan="4">总计</td><td>100</td><td></td></tr>
</table>

模 具 制 造 技 术

·第2章·

模具零件加工工艺规程的制定

通过前一章内容我们对模具零件常用加工方法和设备及其加工特点已经有了一个初步的认知，那么如何根据模具零件的加工要求合理地选择加工方法和设备、确定加工工艺路线、制定合理的加工工艺规程，将是本章的学习重点。

本章的学习重点及与其他章节之间的关系如图 2-1 所示。

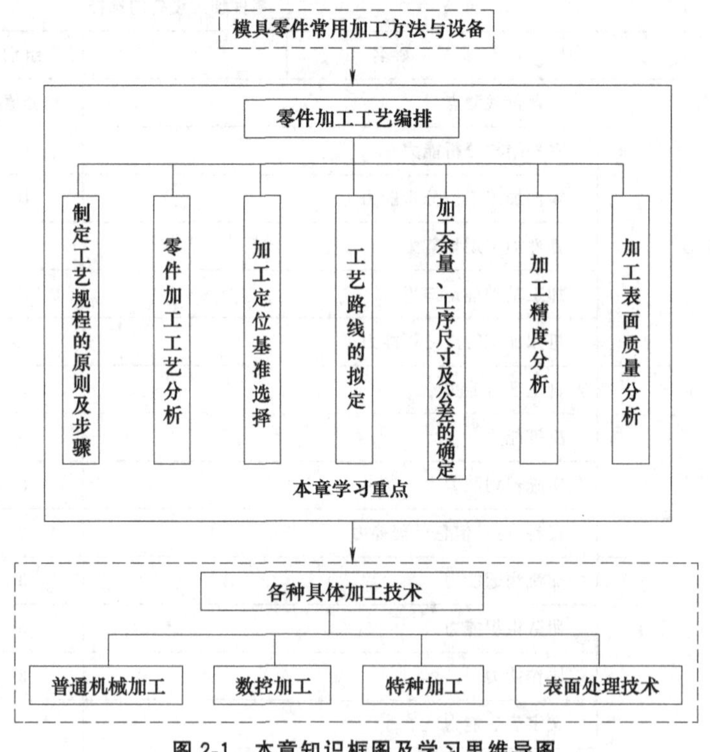

图 2-1 本章知识框图及学习思维导图

模具零件一般是单件小批量生产，模具标准件则是成批生产，我们将以一般模具零件加工学习为主，模具标准件加工学习为辅。模具零件的加工精度要求一般较高，所采取的加工方法往往类似于其他机械产品的机械加工，但又不同于一般机械加工方法。因此，模具零件的加工工艺规程也有其特殊的一面。

模具零件加工的工艺规程是规定模具零部件加工工艺过程和操作方法等的工艺文件。模具生产工艺水平的高低及解决各种工艺问题的方法和手段都要通过模具零件加工工艺规程来体现。因此模具零件加工的工艺规程设计是一项重要的工作，它要求设计者必须具备丰富的生产实践经验和扎实的加工制造工艺基础理论知识。

本章将通过几个简单模具零件加工工艺规程的制定，来进行以下知识的学习和能力的培养，为后续制定塑料模具零件、冲压模具零件加工工艺规程奠定基础。

① 模具零件加工工艺规程制定的一般原则及步骤；

② 模具零件的工艺性分析；

③ 加工定位基准的选择；

④ 零件加工工艺路线的拟定；

⑤ 加工余量、工序尺寸及公差的确定；

⑥ 模具零件的加工精度和表面质量的分析。

2.1 模具零件加工工艺规程制定的原则和基本步骤

2.1.1 加工工艺规程的基本概念

(1) 工艺过程

工艺过程是指直接改变生产对象（原材料或毛坯）的形状、尺寸、相对位置和性质等，使其成为成品或半成品的过程。模具零件的工艺过程是模具制造过程中的主要部分，包括毛坯的铸造、锻造，改变材料性能的热处理，零件的机械加工，零件的表面处理等。其余的劳动过程，如生产的技术准备、检验、运输及保管等，则为模具制造过程的辅助过程，不属于零件的加工工艺过程。

工艺过程由一个或若干个按顺序排列的工序组成，毛坯依次经过这些工序而变成成品零件。工序又可分为安装、工位、工步、走刀等。

(2) 工序

工序是指一个或一组工人，在一个工作地点对同一个或同时对一组工件进行加工，所连续完成的这一部分工艺过程。工序是组成工艺过程的基本单元，划分工序的主要依据是工作地（设备）、加工对象（工件）是否变动以及加工过程是否连续完成，即一个工序中的操作工人不变、加工的地点不变、加工的零件不变、加工须连续进行。

(3) 工步

在一个工序内，往往需要采用不同的刀具和切削用量对不同的表面进行加工。为便于分析和描述工序的内容，工序还可进一步划分为工步。当加工表面、切削工具和切削用量中的转速与进给量均不变时，所完成的这部分工序称为工步。一个工序中可以包括多个工步，也可能只有一个工步。

加工表面和加工工具是工步的两个决定因素，两者之间任何一个发生变化，或者虽然两者没有变化，但加工过程不是连续完成的，一般应划分为两个工步。当工件在二次装夹后连续进行若干个相同的工步时，为了简化工序内容，在工艺文件上常将其填写为一个工步。如图 2-2 所示零件，对四个 $\phi10$mm 的孔连续进行钻削加工，在工序中可以写成“钻 $4\times\phi10$mm

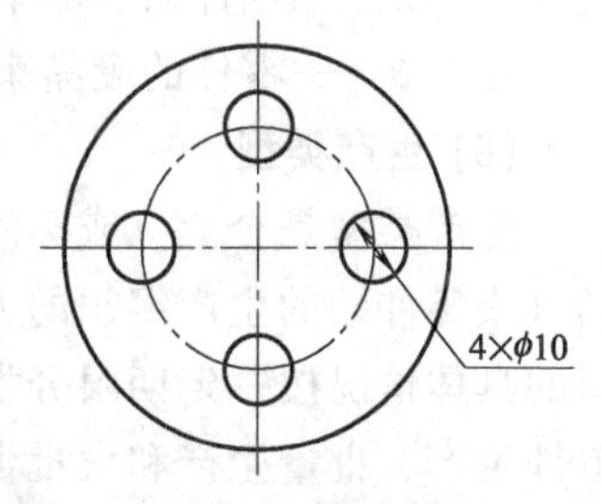

图 2-2 相同工步

孔”一个工步。

(4) 走刀

在一个工步内，若被加工表面需切去的金属层很厚，需要分几次切削，每切削一次为一次走刀。走刀是工步的一部分，一个工步可以包括一次或几次走刀。

(5) 定位与安装

为了在工件的某一部位上加工出符合规定技术要求的表面，需在机械加工前让工件在机床或夹具中占据一个正确的位置，这个过程称为工件的定位。工件定位后，由于在加工过程中受到切削力、重力等的作用，位置会发生变动，因此还应采用一定的机构将工件夹紧，以使工件先前确定的位置保持不变。工件从定位到夹紧的整个过程统称为安装。

在一个工序内，工件可能只需安装一次，也可能需要安装几次。工件在加工过程中应尽量减少安装次数，因为多一次安装就多一份误差，而且还增加了安装工件的辅助时间。

(6) 工位

工位指一次装夹工件后，工件与夹具或设备的可动部分一起相对刀具或设备的固定部分所占据的每一个位置。

为了减少工件的安装次数，常采用各种回转工作台、回转夹具或移位夹具，使工件安装后可在几个不同位置进行加工。此时工件在机床上占据的每一个加工位置称为工位。

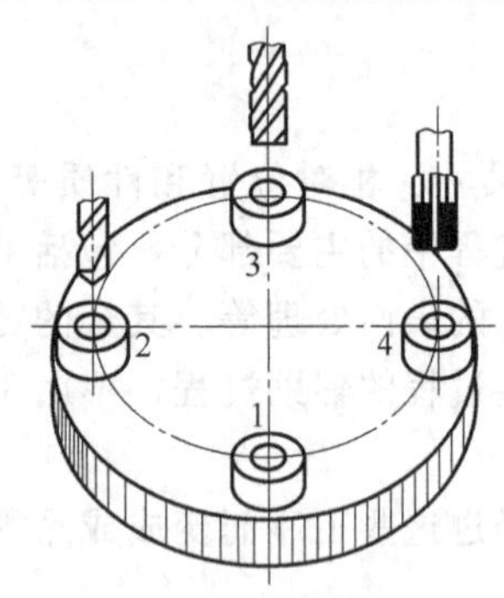

图 2-3　多工位加工

图 2-3 所示为利用多工位夹具对零件上的孔进行钻、扩、铰加工，该夹具使工件依次处于装卸（工位 1）、钻孔（工位 2）、扩孔（工位 3）、铰孔（工位 4）4 个工位上，一个工步完成后，机床夹具回转部分带动工件一起相对于夹具固定部分回转 90°，之后进行下一个工步。由于采用了多工位夹具，减少了工件安装次数，缩短了工序时间，提高了生产率。

(7) 生产纲领

生产纲领是指企业在计划期内应当生产的产品产量（包括废品及备品）和进度计划。计划期常定为 1 年，所以生产纲领常称为年产量，也称为生产量。在制定工艺规程时，一般按产品（或零件）的生产纲领来确定生产类型。一般模具零件的加工都属于单件生产，而标准模架或标准件生产企业则是多件生产，在制定标准模架类零件或标准件类的生产纲领时，按照下式进行计算：

$$N_{零}=N_{产}\,n(1+\alpha)(1+\beta)$$

式中　$N_{产}$——产品的生产纲领，台/年；

n——每台产品中该零件的数量，件/台；

α——零件的备品率，%；

β——零件的废品率，%。

(8) 生产类型

生产类型是企业（或车间、工段、班组、工作地）生产专业化程度的分类。它一般按产品（或零件）的生产纲领的大小和品种的多少来确定。零件的生产纲领确定后，就要根据车间的具体情况按一定期限分批投产，每批投产的零件数量称为批量。因此，生产类型可分为单件生产、批量生产和大批量生产三种类型，其中大批量生产的情况在一般的模具制造企业中很少出现。

生产的产品品种较多，每一种产品只做一个或数个，一个工作地点要进行多品种和多工序的作业，且很少重复生产，就属于单件生产。一般的模具制造通常属于单件生产。

批量生产是指产品周期性地成批投入生产，品种种类不是很多，但每种产品均有一定的数量，一个工作地点需周期性地分批完成不同工件的某些工序。例如，模具中常用的标准模板、模座、导柱、导套等都属于批量生产类型。根据产品的特征和批量的大小，批量生产又可分为小批生产、中批生产和大批生产。

不同的生产类型所考虑的工艺装备、加工方法对加工人员的技术要求、生产成本、零件的互换性等都不相同，因此，在拟定工艺路线时必须明确该产品的生产类型。模具零件各种生产类型的工艺特点如表 2-1 所示。

表 2-1 模具零件各种生产类型的工艺特点

项目	类型		
	单件生产	批量生产	大批量生产
加工对象	经常改变	周期性改变	长期不变
毛坯制造与加工余量	木模手工造型或自由锻造，毛坯精度低，加工余量大	部分用金属模铸造或采用模锻，毛坯精度高，加工余量较小	采用金属压力铸造、模锻及其他高效毛坯制造方法，毛坯精度高，加工余量小
机床设备及其布置	通用设备，按机床用途排列布置	通用机床及部分高效专用机床，按零件类别分工段排列	高效专用机床及自动机床，按流水线形式排列
夹具	采用标准通用夹具，由划线法及试切法保证尺寸	专用夹具，部分靠划线保证	高效先进专用夹具，靠夹具达到加工要求
刀具与量具	采用通用刀具及量具	多采用专用刀具及量具	高效专用刀具及量具
对工人的技术要求	熟练	中等熟练	对操作工人要求低，对调整工人技术要求高
零件互换性	配对制造，无互换性，广泛用于钳工修配	普遍具有互换性，保留某些试配	零件全部有互换性，某些配合要求高的零件采用分组互换
工艺规程	只编制简单的工艺规程卡	有较详细的工艺规程，对关键零件有详细的工序卡片	有详细的工艺文件
生产率	低	中	高
制造成本	高	中	低

2.1.2 加工工艺规程的制定

工艺规程是规定产品或零部件加工的顺序，选用的机床、工具、工序等制造工艺和操作方法等的工艺文件，它记述了从毛坯到零件的整个加工工艺过程。它是指导生产的主要技术文件，是组织生产和管理生产（指生产计划、调度、工人操作、质量检验等工作）的基本依据，是成本核算的依据，也是进行大规模工艺改进所要研究的原始资料。

(1) 制定工艺规程的基本原则和要求

工艺规程制定的基本原则是保证技术上的先进性、经济上的合理性及良好的劳动环境。其具体要求如下：

① 在保证产品质量的前提下，能尽量提高生产率和降低成本。

② 工艺规程应全面、可靠和稳定地保证达到设计图上所要求的尺寸精度、形状精度、位置精度、表面精度和其他技术要求。

③ 制定工艺规程时，工艺人员必须认真研究原始资料，如产品图样、生产纲领、毛坯资料及生产条件的状况等。

④ 能保证工人具有良好而安全的劳动环境。

⑤ 参照同行业工艺技术的发展，综合本部门的生产实践经验，进行工艺文件的编制。

(2) 制定工艺规程的原始资料

① 模具的装配图和零件图。

② 质量验收标准。

③ 生产纲领。

④ 毛坯资料。

⑤ 本厂的生产技术条件。

⑥ 有关的各种技术资料。

(3) 制定工艺规程的方法与基本步骤

① 模具零件图的研究与工艺分析。

② 确定生产类型。

③ 确定毛坯的种类和尺寸。

④ 选择定位基准和主要表面的加工方法，拟定零件的加工工艺路线。

⑤ 确定工序尺寸、公差及技术要求。

⑥ 选择加工设备、工艺装备，确定切削用量及时间定额。

⑦ 填写工艺文件。

具体内容与步骤如表 2-2 所示。

表 2-2 模具制造工艺规程的具体内容和步骤

序号	项目	内容及其确定原则与方法
1	模具或模具零件	模具或模具零件名称;模具或模具零件图号
2	零件毛坯的选择与确定	毛坯种类和材料,外形尺寸,供货状态等
3	工艺基准的选择与确定	遵循工艺基准与设计基准重合的原则;遵循加工基准统一的原则
4	模具零件加工的工艺路线的设计(主要拟定成型零件的工艺路线)	分析模具零件的结构特点及其加工工艺性;确定工艺方法、加工顺序;根据现场设备,确定工序内容集中的程度
5	模具装配工艺路线确定	确定装配顺序;标准件的二次加工;装配与试模;验收条件与验收检查
6	工序余量的确定	工序余量的确定有计算法、查表修正法和经验估计确定法三种。模具零件加工工序余量常用后两种方法
7	工序尺寸与公差的计算与确定	模具零件加工的工序尺寸与公差一般采用查表或经验估计方法确定。只在采用 CNC 高效精密机床加工且其工序内容集中时需进行计算
8	机床的选择与确定	加工设备的加工精度与零件的技术要求相适应;加工设备可加工尺寸与零件的尺寸大小相符合;加工设备的生产率和零件的生产规模相一致;须考虑现场所拥有的加工设备及其状态
9	工装的选择与确定	模具零件加工的所有工装包括夹具、刀具、检具。在模具零件加工中,由于是单件制造,应尽量选用通用夹具和机床附有的夹具以及标准刀具。刀具的类型、规格和精度等级应与加工要求相符合

续表

序号	项目	内容及其确定原则与方法
10	工序或工步切削用量的计算与确定	合理确定切削用量对保证加工质量，提高生产效率，减少刀具的损耗具有重要意义。机械加工的切削用量内容包括：主轴转速（r/min），切削速度（m/min），走刀量（mm/r），背吃刀量（mm）和走刀次数。电火花加工则需合理确定电参数、电脉冲能量与脉冲频率
11	工时定额的计算与确定	在一定生产条件下，规定模具制造周期和完成每道工序所消耗的时间，不仅对提高工作人员的积极性和生产技术水平有很大作用，对保证按期完成用户合同中规定的交货期，更具有重要的经济、技术意义。工时定额公式为 $T_{定额}=T_{基本}+T_{辅助}+T_{布置}+T_{休息}+(T_{准终}/n)$ 式中 n——加工件数； $T_{准终}/n$——每件所耗的准备时间； $T_{基本}$——机动加工时间； $T_{辅助}$——直接用于机动加工的辅助工作时间； $T_{布置}$——布置工作地（如更换刀具、清理切屑、润滑机床等）所耗时间； $T_{休息}$——休息与生理需要所耗时间； $T_{准终}$——进行准备（如分析图样、领取工具、终结时送交成品、归还工装等）所耗时间

(4) 认识加工工艺规程卡

为了适应工业发展的需要，便于科学管理和交流，模具工艺规程的形式已经标准化。常见的模具工艺规程形式有模具机械加工工艺规程卡、模具机械加工工艺卡、模具机械加工工序卡、模具机械加工工序操作指导卡、检验卡等，其中模具机械加工工艺规程卡最为重要。

① 模具零件的机械加工工艺规程卡　工艺人员根据模具零件的加工工艺过程，制定的机械加工工艺规程卡中将列出零件整个加工过程所经过的工艺路线，其中包括下料、机械加工、热处理、表面处理等工艺规程，它是制定其他加工工艺文件的基础，也是准备加工设备、安排加工计划、组织生产加工的依据。对于一般比较简单的单件小批量生产零件，只需要编制工艺规程卡，直接用工艺规程卡进行生产加工计划的制订并组织生产加工。表 2-3 所示为机械加工工艺规程卡样卡。

② 模具零件的机械加工工艺卡　模具零件的机械加工工艺卡是以工序为单位，详细说明整个机械加工工艺过程的工艺文件。相比加工工艺规程卡，加工工艺卡更加详细地注明各道机械加工工序的具体内容、加工工艺参数及加工要求等，对于有些复杂的零件或重要的加工工序还要有必要的加工工序简图或加工说明。在批量生产中广泛使用这种卡，单件小批生产中的某些重要零件也要制订工艺卡。表 2-4 所示为机械加工工艺卡样卡。

③ 模具零件的机械加工工序卡　模具零件的机械加工工序卡是用来具体指导工人加工的工艺文件，是针对某一工序的详细说明，同时，工序卡上还附有工序简图，并在简图中注明该工序的加工表面及应达到的尺寸和公差，以及工件装夹方式、刀具、夹具、量具、切削用量、时间定额等，多用于大批量生产和批量生产中的重要零件。对于模架生产企业或模具标准零件生产企业来说，工序卡在生产中非常重要，表 2-5 所示为模具零件的机械加工工序卡样卡。

表 2-3　机械加工工艺规程卡样卡

	(企业或车间名)		机械加工工艺规程卡	产品型号		零(部)件号		共　页
				产品名称		零(部)件名称		第　页
	材料		毛坯种类	毛坯件数		每台件数		
	工序号	工序名称	工序内容	工段	设备	工装	工时	加工确认
绘图								
校图								
零件图号								
装配图号								

	标记	处数	编制	审核	会签	日期

表 2-4　机械加工工艺卡样卡

	(企业或车间名)			机械加工工艺卡			产品型号			零(部)件号				共　页
							产品名称			零(部)件名称				第　页
	材料			毛坯种类			毛坯件数			每台件数				
	工序号	工序名称	同时加工数量	切削用量				设备名称及编号	工艺装备			技术等级	工时/min	
				吃刀量/mm	切削速度/(m/min)	主轴转速/(r/min)	进给量/(mm/r)		夹具	刀具	量具		单件	准备终结
绘图														
校图														
零件图号														
装配图号														

	标记	处数	编制	审核	会签	日期

表 2-5 机械加工工序卡样卡

(企业或车间名)		机械加工工艺卡		产品型号		零件号		共 页
				产品名称		零件名称		第 页
材料		毛坯种类		毛坯件数		每台件数		

(图样)	工序号	车间	工段	工序名称
	设备名称	设备型号	设备编号	切削液
	夹具编号	夹具名称		
			工时定额	
			单件	准终

绘图	工步号	工步内容	工艺装备	进给量/(mm/r)	主轴转速/(r/min)	切削速度/(m/min)	吃刀量/mm	进给次数	工时定额	
									机动	辅助
校图										
零件图号										
装配图号										

	标记	处数	编制	审核	会签	日期

2.2 模具零件的工艺分析

零件的工艺分析是指对所设计的零件在满足使用要求的前提下进行制造的可行性和经济性分析，以满足在保证使用要求的前提下使制造成本最低。它包括模具零件毛坯的铸造、锻造，机械切削加工工艺，热处理，表面处理等性能的分析。当制定模具零件机械加工工艺规程时，主要进行零件切削加工工艺性能分析。零件的工艺分析主要包含零件的技术要求分析和零件结构工艺性分析。

(1) 零件的技术要求分析

模具零件的技术要求分析以零件图为主要依据，主要是从以下两个方面进行分析：

① 分析零件图是否完整、正确，零件的各投影视图是否正确、清楚，尺寸、公差、表面粗糙度及有关技术要求是否齐全、明确。

② 分析零件的技术要求，包括尺寸精度、几何公差、表面粗糙度、材料和热处理要求是否合理。过高的要求会增加加工难度，提高成本；过低的要求会影响零件的工作性能。

制定工艺规程前需要认真分析与研究整套模具的用途、性能和工作条件，了解零件在模具中的位置、装配关系及其功能，弄清各项技术要求对装配质量和使用性能的影响，找出主要的、关键的技术要求。若发现错误、纰漏或者疑点，可与设计人员进行沟通，以保证后续制定的加工工艺准确无误。

同时，对于模具设计人员来说，进行模具零件设计时要注意以下几点，以保证加工制造的经济性：

① 不需要加工的表面，不要设计成加工面。

② 要求不高的表面，不应设计为高精度和表面粗糙度低的表面，否则会使成本提高。

③ 尽量采用标准化参数，如零件的孔径、锥度、螺纹孔径和螺距、圆弧半径、沟槽等参数尽量选用有关标准推荐的数值，这样可以方便地使用标准刀具、夹具和量具，减少专用工具和工装的设计、制造周期和费用。

(2) 零件的结构工艺性分析

模具零件良好的结构工艺性是指在保证零件技术要求的前提下，利用现有设备条件，能够方便、低成本地制造出模具零件。这是模具设计人员"在制造的思维基础上进行设计"思想的具体表现，这样设计出的零件才能实现模具制造的高精度、低成本。前一章已经提到过，模具零件从形状上分析都是由一些基本表面和特殊表面组成的，基本表面有内、外圆柱表面、圆锥表面和平面等，特殊表面主要有螺旋面、抛物线形表面及其他一些成型表面。工艺人员需要根据这些表面的特征选择合理的加工设备，并制定加工工艺规程，因此设计人员需要在设计时考虑零件的加工工艺性。

表 2-6 列出了几种典型模具零件的结构，并对零件结构工艺性的优劣进行了对比。

表 2-6 几种典型模具零件的结构工艺性比较

结构工艺性差	结构工艺性好	分析说明
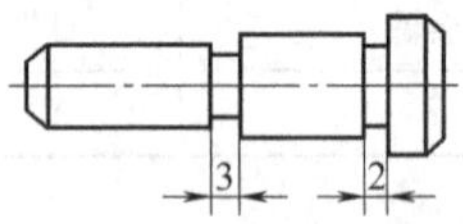 3　2	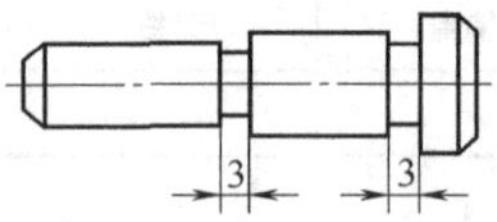 3　3	台阶导柱的退刀槽采用相同的尺寸，可减少车刀种类，减少换刀时间
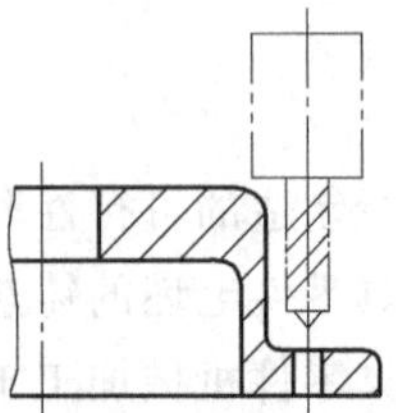	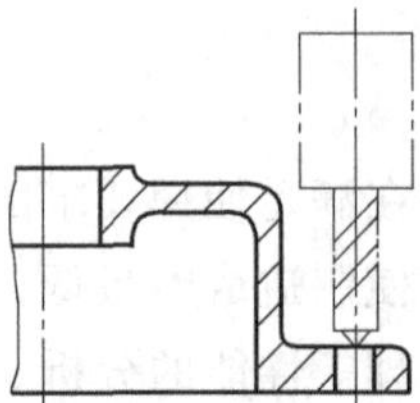	铸件壁厚应均匀，避免产生收缩应力。另外，小孔与壁的距离适当，便于钻头或铣刀下刀
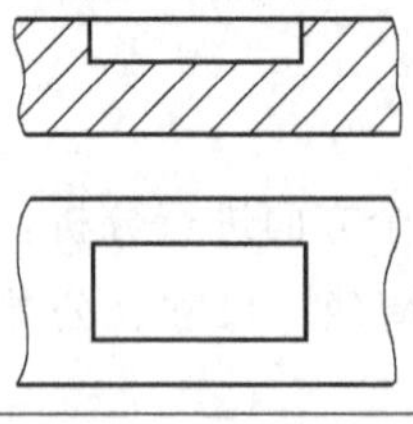	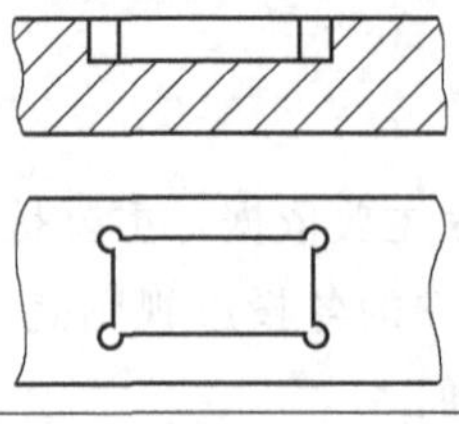	型腔固定板中的方形盲孔，加工时无法对直角进行清角，增加加工和装配难度，在不影响使用的情况下采用右图的清角方式，使得加工和装配难度下降
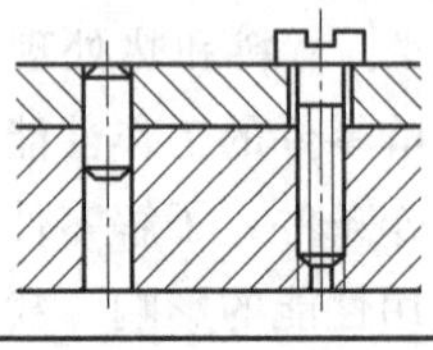	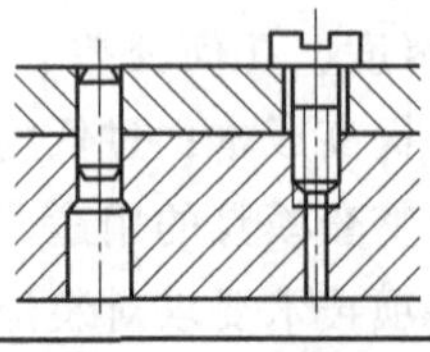	销孔设计太深，将增加铰孔工作量，并且增加拆模难度

续表

结构工艺性差	结构工艺性好	分析说明
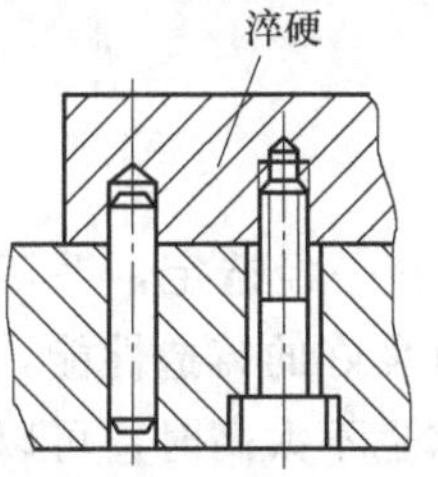 淬硬	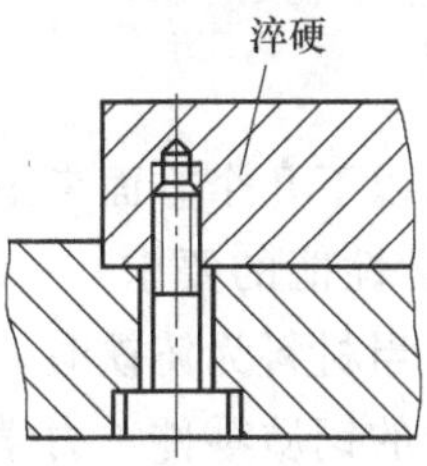 淬硬	将淬硬凹模安装在模板上时，定位销孔无法用钻铰方法配做，若采用台阶定位，将便于加工装配

2.3 模具零件的毛坯与基准选择

2.3.1 模具零件的毛坯

（1）毛坯的种类

毛坯是根据零件的尺寸、形状等要求制成的供进一步加工用的对象，也叫坯料。模具零件的毛坯决定了模具零件的加工工艺性、模具质量和寿命。模具零件常用的毛坯种类有型材、铸件、锻件和半成品件。

① 型材　型材是指钢、有色金属或塑料等通过轧制、拉拔、挤压等方式生产出来的，沿长度方向横截面不变的材料。型材经过下料后可作为毛坯直接送车间进行表面加工。模具中的导柱、导套、顶杆、推杆等回转表面零件一般直接采用棒料作毛坯；型芯板、型腔板、顶料板、卸料板等板类零件以及方形镶块零件的毛坯一般都是从钢板型材上下料。另外，热轧型材的尺寸较大，精度低，多用作一般零件的毛坯；冷轧型材尺寸较小，精度较高，多用于毛坯精度要求较高的中、小零件。

② 铸件　铸件适合制作形状复杂的模具零件毛坯，尤其是采用其他方法难以成型的复杂件毛坯。在模具零件中常见的铸件有冲压模具的上模座和下模座、大型塑料模具的模架、汽车覆盖件模具的模座等，材料一般为灰铸铁 HT200 和 HT250；精密冲裁模的上模座和下模座，材料一般为铸钢 ZG270-500；大型覆盖件拉深模的凸模、凹模和压边圈零件，材料为铸造合金钢。

③ 锻件　锻件适合制作强度要求较高，形状简单的模具零件毛坯。锻件由于塑性变形的结果，内部晶粒较细，没有铸造毛坯的内部缺陷，其力学性能优于铸件。如冲裁模的凸模、凹模等零件一般以高碳高铬工具钢为材料，采用锻件作为毛坯。因为工具钢内部不均匀地分布着大量共晶网状碳化物，这种碳化物既硬又脆，会降低材料的力学性能和热处理工艺性能，从而降低模具零件的使用寿命。只有通过锻造方法，打碎共晶网状碳化物，并使碳化物分布均匀，晶粒组织细化，才能改善材料的力学性能，提高模具零件的使用寿命。尺寸大的零件一般用自由锻，中、小型零件选模锻，形状复杂的钢质零件不宜自由锻。但采用锻造方法很难得到形状复杂，特别是有复杂内腔的模具零件。

④ 半成品件　随着模具专业化、专门化和标准化程度的提高，冲压模具的上、下模座，各种导柱、导套，通用固定板、垫板，各式模柄，导正销，导料板，以及注塑模标准模架等模具零件都已经成为了模具标准件，应用日益广泛。这些根据国家标准和部级标准制造的标

准化零件便是模具的半成品件。这些半成品件可以从专门生产厂家采购，之后，进行成型表面和相关部位的加工后就可以使用，因此，半成品件的应用可大大降低模具成本，缩短模具制造周期。

（2）毛坯的选择原则

影响毛坯选择的因素很多，主要应从以下几个方面考虑：

① 零件对毛坯材料加工工艺性和力学性能的要求　一般零件材料一经选定，毛坯的种类和工艺方法也就基本上确定了。例如，当材料为铸铁时，因其具有良好的铸造性能，应选择铸件毛坯；对于尺寸较小、形状不复杂的钢质零件，力学性能要求也不太高时，可以直接采用型材作为毛坯；而重要的钢制零件，为了保证其有足够的力学性能，应该选择锻件毛坯。

② 零件的形状结构和尺寸要求　零件的形状结构和尺寸直接影响毛坯的选择。例如，对于台阶导柱，由于各台阶直径相差不大，因此可以采用棒料作为毛坯。而对于大型台阶型芯，如果各台阶直径相差很大时，则应采用锻件作毛坯。冲模模座、大型汽车覆盖件模架等零件一般采用铸铁件为毛坯。

③ 生产类型　小批量生产的零件一般采用精度和生产率较低的毛坯制造方法，如铸件采用手工砂型，锻件采用自由锻。大批量生产的零件应采用高精度和高效率的毛坯制造方法，如铸件采用机器造型，锻件采用模锻等。

④ 生产条件　选择毛坯的种类和制造方法应考虑毛坯制造车间的设备情况、工艺水平和工人的技术水平，同时还应考虑采用先进工艺制造毛坯的可行性和经济性。

2.3.2 模具零件的基准

2.3.2.1 基准的概念

基准对制定零件的加工工艺规程有重要的意义，它不仅影响零件加工的精度，而且对零件各表面的加工顺序也有很大影响。

零件的外形结构是由若干表面组成的，各表面之间都有一定的尺寸和相对位置要求，而相对位置就是以一个为参照来定位另一个，这就必须有一个基准，所以，基准就是用来确定生产对象上点、线、面等几何要素间的几何关系时所依据的那些点、线、面。根据基准的作用不同，可分为设计基准和工艺基准两大类。

（1）设计基准

在零件图上用来确定其他点、线、面位置的基准，称为设计基准。如图 2-4 所示的带台导套，其外圆和内孔的设计基准就是中心轴线。端面 A 是端面 B、C 的设计基准，内孔 ϕ20H7 的轴线是 ϕ30h6 外圆柱面径向圆跳动和端面 B 轴向圆跳动的设计基准。

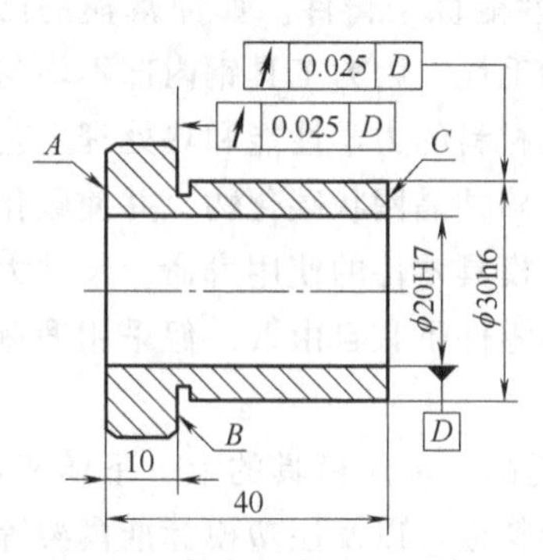

图 2-4　带台导套的设计基准

（2）工艺基准

在加工、测量和装配过程中使用的基准，称为工艺基准。工艺基准按用途不同可分为工序基准、定位基准、测量基准和装配基准。

① 工序基准　在工序图上用来确定本工序被加工面加工后的尺寸、形状、位置的基准称为工序基准。如图 2-5 所示，设计图中键槽底面位置尺寸 15 的设计基准是轴线 O，如

图 2-5（a）所示，由于工艺上的需要，在铣削加工键槽工序中，键槽底面的位置尺寸按工序图 2-5（b）标注，轴套外圆柱面的最低母线 A 称为工序基准。

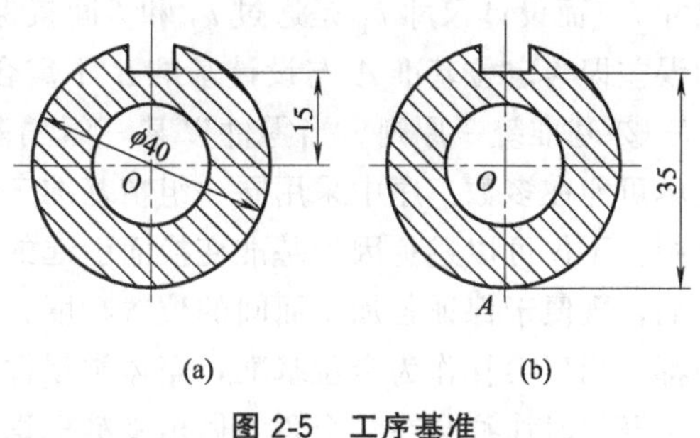

图 2-5 工序基准

工序图是一种工艺附图，加工表面用粗实线表示，其余表面用细实线绘制。工序图在大批量生产或者特殊工序时才绘制；模具生产属单件小批生产时一般不绘制工序图。

② 定位基准　在加工时，为使工件在夹具或机床上占据一正确位置所使用的基准称为定位基准。该基准使工件的被加工表面相对于机床、刀具获得确定的位置，为了保证工件被加工表面相对于机床和刀具之间的正确位置，常用找正定位和夹具定位两种方法。

找正定位：利用百分表、划针等工具，在机床上找正工件的有关基准，使工件处于正确的位置。因为一般模具零件的加工属于单件生产，所以基本上采用找正定位的方式。

夹具定位：利用夹具上的定位元件使工件获得正确的位置，工件装夹迅速、方便，定位精度也比较高。

如图 2-4 所示的导套，若使用芯棒在外圆磨床上磨削 ϕ30h6 外圆柱面时，内孔 ϕ20H7 的轴线就是定位基准。

③ 测量基准　检验零件时，用来测量加工面位置和尺寸所使用的基准称为测量基准。如图 2-4 所示，检验 ϕ30h6 外圆柱面径向圆跳动和端面 B 轴向圆跳动时，将零件套在检验芯棒上，这时内孔 ϕ20H7 的轴线就是测量基准。

④ 装配基准　装配时用来确定零件在模具中的相对位置所采用的基准，称为装配基准。装配基准往往就是零件的设计基准。

2.3.2.2 定位基准的选择原则

定位基准包括粗基准和精基准。在模具零件机械加工的最开始一道工序中，零件尚无已加工表面作为基准，只能用零件毛坯上未加工表面作为定位基准，这种定位基准称为粗基准。若用已加工表面作为后续加工的定位基准，则该基准称为精基准。合理地选择定位基准，对于保证加工精度、降低加工成本、确定加工顺序都有决定性的影响。

在制定模具加工工艺规程时，应先选择精基准以保证设计要求，后选择粗基准，以便于加工出作为精基准的表面。

（1）精基准的选择

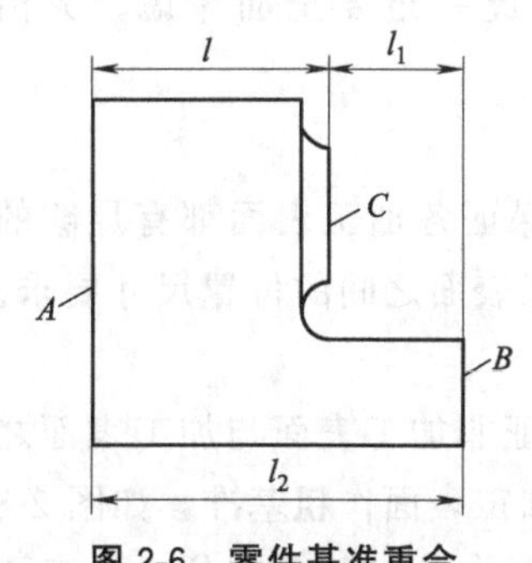

图 2-6 零件基准重合

选择精基准应有利于保证加工精度，并使零件装夹方便。选择时一般应遵循以下原则：

① 基准重合原则　尽可能选择加工面的设计基准作为定位基准，避免因为基准不重合而造成的定位误差，这一原则称为基准重合原则。如图 2-6 所示的零件基准重合，其设计尺寸为 l_1、l_2，l 为间接尺寸。如果以 B 面定位加工 C 面，这时定位基准与设计基准重合，可以直接保证设计尺寸 l_1。如果以 A 面定位加工 C 面，则定位基准与设计基准不重合，这时只能保证

尺寸 l，而设计尺寸 l_1 是通过 l_2 和 l 间接保证的。l_1 的精度取决于 l_2 和 l 的精度。尺寸 l 的误差即为定位基准 A 与设计基准 B 不重合而产生的误差，它将影响尺寸 l_1 的加工精度。

② 基准统一原则　当零件以某一组精基准定位，可以比较方便地加工其他各表面时，应尽可能在多数工序中采用同一组精基准定位，这一原则称为基准统一原则。采用基准统一原则，不仅可以避免因为基准变换而引起的定位误差，而且在一次装夹中能够加工出较多的表面，既便于保证各加工面间的位置精度，又有利于提高生产率。如轴类零件在大多数工序中都采用顶尖孔作为定位基准，箱体类零件常采用一面两孔作为定位基准。模具板类零件在加工开始时往往会在某个角上做出基准标识，后续各工序的加工基准，就以这个角的三个构成平面作为三个方向的加工基准面。

③ 自为基准原则　某些精加工或光整加工工序要求加工余量小而均匀，这时应尽可能采用加工面自身为精基准，该表面与其他表面之间的位置精度应由先行工序予以保证，这一原则称为自为基准原则。例如采用浮动铰刀铰孔和用无心磨床磨削外圆表面等，都是以加工表面本身作为定位基准。

④ 互为基准原则　两个被加工面之间的位置精度较高，要求加工余量小而均匀时，多以两表面互为基准，反复进行加工，这一原则称为互为基准原则。如图 2-7（a）所示导套在磨削加工时，为保证 ϕ32H8 与 ϕ42k6 的内外圆柱面间的同轴度要求，可先以 ϕ42k6 的外圆柱面作定位基准，在内圆磨床上加工 ϕ32H8 的内孔，如图 2-7（b）所示。再以 ϕ32H8 的内孔作定位基准，用芯轴定位磨削 ϕ42k6 的外圆，保证各加工表面都有足够的加工余量，达到较高的同轴度要求，如图 2-7（c）所示。

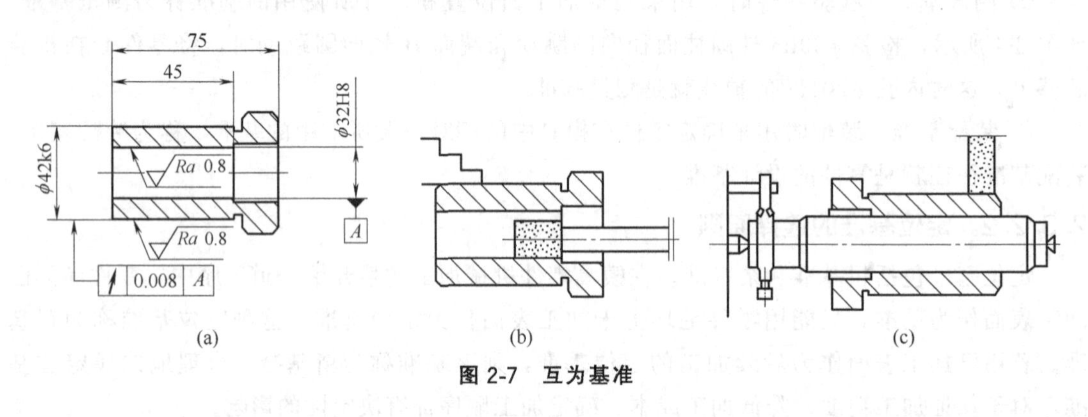

图 2-7　互为基准

另外，在选择基准时，一定要保证零件安装准确、可靠，加工操作方便，并使夹具的结构简单。以上每条原则都只说明了一个方面的问题，在实际应用时有可能出现相互矛盾的情况，经常不能同时全部满足，因此一定要全面考虑，灵活应用。

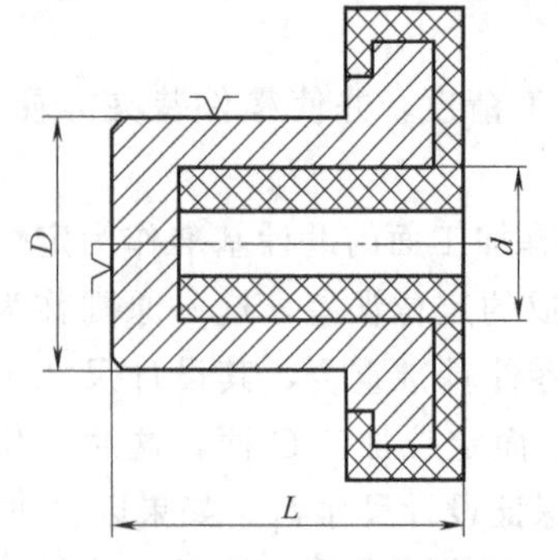

图 2-8　非加工表面作粗基准

（2）粗基准的选择

选择粗基准主要应考虑如何保证各加工表面都有足够的加工余量，保证不加工表面与加工表面之间的位置尺寸要求。具体应注意以下几点：

① 非加工表面原则　为了保证非加工表面与加工表面之间的位置精度要求，应选零件非加工表面作粗基准，如图 2-8 所示，可以选择外圆柱面和左端面作为粗基准定位，加工孔

和端面，这样可以保证孔、外圆柱面同轴并且壁厚均匀，图中网格阴影部分为加工要去除的部分，下同。

② 重要表面原则　如果需要保证某重要加工表面的加工余量均匀，应选该表面作粗基准，如图 2-9 所示，车床床身的导轨面是重要的表面，要求加工时只切去一小层均匀的余量，以获得硬度高而均匀的表面层，增强导轨的耐磨性。加工时，应先选择导轨面作为粗基准加工床腿底平面，如图 2-9 上图所示。然后以床腿底平面作为精基准加工导轨面，保证导轨面的加工余量小而均匀，如图 2-9 下图所示。

③ 加工余量最小原则　对于有较多加工表面的零件，为了保证各加工表面均有足够的加工余量，应选择毛坯余量小的表面作粗基准，如图 2-10 所示，阶梯轴锻件毛坯其大端和小端有 3mm 的偏心，这时，应先选择小端作为粗基准车削大端，则大端的加工余量足够，加工后大端外圆与小端毛坯外圆基本同轴，再以经过加工的大端外圆作为精基准车削小端，则小端外圆的加工余量也就足够了。否则若先以大端为粗基准加工小端，则加工完小端后，大端的加工余量不够，无法加工。

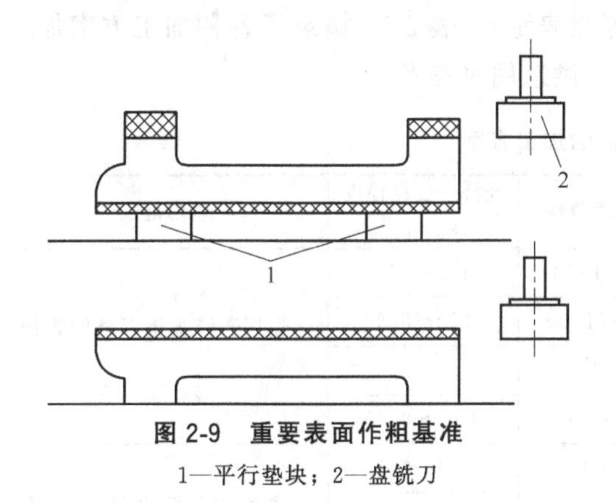

图 2-9　重要表面作粗基准

1—平行垫块；2—盘铣刀

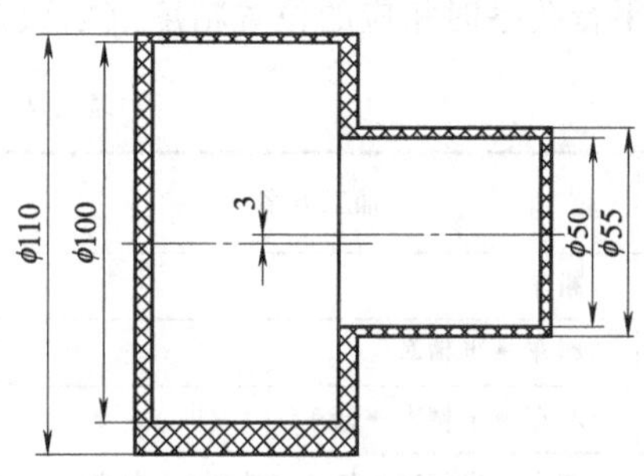

图 2-10　加工余量小的表面作粗基准

④ 不重复使用原则　一般情况下粗基准不重复使用。在同一尺寸方向上粗基准通常只允许使用一次，因为粗基准未经加工，表面一般都很粗糙而且精度低，二次装夹工件时，其在机床上的安装位置可能和第一次不吻合，从而产生定位误差，使得重复使用同一粗基准所加工的两组表面之间产生较大的位置误差。

⑤ 便于装夹原则　选作粗基准的表面，应尽可能平整，不能有飞边、浇口、冒口或其他缺陷，以确保工件定位准确，夹紧可靠。

2.4 模具零件的加工工艺路线的拟定方法

模具零件加工工艺路线的拟定是编制模具零件加工工艺规程的基础，拟定加工工艺路线的主要任务是选择零件表面的加工方法、确定加工顺序、划分工序。

根据工艺路线，可以选择各个工序的工艺基准，确定工序具体尺寸、设备、工装、切削用量和时间定额等。在拟定工艺路线时，应充分注意模具制造是单件或小批量生产，而且加工精度要求高的特点，从工厂的实际情况出发，注重新工艺、新技术的可行性和经济性，提出多个方案，进行分析比较，以便确定一个符合工厂实际情况的最佳工艺路线。

2.4.1 表面加工方法的选择

为了正确选择加工方法，应了解各种加工方法的特点和掌握加工经济精度及经济表面粗糙度的概念。

加工过程中，影响精度的因素很多。每种加工方法在不同的工作条件下，所能达到的精度会有所不同。例如，工人精细地操作、选择较低的切削用量就能得到较高的精度。但是，这样会降低生产率，增加成本。反之，如通过增加切削用量来提高生产效率，虽然可以降低成本，但会增加加工误差，从而使加工精度下降。

加工经济精度和经济表面粗糙度是指在正常加工条件下（采用符合质量标准的设备、工艺装备和标准技术等级的工人，不延长加工时间）所能达到的加工精度和表面粗糙度。

各种机械加工手册中都有常用典型表面加工所能达到的经济精度和经济表面粗糙度，所能达到的经济精度和经济表面粗糙度等级，以及各种典型表面的加工方法等表格供参考。表2-7、表2-8和表2-9分别摘录了外圆、内孔和平面等典型表面不同加工方案所能达到的经济精度和经济表面粗糙度（经济精度以公差等级表示），表2-10摘录了各种加工方案加工轴线平行孔系时相应的位置精度（以误差表示），供选用时参考。

表2-7 外圆表面的加工方案

<table>
<tr><th>序号</th><th>加工方案</th><th>经济精度等级</th><th>经济表面粗糙度 Ra/μm</th><th>适用范围</th></tr>
<tr><td>1</td><td>粗车</td><td>IT11～IT13</td><td>12.5～50</td><td rowspan="4">适用于淬火钢以外的各种金属</td></tr>
<tr><td>2</td><td>粗车→半精车</td><td>IT8～IT10</td><td>3.2～6.3</td></tr>
<tr><td>3</td><td>粗车→半精车→精车</td><td>IT7～IT8</td><td>0.8～1.6</td></tr>
<tr><td>4</td><td>粗车→半精车→精车→滚压(或抛光)</td><td>IT6～IT7</td><td>0.08～0.20</td></tr>
<tr><td>5</td><td>粗车→半精车→磨削</td><td>IT6～IT7</td><td>0.4～0.8</td><td rowspan="3">主要用于淬火钢，也可用于未淬火钢，但不宜加工有色金属</td></tr>
<tr><td>6</td><td>粗车→半精车→粗磨→精磨</td><td>IT5～IT7</td><td>0.1～0.4</td></tr>
<tr><td>7</td><td>粗车→半精车→粗磨→精磨→超精加工(或轮式超精磨)</td><td>IT5</td><td>0.012～0.10</td></tr>
<tr><td>8</td><td>粗车→半精车→粗磨→精磨→镜面磨</td><td>IT5以上</td><td>0.025～0.20</td><td rowspan="3">用于极高精度钢件的外圆面加工</td></tr>
<tr><td>9</td><td>粗车→半精车→粗磨→精磨→研磨</td><td>IT5以上</td><td>0.05～0.10</td></tr>
<tr><td>10</td><td>粗车→半精车→粗磨→精磨→抛光</td><td>IT5以上</td><td>0.025～0.40</td></tr>
</table>

表2-8 内孔的加工方案

<table>
<tr><th>序号</th><th>加工方案</th><th>经济精度等级</th><th>经济表面粗糙度 Ra/μm</th><th>适用范围</th></tr>
<tr><td>1</td><td>钻</td><td>IT11～IT13</td><td>12.5～50</td><td rowspan="3">加工未淬火钢及铸铁的实心毛坯，也可用于加工非铁金属。孔径小于15mm</td></tr>
<tr><td>2</td><td>钻→铰</td><td>IT8～IT9</td><td>1.6～3.2</td></tr>
<tr><td>3</td><td>钻→粗铰→精铰</td><td>IT7～IT8</td><td>0.8～1.6</td></tr>
<tr><td>4</td><td>钻→扩</td><td>IT10～IT11</td><td>6.3～12.5</td><td rowspan="4">加工未淬火钢及铸铁的实心毛坯，也可用于加工非铁金属。孔径大于20mm</td></tr>
<tr><td>5</td><td>钻→扩→铰</td><td>IT8～IT9</td><td>1.6～3.2</td></tr>
<tr><td>6</td><td>钻→扩→粗铰→精铰</td><td>IT7～IT8</td><td>0.8～1.6</td></tr>
<tr><td>7</td><td>钻→扩→机铰→手铰</td><td>IT6～IT7</td><td>0.2～0.4</td></tr>
</table>

续表

序号	加工方案	经济精度等级	经济表面粗糙度 $Ra/\mu m$	适用范围
8	钻→(扩)→拉	IT7～IT8	0.8～1.6	用于大批量生产(精度由拉刀的精度确定)
9	粗镗(或扩孔)	IT11～IT13	6.3～12.5	用于除淬火钢以外的各种材料，毛坯有铸出孔或锻出的底孔，孔径一般大于20mm
10	粗镗(粗扩)→半精镗(精扩)	IT8～IT9	1.6～3.2	
11	粗镗(粗扩)→半精镗(精扩)→精镗(铰扩)	IT7～IT8	0.8～1.6	
12	粗镗(粗扩)→半精镗(精扩)→精镗→浮动镗刀精镗	IT6～IT7	0.4～0.8	
13	粗镗(扩)→半精镗→磨孔	IT7～IT8	0.2～0.8	主要用于淬火钢，也可用于未淬火钢，但不宜用于有色金属
14	粗镗(扩)→半精镗→粗磨→精磨	IT6～IT7	0.1～0.2	
15	粗镗→半精镗→精镗→精细镗(金刚镗)	IT6～IT7	0.05～0.2	主要用于精度要求较高的有色金属加工
16	钻→(扩)→粗铰→精铰→珩磨 钻→(扩)→拉→珩磨	IT6～IT7	0.025～0.2	用于精度要求很高的孔
17	粗镗→半精镗→精镗→珩磨			
18	以研磨代替上述方法中的珩磨	IT5～IT6	0.006～0.1	

表 2-9 平面的加工方案

序号	加工方案	经济精度等级	经济表面粗糙度 $Ra/\mu m$	适用范围
1	粗车	IT11～IT13	12.5～50	回转体的端面
2	粗车→半精车	IT8～IT10	3.2～6.3	
3	粗车→半精车→精车	IT7～IT8	0.8～1.6	
4	粗车→半精车→磨削	IT6～IT7	0.2～0.8	
5	粗刨(或粗铣)	IT11～IT13	12.5～50	一般不淬硬平面(端铣表面粗糙度 Ra 较小)
6	粗刨(或粗铣)→精刨(或精铣)	IT8～IT10	1.6～6.3	
7	粗刨(或粗铣)→精刨(或精铣)→磨削	IT7	0.2～0.8	精度要求较高的淬硬平面或不淬硬平面
8	粗刨(或粗铣)→精刨(或精铣)→粗磨→精磨	IT6～IT7	0.025～0.4	
9	粗铣→精铣→磨削→研磨	IT5～IT6	0.025～0.2	高精度平面
10	粗铣→精铣→磨削→研磨→抛光	IT5 以上	0.025～0.1	

表 2-10　有位置精度要求的孔系加工方案

加工方法	工具的定位	孔系距离误差/mm
立钻或摇臂钻上钻孔	用钻模	0.05～0.2
	按划线	0.1～1.0
立钻或摇臂钻上镗孔	用镗模	0.05～0.08
数控铣床或加工中心加工孔	数控系统	0.005～0.05
坐标镗床上镗孔	用光学仪器	0.004～0.015
金刚镗床上镗孔	坐标测量装置	0.008～0.02
多轴组合机床上镗孔	用镗模	0.05～0.08

加工方法	工具的定位	孔系距离误差/mm
卧式镗铣床上镗孔	用镗模	0.05～0.08
	按定位样板	0.08～0.2
	按定位器的指示读数	0.04～0.06
	用量块	0.05～0.1
	用内径规或用塞尺	0.05～0.25
	用程序控制的坐标装置	0.005～0.05
	用游标卡尺	0.05～0.1
	按划线	0.1～1.0

对于复杂表面的加工，除了以上介绍的车、磨、刨、铣等普通机床加工模具外，主要采用数控机床加工、电火花加工、成型磨削加工，对于位置精度和尺寸精度要求较高的孔系一般采用坐标镗、坐标磨、数控铣等方法来加工。

数控机床可以加工各种成型表面及复杂表面，尤其适于加工型腔、型芯等各种复杂曲面。由于机床的运动依靠数控程序控制，加之数控机床的加工精度高，所以数控机床的加工经济精度和经济表面粗糙度都比普通机床高。

电火花加工是模具加工常用的加工方法之一，电火花成型加工尤其在淬火模具型腔加工中应用广泛。冲模的凸、凹模形状复杂，尺寸精度高，淬火硬度高，尤其是凹模，用一般方法加工十分困难，靠钳工手工制作则劳动量大，效率低，不易保证精度，而电火花线切割加工则能很好地解决这些问题。

坐标镗和坐标磨主要用于位置精度要求高的孔系的精加工。不淬火零件的孔系用坐标镗加工，如注塑模的导柱、导套孔就可用坐标镗床加工，淬火后零件的孔系用坐标磨加工，如多圆形孔凹模的刃口尺寸可采用坐标磨加工。

成型磨削加工有成型砂轮磨削法、成型夹具磨削法，主要用于精加工凸模和凹模镶块，光学曲线磨床适用于小模具的异形工作型面的精加工。

选择加工方法应注意，当模具零件的表面加工精度要求较高时，可根据不同工艺方法所能达到的加工经济精度和表面粗糙度等因素，首先确定被加工表面的最终加工方法，然后再选定最终加工方法之前的一系列准备工序的加工方法和顺序，以便通过逐次加工达到设计要求。

选择加工方法时常常根据经验或查表来确定，再根据实际情况或通过工艺试验进行修改。

从表 2-7～表 2-10 中的数据可以看出，满足同样精度要求的加工方法有若干种，所以选择时还应考虑以下几个问题：

(1) 工件材料的性质与热处理工艺

例如，淬火钢的精加工要用磨削，非铁金属的精加工为避免磨削时堵塞砂轮，则要用高速精细车或精细镗。

(2) 工件的形状和尺寸

例如，多型孔（圆孔）冲孔凹模上的孔，采用车削和内圆磨削加工，不仅会使工艺比较复杂，而且不能保证型孔之间的位置精度，应该采用坐标镗床或坐标磨床加工。

(3) 生产类型及生产率和经济性问题

选择加工方法要与生产类型相适应。例如冲模座的导柱、导套孔，单件小批生产时采用钻、配镗的加工工艺；大批量生产时采用钻、多轴镗的加工工艺，以保证质量稳定、生产效率高。

(4) 具体生产条件

应充分利用现有设备和工艺手段，发挥技术人员的创造性，挖掘企业潜力。有时，因设备负荷的原因，需改用其他加工方法。

另外，在选择加工方法时还要充分考虑利用新工艺、新技术的可能性，提高工艺水平。

2.4.2 加工阶段的划分

工艺路线按工序性质一般分为粗加工阶段、半精加工阶段和精加工阶段。对那些加工精度和表面质量要求特别高的表面，在工艺过程的最后还应安排光整加工阶段。

(1) 各加工阶段的主要任务

① 粗加工阶段　粗加工阶段的主要任务是切除加工表面上的大部分加工余量，使毛坯的形状和尺寸尽量接近成品。粗加工阶段，加工精度要求不高，切削用量、切削力都比较大，所以粗加工阶段主要应考虑如何提高劳动生产率。

② 半精加工阶段　半精加工为主要表面的精加工做好必要的精度和余量准备，并完成一些次要表面的加工（如钻孔、攻螺纹、切槽等）。对于加工精度要求不高的表面或零件，经半精加工后即可达到其设计要求。

③ 精加工阶段　精加工使精度要求高的表面达到设计的质量要求。要求的加工精度较高，各表面的加工余量和切削用量都比较小。

④ 光整加工阶段　光整加工阶段的主要任务是提高被加工表面的尺寸精度和减小表面粗糙度，一般不能纠正形状和位置误差。对尺寸精度和表面粗糙度要求特别高的表面，才安排光整加工，如部分塑料模型腔表面的加工。

(2) 划分加工阶段的作用

① 保证产品质量　在粗加工阶段切除的余量较多，产生的切削力和切削热较大，工件所需要的夹紧力也大，因而使工件产生的内应力和由此引起的变形也大，所以粗加工阶段不可能达到高的加工精度和较小的表面粗糙度。完成零件的粗加工后，再进行半精加工、精加工，逐步减小切削用量、切削力和切削热。可以逐步减小或消除先行工序的加工误差，减小表面粗糙度，最后达到设计图样所规定的加工要求。

由于工艺过程分阶段进行，在各加工阶段之间有一定的时间间隔，相当于自然时效，使工件有一定的变形时间，有利于减少或消除工件的内应力。由变形引起的误差，可由后续工序加以消除。

② 合理使用设备　由于工艺过程分阶段进行，粗加工阶段可采用功率大、刚度好、精度低、效率高的机床进行加工，以提高生产率。精加工阶段可采用高精度机床和工艺装备，严格控制有关的工艺因素，以保证加工零件的质量要求。所以粗、精加工分开，可以充分发挥各类机床的性能、特点，做到合理使用，延长高精度机床的使用寿命。

③ 便于热处理工序的安排　机械加工工艺过程分阶段进行，便于在各加工阶段之间穿插安排必要的热处理工序，既可以充分发挥热处理的效果，也有利于切削加工和保证加工精

度。例如，对一些要求较高的成型零件，粗加工后安排去除内应力的时效处理，可以减小工件的内应力，从而减小内应力引起的变形对加工精度的影响。在半精加工后安排淬火处理，不仅能满足零件的性能要求，也使零件的粗加工和半精加工容易，零件因淬火产生的变形又可以通过精加工工序予以消除。对于精密度要求更高的零件，在各加工阶段之间可穿插进行多次时效处理，以消除内应力，最后再进行光整加工。

④ 便于及时发现毛坯缺陷和保护已加工表面　由于工艺过程分阶段进行，在粗加工各表面之后，可及时发现毛坯缺陷（气孔、砂眼和加工余量不足等），以便及时修补或发现废品，避免将本应报废的工件继续进行精加工，浪费工时和制造费用。

因此，拟定模具零件加工工艺路线时，一般应遵循工艺过程划分加工阶段的原则，但是在具体运用时又不能绝对化。工艺路线划分加工阶段是对零件加工的整个工艺过程而言，不是以某一表面的加工或某一工序的加工而论。例如，有些定位基面，在半精加工阶段，甚至粗加工阶段就需要精确加工，而某些钻小孔的粗加工，又常常安排在精加工阶段。

2.4.3 工序划分及加工顺序安排

(1) 工序划分的原则

依据零件各加工阶段中加工表面的设计要求，结合所选定的表面加工方法，可以将同一阶段中各表面的加工组合成不同的工序。在划分工序时可以采用工序集中或工序分散的原则。

① 工序集中的原则　如果在每道工序中安排的加工内容多，则一个零件的加工可集中在少数几道工序内完成，称为工序集中。工序集中具有以下特点：

a. 工件在一次装夹后，可以加工多个表面，能较好地保证表面之间的相互位置精度；可减少装夹工件的次数和辅助时间，减少工件在机床之间的搬运次数，有利于缩短生产周期。

b. 可减少机床及操作工人数量，节省车间生产面积，简化生产计划和生产组织工作。

c. 采用的设备和工装结构复杂，投资大，调整和维修的难度大，对工人的技术水平要求高。

② 工序分散的原则　如每道工序所安排的加工内容少，一个零件的加工分散在很多道工序内完成，称为工序分散。工序分散具有以下特点：

a. 机床设备及工装比较简单，调整方便，生产工人易于掌握。

b. 可以采用最合理的切削用量，减少机动时间。

c. 设备数量多，操作工人多，生产面积大。

由于模具加工精度要求高，且多属于单件或小批量生产，比较适合于按工序集中原则划分工序。模具标准件的专业生产企业，则是工序集中和工序分散二者兼有，需根据具体情况，通过技术经济分析决定。

(2) 加工顺序的安排

工件的机械加工工艺过程中要经过切削加工、热处理和辅助工序。因此，当拟定工艺路线时要合理、全面安排好切削加工、热处理和辅助工序的顺序。

① 切削加工工序的安排　模具零件的被加工表面不仅有自身的精度要求，而且各表面之间还有一定的位置精度要求，在零件的加工过程中要注意基准的选择与转换。安排加工顺序应遵循以下原则：

a. 先粗后精。当模具零件分阶段进行加工时，应先进行粗加工，再进行半精加工，最后进行精加工和光整加工。

b. 先基准后其他。在模具零件加工的各阶段，应先将基准面加工出来，以便作为后继工序的定位基准，进行其他表面的加工。

c. 先主要后次要。零件加工中，应先加工主要表面，后加工次要表面。如零件的工作表面、装配基准面等应先加工，而销孔、螺孔等往往和主要表面之间有相互位置要求，一般应安排在主要表面加工之后加工。

d. 先平面后内孔。对于模座、模板类零件，平面轮廓尺寸较大，以其定位，稳定可靠，一般总是先加工出平面作精基准，然后加工内孔。

② 热处理工序的安排　热处理工序在工艺路线中的安排主要取决于零件热处理的目的。按照热处理的目的，可将热处理工艺大致分为两大类，即预备热处理和最终热处理。

a. 预备热处理。预备热处理目的是改善工件的加工性能，消除内应力，改善金相组织，为最终热处理做好准备。

退火和正火一般安排在毛坯制造后、机械加工前进行。对于含碳量超过0.7%（质量）的高碳钢和高碳合金钢，一般通过退火来降低材料硬度，便于切削。对于含碳量低于0.3%（质量）的低碳钢和低碳合金钢，一般则采用正火来提高材料硬度，以利于用刀具切削时不产生积屑瘤，获得较小的表面粗糙度。

调质处理一般安排在粗加工和半精加工之间进行。调质处理能获得均匀细致的晶粒组织，可减小表面淬火和渗氮处理时的变形，而且能使零件获得良好的综合力学性能，所以，它有时用来作为最终热处理的预备热处理，而对某些表面硬度要求不高但综合力学性能要求较高的零件，也可作为最终热处理。

时效处理用于消除毛坯制造和机械加工中产生的内应力，对于精度要求不高的零件，一般在粗加工之前安排一次时效处理；对于精度要求较高、形状较复杂的零件，则应在粗加工之后再安排一次时效处理；对于那些精度要求特别高的零件，则需在粗加工、半精加工和精加工之间安排多次时效处理工序。

b. 最终热处理。最终热处理的目的是提高零件的性能（如强度、硬度、耐磨性等），模具零件的最终热处理主要有淬火、渗碳淬火、渗氮处理、硬质化合物涂覆等，最终热处理一般应安排在精加工阶段前后进行。

对于中碳钢零件，一般通过淬火提高其硬度。淬火后由于材料的塑性和韧性下降，且组织不稳定，有较大的内应力，表面易产生裂纹，工件的变形将使其尺寸发生变化，因此，淬火后必须进行回火处理。

对于低碳钢零件，可通过渗碳淬火来提高其表面硬度和耐磨性，并使其心部仍保持较高的强度、韧性和塑性。由于渗碳层深度一般只有0.5～2mm，又因渗碳淬火变形较大，所以渗碳淬火应安排在半精加工或精加工之前进行，以便于通过精加工修正其热变形，又不至于将渗碳层完全加工掉。

渗氮处理主要是通过氮原子的渗入使零件表层获得含氮化合物，以达到提高零件表面硬度和耐磨性、抗疲劳强度和耐腐蚀性的目的。由于渗氮温度较低，工件变形较小，渗氮层又较薄，所以，渗氮处理在工艺过程中应尽量靠后安排。为减小渗氮时的变形，一般在渗氮前要安排一道消除应力的工序。

硬质化合物涂覆技术应用到模具制造中，成为提高模具寿命的有效方法之一。由于涂覆厚度薄（一般不超过15μm），处理后不允许研磨修正，所以安排在精加工后。

③ 辅助工序的安排　辅助工序主要包括检验、去毛刺、防锈、清洗等。其中，检验是辅助工序的主要内容，它对于保证零件的加工质量有着极其重要的作用。

a. 检验工序。除了在每道工序中操作者必须按该工序的加工要求自行检验外，一般在下列情况下还应安排专门的检验工序：

• 在零件粗加工或半精加工结束之后。

• 重要工序加工前后。

• 零件送外车间（如热处理）加工之前。

• 零件全部加工结束之后。

b. 去毛刺工序。去毛刺工序常安排在易产生毛刺的工序之后，检验及热处理工序之前。但是单件小批生产一般只在零件加工完成后安排去毛刺工序，工序间毛刺由切削加工工人完成。

c. 防锈工序。防锈分为工序间防锈和产品入库防锈。工序间防锈一般安排在零件精加工后流转时间长、容易生锈的情况下；产品入库防锈工序安排在产品入库之前。

d. 清洗工序。清洗工序只在需要清洗的地方才安排，如表面磁粉探伤前及油封、包装、装配前等。

2.5 模具零件的加工余量、工序尺寸及公差

2.5.1 加工余量的确定

(1) 加工余量的概念

加工余量是指加工过程中，所切去的金属层厚度。加工余量又分为总余量和工序余量。

其中，工序余量是指某一被加工表面在一道工序中被切除的金属层厚度，其值等于相邻两工序的工序尺寸之差。总余量是指由毛坯变为成品的过程中，在某加工表面上切除的金属总厚度，它等于毛坯尺寸与零件图样的设计尺寸之差。

另外，加工余量还有双边余量和单边余量之分。对于对称表面或回转表面，加工余量指双边余量，按直径方向计算，实际切削的金属层厚度为加工余量的一半。

(2) 加工余量的计算

① 总加工余量和工序余量：图 2-11（a）所示是对工件的上平面进行加工，图 2-11（b）

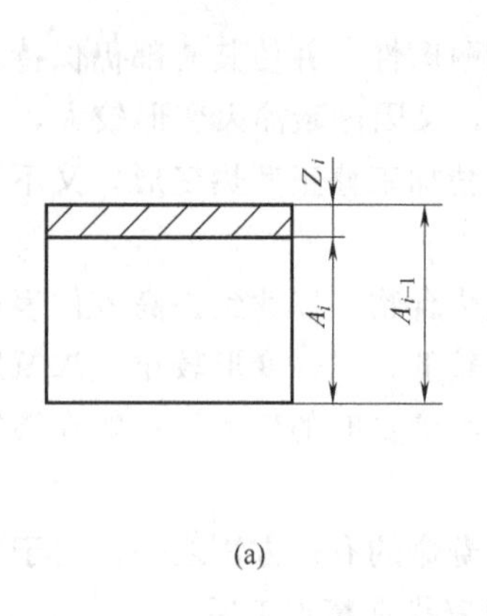

(a)

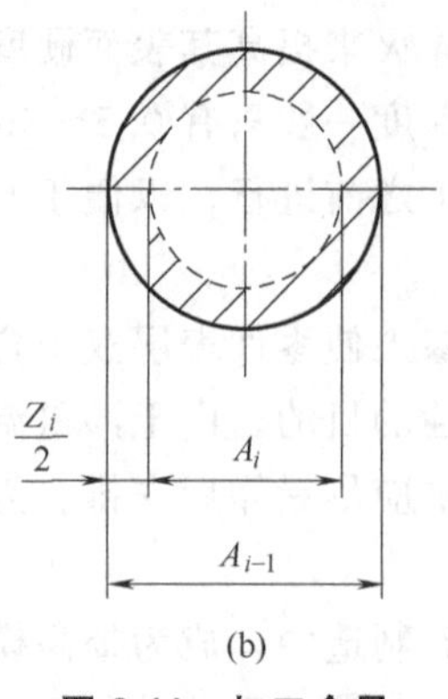

(b)

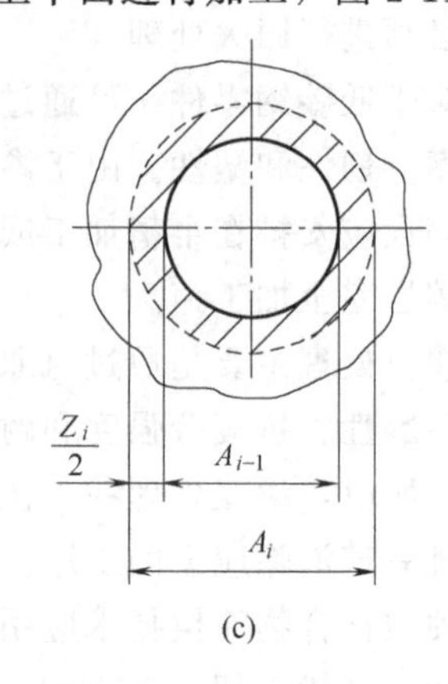

(c)

图 2-11　加工余量

所示是对轴类零件的外表面进行加工，图 2-11（c）所示是对套类零件的内表面进行加工。其中 Z_i 为本道工序将要去除的工序余量。图 2-11（a）中的工序余量非对称地分布在单边，称为单边余量；而图 2-11（b）和图 2-11（c）中的余量则对称地分布在工件的双边，称为双边余量。

工序余量 Z_i 计算公式为

$$Z_i=|A_{i-1}-A_i|$$

式中 A_{i-1}——上道工序的工序尺寸；

A_i——本工序的工序尺寸。

总余量 Z 则等于同一被加工表面的各道工序余量之和，即

$$Z=Z_1+Z_2+\cdots+Z_n$$

式中 Z_1——第 1 道工序的加工余量；

Z_2——第 2 道工序的加工余量；

Z_n——第 n 道工序的加工余量；

n——工序数目。

工序尺寸的偏差规定按“入体原则”进行标注。所谓入体原则，就是对于轴类零件等被包容面的尺寸，工序尺寸偏差取单向负偏差，工序公称尺寸等于上极限尺寸；对于孔类等包容面的尺寸，工序尺寸偏差取单向正偏差，工序公称尺寸等于下极限尺寸。但对于毛坯表面，制造偏差一般取双向偏差即正负值。

② 最大加工余量、最小加工余量与工序尺寸及公差的关系：由于工序尺寸有偏差，所以各工序中实际切除的余量大小也是变化的，因此，工序余量又分为最大工序余量、最小工序余量，其计算公式为

$$Z_i=(d_{i-1}-d_i)/2$$

$$Z_{i\max}=Z_i+\delta_i$$

$$Z_{i\min}=Z_i-\delta_{i-1}$$

$$T_i=\delta_{i-1}+\delta_i$$

式中 d_{i-1}，d_i——分别为上道工序尺寸和本工序尺寸；

$Z_{i\max}$，$Z_{i\min}$——分别为最大工序余量和最小工序余量；

T_i——工序余量公差；

δ_{i-1}，δ_i——分别为上道工序的工序公差和本工序的工序公差。

③ 影响加工余量的主要因素有以下几个方面：

a. 上道工序的尺寸公差；

b. 上道工序的位置误差；

c. 上道工序的表面质量；

d. 本工序加工时的安装误差；

e. 其他方面，比如热处理引起的工件变形等。

(3) 确定加工余量的方法

① 查表修正法 根据各工厂的生产实践和试验研究积累的数据，先制成各种表格，再汇集成手册。确定加工余量时，查阅这些手册，再结合工厂的实际情况查表修正余量值，如表 2-11 所示。

表 2-11　中小尺寸模具零件加工工序余量表

本工序	下道工序	本工序 $Ra/\mu m$	本工序单边余量/mm
锻	车、刨、铣	3.2～12.5	锻圆柱形：2～4
			锻六方：3～6
车、刨、铣	粗磨	12.5～1.6	0.2～0.3
	精磨	0.4～0.8	0.12～0.18
铣、粗磨	线切割	0.4～1.6	装夹处：大于 10
			非装夹处：5～8
铣	电火花	0.8～1.6	0.3～0.5
精铣、钳修、精车、精镗、磨、电火花、线切割	研磨、抛光	0.4～1.8	0.005～0.01

② 经验估算法　根据实际经验确定加工余量。一般情况，模具零件多数属于单件或小批生产，为防止因余量过小而产生废品，经验估算的数值一般偏大。

③ 分析计算法　根据上述的加工余量计算公式和一定的试验数据，对影响加工余量的各项因素进行分析，并计算确定加工余量。

2.5.2　工序尺寸及公差的确定

(1) 有关工序尺寸的概念

工序尺寸是指每道工序完成后应保证的尺寸。

尺寸链是指在零件加工过程中，为了对工艺尺寸进行分析计算，把互相关联的尺寸按一定顺序首尾相接形成的封闭尺寸组。如图 2-12 所示，根据尺寸 A_N 和 A_1，可以求得尺寸 A_2。当加工得到尺寸 A_1 和 A_2 后，尺寸 A_N 同时也被间接地确定了。显然，尺寸 A_N 的大小和精度将受尺寸 A_1 和 A_2 的大小和精度的影响。由尺寸 A_N、A_1 和 A_2 三者构成的这个封闭尺寸组，即为工艺尺寸链。

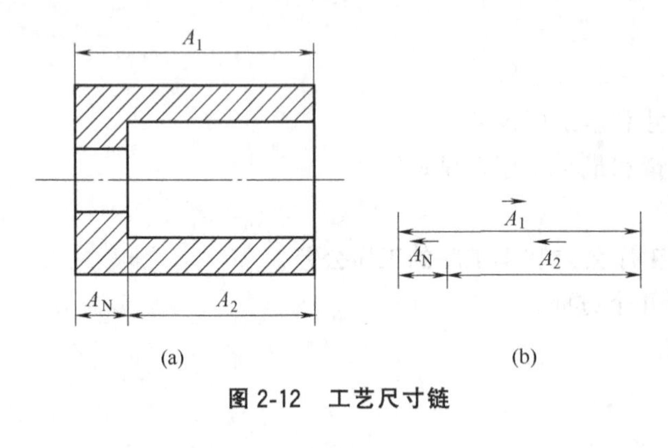

图 2-12　工艺尺寸链

组成尺寸链的每一个尺寸，称为尺寸链的环；尺寸链中凡属于通过加工直接得到的尺寸称为组成环，尺寸链中凡属于间接得到的尺寸称为封闭环。组成环按其对封闭环的影响又可分为增环和减环，当其他组成环的大小不变，若封闭环随着某组成环的增大而增大，则此组成环就称为增环；若封闭环随着某组成环的增大而减小，则此组成环就称为减环。

如图 2-13 所示滑槽压块尺寸链，如先以 A 面定位加工 C 面，得到尺寸 A_1，然后再以 A 面定位，用调整法加工台阶面 B，得尺寸 A_2，要求保证 B 面与 C 面间尺寸 A_0。A_1、A_2 和 A_0 这三个尺寸构成了一个封闭尺寸组，就是一个尺寸链。A_0 是间接得到的尺寸，它就是尺寸链的封闭环。A_1 是增环，A_2 是减环。

(2) 尺寸链的计算

① 公式计算方法

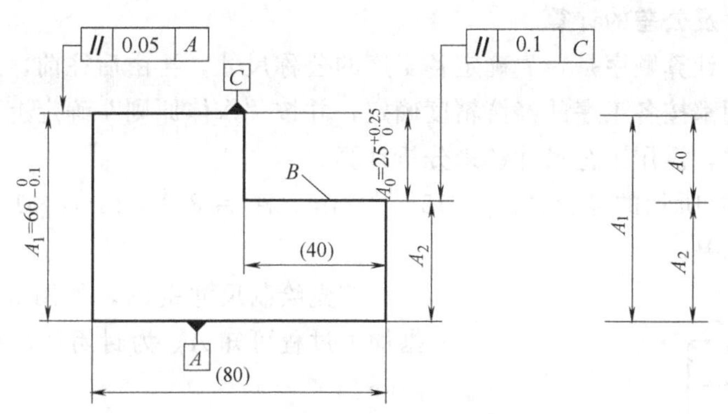

图 2-13 滑槽压块尺寸链

$$A_N=\sum_{i=1}^{m}A_{Zi}-\sum_{i=m+1}^{n-1}A_{Ji}$$

式中 A_N——封闭环的公称尺寸；

A_{Zi}——各增环的公称尺寸；

A_{Ji}——各减环的公称尺寸；

m——尺寸链中增环的数目；

n——尺寸链中包括封闭环在内的总环数。

$$A_{N\max}=\sum_{i=1}^{m}A_{Zi\max}-\sum_{i=m+1}^{n-1}A_{Ji\min}$$

$$A_{N\min}=\sum_{i=1}^{m}A_{Zi\min}-\sum_{i=m+1}^{n-1}A_{Ji\max}$$

式中 $A_{N\max}$——封闭环的上极限尺寸；

$A_{N\min}$——封闭环的下极限尺寸；

$A_{Zi\max}$——各增环的上极限尺寸；

$A_{Zi\min}$——各增环的下极限尺寸；

$A_{Ji\max}$——各减环的上极限尺寸；

$A_{Ji\min}$——各减环的下极限尺寸。

$$T_N=\sum_{i=1}^{n-1}T_{Ai}$$

式中 T_N——封闭环的公差；

T_{Ai}——各组成环的公差。

② 竖式计算方法 利用竖式计算工艺尺寸链可避免记忆烦琐的公式，且不容易出错，不失为计算、验算尺寸链的好方法。竖式计算工艺尺寸链的“口诀”如下：增环上下极限偏差照抄，减环上下极限偏差对调、变号，封闭环求代数和。竖式计算工艺尺寸链表如表 2-12 所示。

表 2-12 竖式计算工艺尺寸链表

增环公称尺寸(A_Z)	增环上极限偏差(E_{SZ})	增环下极限偏差(E_{IZ})
减环公称尺寸(A_J)	一减环下极限偏差(E_{IJ})	一减环上极限偏差(E_{SJ})
闭环公称尺寸(A_N)	封闭环上极限偏差(E_{SN})	封闭环下极限偏差(E_{IN})

(3) 工序尺寸及公差的计算

基准重合时，计算顺序是：先确定各工序的公称尺寸，再由后往前，逐个工序推算；工序尺寸的公差，则都按各工序的经济精度确定，并按“入体原则”确定上下极限偏差。

基准不重合时，需用工艺尺寸链来分析计算。

如图 2-14 (a) 所示的导套，$A_1=15^{+0.01}_{0}$ mm，$A_2=8^{0}_{-0.03}$ mm，加工三个端面，要计算尺寸 A_N 及其偏差。

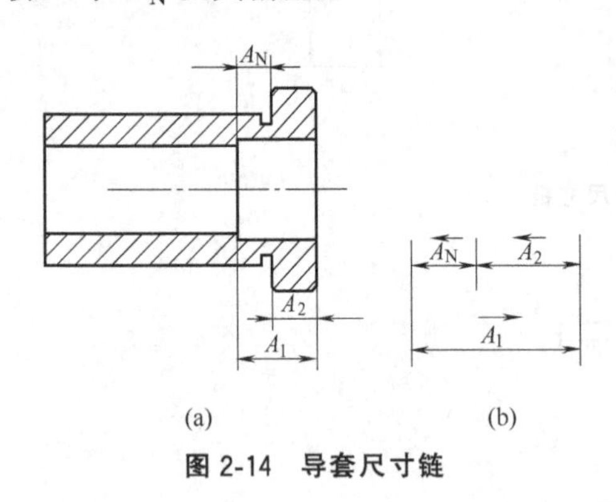

图 2-14　导套尺寸链

首先绘制尺寸链图，如图 2-14 (b) 所示，根据加工过程可知 A_N 为封闭环，A_1 为增环，A_2 为减环。

计算 A_N 的公称尺寸：

$$A_N=15-8=7\ (\text{mm})$$

计算 A_N 的公差：

$$T_N=T_{A2}+T_{A1}=0.01+0.03=0.04\ (\text{mm})$$

计算 A_N 的上、下极限偏差：

$$E_{SN}=+0.01-(-0.03)=+0.04\ (\text{mm})$$

$$E_{IN}=0-0=0\ (\text{mm})$$

所以

$$A_N=7^{+0.04}_{0}\ \text{mm}$$

在实际加工中，由于测量基准与设计基准不重合，因而要换算测量尺寸。如果零件换算后的测量尺寸超差，只要它的超差量小于或等于另一组成环的公差，则该零件有可能是假废品，应对该零件进行复检，逐个测量并计算出零件的实际尺寸，由零件的实际尺寸来判断合格与否。

2.6 加工设备的选择

制定加工工艺规程时，正确选择机床与工艺装备是保证零件加工质量要求、提高生产效率及经济性的一项重要措施。

(1) 机床的选择

机床的选择应使机床的精度与加工零件的技术要求相适应；机床的主要尺寸规格与加工零件的尺寸大小相适应；机床的生产率与零件的生产类型相适应。此外还应考虑生产现场的实际情况，即现有设备的实际精度、负荷情况以及操作者的技术水平等。应充分利用现有的机床设备。

(2) 工艺装备的选择

工艺装备主要包括夹具、刀具、量具等。

① 夹具的选择　在大批量生产的情况下，应广泛使用专用夹具，在工艺规程中应提出设计专用夹具的要求。单件小批生产应尽量选择通用夹具（或组合夹具），如标准卡盘、平口虎钳、转台等。在工、模具制造车间，产品大都属于单件小批生产，使用高效夹具不多，但对于某些结构复杂、精度很高的模具零件，采用非专用工装难以保证其加工质量时，也应使用必要的工装，以保证其技术要求。在批量大时也可选择适当数量的专用夹具以提高生产效率。

② 刀具的选择　刀具的选择主要取决于所确定的加工方法、工件材料、所要求的加工

精度、生产率和经济性、机床类型等。原则上应尽量采用标准刀具，必要时可采用各种高生产率的复合刀具和专用刀具。刀具的类型、规格以及精度应与加工要求相适应。

③ 量具的选择 量具的选择主要根据检验要求的精确度和生产类型来决定。所选用量具能达到的测量精度应与零件的精度要求相适应。单件小批生产广泛采用通用量具，大批量生产则尽量采用极限量规及高生产率的检验仪器。

2.7 加工工艺规程编制实例

2.7.1 香皂盒注塑模具垫块加工工艺规程编制

图 2-15 所示为香皂盒注塑模具的垫块，该零件结构简单，材料为 45 钢，硬度为 28HRC，垫块上下表面有平行度要求，表面粗糙度 Ra 要求达到 1.6μm，上下表面各有两个 30mm×30mm、深 5mm 的起模槽，下面有两个 M10 的螺纹孔，深 20mm。其余所有的孔都是过孔，在孔径和位置尺寸上都没有公差要求。

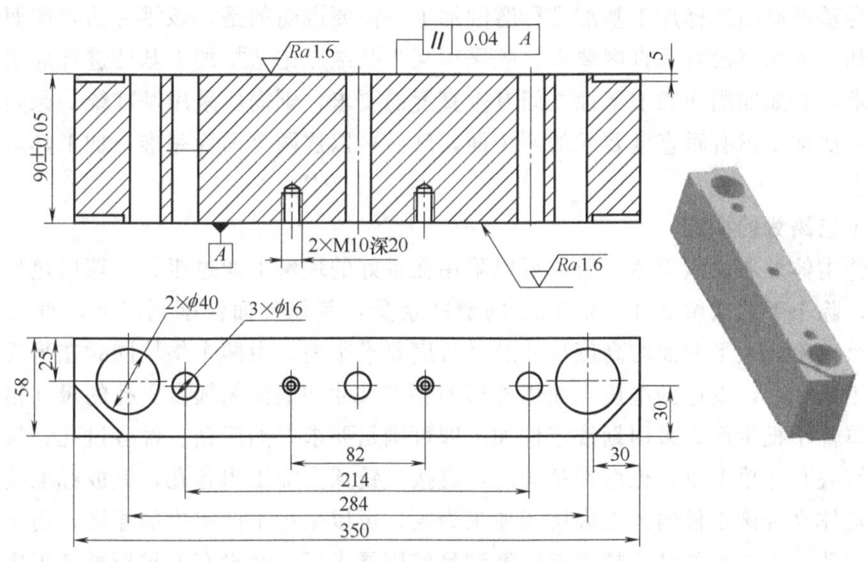

图 2-15 香皂盒注塑模具的垫块

编制加工工艺规程的过程如下。

(1) 零件工艺分析

该零件处于动模座板之上、分列于顶出板两侧，其作用就是在支撑动模垫板的基础上为顶出板留出顶出距离，垫块在模具工作中与其他零件不做相对接触运动，然后根据图样分析各个尺寸精度，结合零件在模具中的作用发现只有高度尺寸具有尺寸精度要求，其他尺寸为自由公差，符合使用要求，对于几何公差和表面粗糙度只有上下两个面有要求，因为该零件不是成型零件，并且工作中与其他零件不做相对接触运动，所以采用 45 钢，热处理硬度为 28HRC，这些技术要求都是合适的。

从结构上来说相对简单，且不需要很高的硬度，其各个面、槽、孔的加工都能比较方便地实现，故其结构工艺性较好。主要加工平面和孔，加工的关键是要保证上下平面的高度尺寸（90±0.05）mm。

(2) 毛坯的选择

该零件外形为六面体，外形轮廓最大尺寸为 350mm×58mm×90mm，材料为 45 钢，所以毛坯可以选择钢板型材和锻件两种毛坯，因其仅承受来自型芯板的压力，工作受力状态简单，所以采用钢板型材进行切割下料足以满足力学性能要求，若采用锻件则生产周期长、成本高。所以可以采用在厚为 100mm 的钢板上切割尺寸为 65mm×360mm 的料作为坯料，也可以在厚为 65mm 的钢板上切割尺寸为 100mm×360mm 的料作为坯料。

另外从生产类型考虑，该垫块属于标准模架中的一个零件，对于标准模架生产企业来说，该零件为批量生产，可以采用模锻备料，也可采用钢板型材下料。而对于一般的模具企业，如果不采用标准模架，则该零件属于单件生产，可采用钢板型材下料。如果模具企业采用标准模架，则该零件不需要单独加工，也就不存在选择毛坯的问题了，现在一般的模具企业都会采用标准模架。

(3) 定位基准的选择

因该零件为六面体外形，在铣削加工时，可以采用互为基准原则选择加工基准来加工 3 对互相平行的面，其中相互平行、表面粗糙度 Ra 为 1.6μm 的两个平面要求较高，同样可以采用互为基准原则选择加工基准进行磨削加工。需要说明的是，该零件的四周面之间，以及四周面和上下面都没有垂直度要求，故采用互为基准原则选择加工基准进行加工就可以满足使用要求，假如四周面和上下面之间有垂直度的要求，则需要采用基准统一原则来选择加工基准，一次加工出有垂直度要求的两个面，然后再以这两个面为基准，加工其余面，以保证零件要求。

(4) 工艺路线的拟定

该零件主体外形为六面体，所以可以采用在备好的坯料上通过粗铣、调质热处理、精铣后各平面，除上下两面留 0.3～0.5mm 的磨削余量，其他各面铣削到尺寸，铣出上下四个角的起模小台阶，上下两面的高度尺寸及平行度要求很高，由两个垫块同时在平面磨床上进行平磨加工来保证，以达到垫块六面体外形的要求尺寸和表面粗糙度。孔的尺寸精度要求不高，又是单件小批生产，采用划线定位加工即可满足要求，然后钻、镗各过孔，最后由钳工钻固定螺钉底孔并攻螺纹。也可在精铣后，直接在铣床上加工出各孔，完成标准模架中垫块的加工。整体来说该零件的加工以铣床加工为主，可以采用工序集中的原则，由于四周面及各孔都是过孔，粗加工的经济精度就已经满足使用要求了，都没有安排精加工工序，只有上下两个面有精度要求，所以只安排了一个磨削工序作为上下面的精加工工序。最终确定垫块的机械加工工艺路线为：下料→平面铣削→平面磨削→钳工划线→钻、扩各孔→螺纹孔攻螺纹→检验。

(5) 各工序内容的设计

工序 1：下料。按 100mm×65mm×360mm 尺寸下料。

工序 2：铣。铣六面，尺寸 90mm 两端各留 0.15mm 余量，其余尺寸按图样加工到尺寸。铣起模台到尺寸。选用普通立铣床 X52K。量具用 0.02mm×500mm 游标卡尺。

工序 3：磨。磨尺寸 90mm，两端达图样要求，选用平面磨床 M7130。

工序 4：钳工。钳工划各孔的位置线和轮廓线，打样冲。

工序 5：钻。按线用 ϕ6mm 麻花钻预钻 2×M10 螺纹底孔、3×ϕ16mm 孔、2×ϕ40mm 孔。再用 ϕ7.8mm 麻花钻完成螺纹底孔的加工，用 ϕ16mm 麻花钻钻 3×ϕ16mm 孔、2×ϕ40mm 孔。设备采用 Z3025 摇臂钻。

工序 6：镗。镗 2×ϕ40mm 孔到尺寸，选用普通立铣床 X52K。

工序 7：钳工。攻 2×M10 螺纹。

工序 8：检验。按图样检验各尺寸，量具用 0.02mm×500mm 游标卡尺。

(6) 填写加工工艺规程卡

垫块机械加工工艺规程卡如表 2-13 所示。

表 2-13 垫块机械加工工艺规程卡

	（企业或车间名）		机械加工工艺规程卡	产品型号		零(部)件号		共 1 页
				产品名称	垫块	零(部)件名称	香皂盒注塑模具	第 1 页
	材料	45 钢	毛坯种类 板料：100mm×65mm×360mm	毛坯件数	2	每台件数	2	
	工序号	工序名称	工序内容	工段	设备	工装	工时	加工确认
	1	下料	按 100mm×65mm×360mm 尺寸下料					
	2	铣	铣六面、起模台。尺寸 90mm 两端各留 0.15mm 余量，其余尺寸按图样加工到尺寸		立铣床 X52K	平口虎钳		
	3	磨	磨尺寸 90mm 达图样要求		平面磨床 M7130	平口虎钳		
	4	钳工	划各孔的位置线和轮廓线，打样冲					
	5	钻	①按线用 ϕ6mm 麻花钻预钻 2×M10 螺纹底孔、3×ϕ16mm 孔、2×ϕ40mm 孔 ②用 ϕ7.8mm 麻花钻钻螺纹底孔 ③用 ϕ16mm 麻花钻钻 3×ϕ16mm 孔、2×ϕ40mm 预孔		Z3025 摇臂钻	平口虎钳		
	6	镗	镗 2×ϕ40mm 孔到尺寸		立铣床 X52K			
	7	钳工	攻 2×M10 螺纹					
	8	检验	按图样检验各尺寸					
绘图								
校图								
零件图号								
装配图号								
	标记	处数	编制	审核	会签		日期	

2.7.2 导柱加工工艺规程编制

编制如图 2-16 所示的导柱加工工艺规程卡。模具中的导柱在工作过程中与导套之间有相对运动，其配合面是容易磨损的表面，要求有足够的硬度和耐磨性。此外，它在工作中受到一定冲击载荷的作用，要求导柱要有一定的冲击韧度。因此导柱材料一般选择 20 钢，同时进行表面渗碳和淬火处理，硬度要求为 58～62HRC。

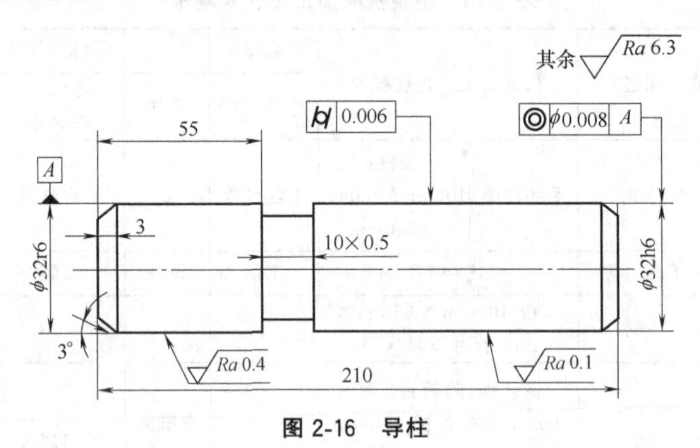

图 2-16 导柱

(1) 导柱结构工艺性分析

导柱由同轴不同直径的外圆、倒角、退刀槽组成，结构简单，并且结构工艺性很好。

(2) 技术要求分析

① 尺寸和几何形状精度　导柱的配合表面 $\phi 32$ 是重要表面，其直径精度要求为 IT6，圆柱度为 0.006mm。

② 位置精度　导柱上配合表面 $\phi 32$h6 与 $\phi 32$r6 之间的同轴度公差为 $\phi 0.008$mm，精度要求较高。

③ 表面粗糙度　导柱上所有表面都为加工面，均有表面粗糙度要求。其中，$\phi 32$h6 外圆对表面粗糙度的要求最高，为 0.1μm；其次是 $\phi 32$r6 外圆，其表面粗糙度 Ra 为 0.4μm；其余表面的表面粗糙度 Ra 为 6.3μm。

由以上分析可以看出，导柱的主要加工表面为 $\phi 32$h6 外圆和 $\phi 32$r6 外圆，由于其精度要求高，必须选择研磨和精磨才能达到精度要求。

由此可以初步确定两端外圆的加工方案如下。

$\phi 32$h6：粗车→半精车→粗磨→精磨→研磨。

$\phi 32$r6：粗车→半精车→粗磨→精磨。

(3) 确定毛坯形状和尺寸

该导柱形状为阶梯型轴，构成导柱的基本表面都是回转表面，而且各段尺寸相差不大，因此毛坯类型选择为热轧圆钢。为了保证各道工序加工有足够的加工余量，毛坯下料尺寸取为 $\phi 38$mm×215mm。

(4) 基准选择

导柱加工过程中为了保证各外圆柱面之间的位置精度和均匀的磨削余量，对外圆的车削和磨削一般采用设计基准和工艺基准重合的两端中心孔定位，这样也可以使各主要工序的定位基准统一。所以，在外圆柱面进行车削和磨削前总是先加工中心孔。

两中心孔的形状精度和同轴度对加工精度有直接影响。为了消除中心孔在热处理过程中可能产生的变形和其他缺陷，使磨削外圆柱面时能获得精确定位，以保证外圆柱面的形状精度，故导柱热处理后应该安排中心孔的修正。

(5) 工艺路线确定

根据前面的分析，可以确定导柱的加工工艺路线为：下料→粗车→半精车→热处理→粗磨→精磨→研磨→检验。

(6) 加工余量、工序尺寸及公差的确定

ϕ32h6 外圆的加工工序尺寸和工序余量的确定：

ϕ32h6 外圆的加工工艺过程为：粗车→半精车→粗磨→精磨→研磨，其工序尺寸和工序余量的计算如下。

① 通过查表得各工序的余量。

$Z_{研磨}=0.01\text{mm}$　　$Z_{精磨}=0.1\text{mm}$　　$Z_{粗磨}=0.3\text{mm}$

$Z_{半精车}=1.1\text{mm}$　　$Z_{粗车}=4.5\text{mm}$

② 计算总余量。

$Z_{毛坯}=\sum Z_{工序}=(0.01+0.1+1.1+0.3+4.5)\text{mm}=6.01\text{mm}$

取 $Z_{毛坯}=6\text{mm}$，将粗车余量修正为 4.49mm。

③ 求各工序的公称尺寸。

研磨：ϕ32mm

精磨：$\phi(32+0.01)\ \text{mm}=\phi32.01\text{mm}$；

粗磨：$\phi(32.01+0.1)\ \text{mm}=\phi32.11\text{mm}$；

半精车：$\phi(32.11+0.3)\ \text{mm}=\phi32.41\text{mm}$；

粗车：$\phi(32.41+1.1)\ \text{mm}=\phi33.51\text{mm}$；

毛坯：$\phi(33.51+4.49)\ \text{mm}=\phi38\text{mm}$

④ 确定各工序的加工经济精度。

由机械加工工艺手册查得：

精磨　　IT7　　$T_{精磨}=0.025\text{mm}$

粗磨　　IT8　　$T_{粗磨}=0.039\text{mm}$

半精车　IT11　　$T_{半精车}=0.16\text{mm}$

粗车　　IT13　　$T_{粗车}=0.39\text{mm}$

毛坯　　±2mm

⑤ 确定各工序的工序尺寸。

研磨：ϕ32r6（$\phi32^{+0.050}_{-0.035}$）mm

精磨：ϕ32.01h7（$\phi32.01^{0}_{-0.025}$）mm

粗磨：ϕ32.11h8（$\phi32.11^{0}_{-0.039}$）mm

半精车：ϕ32.41h11（$\phi32.41^{0}_{-0.16}$）mm

粗车：ϕ33.51h13（$\phi33.51^{0}_{-0.39}$）mm

毛坯：$\phi38\pm2\text{mm}$

同理，可得其他表面的加工工序尺寸。

(7) 加工设备选择

根据工艺路线及加工精度要求，加工设备采用 CA6140 车床和 M1432A 万能外圆磨床。

(8) 导柱加工工艺规程的编制

根据前面的分析计算，编制的导柱机械加工工艺规程卡如表 2-14 所示。

表 2-14 导柱机械加工工艺规程卡

	(企业或车间名)		机械加工工艺规程卡	产品型号		零(部)件号		共 1 页
				产品名称	导柱	零(部)件名称	香皂盒注塑模具	第 1 页
	材料	20 钢	毛坯种类 热轧圆钢：ϕ38mm×215mm	毛坯件数	4	每台件数	4	
	工序号	工序名称	工序内容	工段	设备	工装	工时	加工确认
	1	下料	尺寸 ϕ38mm×215mm					
	2	车	车两端面、钻中心孔，保证长度 210mm		车床 CA6140	自定心卡盘		
	3	车	车外圆至 ϕ33.51mm		车床 CA6140	自定心卡盘		
	4	检验						
	5	车	半精车外圆表面至尺寸多 32.41mm，倒角。切槽 10mm×0.5mm 至尺寸		车床 CA6140	自定心卡盘		
	6	检验						
	7	热处理	工件表面渗碳、淬火：炉温加热至 830℃后，放入工件保温 1h，开炉冷至室温； 低温回火处理：炉温加热至 150℃后，放入工件保温 2h 关电冷却					
	8	研中心孔	修研两端中心孔					
	9	磨	磨削外圆 ϕ32h6 至设计尺寸，ϕ32r6 至 32.01mm		万能外圆磨床 M1432A	通用夹具		
	10	研磨	研磨外圆 ϕ32r6 至尺寸					
	11	清洗	清洗、去毛刺、钳工					
	12	检验	按图样检验各尺寸					
绘图								
校图								
零件图号								
装配图号								
	标记	处数	编制	审核	会签			日期

本章小结

模具零件加工工艺规程是规定模具零部件机械加工工艺过程和操作方法等的工艺文件，它集中体现了模具生产工艺水平的高低和解决各种工艺问题的方法和手段。

通过本章的学习，大家应熟练掌握模具加工工艺规程制定的原则、方法和步骤，能够对模具零件进行工艺分析，能够进行毛坯与定位基准的选择，加工余量、工序尺寸及公差的确定，能够完成模具零件工艺路线的确定、机床与工艺装配的选择，并尽可能使之经济合理。最终，综合运用所学知识，能够合理完成典型模具零件（冲压或注塑）加工工艺规程的制定。

知识类题目

1. 什么是模具零件的加工工艺规程？
2. 什么叫工序、工步、工位？
3. 生产类型可分哪几种类型？各有什么特点？
4. 制定工艺规程的方法与基本步骤是什么？
5. 模具零件的工艺分析主要包含哪些内容？
6. 常用的模具零件毛坯有哪几类？毛坯的选择原则是什么？
7. 什么是设计基准、工艺基准？工艺基准按用途不同可分为哪些？
8. 模具零件加工时的定位基准选择原则是什么？
9. 常用的外圆柱面、平面、孔及孔系的加工方案是什么？
10. 工序划分的原则是什么？
11. 安排模具零件加工顺序时，如何安排好切削加工、热处理和辅助工序的顺序？
12. 如何计算加工余量及工序尺寸？
13. 如何选择加工设备、刀具及夹具？

能力类题目

模具零件加工工艺规程的编制训练

学生分组后按照任务单中的任务要求实施并完成任务。通过任务的实施，掌握模具零件加工工艺规程卡的编制方法。每组学生5～6人。本章的任务单如表2-15、表2-16所示。

表2-15 任务单1

任务名称	编制垫板加工工艺规程卡 注：零件的材料为45钢，硬度28HRC，零件的三维数字模型为中国大学MOOC“模具制造工艺”（课程编号：0802SUST006）资源库中“任务零件”文件夹下的“backing_plate_2.prt”		
组别号		成员	

续表

任务要求	每个成员先独立完成以下任务： 1. 分析零件的结构特点，并进行垫板加工工艺分析 2. 确定毛坯类型和尺寸 3. 确定加工基准 4. 确定加工工艺路线 5. 计算确定加工余量、工序尺寸及公差 6. 确定加工设备 7. 按照表 2-13 的格式填写垫板加工工艺规程卡 每个成员完成上述任务后，按组进行讨论，最后形成书面讨论结果 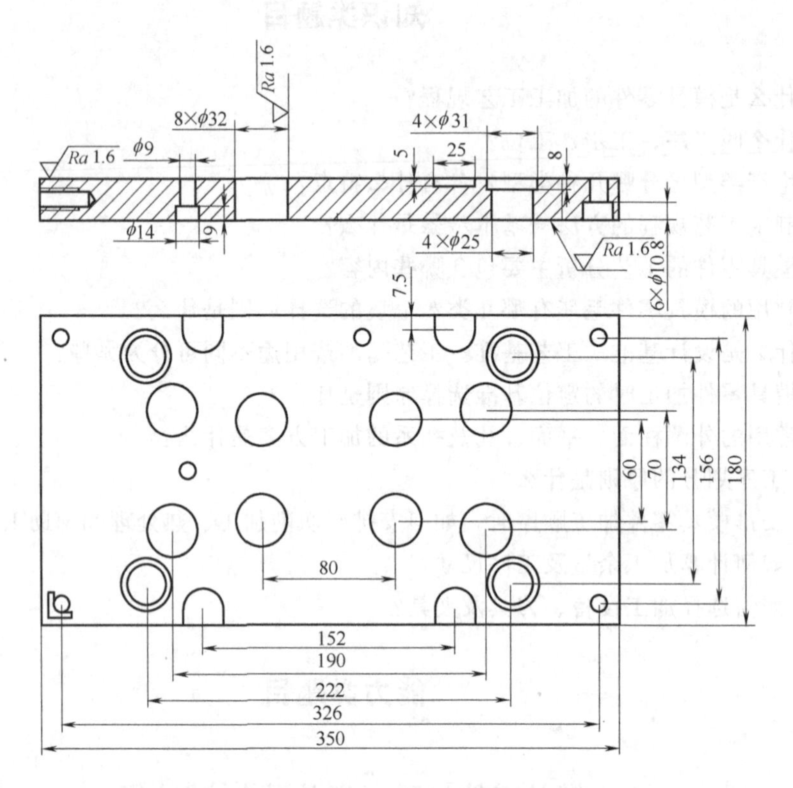 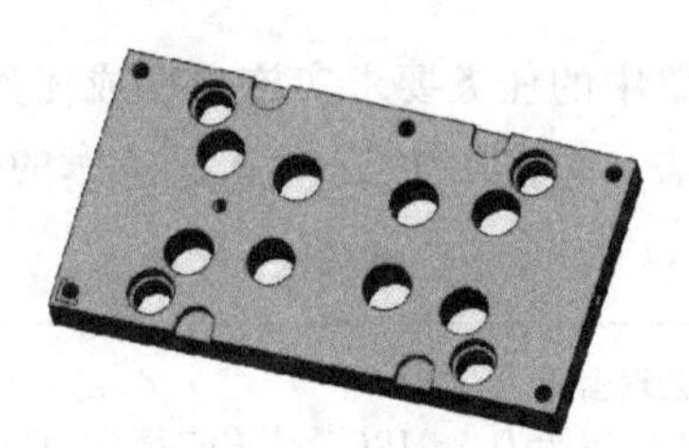

表 2-16 任务单 2

<table>
<tr><td>任务名称</td><td colspan="3">编制导套加工工艺规程卡
注:零件的材料为 T10A,硬度 55～58HRC,零件的三维数字模型为中国大学 MOOC“模具制造工艺”(课程编号:0802SUST006)资源库中“任务零件”文件夹下的“guide_bush. prt”</td></tr>
<tr><td>组别号</td><td></td><td>成员</td><td></td></tr>
<tr><td>任务要求</td><td colspan="3">每个成员先独立完成以下任务:
1. 分析零件的结构特点,并进行导套加工工艺分析
2. 确定毛坯类型和尺寸
3. 确定加工基准
4. 确定加工工艺路线
5. 计算确定加工余量、工序尺寸及公差
6. 确定加工设备
7. 按照表 2-13 的格式填写导套加工工艺规程卡
每个成员完成上述任务后,按组进行讨论,最后形成书面讨论结果 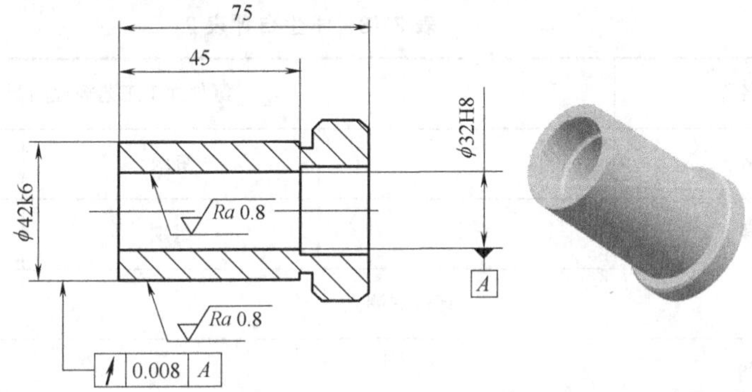</td></tr>
</table>

各组学生任务实施完成后，对任务实施的整个环节进行自评总结，再通过组内互评和教师评价对任务的实施进行评价。各评价表具体内容如表 2-17～表 2-20 所示。

表 2-17 学生自评表 1

<table>
<tr><td>任务名称</td><td colspan="4">__________零件加工工艺规程的制定</td></tr>
<tr><td>姓名</td><td></td><td>班级</td><td colspan="2"></td></tr>
<tr><td>学号</td><td></td><td>组别</td><td colspan="2"></td></tr>
<tr><td colspan="3">评价观测点</td><td>分值</td><td>得分</td></tr>
<tr><td colspan="3">零件的结构分析</td><td>10</td><td></td></tr>
<tr><td colspan="3">零件加工工艺性分析</td><td>10</td><td></td></tr>
<tr><td colspan="3">加工设备选择</td><td>10</td><td></td></tr>
<tr><td colspan="3">零件毛坯选择</td><td>10</td><td></td></tr>
<tr><td colspan="3">加工余量确定</td><td>10</td><td></td></tr>
<tr><td colspan="3">加工工艺规程卡的编制</td><td>50</td><td></td></tr>
<tr><td colspan="3">总计</td><td>100</td><td></td></tr>
</table>

续表

任务实施过程中完成较好的内容	
任务实施过程中完成不足的内容	
需要改进的内容	
任务实施总结	

表 2-18　学生自评表 2

任务名称	________零件加工工艺规程的制定		
姓名		班级	
学号		组别	

评价观测点	分值	得分
零件的结构分析	10	
零件加工工艺性分析	10	
加工设备选择	10	
零件毛坯选择	10	
加工余量确定	10	
加工工艺规程卡的编制	50	
总计	100	

任务实施过程中完成较好的内容	
任务实施过程中完成不足的内容	
需要改进的内容	
任务实施总结	

表 2-19 组内互评表

任务名称	________零件加工工艺规程的制定						
班级			组别				
评价观测点	分值	得分					
		组长	成员 1	成员 2	成员 3	成员 4	成员 5
分析问题能力	20						
解决问题能力	15						
责任心	15						
文字能力	20						
协作能力	10						
表达能力	10						
创新能力	10						
总计	100						

表 2-20 教师评价表

任务名称	________零件加工工艺规程的制定		
班级	姓名	组别	
评价观测点		分值	得分
专业知识和能力	零件结构及加工工艺分析能力	10	
	零件加工规划能力	10	
	工艺规程编制能力	15	
	理论知识	15	
	加工基础知识	15	
方法能力	自主学习能力	5	
	决策能力	3	
	实施规划能力	3	
	资料收集、信息整理能力	3	
个人素养	交流沟通能力	3	
	团队组织能力	3	
	协作能力	3	
	文字表达能力	2	
	工作责任心	5	
	创新能力	5	
总计		100	

第3章

模具零件的常规机械加工

随着模具制造的分工细化和模具标准零部件加工的规模化，模具标准零部件的规模生产和销售已经非常成熟。

模具通常由两类零件组成：一类是工艺零件，这类零件直接参与工艺过程的完成并和坯料或原料有直接接触，以工作零件为主；另一类是结构零件，这类零件不直接参与完成工艺过程，也不和坯料或原料直接接触，只对模具完成工艺过程起保证作用，或对模具功能起完善作用，包括导向零件、紧固零件、标准件及其他零件等。

冲模和注塑模的模架都属于结构零件，在模具生产中，使用标准模架及标准零件和部件，是简化模具设计、提高模具制造质量和劳动生产率、降低生产成本、缩短生产周期的有效方法。标准模架是专业模具厂定型的、大批量生产的产品，也是可采用生产线进行生产的产品。

冲模的模架主要起定位、固定工作零件的作用，并导正凸模、凹模的间隙。模架除了可以提高金属制品精度外，也使将模具装入冲床变得简单，避免了由冲床精度引起的产品质量问题。

冲模模架主要由四部分构成：上模座、下模座、导柱、导套。

模座形状以圆形和矩形为主，可分为无模柄模座和带模柄模座，可根据冲床的情况，制造一种或几种规格的通用模柄，然后按零件情况制出凸、凹模。对一般冲孔、落料、弯曲、简单的拉深、校形等模具，均可采用此种方法。常用于批量小而品种多的冲压件生产。

导柱和导套是引导模具行程的导向元件。冲模模架从结构形式上可分为中间导柱模架、四角导柱模架、对角导柱模架和后侧导柱模架。

注塑模模架结构种类较多，其基本结构形式可分为单分型面和双分型面两大类。不同结构的模架，均以这两类的基本结构加入不同作用的模板（如推件板、型芯固定板、浇口板等）组合而成。其中最常用的两种结构如图 3-1 所示。

模架零件的结构相对简单，通常都是由平面或回转面构成零件形状，所以本章将以模架零件的加工为主线学习常规机械加工技术，本章学习的内容以及常规机械加工与模具零件其他加工方法的关系如图 3-2 所示。

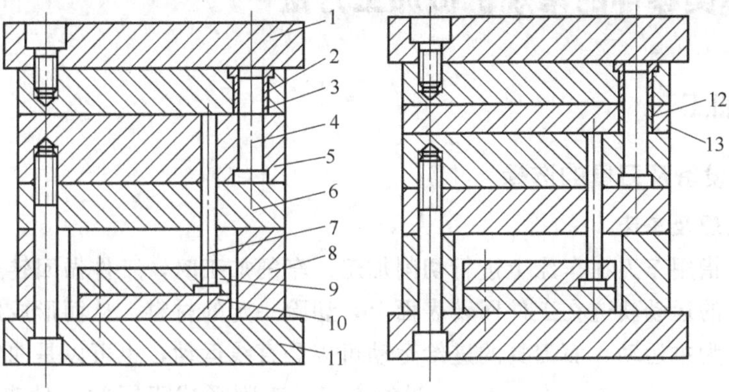

(a) 单分型面模架　　(b) 双分型面模架

图 3-1　注塑模架常用结构

1—定模座板；2,12—导套；3—定模板；4—导柱；5—动模板；6—支撑板；7—复位杆；8—垫块；9—推杆固定板；10—推板；11—动模座板；13—推件板

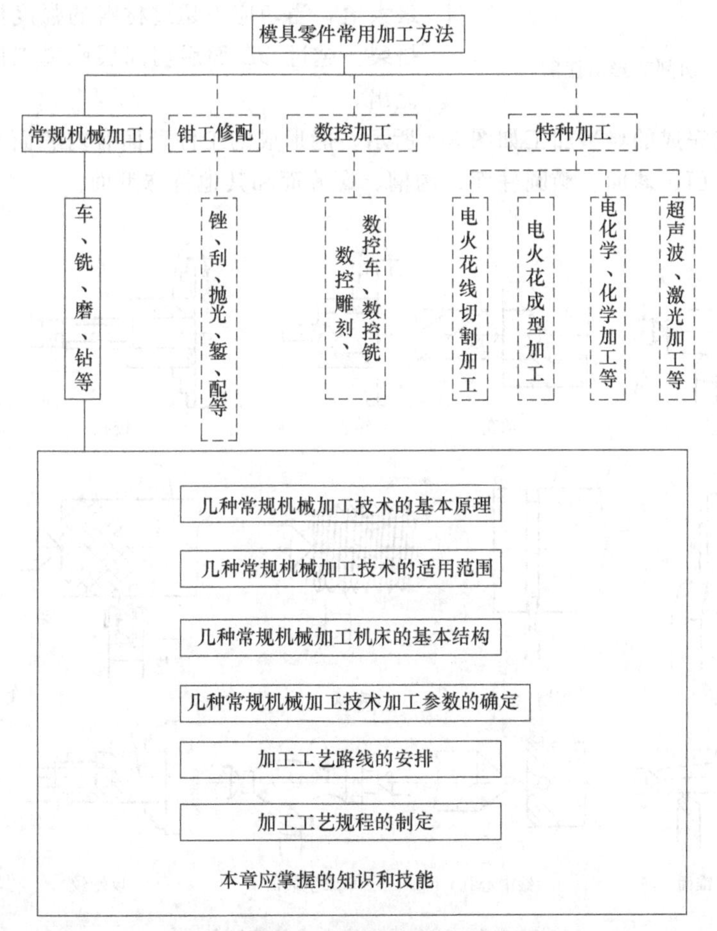

图 3-2　本章知识框图及学习思维导图

3.1 回转体类零件的常规机械加工方法

3.1.1 车削加工

3.1.1.1 车削设备及刀具的选择

(1) 车削原理及车床

车削加工是指用车刀在车床上进行切削加工。车削加工时，工件做回转运动，车刀做进给运动，刀尖点的运动轨迹在工件回转表面上，切除一定的材料，从而形成所要求工件的形状。工件的回转为主运动，而刀具的进给运动可以是直线运动，也可以是曲线运动。不同的进给方式，车削形成不同的工件表面。在原理上，车削所形成的工件表面总是与工件的自转轴线同轴。

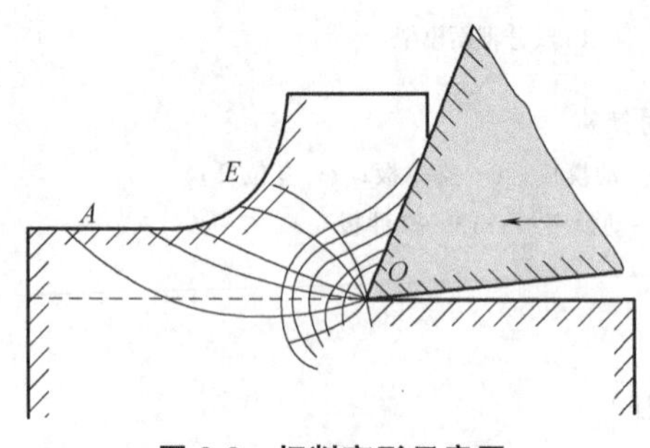

图 3-3 切削变形示意图

车削加工时，随着刀具连续切入，原来处于始滑面 OA 上的金属不断向刀具靠近，如图 3-3 所示。当滑移过程进入终滑面 OE 位置时，应力应变达到最大值，当切应力超过材料的强度极限时，材料被挤裂。越过 OE 面后切削层脱离工件，沿着前刀面流出。

车削加工能完成的典型加工如图 3-4 所示，能形成的工件型面有内表面和外表面的圆柱面、端面、圆锥面、球面、椭圆柱面、沟槽、螺旋面和其他特殊型面。

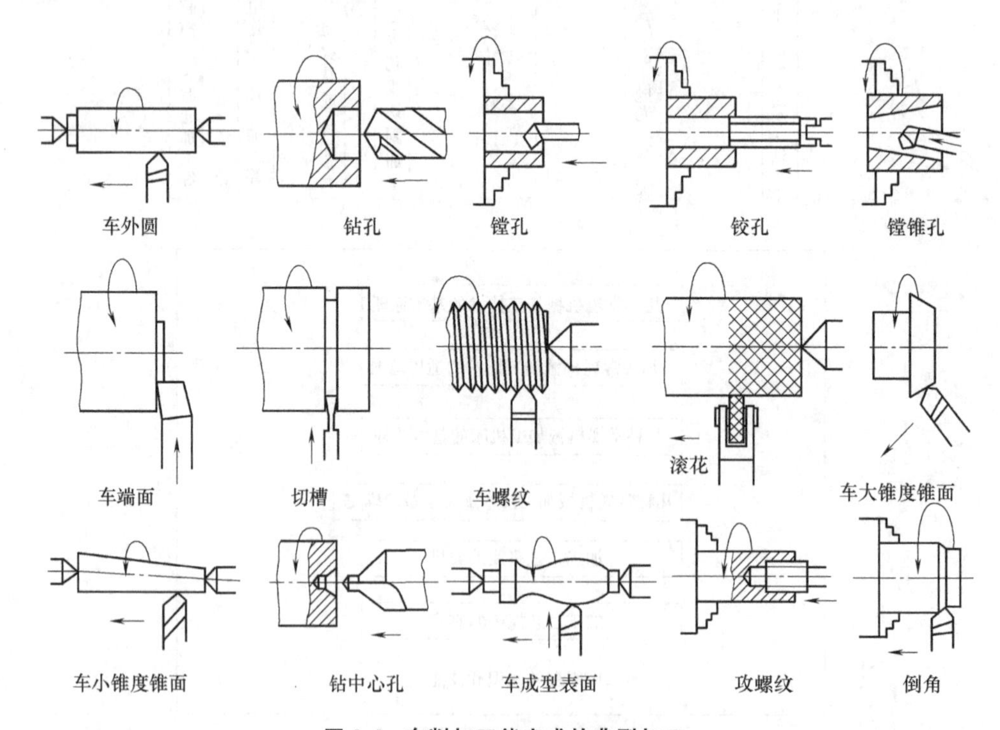

图 3-4 车削加工能完成的典型加工

车床依用途和功能可分为多种类型，其中普通车床的加工对象广，主轴转速和进给量的调整范围大，能加工工件的内外表面、端面和内外螺纹。这种车床主要由工人手工控制操作，生产效率低，适用于单件、小批生产和修配车间使用。

转塔车床和回转车床具有能装多把刀具的转塔刀架或回轮刀架，能在工件的一次装夹中由工人依次使用不同刀具完成多种工序，适用于零件的批量生产。

自动车床能按一定程序自动完成中小型工件的多工序加工，能自动上下料，重复加工一批同样的工件，适用于大批、大量生产。

多刀半自动车床有单轴、多轴、卧式和立式之分。单轴卧式的布局形式与普通车床相似，但两组刀架分别装在主轴的前后或上下，用于加工盘、环和轴类工件，其生产率比普通车床高 3～5 倍。

立式车床的主轴垂直于水平面，工件装夹在水平的回转工作台上，刀架在横梁或立柱上移动，适用于加工较大、较重、难于在普通车床上安装的工件，一般分为单柱和双柱两大类。

专门车床是用于加工某类工件的特定表面的车床，如曲轴车床、凸轮轴车床、车轮车床、车轴车床、轧辊车床和钢锭车床等。

CA6140 卧式车床属于通用的中型车床，其外形及组成部件如图 3-5 所示。

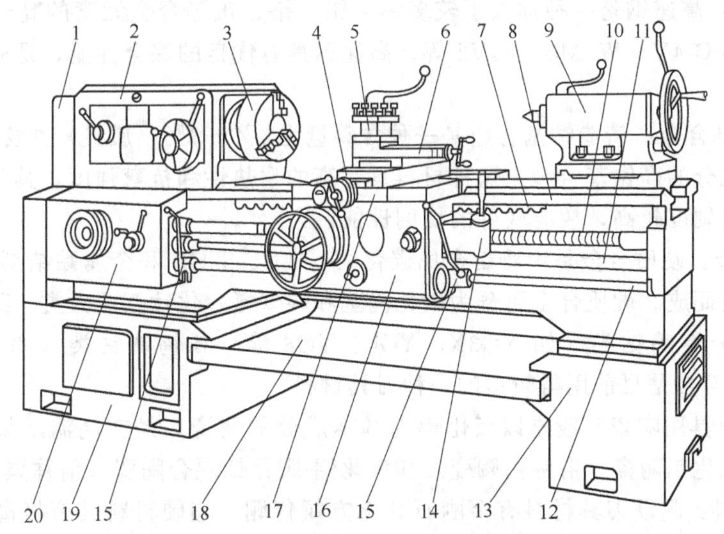

图 3-5 CA6140 卧式车床外形及组成部件

1—侧盖；2—主轴箱；3—卡盘；4—托板；5—方刀架；6—小刀架；7—齿条；8—床身；9—尾座；10—丝杠；11—光杠；12—操纵杆；13—右床腿；14,15—操作手柄；16—溜板箱；17—床鞍；18—接盘；19—左床腿；20—进给箱

(2) 刀具材料的常用种类及牌号

① 刀具切削部分材料的基本要求

a. 高硬度和耐磨性。在常温下，刀具切削部分的材料必须具备足够的硬度才能切入工件；具有高的耐磨性，刀具才不易磨损，延长使用寿命。

b. 好的耐热性。刀具在切削过程中会产生大量的热量，尤其是在切削速度较高时，温度会很高，因此，刀具材料应具备好的耐热性，即在高温下仍能保持较高的硬度，并能继续进行切削的性能，这种具有高温硬度的性质，又称为热硬性或红硬性。

c. 高的强度和好的韧性。在切削过程中，刀具要承受很大的冲击力，所以刀具材料要具有较高的强度，否则易断裂和损坏。由于刀具会受到冲击和振动，因此，刀具材料还应具备好的韧性，才不易崩刃、碎裂。

d. 良好的导热性。刀具材料的导热性越好，切削热越容易从切削区散走，有利于降低切削温度。刀具材料的导热性用热导率表示。热导率大，表示导热性好，切削时产生的热量就容易传散出去，从而降低切削部分的温度，减轻刀具磨损。

e. 具有良好的工艺性和经济性。既要求刀具材料本身的可切削性能、耐磨性能、热处理性能、焊接性能等要好，又要求材料资源丰富，价格低廉。

② 刀具的种类与分类　常用刀具材料及应用范围如表 3-1 所示。

a. 碳素工具钢：碳素工具钢是指含碳量为 0.65%～1.35%（质量）的优质高碳钢，最常用的牌号是 T12A，这类钢由于耐热性很差（200～250℃），允许的切削速度很低，只适宜制作一些手动工具。

b. 合金工具钢：合金工具钢是指含铬、钨、硅、锰等合金元素的低碳合金钢种。最常用的牌号有 CrWMn、9SiCr 等。合金工具钢有较高的耐热性（300～400℃），可以在较高的切削速度下工作。此外，这类钢淬透性较好，热处理变形小，耐磨性较好，因此可以用于截面积较大、要求热处理变形较小、对耐磨性及韧度有一定要求的低速切削刀具，如板牙、丝锥、铰刀、拉刀等。以上两种材料作为机床刀具使用的较少。

c．高速钢：高速钢是一种加入了较多钨、钼、铬、钒等合金元素的高合金工具钢，常用的牌号有 W18Cr4V、W6Mo5Cr4V2 等。高速钢具有优良的综合性能，是应用较多的一种刀具材料。

d. 铸造钴基合金：铸造钴基合金是一种含碳量为 1%～3%（质量）并含数量不等的钴、钨、铬、钒等成分的高钴基合金。这种材料具有高的耐热性和抗弯强度，其常温硬度虽不及高速钢，但高温硬度较高，故有较好的切削性能。

e. 硬质合金：硬质合金是由难熔金属碳化物（WC、TiC）和金属黏结剂（如 Co）的粉末在高温下烧结而成。硬质合金可分为碳化钨基和碳（氮）化钛基两大类。我国最常用的碳化钨基硬质合金有钨钴类（如 YG3X、YG6、YG8 等）和钨钛钴类（如 YT30、YT15、YT5 等）。硬质合金是目前用得较多的一种刀具材料。

f. 陶瓷：刀具用陶瓷一般是以氧化铝为基本成分的陶瓷，是在高温下烧结而成的。用得较多的是纯氧化铝陶瓷（俗称白陶瓷）和氧化铝-碳化钛混合陶瓷（俗称黑陶瓷）。

g. 超硬材料：超硬刀具材料有金刚石和立方氮化硼。超硬材料具有极高的硬度和耐磨性，用超硬刀具材料制成的刀具，可以用来切削硬质合金、陶瓷、高硅铝合金及耐磨塑料等高硬度、高耐磨性的材料。

3.1.1.2　工件的装夹与定位

(1) 车床夹具的概念

车床夹具是车床上用以装夹工件的一种装置。其作用是将工件定位，以使工件获得相对于车床和刀具的正确位置，并把工件可靠地夹紧。

车床夹具可分为通用夹具和专用夹具两大类。通用夹具是指能够装夹两种或两种以上工件的夹具，例如车床上的自定心卡盘（三爪卡盘）、单动卡盘（四爪卡盘）、弹簧卡套和通用芯轴等；专用夹具是专门为加工某一特定工件的某一工序而设计的夹具。

在车削加工过程中，夹具是用来装夹被加工工件的，因此必须保证被加工工件的定位精度，并尽可能做到装卸方便、快捷。选择夹具时应优先考虑通用夹具。使用通用夹具无法装

表 3-1 常用刀具材料及应用范围

材料种类		典型牌号	按GB分类类别	按ISO分类类别	硬度/HRC(HRA)[HV]	抗弯强度/GPa	冲击韧性/(MJ/m²)	热导率/[W/(m·K)]	耐热性/℃	切削速度大致比值(相对高速钢)	应用范围
工具钢	碳素工具钢	T10A T12A			60～65	2.16	—	≈41.87	200～250	0.32～0.4	只用于手动工具，如手动丝锥、板牙、铰刀、锯条、锉刀等
	合金工具钢	CrWMn 9SiCr			60～65	2.35	—	≈41.87	300～400	0.48～0.6	只用于手动或低速机动刀具，如丝锥、板牙、拉刀等
	高速钢	W18Cr4V		SI	63～70	1.96～4.41	0.098～0.058	16.75～25.1	600～700	1～1.2	用于各种刀具，特别是形状特别复杂的刀具，如钻头、铣刀、拉刀、齿轮刀具等，切削各种黑色金属、有色金属和非金属
硬质合金	钨钴类	YG6	K类	K10	(89～91.5)	1.08～2.16	0.019～0.059	75.4～87.9	800	3.2～4.8	用于连续切削铸铁、有色金属及其合金时的粗车，间断切削时的精车、半精车等
		YG8		K30							
	钨钛钴类	YT15	P类	P10	(89～92.5)	0.882～1.37	0.0029～0.0068		900	4～4.8	用于碳钢及合金钢的粗加工和半精加工，碳素钢的精加工
		YT30		P01				20.9～62.8			用于碳素钢、合金钢和淬硬钢的精加工
	含有碳化物	YW1	M类	M10	(≈92)	≈1.47	—	—	1000～1100	6～10	用于耐热钢、高锰钢、不锈钢及高级合金钢等难加工材料的精加工，也适用于一般钢材和普通铸铁的精加工
	钽、铌类	YW2		M20							用于耐热钢、高锰钢、不锈钢及高级合金钢等难加工材料的半精加工，也适用于一般钢材和普通铸铁及有色金属的半精加工

续表

材料种类		典型牌号	按GB分类类别	按ISO分类类别	硬度/HRC (HRA) [HV]	抗弯强度/GPa	冲击韧性/(MJ/m^2)	热导率/[W/(m·K)]	耐热性/℃	切削速度大致比值(相对高速钢)	应用范围
硬质合金	碳化钛基类	YN05	P类	P01	(92～93.3)	0.91	—	—	1100	6～10	用于钢、铸钢和合金铸铁的高速精加工
		YN10		P05～P10		1.1					用于钢、合金钢、工具钢及淬硬钢的连续面的精加工
陶瓷	氧化铝	AM			(>91)	0.44～0.686	0.0094～0.0017	4.19～20.93	1200	8～12	用于高速小进给量精车、半精车铸铁和调质钢
		T8			(93～94)	0.54～0.64	0.0094～0.0017	4.19～20.93	1100	6～10	用于粗精加工冷硬铸铁、淬硬合金钢
	碳化混合物	T1			(92.5～93)	0.71～0.88					
超硬材料	立方氮化硼				[8000～10000]	≈0.294	—	75.55	1400～1500		用于精加工调质钢、淬硬钢、高速钢、高强度耐热钢及有色金属
	人造金刚石				[9000]	≈0.21～0.48		146.54	700～800	≈25	用于有色金属的高精度、低表面粗糙度切削，Ra 可达 0.04～0.12μm

夹，或者不能保证被加工工件与加工工序的定位精度时，才采用专用夹具。专用夹具的定位精度较高，成本也较高。

(2) 车床夹具的分类

① 圆周定位夹具　在车削加工中，粗加工、半精加工的精度要求不高时，可利用工件或毛坯的外圆表面定位。利用圆周表面进行装夹定位的通用夹具一般有以下几种。

a. 自定心卡盘。自定心卡盘是最常用的车床通用夹具。自定心卡盘最大的优点是可以自动定心。它的夹持范围大，但定心精度不高，不适合零件同轴度要求高时的二次装夹。

自定心卡盘常见的有机械式和液压式两种。液压卡盘装夹迅速、方便，但夹持范围小，尺寸变化大时需重新调整卡爪位置。数控车床经常采用液压卡盘，液压卡盘特别适用于批量加工。

b. 卡盘加顶尖。在车削质量较大的工件时，一般工件的一端用卡盘夹持，另一端用后顶尖支撑。为了防止工件由于切削力的作用而产生轴向位移，必须在卡盘内装一限位支撑，或者利用工件的台阶面进行限位。此种装夹方法比较安全可靠，能够承受较大的轴向切削力，安装刚性好，轴向定位准确，所以在数控车削加工中应用较多。

c. 芯轴和弹簧芯轴。当工件用已加工过的孔作为定位基准时，可采用芯轴装夹。这种装夹方法可以保证工件内外表面的同轴度，适用于批量生产。芯轴的种类很多，常见的芯轴有圆柱芯轴、小锥度芯轴，这类芯轴的定心精度不高。弹簧芯轴（又称胀心芯轴）既能定心，又能夹紧，是一种定心夹紧装置。

d. 弹簧夹套。弹簧夹套定心精度高，装夹工件快捷方便，常用于精加工的外圆表面定位。它特别适用于尺寸精度较高、表面质量较好的冷拔圆棒料的夹持。它夹持工件的内孔是规定的标准系列，并非任意直径的工件都可以进行夹持。

e. 单动卡盘。加工精度要求不高、偏心距较小、零件长度较短的工件时，可以采用单动卡盘进行装夹。单动卡盘的四个卡爪是各自独立移动的，通过调整工件夹持部位在车床主轴上的位置，使工件加工表面的回转中心与车床主轴的回转中心重合。但是，单动卡盘的找正烦琐费时，一般用于单件和小批量生产。单动卡盘的卡爪有正爪和反爪两种形式。

② 中心孔定位夹具

a. 两顶尖拨盘。两顶尖定位的优点是定心准确可靠，安装方便。主要用于精度要求较高的零件加工。顶尖作用是进行工件的定心，并承受工件的重量和切削力。顶尖分前顶尖和后顶尖。

采用两顶尖装夹工件时，先使用对分夹头或鸡心夹头夹紧工件一端的圆周，再将拨杆旋入自定心卡盘，并使拨杆伸向对分夹头或鸡心夹头的端面。车床主轴转动时，带动自定心卡盘转动，随之带动拨杆同时转动，由拨杆拨动对分夹头或鸡心夹头，拨动工件随自定心卡盘的转动而转动。两顶尖只对工件有定心和支撑作用，必须通过对分夹头或鸡心夹头的拨杆带动工件旋转。

使用两顶尖装夹工件时要注意，前后顶尖的连线应该与车床主轴中心线同轴，否则会产生不应有的锥度误差。尾座套筒在不与车刀干涉的前提下，应尽量伸出短些，以增加刚性和减小振动。中心孔的形状应正确，表面粗糙度应较好。两顶尖中心孔的配合应该松紧适当。

b. 拨动顶尖。车削加工中常用的拨动顶尖有内、外拨动顶尖和端面拨动顶尖两种。内、外拨动顶尖的锥面带齿，能嵌入工件，拨动工件旋转。端面拨动顶尖是用端面拨爪带动工件旋转，适合装夹工件的直径为 50～150mm。

c. 其他车削工装夹具。数控车削加工中有时会遇到一些形状复杂和不规则的零件，不能用自定心或单动卡盘装夹，需要借助其他工装夹具，如花盘、角铁式夹具等。被加工零件回转表面的轴线与基准面相垂直、表面外形复杂的零件可以装夹在花盘上加工。被加工零件回转表面的轴线与基准面相平行且表面外形复杂的零件可以装夹在角铁式夹具上加工。

(3) 车床夹具的选择

选择车床夹具时，首先要确定加工定位基准，一般选择零件的毛坯外圆为粗基准，以两端面中心孔为精基准。

对于装夹方式的选择，首先要通过对零件结构的分析，确定零件的装夹，在粗车以及车端面时可直接用自定心卡盘装夹，车中间部位时，若零件伸出卡盘外的长度较长，就需要选用卡盘加顶尖的方式装夹。

3.1.1.3 车削工艺参数

在车削加工中，合理确定切削参数，能够保障加工零件的质量，提高机床及切削刀具的使用寿命，最大限度地提升切削加工效率。增加机床的进给量和切削速度，能够减少切削零件所需时间，但同时机床的切削刀具寿命会明显缩短，加工零件的表面质量也会有所下降。所说的“合理选择”，是指在充分利用现有条件（包括拥有的加工设备、加工设备的加工范围及动力性能、现有刀具的耐磨性和硬度性能等）的基础上，在达到加工质量要求的前提下，尽量减少加工时间，从而获取较高生产率，同时加工成本最低所需的切削用量。对于机床的切削加工而言，切削用量的三要素联系十分密切，改变任一参数均会致使其他相关参数发生变化。例如，增大切削用量时，相应地就需增加切削刃的负荷，则刀具磨损随之加快，进而还会提升加工成本、限制加工速度。因此，实践中绝非只用计算公式得出一个数值使用这么简单，而需以加工经验为依据，综合考虑计算数值和经验数值，才能合理选择切削用量，才能以较低的加工成本获得较高的生产效率和经济效益。

(1) 主轴转速

确定合理的主轴转速才能形成加工所需的恰当切削速度，因此，主轴转速应当以零件加工所要求的切削速度及棒料直径为依据予以确定。从生产实践中可以发现，除了螺纹加工之外，机床车削加工的主轴转速只需考虑零件加工部位直径，并依照加工零件及刀具材料等外部条件所允许的切削速度进行确定即可。

(2) 切削进给速度

在单位时间内，刀具顺进给方向所移动距离即为进给速度，其单位通常为 mm/min，通常车削进给速度的确定原则如下：

① 在零件加工精度及表面粗糙度等质量要求可以保障的前提下，应尽量选择高进给速度，以提高生产效率。

② 使用高速钢刀具车削、车削深孔、进行切断操作时，进给速度应当选择相对较低的数值。

③ 在刀具空行程，尤其是远距离回零时，应尽量设定更高的进给速度。

④ 进给速度这一参数的选择，必须要与机床零件加工时的切削深度及主轴转速相适应。

(3) 切削深度

确定切削深度参数，应当综合考虑多方因素的影响。通常应对车床、刀具、夹具、零件组成工艺系统刚度、零件尺寸精度、表面粗糙度等因素分别进行分析方可确定。在条件允许的情况下，应当尽量选择相对较大的切削深度参数，减少走刀次数，提升加工效率。在零件加工精度及表面粗糙度要求相对较高时，可考虑留出精加工余量。精加工余量通常较小，一般取0.1～0.3mm为宜。此外，根据实践生产经验，通常情况下加工表面的粗糙度 Ra 为12.5μm时，只需一次粗加工即可达到要求。当然，若机床的刚度较差、余量过大或是动力不足时，也可分多次完成切削加工过程；表面粗糙度 Ra 的要求在0.8～1.6μm之间时，通常可采用较小切削量来完成精加工。

3.1.2 磨削加工

3.1.2.1 外圆磨削

导柱、导套等回转类零件外圆面的加工是在外圆磨床上利用砂轮对工件进行磨削完成的。其加工方式是以高速旋转的砂轮对低速旋转的工件进行磨削，工件相对于砂轮做纵向往复运动。外圆磨削后尺寸精度可达IT5～IT6，表面粗糙度 Ra 达0.8～0.2μm。若采用高光洁磨削工艺，表面粗糙度 Ra 可达0.025μm。

(1) 外圆磨削工艺参数

① 砂轮圆周速度　采用陶瓷结合剂砂轮磨削时，其圆周速度一般小于35m/s，当采用树脂结合剂砂轮磨削时，其圆周速度一般小于50m/s。

② 工件圆周速度　工件的圆周速度一般取13～20m/min，磨淬硬钢时，圆周速度一般取为20～26m/min。当工件长径比较大、刚性差时应降低工件转速。

③ 磨削深度　粗磨时磨削深度一般取0.02～0.05mm，精磨时一般取0.005～0.015mm。当工件表面粗糙度小、精度要求高时，精磨后还需不进刀光磨几次。

④ 纵向进给量　粗磨时每次进给量取0.5～0.8倍的砂轮宽度，精磨时每次进给量取0.2～0.3倍的砂轮宽度。

(2) 工件的装夹

① 长径比大的工件一般采用前、后顶尖装夹方式进行磨削，对于淬硬件的顶尖中心孔必须准确研磨，并使用硬质合金顶尖和适当的顶紧力。

② 长径比小的工件一般采用自定心或单动卡盘装夹，用卡盘装夹的工件，一般采用工艺夹头装夹，以便在一次装夹中磨出各段台阶外圆。

③ 较长工件一般采用卡盘和顶尖配合的方式装夹。长径比较大的细长小尺寸轴类工件一般采用双顶尖装夹方式。

④ 有内、外圆同轴要求的套类工件一般采用芯轴方式装夹，芯轴定位面一般按照工件孔径并取1/7000～1/5000的锥度进行配磨。

(3) 顶尖中心孔

在外圆柱面进行车削和磨削之前要先加工顶尖中心孔，以便为后继工序提供可靠的定位基准。若中心孔有较大的同轴度误差，将使中心孔和顶尖不能良好接触，影响加工精度。尤其当中心孔出现圆度误差时，将直接反映到工件上，使工件也产生圆度误差。被磨削零件在热处理后需要修正中心孔，其目的在于消除中心孔在热处理过程中可能产生的变形和其他缺陷，使磨削外圆柱面时能获得精确定位，以保证外圆柱面的形状精度要求。修正中心孔可以采用磨、研磨和挤压等方法，可以在车床、钻床或专用机床上进行。

对于精度要求不高的顶尖中心孔通常采用多棱顶尖进行修正。图3-6所示为挤压中心孔的硬质合金多棱顶尖。挤压时多棱顶尖装在车床主轴的锥孔内，其操作和磨中心孔相类似，利用车床的尾顶尖将工件压向多棱顶尖，通过多棱顶尖的挤压作用，修正中心孔的几何误差。此法生产率极高（只需几秒钟），但质量稍差，一般用于修正精度要求不高的中心孔。

对于精度要求高的顶尖中心孔一般采用磨削方法进行修正。

图 3-7 所示为在车床上用磨削方法修正中心孔。在被磨削的中心孔处，加入少量煤油或机油，手持工件或利用尾尖进行磨削。用这种方法修正中心孔效率高，质量较好；但砂轮磨损快，需要经常修整。

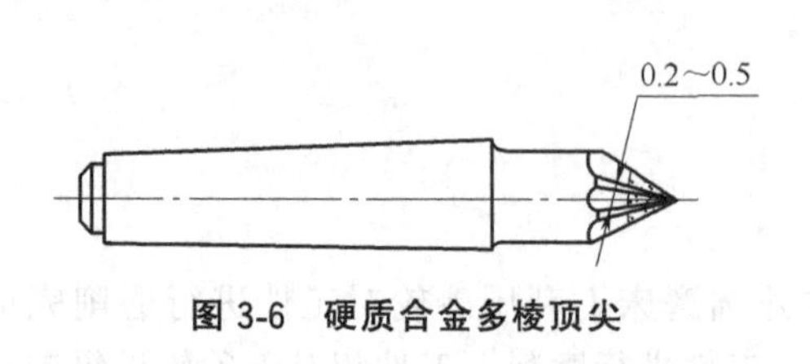

图 3-6 硬质合金多棱顶尖

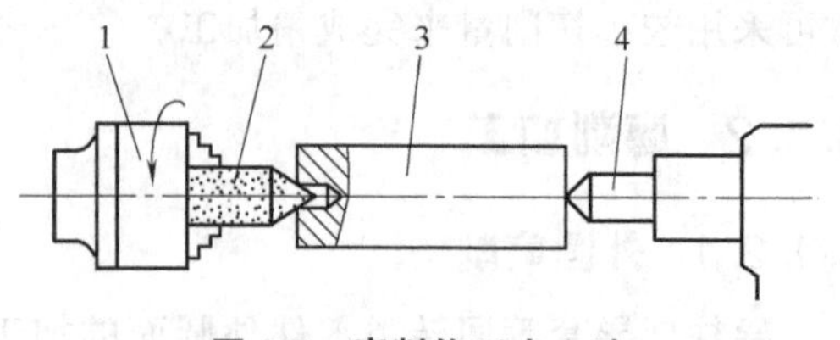

图 3-7 磨削修正中心孔

1—自定心卡盘；2—砂轮头；3—工件；4—尾尖

3.1.2.2 外圆研磨

当外圆表面粗糙度和尺寸精度要求高时，需要对外圆表面进行研磨加工。在大批量生产时，一般在专用研磨机上进行研磨。单件或小批量生产时，可采用研磨工具进行手工研磨，研磨精度可达 IT3～IT5，表面粗糙度 Ra 可达 0.1～0.008μm。

(1) 研磨机理

研磨是使用研具、游离磨料对被加工表面进行微量加工的精密加工方法。在被加工表面和研具之间置以游离磨料和润滑剂，使被加工表面和研具间产生相对运动并施加一定压力，磨料产生切削、挤压等作用，从而去除工件表面凸起处，使被加工表面精度提高、表面粗糙度降低。研磨过程中被加工表面发生复杂的物理和化学变化，研磨的主要作用如下。

① 微切削作用　在研具和被加工表面做相对运动时，磨料在压力作用下，对被加工表面进行微量切削，如图 3-8 所示。在不同加工条件下，微量切削的方式不同。当研具硬度较低、研磨压力较大时，磨粒可镶嵌到研具上产生刮削作用，这种方式有较高的研磨效率；当研具硬度较高时，磨粒在研具和被加工表面之间滚动进行微量切削。

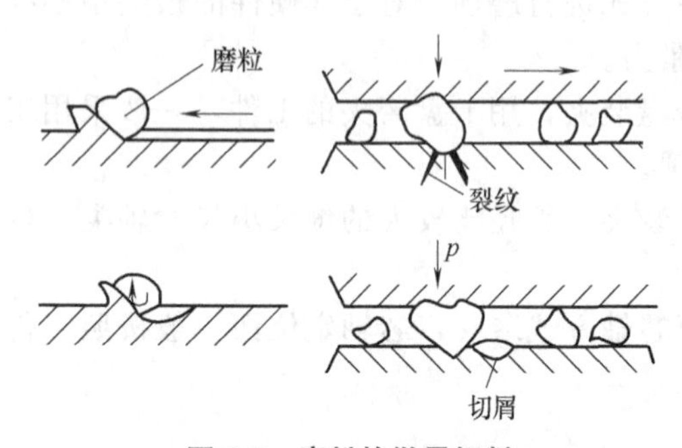

图 3-8 磨料的微量切削

② 挤压塑性变形　钝化的磨粒在研磨压力作用下，挤压被加工表面的粗糙凸峰，被加工表面产生微挤压塑性变形，使零件表面的凸峰趋向平缓和光滑。

③ 化学作用　当采用氧化铬、硬脂酸等研磨剂时，研磨剂和被加工表面产生化学作用，形成一层极薄的氧化膜，这层氧化膜很容易被磨掉，而又不损伤材料基体。在研磨过程中氧化膜不断迅速形成，又很快被磨掉，提高了研磨效率。

(2) 研磨抛光工艺过程

① 研磨抛光余量　研磨抛光余量过大，会使加工时间延长，工具和材料损耗增加，加工成本增大；余量过小，加工后达不到要求的表面粗糙度和精度。原则上研磨抛光的余量只要能够去除表面加工痕迹和变质层即可。当零件的尺寸公差较大时，余量可取在零件尺寸公差范围内，淬硬外圆表面的研磨余量取值如表 3-2 所示。

表 3-2 淬硬外圆表面的研磨余量取值

公称尺寸/mm	≤10	10～18	18～30	30～50	50～80	80～120	120～180	180～250
研磨余量/mm	0.005～0.008	0.006～0.009	0.007～0.010	0.008～0.011	0.008～0.012	0.010～0.014	0.012～0.016	0.015～0.02

② 研具　在车床或磨床上研磨外圆的研具一般用研磨环。研磨环有固定式和可调式两类，固定式研磨环的研磨内径不可调节，而可调式的研磨环的研磨内径可以在一定范围内调节，以适应研磨不同直径外圆面的研磨，如图3-9所示。

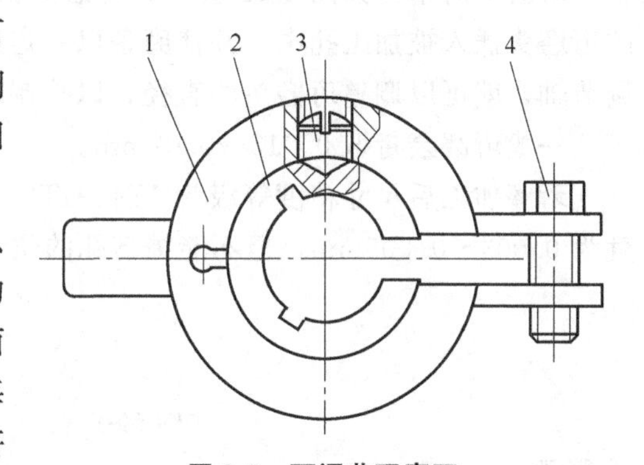

图 3-9　可调节研磨环

1—研磨套；2—研磨环；3—螺钉；4—调节螺钉

③ 研磨抛光过程　研磨一般经过粗研磨、细研磨、精研磨几个阶段，这几个阶段中总的研磨次数依据研磨余量以及初始和最终的表面粗糙度与精度而定。磨料的粒度由粗到细，每次更换磨料都要清洗研具和零件。各部分的研磨顺序根据被加工表面的具体情况确定。研磨中，磨料的运动轨迹可以往复、交叉，但不能重复。

3.1.2.3 内圆磨削

模具零件中精度要求高的内圆面一般采用内圆磨削来进行精加工。内圆磨削可在内圆磨床或万能外圆磨床上进行。在内圆磨床上磨孔的尺寸精度可达IT6～IT7，表面粗糙度 Ra 为0.8～0.2μm。若采用高精度磨削工艺，尺寸精度可控制在0.005mm之内，表面粗糙度 Ra 为0.1～0.025μm。

(1) 砂轮的选择

砂轮直径一般取0.5～0.9倍的工件孔径。工件孔径小时取较大倍数，反之取较小倍数。砂轮宽度一般取0.8倍的孔深。磨削非淬硬钢时，一般选用棕刚玉 ZR_2～Z_2（ZR和Z分别表示砂轮硬度为中软和中等，下标2代表该硬度等级下的细分等级），46＃～60＃磨削砂轮；磨削淬硬钢时，一般选用棕刚玉、白刚玉、单晶刚玉 ZR_1～ZR_2，46＃～80＃砂轮。

(2) 磨削用量选择

砂轮圆周速度一般取20～25m/s。工件的圆周速度一般取20～25m/min，工件表面质量要求较高时，工件圆周速度一般取较低值。

磨削深度指工作台往复一次砂轮径向切入工件的深度，粗磨淬火钢时一般取0.005～0.2mm，精磨淬火钢时一般取0.002～0.01mm。

粗磨时纵向进给速度一般取1.5～2.5m/min，精磨时取0.5～1.5m/min。

(3) 工件的装夹

对于类似导套的较短工件，一般采用自定心卡盘来装夹；对于较小矩形模板上的型孔的磨削加工，一般采用单动卡盘来装夹模板；对于大型模板上的型孔、导柱、导套孔的磨削加工，一般采用在法兰盘上用压板装夹工件；对于较长轴孔的磨削，一般采用卡盘和中心架装夹工件。

3.1.2.4 内圆珩磨

为了进一步提高孔的表面质量，可以增加珩磨工序。单件和小批量生产可以采用简单的珩磨工具，在普通车床上进行珩磨。如图 3-10 所示，珩磨时导套套在珩磨头上并用手握住工件，做轴线方向的往复运动，由车床主轴带动珩磨头旋转，手握导套在研具上做轴线方向的往复直线运动。

珩磨头的结构如图 3-11 所示，珩磨头由若干个磨条装在珩磨架上构成，装有若干磨条的珩磨头插入被加工孔中，并使磨条以一定压力与孔壁接触进行珩磨加工。调节珩磨头上的调节轴，就可以调整珩磨头的直径，以控制珩磨量的大小。

一般珩磨余量取 0.015～0.02mm。

珩磨加工后尺寸精度等级为 IT4～IT5，表面粗糙度 *Ra* 为 0.1～0.25μm，圆度和圆柱度为 0.003～0.005mm，但不能提高孔的位置精度。

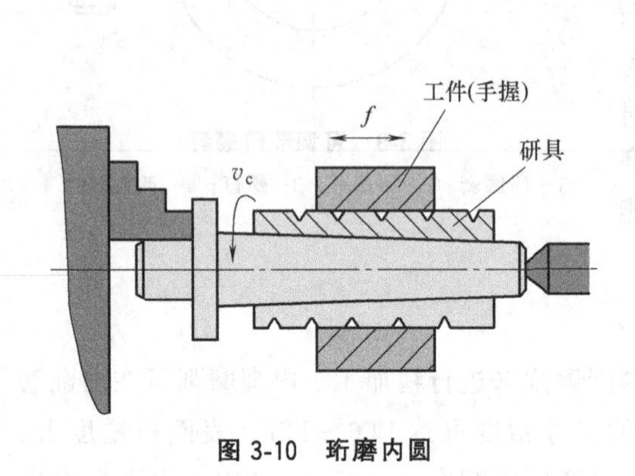

图 3-10 珩磨内圆

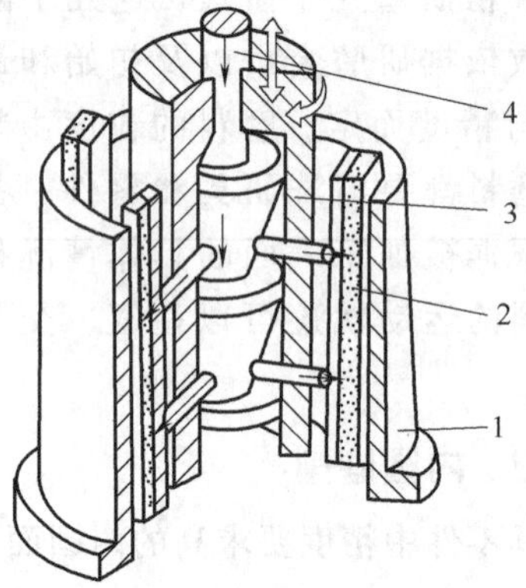

图 3-11 珩磨头的结构

1—工件；2—砂条；3—珩磨架；4—调节轴

3.1.3 回转体类零件加工实例

3.1.3.1 零件分析

如图 3-12（a）所示零件为一冲压模导柱，导柱由同轴不同直径的外圆、倒角、退刀槽组成，结构简单，并且结构工艺性很好。如图 3-12（b）所示零件为一冲压模导套。

对导柱从技术要求方面分析：

① 尺寸和几何形状精度：导柱的配合表面 ϕ32 是重要表面，其直径精度要求为 IT6，圆柱度为 0.006mm。

② 位置精度：导柱上配合表面 ϕ32h6 与 ϕ32r6 之间的同轴度公差为 ϕ0.008mm，精度要求较高。

③ 表面粗糙度：导柱上所有表面都为加工面，均有表面粗糙度要求。其中，ϕ32h6 外圆对表面粗糙度的要求最高，*Ra* 为 0.1μm；其次是 ϕ32r6 外圆，其表面粗糙度 *Ra* 为 0.4μm，其余表面的表面粗糙度 *Ra* 为 3.2μm。

由以上分析可以看出，导柱的主要加工表面为：ϕ32h6 外圆和 ϕ32r6 外圆，由于其精度要求高，必须选择研磨和精磨才能达到精度要求（磨削加工在后续章节介绍）。

由此可以初步确定两端外圆的加工方案如下：

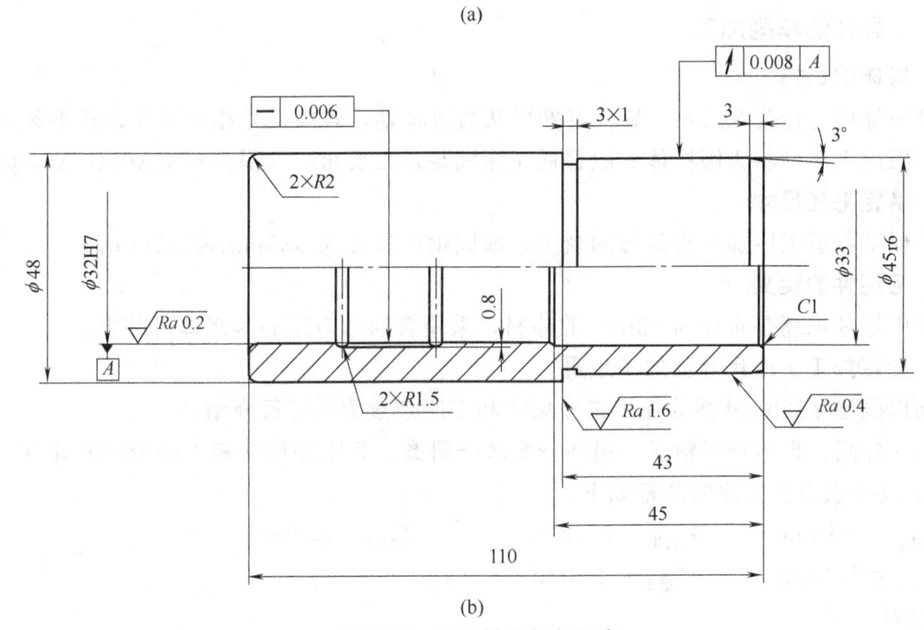

图 3-12 冲压模导柱与导套

ϕ32h6：粗车→半精车→粗磨→精磨→研磨。

ϕ32r6：粗车→半精车→粗磨→精磨。

对导套从技术方面分析：

导套外圆和模板上安装导套的安装孔一般采用的是 H7/r6 的过盈配合，所以导套外圆 ϕ45 的尺寸公差带为 r6。导套和导柱一般采用 H7/r6 的间隙配合，所以导套孔 ϕ32 的尺寸公差带为 H7。ϕ48 的尺寸不和任何零件配合所以采用自由公差，ϕ33 的尺寸作为导柱的避让孔，也为自由公差。所以为了保证导套能够牢固地安装在模板上，且导柱在导套内能够上、下平稳地运动，无滞阻现象，就要使 ϕ45 和 ϕ32 这两个尺寸的精度满足技术要求，否则就不能保证导柱、导套装配后模架的活动部分的运动要求。另外，还要保证导柱、导套各自配合面之间的同轴度要求。

① 导套的外圆表面和内圆表面的尺寸精度要求分别是 ϕ45r6、ϕ32H7。

② 导套内孔 ϕ32H7 的直线度要求为 0.006mm。

③ 导套外圆 ϕ45r6 表面对内孔 ϕ32H7 的轴线跳动值为 0.008mm。

④ 导套外圆 ϕ45r6 表面粗糙度为 0.4μm；内孔 ϕ32H7 表面粗糙度为 0.2μm。

在机械加工过程中，除保证导套配合表面的尺寸和形状精度外，还要保证内外圆柱配合表面的同轴度要求。导套的内表面和导柱的外圆柱面为配合面，使用过程中运动频繁，为保证其耐磨性，需要有一定的硬度要求。因此，导套在精加工之前要进行渗碳、淬火等热处理，以提高其硬度。

在不同的生产条件下，导套的制造所采用的加工方法和设备不同，制造工艺也不同。根据导套的尺寸精度和表面粗糙度要求，精度要求高的配合表面要采用磨削的方法进行精加工，以提高精度，且磨削加工应安排在热处理之后。精度要求不高的表面可以在热处理前车削到图样尺寸。

根据上述分析，导套的加工方案可选择为：

备料→车削粗加工→车削半精加工→渗碳热处理→磨削精加工→研磨光整加工。

3.1.3.2 导柱的车削加工

(1) 机床的选择

案例中导柱直径为 32mm，导柱零件形状为阶梯轴，各段尺寸相差不大，且毛坯采用热轧圆钢，因此毛坯形状为圆柱体。故普通车床满足加工要求，这里选择 CA6140 型车床。

(2) 确定毛坯尺寸

为了保证各道工序加工有足够的余量，取圆钢的尺寸为 ϕ38mm×215mm。

(3) 毛坯件的装夹

案例中导柱毛坯是直径为 38mm 的棒料，采用普通的自定心卡盘即可装夹。

(4) 确定加工工序尺寸及加工余量

下面以确定 ϕ32h6 外圆的加工工序尺寸和工序余量为例进行介绍。

ϕ32h6 外圆：粗车→半精车→粗磨→精磨→研磨，其工序尺寸和工序余量的计算如下。

① 通过查表得各工序的余量如下。

$Z_{研磨}=0.01\text{mm}$　　$Z_{精磨}=0.1\text{mm}$　　$Z_{粗磨}=0.3\text{mm}$

$Z_{半精车}=1.1\text{mm}$　　$Z_{粗车}=4.5\text{mm}$

② 计算。

$Z_{毛坯}=\sum Z_{工序}=(0.01+0.1+1.1+0.3+4.5)\text{mm}=6.01\text{mm}$

取 $Z_{毛坯}=6\text{mm}$，将粗车余量修正为 4.49 mm。

③ 求出各工序的公称尺寸。

研磨：ϕ32mm

精磨：$\phi(32+0.01)\text{mm}=\phi32.01\text{mm}$

粗磨：$\phi(32.01+0.1)\text{mm}=\phi32.11\text{mm}$

半精车：$\phi(32.11+0.3)\text{mm}=\phi32.41\text{mm}$

粗车：$\phi(32.41+1.1)\text{mm}=\phi33.51\text{mm}$

毛坯：$\phi(33.51+4.49)\text{mm}=\phi38\text{mm}$

④ 确定各工序的加工经济精度。由机械加工工艺手册查得：

精磨　IT7　$T_{精磨}=0.025\text{mm}$

粗磨　IT8　$T_{粗磨}=0.039\text{mm}$

半精车 IT11　$T_{半精车}=0.16\text{mm}$

粗车　IT13　$T_{粗车}=0.39\text{mm}$

毛坯　$\pm2\text{mm}$

⑤ 确定各工序的工序尺寸如下。

研磨：$\phi32r6\left(^{+0.050}_{-0.035}\right)$ mm

精磨：$\phi32.01h7\left(^{0}_{-0.025}\right)$ mm $=\phi32.01^{0}_{-0.025}$ mm

粗磨：$\phi32.11h8\left(^{0}_{-0.039}\right)$ mm $=\phi32.11^{0}_{-0.039}$ mm

半精车：$\phi32.41h11\left(^{0}_{-0.16}\right)$ mm

粗车：$\phi33.51h13\left(^{0}_{-0.39}\right)$ mm

毛坯：$\phi38\pm2$mm

同理，可得其他表面的加工工序尺寸。

选择切削用量、设备及夹具，制定机械加工工艺过程卡如表 3-3 所示。

表 3-3 冲模导柱机械加工工艺过程卡

机械加工工艺过程卡		零件名称	冲模导柱		零件图号		CY001		第 1 页
		材料	20 钢		毛坯种类及尺寸		热轧圆钢 ϕ38mm×215mm		共 1 页
工序号	工序名称	工序内容	工艺装备名称及规格				切削用量选择		
			设备	夹具	刀具	量具	主轴转速 /(r/min)	进给速度 /(mm/min)	背吃刀量 /mm
1	下料	保证尺寸 ϕ38mm ×215mm							
2	车	车两端面、钻中心孔，保证长度 210mm	车床	自定心卡盘	车刀	游标卡尺	600	60	
3	车	车外圆至 ϕ33.51mm	车床	自定心卡盘	车刀	游标卡尺	600	60	2
4	检验								
5	车	半精车外圆表面至尺寸 ϕ32.41mm，倒角。切槽 10mm×0.5mm 至尺寸	车床	自定心卡盘	车刀	游标卡尺	1000	60	0.1
6	检验								
7	热处理	工件表面渗碳、淬火：炉温加热至 830℃后，放入工件保温 1h，开炉冷至室温； 低温回火处理：炉温加热至 150℃后，放入工件保温 2h 关电冷却							
8	研中心孔	修研两端中心孔							
9	磨	磨削外圆 ϕ32h6 至设计尺寸，ϕ32r6 至 ϕ32.01mm	外圆磨床	通用夹具	砂轮	千分尺	1500	40	0.01
10	研磨	研磨外圆 ϕ32r6 至尺寸		通用夹具					
11	清洗	清洗、去毛刺、钳工							
12	检验	检验产品尺寸是否合格				游标卡尺、三坐标测量仪			
13	编制		校对			审核		批准	

3.1.3.3 导套的加工

(1) 导套的加工工艺措施分析

导套零件内外表面都要加工，内圆表面有直线度要求，外圆表面与轴线有同轴度要求。所以，在车削加工过程中，一次安装完成内外表面及全部加工，可以减少装夹误差，并获得很高的相互位置精度。可以先加工外圆，以外圆为精基准加工内孔。这样直线度、同轴度和跳动误差都比较小，此时可采用定心精度较高的夹具，如弹性膜片卡盘、液性塑料夹头、经过修磨的自定心卡盘和软爪。导套类零件的壁很薄，加工中易变形，所以在切削中要注意夹紧力、切削力、内应力和切削热等因素的影响。批量加工时应注意将粗、精加工分开进行，应尽量减少加工余量、增加走刀次数、减小夹紧力。

要保证导套的尺寸精度和形状精度，还必须经过磨削加工。磨削导套时正确选择定位基准对保证内外圆柱面的同轴度是十分重要的。导套的工艺路线可在万能外圆磨床上，利用自定心卡盘夹持 ϕ48mm 外圆柱面进行加工，能保证同轴度要求。但要经常调整机床，所以这种方法只适宜单件生产。如果批量加工，可在专门设计的锥度芯轴上，以芯轴两端的中心孔定位，磨削外圆柱面，能获得较高的同轴度要求。这种芯轴应具有很高的制造精度，其锥度在 1/5000～1/1000 的范围内选取，硬度在 60HRC 以上。

为提高导套的精度，还可以用研磨的方法，研磨导套和研磨导柱相类似。在磨削和研磨过程中要注意研具材料、磨料和磨液的选用，同时防止磨削过程中喇叭口的产生。

(2) 机床的选择

案例中导套外圆直径为 ϕ48mm，导套零件形状为阶梯轴，各段尺寸相差不大，且毛坯采用热轧圆钢，因此毛坯形状为圆柱体。故普通车床满足加工要求，这里选择 CA6140 型车床、M1432A 万能外圆磨床、ZQ3040 钻床和 T68 卧式镗床来加工案例零件。

(3) 确定毛坯尺寸

为了保证各道工序加工有足够的余量，取圆钢的尺寸为 ϕ52mm×115mm。

(4) 毛坯件的装夹

案例中导套毛坯是直径为 ϕ52mm 的棒料，采用普通的自定心卡盘即可装夹。

(5) 确定加工工序尺寸及加工余量

加工工序尺寸及余量参照导柱的加工，此处不再赘述。

3.2 模板类零件的常规机械加工方法

模板类零件是指模具中所应用的板类零件。如图 3-13 (a) 所示，注塑模具中的定模固定板、定模板、动模板、动模垫板、推杆支承板、推杆固定杆、动模固定板等都属于模板类零件。如图 3-13 (b) 所示，冲裁模具中的上、下模座，凸、凹模固定板，卸料板等，也都属于模板类零件。因此，掌握模板类零件的常规机械加工方法是掌握模具制造技术的基础。

模板类零件的形状、尺寸、精度等级各不相同，它们各自的作用综合起来主要包括以下几个方面。

(1) 连接作用

冲裁模具中的上、下模座，注塑模具中动、定模座板，它们具有将模具的其他零件连接起来，保证模具工作时具有正确的相对位置，使之与使用设备相连接的作用。

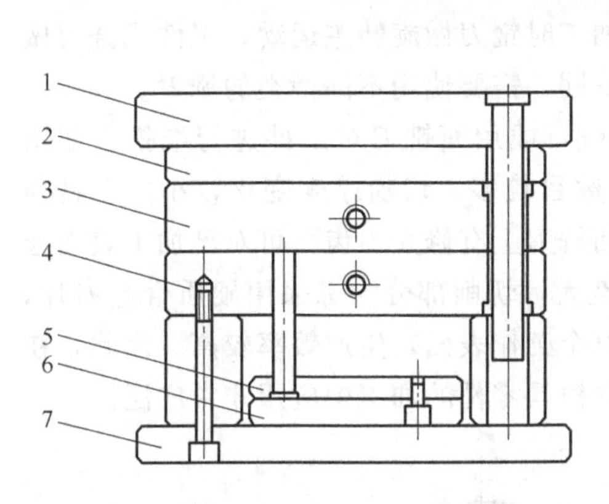

1—定模固定板；2—定模板；3—动模板；
4—动模垫板；5—推杆支承板；6—推杆固定板；
7—动模固定板

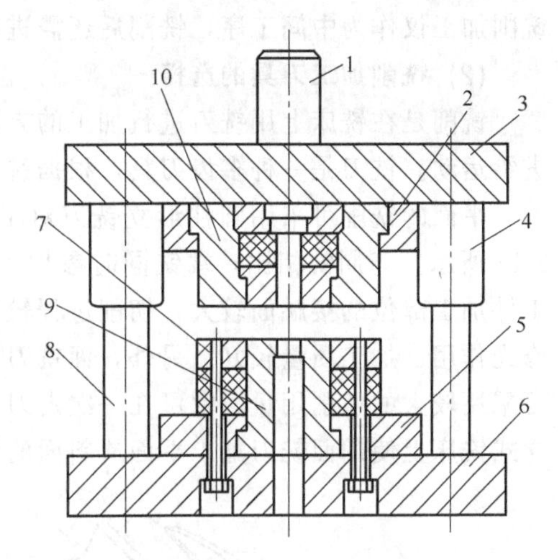

1—模柄；2—凹模固定板；3—上模座；4—导套；
5—凸模固定板；6—下模座；7—卸料板；8—导柱；
9—凸凹模；10—落料凹模

图 3-13 注塑模具和冲裁模具

(2) 定位作用

冲裁模具中的凸、凹模固定板，注塑模具中动、定模板，将凸、凹模和动、定模的相对位置进行定位，保证模具工作过程中准确的相对位置。

(3) 导向作用

模板类零件和导柱、导套相配合，在模具工作过程中，沿开合模方向进行往复直线运动，对模板上所有零件的运动进行导向。

(4) 卸料或推出制品作用

模板中的卸料板、推杆支承板及推杆固定板在模具完成一次成型后，借助机床的动力及时地将成型的制品推出或将毛坯料卸下，便于模具顺利进行下一次制品的成型。

根据模具板件的精度与表面粗糙度要求，一般性的板件，如支承板、垫块以及钢板模架的定、动模垫板等，应采用粗加工后的精制板坯为宜。其常用的加工方法为铣削加工，其工序为：半精铣→精铣→倒角。

若作为注塑模和冲模的型腔（凹模）模板、型芯（凸模）模板、卸料板，或斜导轨、镶件等精密六面体工作零件和精密结构件的精制模板坯，应选用半精加工后的精制板坯。对于大中型塑料模的板坯，型腔、型芯镶块的方形坯料粗加工一般也是由坯料生产、供应厂完成。因此，这类板件的加工需采用精密铣削、精密平面磨削，有些平面还需采用研磨工艺。所以，模板的一般加工工艺顺序为：平面铣削→半精磨→精密平面磨削。

3.2.1 铣削加工

(1) 铣削加工设备

在模具零件的铣削加工中，铣床的种类主要有卧式铣床、立式铣床、龙门铣床、万能工具铣床等，应用最广的是立铣加工所使用的立式铣床和万能工具铣床，其加工精度可达 IT8 以上，表面粗糙度 Ra 达 1.6μm。若选用高速、小用量铣削，则工件精度可达 IT7，表面粗糙度 Ra 达 0.8μm。铣削时，留 0.05mm 的修光余量，经钳工修光即可。当精度要求高时，铣削加工仅作为中间工序，铣削后还需进行其他工序的精加工。

(2) 铣削加工刀具的选择

铣削是在铣床上用铣刀进行加工的方法。铣削加工时铣刀做旋转主运动，工件或铣刀做进给运动。铣刀是一种多齿刀具，根据铣削对象的不同，需要使用不同种类的铣刀。

平面的铣削可采用圆柱形立铣刀对工件进行周铣，或用面铣刀对工件进行端铣，如图3-14所示。与周铣相比，端铣同时参加工作的刀齿数目较多，切削厚度变化较小，刀具与工件加工部位的接触面较大，切削过程较平稳，且面铣刀上有修光刀齿，可对已加工表面起修光作用，加工质量较好。另外，面铣刀刀杆的刚性大，切削部分大都采用硬质合金刀片，可采用较大的切削用量，常可在一次走刀中加工出整个工作表面，生产效率较高。因此，在立式铣床上使用面铣刀加工平面或斜面的加工方法在模具零件的加工中应用非常广泛。

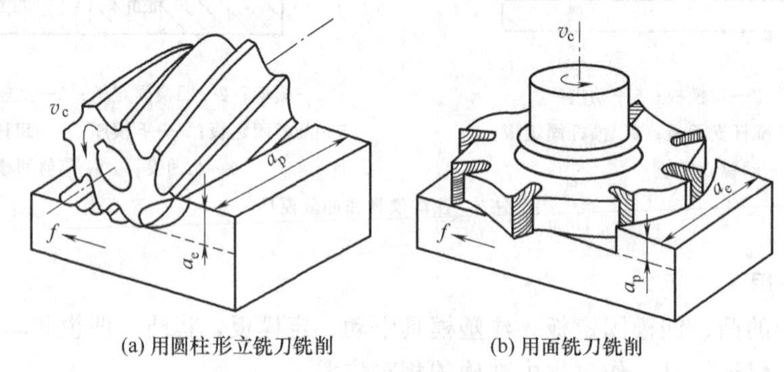

(a) 用圆柱形立铣刀铣削　　(b) 用面铣刀铣削

图 3-14　铣削的应用

(3) 工件的装夹与定位方法

零件在铣床上的装夹方法主要有：用平口虎钳装夹；用万能分度头装夹；用压板、螺栓直接将工件装夹在铣床工作台上；在成批生产中采用专用夹具装夹，如下列与铣床配套的夹具与机构：

① 将工件直接定位、夹紧于工作台上所采用的定位支承机构；压板与螺栓或偏心原件组成的杠杆式夹紧机构。

② 定位、装夹、固定于工作台上的通用精密平口虎钳。

③ 装于工作台上的万能分度头。

④ 装于铣床工作台上的主轴式、卧轴式和万能式回转分度工作台。

⑤ 常用手动、机动回转工作台。

可以采用铣削加工的工件及加工表面如图3-15所示，图3-15（a）为平面铣削，图3-15（b）～图3-15（d）为三维凹模型腔铣削，图3-15（e）为成型凸模铣削。在加工时，由于其毛坯多为六面体，则多采用其底平面作为主要加工基准，定位于铣床工作台上，限制工件$\hat{x}$、$\hat{y}$、$\vec{z}$三个自由度；同时，以工件两侧面为X、Y方向的定位基准面，以限制$\hat{z}$、$\vec{x}$、$\vec{y}$。夹紧工件后，就完全限制了工件的6个自由度。

也可以根据工件的六点定位基准来设计、制造专用夹具。工件装夹于夹具内进行铣削加工时，应保证以下基本要求：

① 保证工件各被加工面的工序尺寸的加工误差在允许的范围内。

② 保证各被加工面的形状精度，即保证工件加工的形状公差符合工件的设计要求。

③ 保证各被加工面之间的位置精度要求。

(4) 铣削加工参数

铣削时，铣刀的旋转为主运动，工件随工作台的直线或曲线运动为进给运动。铣削加工主要参数有铣削速度、进给量、背吃刀量、进给速度等。

铣削速度（v_c）是指铣刀最大直径处切削刃的线速度。

铣削中的进给量有以下三种表示方法。

① 每齿进给量 f_z：铣刀每过一个刀齿时，工件沿进给方向移动的距离，单位为 mm/z，f_z 是选择进给量的依据。

② 每转进给量 f_r：铣刀每转一转时，工件沿进给方向所移动的距离，单位 mm/r。

③ 每分钟进给量 f_m：铣刀每分钟相对工件进给方向所移动的距离，单位为 mm/min。在实际工作中，一般按 f_m 来调整机床进给量的大小。

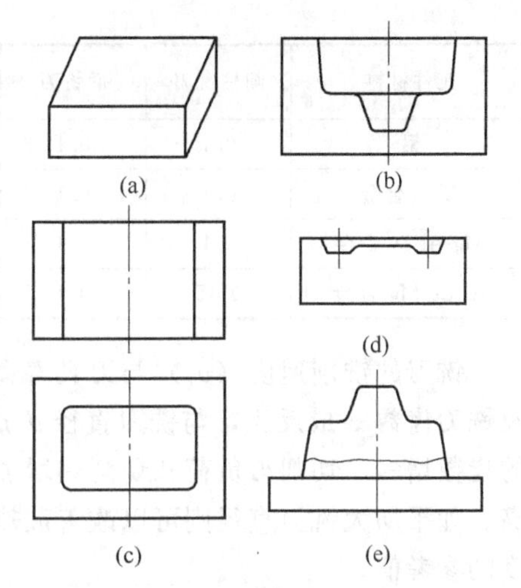

图 3-15 常用铣削加工表面

f_z、f_r、f_m 之间有如下关系：

$$f_r = f_z z; \quad f_m = f_r n = f_z zn$$

式中 n——铣刀转速，r/min。

铣削中的背吃刀量（a_p）为待加工表面与已加工表面间的垂直距离，即铣刀切入工件的深度。

进给速度（v_f）是指单位时间内工件与铣刀沿进给方向的相对位移，单位为 mm/min。它与铣刀转速 n、铣刀齿数 z 及每齿进给量 f_z（单位为 mm/z）有关。

进给速度的计算公式：

$$v_f = f_z zn$$

式中，每齿进给量 f_z 的选用主要取决于工件材料和刀具材料的力学性能、工件表面粗糙度要求等因素。当工件材料的强度、硬度高，工件表面粗糙度的要求高，工件刚性差或刀具强度低时，f_z 取小值。硬质合金铣刀的每齿进给量高于同类高速钢铣刀的选用值，每齿进给量的选用参考表见表 3-4。

表 3-4 铣刀每齿进给量的选用参考表　　单位：mm

工件材料	圆柱铣刀	面铣刀	立铣刀	杆铣刀	成型铣刀	高速刀嵌齿铣刀	硬质合金嵌齿铣刀
铸钢	0.2	0.2	0.07	0.05	0.04	0.3	0.1
软(中硬)钢	0.2	0.2	0.07	0.05	0.04	0.3	0.09
硬钢	0.15	0.15	0.06	0.04	0.03	0.2	0.08
镍铬钢	0.1	0.1	0.05	0.02	0.02	0.15	0.06
高镍铬钢	0.1	0.1	0.04	0.02	0.02	0.1	0.05
可锻铸铁	0.2	0.15	0.07	0.05	0.04	0.3	0.09
铸铁	0.15	0.1	0.07	0.05	0.04	0.2	0.08
青铜	0.15	0.15	0.07	0.05	0.04	0.3	0.1
黄铜	0.2	0.2	0.07	0.05	0.04	0.3	0.21

续表

工件材料	圆柱铣刀	面铣刀	立铣	杆铣刀	成型铣刀	高速刀嵌齿铣刀	硬质合金嵌齿铣刀
铝	0.1	0.1	0.07	0.05	0.04	0.2	0.1
Al-Si 合金	0.1	0.1	0.07	0.05	0.04	0.18	0.08
Mg-Al-Zn 合金	0.1	0.1	0.07	0.04	0.03	0.15	0.08
Al-Cu-Mg-合金	0.15	0.1	0.7	0.05	0.04	0.2	0.1

铣刀的铣削速度（v_c）与刀具寿命 T、每齿进给量 f_z、背吃刀量 a_p、侧吃刀量 a_e 以及铣刀齿数 z 成反比，与铣刀直径 d 成正比。其原因是 f_z、a_p、a_e、z 增大时，同时工作的齿数增多，切削刃负荷和切削热增加，加快刀具磨损，因此刀具寿命限制了切削速度的提高。如果加大铣刀直径则可以改善散热条件，相应提高铣削速度。表 3-5 列出了铣刀铣削速度的参考值。

表 3-5 铣刀铣削速度的参考值 单位：m/min

工件材料	铣刀材料					
	碳素钢	高速钢	超高速钢	钴类硬质合金	钨钴类硬质合金	钨钛钴类硬质合金
钢		6～42				36～150
铝	75～150	150～300		240～460		300～600
黄铜(软)	12～25	20～50		45～75		100～180
青铜(硬)	10～20	20～40		30～50		60～130
青铜(最硬)		10～15	15～20			40～60
铸铁(软)	10～12	15～25	18～35	28～40		75～100
铸铁(硬)		10～15	10～20	18～28		45～60
铸铁(冷硬)			10～15	12～18		30～60
可锻铸铁	10～15	20～30	25～40	35～45		75～110
铜(软)	10～14	18～28	20～30		45～75	
铜(中)	10～15	15～25	18～28		40～60	
铜(硬)		10～15	12～20		30～45	

3.2.2 平面磨削加工

(1) 磨削加工设备

平面磨削在平面磨床上进行，加工时工件通常装夹在电磁吸盘上，用砂轮的周面对工件进行磨削。平面磨削可分为卧轴周磨和立轴端磨两种方法。周磨是用砂轮的圆周面磨削平面，如图 3-16 (a) 所示，周磨平面时砂轮与工件的接触面积很小，排屑和冷却条件均较好，工件不易产生热变形。因砂轮圆周表面的磨粒磨损均匀，加工质量较高，适用于精磨。端磨是用砂轮的端面磨削工件平面，如图 3-16 (b) 所示，端磨平面时砂轮与工件的接触面积大，所以磨削效率高，但因冷却液不易注入磨削区内，致使工件热变形大。另外，因砂轮端面各点的圆周速度不同，端面磨损不均匀，故加工精度较低，一般只适用于粗磨。

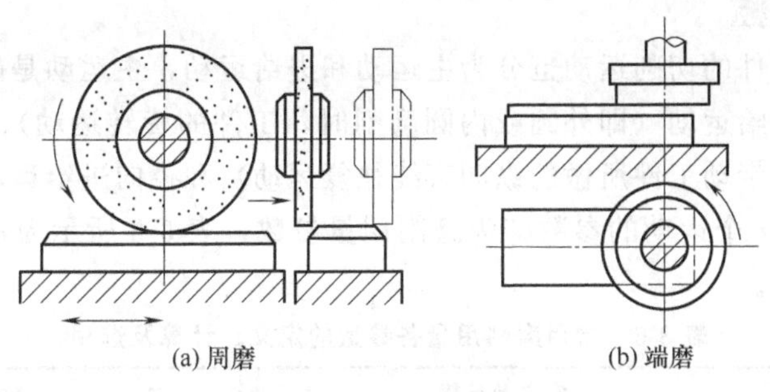

(a) 周磨　　(b) 端磨

图 3-16 周磨和端磨

加工模具零件时，要求分型面与模具的上下底面平行，同时还应保证分型面与有关平面之间的垂直度。采用磨削加工时，两平面的平行度小于 0.01，加工精度可达 IT5～IT6，表面粗糙度 Ra 为 0.1～0.01μm，所以模板类零件的平面加工都采用平面磨削作为最终工序。

(2) 磨削加工刀具的选择

选用砂轮时，应综合考虑工件的形状、材料性质及磨床条件等各因素。在考虑尺寸大小时，应尽可能把外径选得大些，以提高砂轮的圆周速度，有利于提高磨削生产效率、降低表面粗糙度。

(3) 工件的装夹与定位

平面磨削作为模具模板类零件的终加工工序，一般安排在精铣、精刨和热处理之后。磨削模板时，直接用磁力吸盘固定工件；对于小尺寸零件，常用精密平口虎钳、导磁角铁或正弦夹具等装夹工件。

磁力吸盘是利用磁通的连续性原理及磁场的叠加原理设计的，磁力吸盘的磁路设计成多个磁系，通过磁系的相对运动，实现工作磁极面上磁场强度的相加或相消，从而达到吸持和卸载的目的。如图 3-17 (a) 所示，当磁力吸盘磁极处于吸持状态时，磁力线从永磁铁的 N 极出来，通过导磁体，经过具有铁磁性的工件，再回到导磁体，最后进入永磁铁的 S 极。这样，就能把工件牢牢地吸在永磁吸盘的工作极面上。

当扳手插入轴孔内沿逆时针转动 180°后，导磁体下方的永磁铁和绝磁板整体会产生一个平动距离，此时，磁力线会在磁力吸盘内部组成磁路的闭合回路，几乎没有磁力线从磁力吸盘的工作极面上出来，所以对工件不会产生吸力，就能顺利实现工件的卸载。图 3-17 (b) 所示为磁力吸盘的实物图。

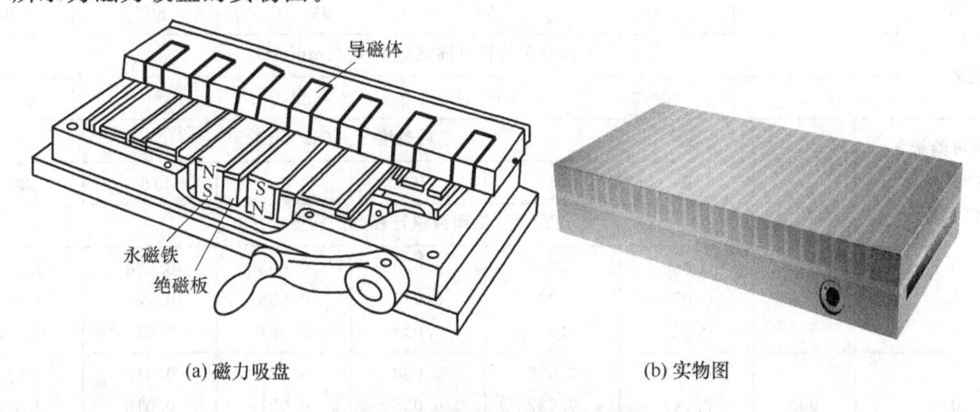

(a) 磁力吸盘　　(b) 实物图

图 3-17 磁力吸盘及其实物图

(4) 磨削加工参数

磨削时砂轮与工件的切削运动也分为主运动和进给运动，主运动是砂轮的高速旋转，进给运动一般为圆周进给运动（即外圆或内圆磨削时，工件的旋转运动）、纵向进给运动（即平面磨削时，工作台带动工件所做的纵向直线往复运动）和径向进给运动（即砂轮沿工件径向的移动）。描述这 4 个运动的参数即为磨削用量参数，表 3-6 所示为常用磨削用量各参数的定义、计算及选用。

表 3-6 常用磨削用量各参数的定义、计算及选用

磨削用量	定义及计算	选用原则
砂轮圆周速度 v_s	砂轮外圆的线速度 $v_s=\dfrac{\pi d_s n_s}{1000\times 60}$(m/s)	一般陶瓷结合剂砂轮 $v_s \leqslant 35$m/s 特殊陶瓷结合剂砂轮 $v_s \leqslant 50$m/s
工件圆周速度 v_w	被磨削工件外圆处的线速度 $v_w=\dfrac{\pi d_w n_w}{1000\times 60}$(m/s)	$v_w=\left(\dfrac{1}{160}\sim\dfrac{1}{80}\right)\times 60$(s) 粗磨时取大值，精磨时取小值
纵向进给量 f_a	工件每转一圈沿本身轴向的移动量	一般取 $f_a=(0.3\sim0.6)B$ 粗磨时取大值，精磨时取小值，B 为砂轮宽度
径向进给量 f_r	工作台一次往复行程内，砂轮相对工件的径向移动量（又称磨削深度）	粗磨时取 $f_r=(0.01\sim0.06)B$ 精磨时取 $f_r=(0.005\sim0.02)B$

平面磨削砂轮速度一般按照表 3-7 选取；平面磨削用量一般按表 3-8 选取。

表 3-7 平面磨削砂轮速度选择　　单位：m/s

磨削方式	工件材料	粗磨	精磨
周磨	灰铸铁	20～22	22～25
	钢	22～25	25～30
端磨	灰铸铁	15～18	18～20
	钢	18～20	20～25

表 3-8 平面磨削用量选择

加工性质	砂轮宽度 B/mm					
	32	40	50	63	80	100
粗磨	工作台单行程纵向进给量 f_a/(mm/st)					
	16～24	20～30	25～38	32～44	40～60	50～75

纵向进给量 f_a（以砂轮宽度的倍数计）	耐用度 T/s	工件速度 v_w/(m/min)					
		6	8	10	12	16	20
		工作台单行程磨削深度 f_r/mm					
0.5	540	0.066	0.049	0.039	0.033	0.024	0.019
0.6	540	0.055	0.041	0.033	0.028	0.020	0.016
0.8	540	0.041	0.031	0.024	0.021	0.015	0.012
0.5	900	0.053	0.038	0.030	0.026	0.019	0.015
0.6	900	0.042	0.032	0.025	0.021	0.016	0.013
0.8	900	0.032	0.024	0.019	0.016	0.012	0.0096

续表

纵向进给量 f_a（以砂轮宽度的倍数计）	耐用度 T/s	工件速度 $v_w/(m/min)$					
		6	8	10	12	16	20
		工作台单行程磨削深度 f_r/mm					
0.5 0.6 0.8	1440	0.040 0.034 0.025	0.030 0.025 0.019	0.024 0.020 0.019	0.020 0.017 0.013	0.015 0.013 0.0094	0.012 0.010 0.0076
0.5 0.6 0.8	2400	0.033 0.026 0.019	0.023 0.019 0.015	0.019 0.015 0.012	0.016 0.013 0.0098	0.012 0.0097 0.0073	0.0093 0.0078 0.0059

3.2.3 模板类零件加工精度检验方法

(1) 模板类零件毛坯的工艺要求

模具的模板类零件毛坯的余量与粗加工工作量很大。为缩短模具制造周期，提高模具装配工艺精度，其毛坯需要经过粗铣或半精铣以后，成为通用、标准的精制板坯。模板类零件的板坯具体要求如下：

① 粗铣板坯需达到直线度 0.5～0.3mm/m；表面粗糙度 $Ra=12.5\sim6.3\mu m$。

② 半精铣板坯需达到直线度 0.2～0.1mm/m；表面粗糙度 $Ra=6.3\sim3.2\mu m$。

③ 留给模具厂进行精加工的余量为 0.3～0.5mm。

(2) 模板技术要求

模具用板件最终需达到以下技术要求，即：

① 模板的平面度≤(0.003～0.001)mm。

② 直线度 0.08～0.04mm。

③ 上、下平面平行度公差见表 3-9。

④ 基准面的垂直公差 (0.01～0.015)/100。

⑤ 表面粗糙度 $Ra=0.8\sim1.6\mu m$。

表 3-9 模板上、下平面的平行度公差

被测尺寸/mm	平行度公差/mm	
	0Ⅰ级与Ⅰ级	0Ⅱ级与Ⅱ级
40～63	0.008	0.012
63～100	0.010	0.015
100～160	0.012	0.020
160～250	0.015	0.025
250～400	0.020	0.030
400～630	0.025	0.040
630～1000	0.030	0.050
1000～1600	0.040	0.060

在制造过程中，板类零件主要是进行平面加工和孔系加工。为保证模架的装配要求，板类零件的加工质量要求主要有以下几个方面：

① 表面间的平行度和垂直度　为了保证模具装配后各模板能够紧密贴合，对于不同功能和不同尺寸的模板其平行度和垂直度均按 GB/T 1182—2018 执行。具体公差等级和公差数值应按《冲模技术条件》（GB/T 14662—2006）及《塑料注射模模架》（GB/T 12555—2006）等国家标准加以确定。

② 表面粗糙度和精度等级　一般模板平面的加工质量要达到 IT7～IT8，$Ra=0.8\sim3.2\mu m$。若该模板的表面作为模具分型面，则加工质量要达到 IT6～IT7，$Ra=0.4\sim1.6\mu m$。

③ 模板上各孔的精度、垂直度和孔间距的要求　常用模板各孔径的配合精度一般为 IT6～IT7，$Ra=0.4\sim1.6\mu m$。对安装滑动导柱的模板，孔轴线与上下模板平面的垂直度要求为 4 级精度。模板上各孔之间的孔间距应保持一致，一般误差要求在±0.02mm 以内。

(3) 模板精度检测方法

① 表面平行度检测方法　冲压模架上模座板对下模座板平行度检测方法如图 3-18 所示，将装配好的被测模架放在精密平板上，将上、下模对合，中间垫以球面垫块，移动千分表架或推动模架在整个被测面上用千分表测量，取最大与最小读数差，即为模架的平行度误差。

② 表面粗糙度检测方法　为了提高模具加工的成型质量，对模具零件工作表面加工后的表面质量有严格要求：凸、凹模工作表面表面粗糙度 Ra 应达到 $0.8\mu m$，圆角区的表面粗糙度 Ra 为 $0.4\sim0.8\mu m$。目前常用的表面粗糙度的测量工具主要有粗糙度仪、表面粗糙度样板、双管显微镜、电动轮廓仪等。用粗糙度仪测量简便易行，是实际生产中的主要测量手段。利用表面粗糙度样板对比加工零件的表面，可以简单地测出零件的表面粗糙度。表面粗糙度样板如图 3-19 所示。

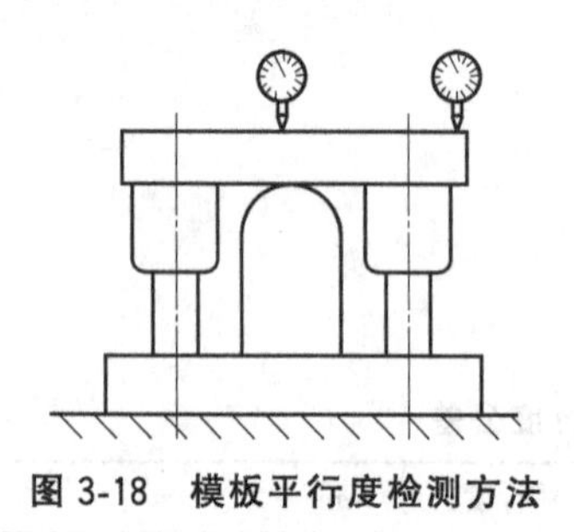

图 3-18　模板平行度检测方法

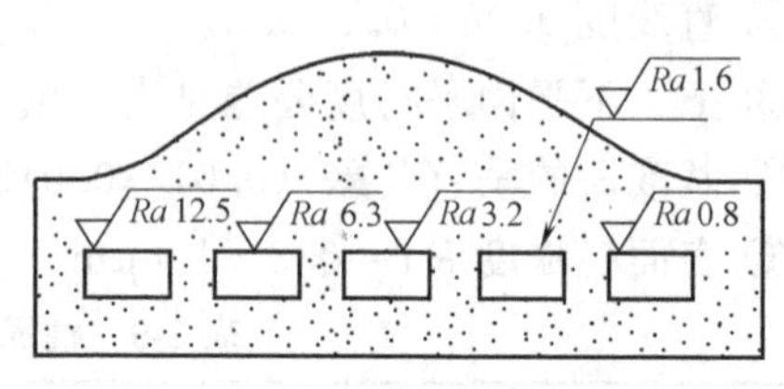

图 3-19　表面粗糙度样板

3.3 孔的加工方法

模具制造中孔的加工占有很大比重，由于这些孔的用途不同，其几何结构、精度要求也各不相同。模具的孔有圆孔、方孔、多边形孔及不规则的异形孔。异形孔的加工方法大多采用电火花成型、线切割等特种加工来完成，本节将重点讨论圆形孔的加工方法。

3.3.1 孔的技术要求

(1) 孔的尺寸精度

孔的精度主要是指孔径的尺寸精度，其精度等级与配合性质可直接查阅《机械设计手册》中的公差与配合的资料，有的孔还有深度尺寸公差要求，其公差值应按公差等级查表确定。

(2) 孔的形状精度

孔的形状公差主要有圆度公差和圆柱度公差，个别的还可能有母线的直线度公差。

(3) 孔的位置精度

孔的定向位置公差主要有平行度公差、垂直度公差和倾斜度公差；孔的定位位置公差主要有同轴度公差和位置度公差；孔的跳动位置公差有圆跳动公差和全跳动公差。实际加工中，对于孔的位置（坐标）精度要求很高的零件，还需要采取专门措施予以保证。

(4) 孔的表面质量

孔的表面质量包括孔的表面粗糙度及冷作硬化层深度（特殊要求）等。

3.3.2 一般孔的加工方法及设备

(1) 钻孔

钻孔是最常见的一种孔加工方法，主要用于孔的粗加工。普通孔的钻削有两种方法：一是在钻床、铣床或者镗床上钻孔，钻头旋转而工件不转；二是在车床上钻孔，工件旋转而钻头装夹在车床尾座上不旋转。当孔与外圆有同轴度要求时，可在车床上钻孔，更多的模具零件孔是在钻床、铣床或者镗床上加工的。

钻床一般用于加工直径不大、精度不高的孔，或者作为孔的粗加工使用。此外，还可在钻床上进行扩孔、铰孔、攻螺纹等加工。模具零件上的螺栓（螺钉）过孔、螺纹底孔、定位销孔等的粗加工都采用钻削加工，其加工精度较低，表面粗糙度大。

钻床的主要类型如下：

① 台式钻床　它结构简单，使用方便，体积小，但只能加工小孔（一般孔径小于12mm），在操作不复杂的流水生产线或机修车间被广泛使用。

② 立式钻床　主轴箱内有主运动及进给运动的传动机构，而进给运动可以靠手动或机动使主轴套筒做轴向进给。工作台可沿立柱上的导轨做上下位置的调整，以适应不同高度的工件加工。它只适用于单件、小批生产中加工中小型工件上的孔。

③ 摇臂钻床　它可以做上下移动，左右径向移动，可以绕臂旋转，还能在加工中找正工件的孔中心，工作很方便，广泛用于大、中型零件的加工。

钻床上最常用的刀具是麻花钻和扩孔钻。

麻花钻是钻孔的常用工具，一般由高速钢制成，其结构如图 3-20 所示。麻花钻主要由柄部、颈部和刀体组成，刀体包括切削部分和导向部分。切削部分担任主要的切削工作，导

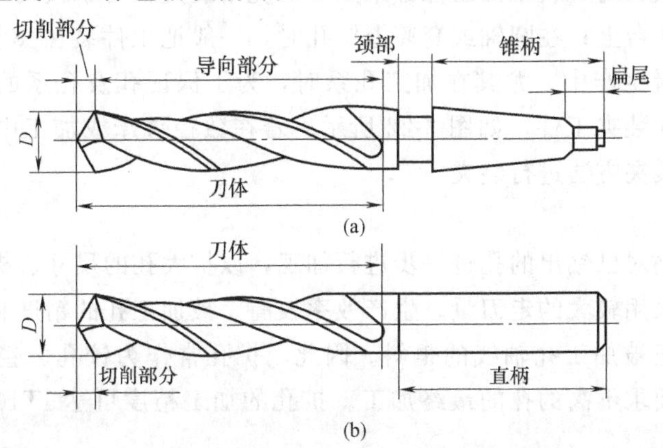

图 3-20　麻花钻结构

向部分有两条对称的棱边和螺旋槽，其中，较窄的起导向和修光孔壁作用，较深的螺旋槽用来排屑和输送切削液。钻头直径由工件尺寸决定，应尽可能一次钻出所需要的孔径。当孔径超过 25mm 时，常采用“先钻后扩”工艺，第一次钻孔直径取工件孔径的 0.5～0.7 倍。

扩孔时，限制进给量的主要因素是孔的精度和表面粗糙度，扩孔余量一般可取孔径的 1/8 左右。扩孔钻的类型如图 3-21 所示。

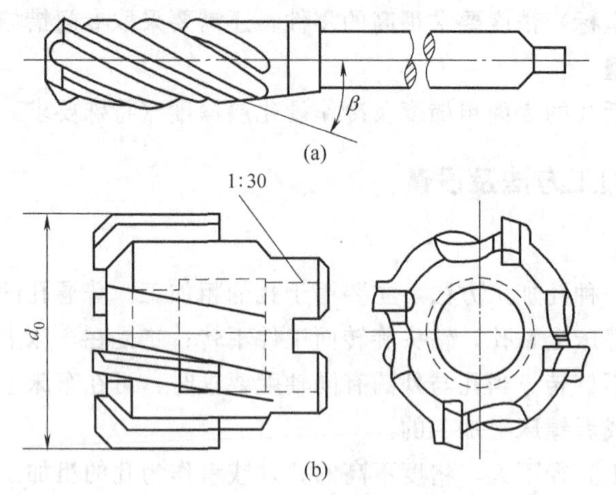

图 3-21 扩孔钻的类型

采用标准麻花钻钻削加工时，孔的精度一般在 IT10 以下，表面粗糙度一般只能控制在 $Ra=12.5\mu m$。对于精度要求不高的孔，如螺栓（螺钉）的过孔、油孔及螺纹底孔等，可直接采用钻孔加工；如果孔的精度要求较高，则在钻孔之后还要进行精加工。

钻削时的切削速度是指钻头外缘处的线速度。生产中一般按经验选取或查阅切削手册确定。表 3-10 列举了高速钢钻头钻削不同材料时的速度值，供选用参考。

表 3-10 高速钢钻头钻削速度推荐表

加工材料	钻削速度/(m/min)	加工材料	钻削速度/(m/min)
低碳钢	25～30	铸铁	20～25
中、高碳钢	20～25	铝合金	40～70
合金钢、不锈钢	15～20	铜合金	20～40

在钻床上进行钻孔时，较小的工件常采用平口虎钳装夹，对于较大的工件，可用压板直接安装在机床的工作台上；在圆轴或套筒上钻孔时，一般把工件装在 V 形夹具上，用压板、螺栓压紧；在大批量生产中，尤其在加工孔系时，为了保证孔及孔系的精度，提高生产效率，广泛采用钻模来装夹工件，如图 3-22 所示。若在数控铣床或加工中心上进行钻孔，则按照铣床上工件的装夹方法进行装夹。

(2) 扩孔

扩孔是用扩孔钻对已钻出的孔进一步进行加工，以扩大孔的尺寸、提高孔的加工精度的加工方法。扩孔可采用较大的走刀量，生产效率较高。被加工孔的精度和表面粗糙度都比钻孔好，而且还能纠正被加工孔轴线的歪斜。因此，扩孔常作为铰孔、镗孔、磨孔前的预加工，也可作为精度要求不高的孔的最终加工。扩孔的加工精度可达 IT10～IT11，表面粗糙度 $Ra=6.3\sim3.2\mu m$。

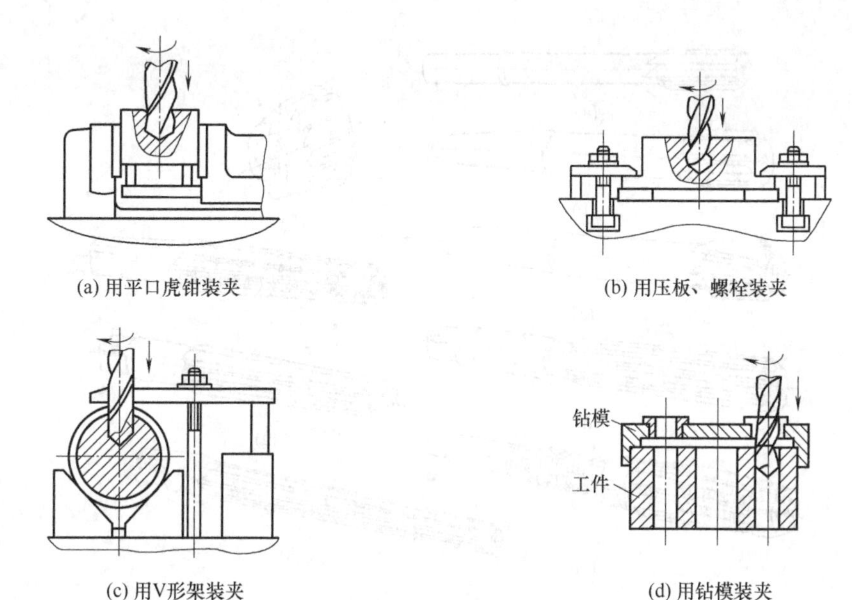

(a) 用平口虎钳装夹　(b) 用压板、螺栓装夹

(c) 用V形架装夹　(d) 用钻模装夹

图 3-22　钻孔时的工件装夹

(3) 铰孔

铰孔是对中小直径的未淬硬孔进行半精加工和精加工的一种孔加工方法。所用工具为铰刀。由于铰削的加工余量小，切削厚度薄，在工作过程中，铰刀的切削刃对工件的孔壁存在刮削和挤压效应，所以铰削加工是包括了切削、刮削、挤压、烫平和摩擦的综合加工过程。

铰孔所用的铰刀是定尺寸刀具，其直径的大小取决于被加工孔所需要的孔径。

铰刀由柄部、颈部和工作部分组成。柄部用于传递扭矩，颈部连接柄部和工作部分，工作部分由引导锥、切削部分和校准部分组成。校准部分包括圆柱部分和导锥，校准部分有刮削、挤压并保证孔径尺寸的作用，还能起导向作用。铰刀分为手工铰刀和机用铰刀。

① 手工铰刀　手工铰刀的校准部分较长，以增强导向作用，但摩擦力增加，排屑困难。

② 机用铰刀　机用铰刀的导向由机床保证，校准部分较短。要提高铰刀的定心作用，切削部分的锥角常取 $\beta \leqslant 30°$。

常见铰刀的类型有：直柄机用铰刀［图 3-23 (a)］、锥柄机用铰刀［图 3-23 (b)］、硬质合金锥柄机用铰刀［图 3-23 (c)］、手工铰刀［图 3-23 (d)］、可调节手工铰刀［图 3-23 (e)］、套式机用铰刀［图 3-23 (f)］、直柄莫氏圆锥铰刀［图 3-23 (g)］、1∶5 锥度手工铰刀［图 3-23 (h)］。

铰削时铰削用量不宜过大，过大会使表面粗糙度值变大并降低铰刀寿命；但过小常会在孔底留下上道工序的加工印痕。一般粗铰余量为 0.10～0.35mm，精铰时余量仅为 0.01～0.03mm，铰削后的孔精度高，一般为 IT6～IT8，精铰甚至可达 IT5，表面粗糙度 $Ra=1.6\sim0.4\mu m$。模具制造中常需要铰的孔主要有：冲模上定位用的销钉孔，塑料模具上小圆形镶块、顶杆、复位杆等的配合安装孔。

通常，铰削钢件时，铰削速度为 1.5～5m/min，进给量为 0.3～2mm/r，铰削铸铁件时，铰削速度为 8～10m/min，进给量为 0.5～3mm/r。铰削速度应取低值，以避免或减少积屑瘤对铰削质量的影响。

铰孔适应单件和小批量生产的小孔和锥度孔的加工，也适应于大批量生产中不宜拉削的

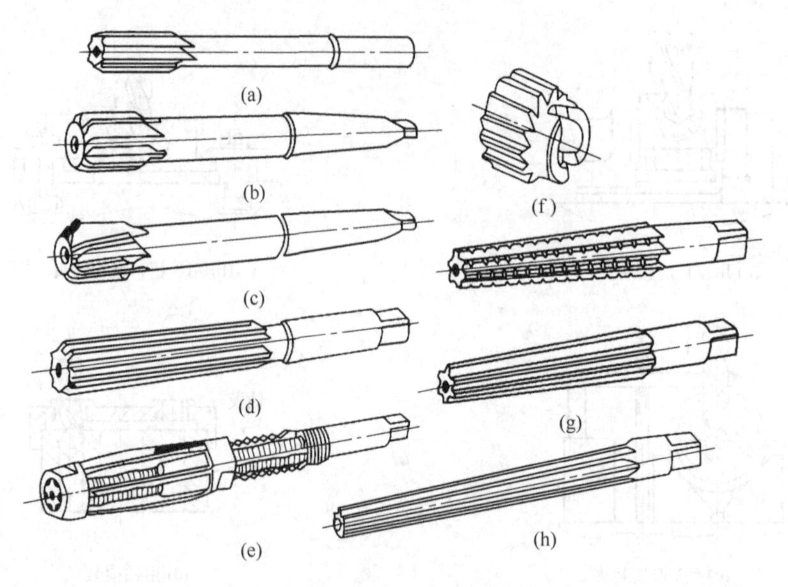

图 3-23　铰刀类型

孔加工。钻孔→扩孔→铰孔工艺常常是中等尺寸、公差等级为 IT7 孔的典型加工方案。

上述的钻孔、扩孔、铰孔等加工多在钻床上进行，也可在车床、镗床或铣床等机床上进行。

(4) 镗孔

镗孔加工主要是对工件上的铸造底孔或已经过粗加工的孔进行加工。常用于加工尺寸较大及精度较高的孔，特别适宜加工分布在不同表面上、孔距尺寸不同、尺寸精度和位置精度要求十分严格的孔系，如各种箱体、汽车发动机缸体的孔系。镗床主要用于小批量加工。

模具制造中，镗孔是大孔最重要的加工方法之一。镗孔可以在车床、铣床、镗床或数控机床上进行，图 3-24 为镗床上镗孔示意图。镗孔的加工精度可达 IT6～IT8，表面粗糙度 $Ra=1.6\sim0.4\mu m$。

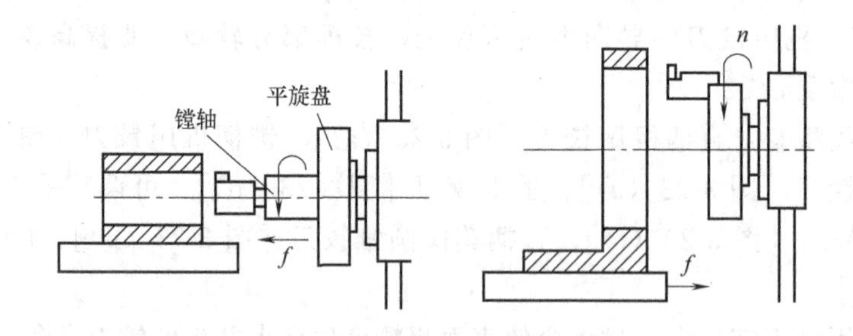

图 3-24　镗床上镗孔示意图

镗床的主要类型有以下几种：

① 卧式镗床　加工范围很广，除镗孔之外，还可以铣削平面、钻削、加工端面和凸缘的外圆，以及切螺纹等。对于体积较大的箱体类零件，能在一次安装中完成各种孔和箱体表面的加工，且能较好地保证尺寸精度和形状位置精度，这是其他机床难以完成的。

② 坐标镗床　坐标镗床适于在工、模具车间加工夹具、量具和模具等，也用在生产车间加工精密工件，属于高精度机床，主要用在尺寸精度和位置精度都要求很高的孔及孔系的加工中，如钻模、镗模和量具上的精密孔的加工。在坐标镗床上还可进行钻孔、扩孔、铰

孔、铣削、精密刻线和精密划线等工作，也可做孔距和轮廓尺寸的精密测量。坐标镗床的零部件制造精度和装配精度都很高，而且还具有良好的刚性和抗振性；机床上配备有精密的坐标测量装置，能精确地确定主轴箱、工作台等移动部件的位置，一般定位精度可达 2μm。

坐标镗床按其结构形式分为单柱式坐标镗床、双柱式坐标镗床和卧式坐标镗床三种，按坐标定位方式分为数控定位、光学定位和机械式定位三种，其中数控定位精度最高，若台面宽为 1000mm 时，其定位精度小于 0.005mm。采用光学定位方式，定位精度较高，当台面宽 1000mm 时，定位精度为 0.009～0.014mm。

单柱式坐标镗床的结构如图 3-25 所示，主轴垂直布置，并由主轴带动刀具做旋转主运动，主轴套筒沿轴向做进给运动。工作台沿滑座做纵向移动，滑座沿床身导轨做横向移动，以配合坐标定位。工作台三面敞开，结构简单，操作方便，适宜加工板状零件的精密孔，但它的刚性较差，所以这种结构只适用于中小型坐标镗床。坐标定位精度为 0.002～0.004mm。

双柱式坐标镗床的结构如图 3-26 所示，两立柱上部通过顶梁连接，横梁可沿立柱导轨上下调整位置。主轴上安装刀具做主运动，主轴箱沿横梁导轨做横向移动，工作台沿床身导轨做纵向移动，以配合坐标定位。大型的双柱式坐标镗床在立柱上还配有水平主轴箱。采用双柱框架式结构，刚度很高，大中型坐标镗床多为这种形式，坐标定位精度为 0.003～0.01mm。

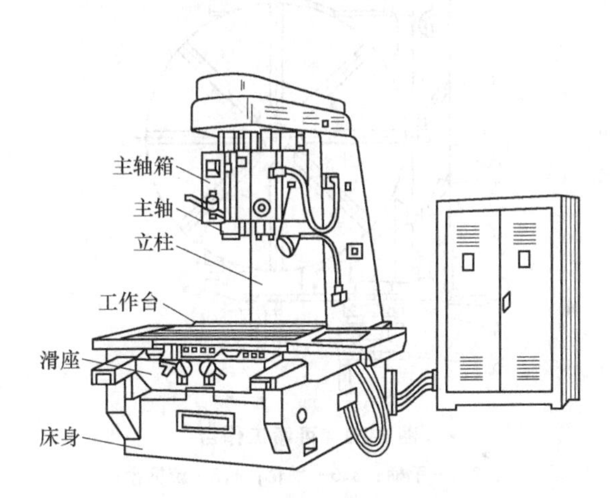

图 3-25　单柱式坐标镗床的结构

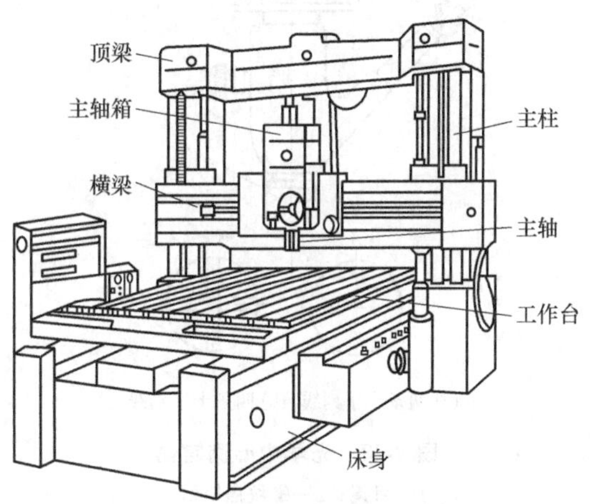

图 3-26　双柱式坐标镗床的结构

卧式坐标镗床的结构如图 3-27 所示，两个坐标方向的移动分别为工作台横向移动和主轴箱垂直移动。进给运动由纵向滑座的轴向移动或主轴套筒伸缩来实现。由于主轴平行于工作台面，利用精密回转工作台可在一次安装工件后很方便地加工箱体类零件四周所有的坐标孔，而且工件安装方便，生产效率较高，所以这种镗床适合箱体类零件的加工。

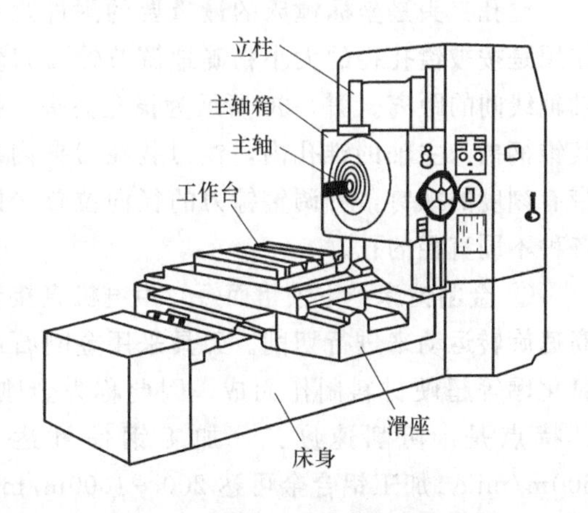

图 3-27　卧式坐标镗床的结构

坐标镗床的主要附件有光学中心测定器、可倾工作台、镗孔夹头等。

光学中心测定器将其锥柄安装在机床主轴的锥孔内，光源的光线通过物镜照明工件的定位部分，如图 3-28 所示。在目镜中可看到工件上刻线的投影，同时，还可看到测定器本体内的玻璃上的两条［图 3-28（a）］或四条十字刻线［图 3-28（b）］。使用时，只要将测定器对准工件的基准边或基准线，使它们的影像与两条十字线重合，或处于相互垂直的双刻线的中间即可。此时，机床主轴已对准两基准边或基准线的交点。

可倾工作台如图 3-29 所示，安装在坐标镗床的工作台上，利用圆盘的 T 形槽可将工件夹紧在圆盘上。旋转手轮可使圆盘和工件绕垂直轴回转任意角度，用于加工在圆周上分布的孔。另外，旋转手轮可使圆盘和工件绕水平轴做 0°～360°的旋转，用于加工同工件轴线成一定角度的斜孔。

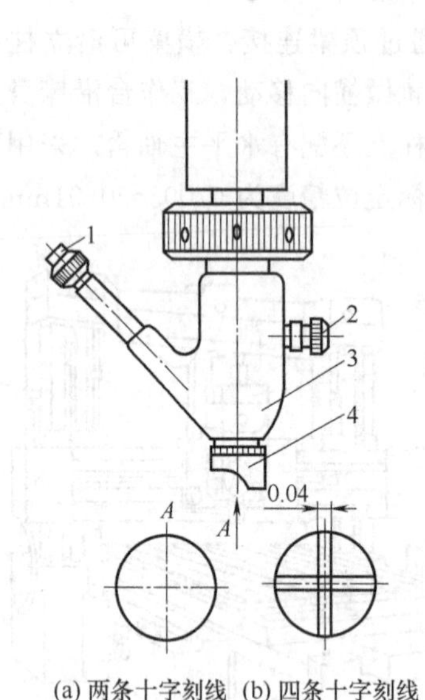

(a) 两条十字刻线 (b) 四条十字刻线

图 3-28　光学中心测定器

1—目镜；2—螺纹照明灯；3—镜体；4—物镜

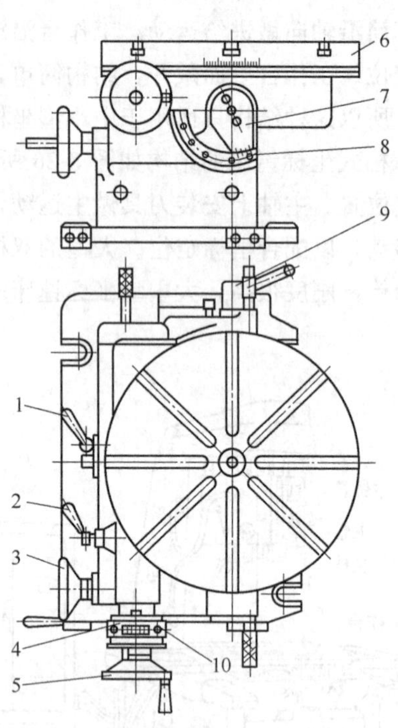

图 3-29　可倾工作台

1,2,9—手柄；3,5—手轮；4,8—游标盘；6—转台；7—分度盘；10—偏心套

镗孔夹头是坐标镗床的最重要的附件之一，其作用是按被镗孔径的大小精确地调节镗刀刀尖与主轴轴线间的距离。图 3-30 所示为镗孔夹头。镗头将其锥柄插入主轴的锥孔内，镗刀装在刀夹内。旋转带有刻度的螺钉，可调整镗刀的径向位置，以镗削各种不同直径的孔。

③ 金刚镗床　主轴粗而短，由电机直接带动做高速旋转运动来进行切削。刀具采用金刚石或立方氮化硼等超硬材料制作而成，因此称为金刚镗床。其特点是：切削速度广，加工钢件可达 100～600m/min，加工铝合金可达 200～1000m/min；背吃刀量较小，一般小于 0.1mm；进给量也很小，一

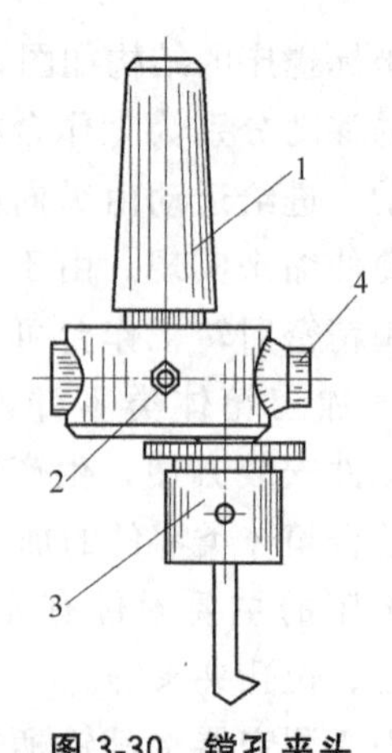

图 3-30　镗孔夹头

1—锥柄；2—螺钉；3—刀夹；4—带有刻度的螺钉

般取 0.01～0.14mm/r。

在高速、小切深及小进给的加工过程中可获得很高的加工精度和很小的表面粗糙度。其镗孔的尺寸精度可达 IT6，表面粗糙度可控制在 0.8～0.2μm。常用于发动机汽缸、油泵壳体、连杆、活塞等零件上的精密孔加工。

镗削加工时，镗刀切削用量小，生产率低，但镗削加工能获得较高的精度和较小的粗糙度，镗刀的机构分为三种。

单刃镗刀：切削效率低，对工人操作技术要求高。

双刃镗刀：常用的双刃镗刀有固定式镗刀块和浮动式镗刀块，加工效率较高。

多刃镗刀：加工效率比双刃镗刀高。

(5) 内圆磨削

模具零件上精度要求较高的孔（如型孔、导向孔等），一般采用内圆磨削进行精加工。内圆磨削可在内圆磨床或万能外圆磨床上进行，磨孔的尺寸精度可达 IT6～IT7，表面粗糙度 Ra=0.8～0.2μm。若采用高精度磨削，尺寸精度可控制在 0.01mm 以内，表面粗糙度 Ra=0.1～0.025μm。在内圆磨床上加工内孔的磨削工艺要点如表 3-11 所示。

表 3-11 内孔（圆）磨削的工艺要点

	工艺内容	工艺要点
砂轮	①砂轮直径一般取 0.5～0.9 倍的工件孔径。工件孔径小时取较大值，反之取较小值。 ②砂轮宽度一般取 0.8 倍孔深。 ③砂轮硬度和粒度。磨削非淬硬钢，选用棕刚玉 ZR_2～Z_2，46#～60#砂轮。磨削淬硬钢，选用棕刚玉、白刚玉、单晶刚玉，ZR_1～ZR_2，46#～80#砂轮	①表面粗糙度要求为 1.6～0.8μm 时，推荐采用 46# 砂轮，要求为 0.4μm 时，采用 60#～80#砂轮。 ②磨削热导率低的渗碳淬火钢时，采用硬度较低的砂轮
内圆磨削用量	①砂轮圆周速度一般为 20～25m/s。 ②工件圆周速度一般为 20～25m/min，要求表面粗糙度小时取较低值，粗磨时取较高值。 ③磨削深度即工作台往复一次的横向进给量，粗磨淬火钢时取 0.005～0.02mm，精磨淬火钢时取 0.002～0.01mm。 ④纵向进给速度，粗磨时取 1.5～2.5m/min，精磨时取 0.5～1.5m/min	内孔精磨时的光磨行程次数应多一些，这样可使由刚性差的砂轮接长轴所引起的弹性变形逐渐消除，提高孔的加工精度、降低表面粗糙度
工件的装夹方法	①自定心卡盘适用于装夹较短的套类工件，如导套、圆形凹模等。 ②单动卡盘适用于装夹矩形动、定模镶块等。 ③用卡盘和中心架装夹工件，适用于较长的长轴孔的磨削加工。 ④用工件端面定位，在法兰盘上用压板装夹工件，适用于磨削大型模板上的型孔，如导柱孔、导套孔等	①找正方法按先端面后内孔的原则。 ②对于薄壁工件夹紧力不宜过大，必要时可采用弹性圈在卡盘上装夹工件
磨通孔	采用纵向磨削法，砂轮超越工件孔口的长度一般为 0.3～0.5B（B 为砂轮宽度）	若砂轮超越工件孔口的长度太小，孔容易产生中凹，若砂轮超越工件孔口的长度太大，孔口易形成喇叭口
磨台阶孔	磨削时通常先粗磨内孔表面，留余量 0.01～0.02mm，当磨好台阶端面后再精磨内孔	①磨削台阶孔的砂轮应修成凹形并要求清角，这对磨削不设退刀槽的台阶孔极为重要。 ②对浅台阶孔或平底孔的磨削，在采用纵向磨削法时应选宽度较小的砂轮，防止造成喇叭口。 ③对浅台阶孔、平底孔和孔口端面的磨削，也可采用横向切入磨削法，要求接长轴有良好的刚度

续表

	工艺内容	工艺要点
磨小深孔	①对长径比为 8～10 的小直径深孔磨削，一般采用 CrWMn 或 W18Cr4V 材料制成接长轴，并经淬硬，以提高接长轴的刚性。 ②磨削时选用金刚石砂轮和较小的纵向进给量，并在磨削前用标准样棒将头架轴线与工作台行程方向的平行度校正好	①严格控制深孔的磨削余量。 ②磨削过程中，砂轮应在孔中间部位多几次纵磨行程，以消除因砂轮让刀面而产生的孔中凸缺陷

(6) 研磨

研磨是精度要求较高和直径不大的孔的光整加工方法之一，用于对精镗、精铰或精磨后的孔进一步加工。其特点与研磨外圆相似，研磨后孔的精度可达 IT4～IT7，表面粗糙度可达 0.1～0.08μm，形状精度高（圆度为 0.003～0.001mm），但不能改善工件的位置精度。

研磨方法分为手工研磨和机械研磨两种。使用的研磨剂是由磨料和研磨液调和而成的。常见的磨料有刚玉、碳化硅、金刚石等，其中刚玉磨料适用于碳素工具钢、合金工具钢、高速钢和铸铁工件的研磨；碳化硅、金刚石适用于硬质合金、硬铬等高硬度工件的研磨。粗研磨时用的磨料粒度为 100#～240# 或 W40；精研磨用 W14 或更细的粒度。研磨加工的余量一般为 0.005～0.003mm；研磨压力为 0.1～0.3MPa；粗研磨的速度一般为 40～50m/min，精研磨速度为 10～15m/min。

(7) 珩磨

为了进一步提高孔的表面质量，可以增加珩磨工序。珩磨是利用珩磨工具对工件表面施加一定的压力，珩磨头同时做相对旋转和直线往复运动，切除工件上极小余量的一种光整加工方法。珩磨后工件圆度和圆柱度一般控制在 0.003～0.005mm 之间，精度可达 IT4～IT5，表面粗糙度 $Ra=0.2\sim0.025\mu$m。

珩磨的工作原理如图 3-31（a）所示，它是利用安装在珩磨头圆周上的若干条细粒度油石，由胀开机构将油石沿径向胀开，使其压向工件孔壁，以便产生一定的面接触，同时珩磨头做回转和轴向往复运动，由此实现对孔的低速磨削。油石上的磨粒在已加工表面上留下的切削痕迹呈交叉而不重复的网纹，如图 3-31（b）所示，有利于润滑油的储存和油膜的保持。

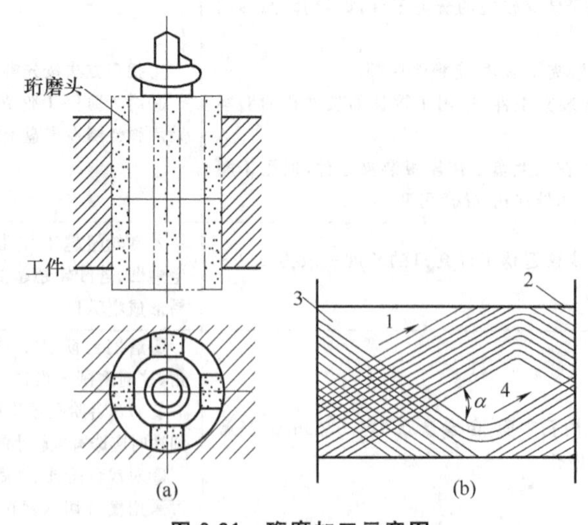

图 3-31 珩磨加工示意图

由于珩磨头和机床主轴是浮动连接，因此，机床主轴回转运动误差对工件的加工精度没有影响。而珩磨头的轴向往复运动是以孔壁作导向，按孔的轴线运动的，故不能修整孔的位置偏差。孔的轴线的直线度和孔的位置精度必须由前道工序（精镗或精磨）来保证。

珩磨时，虽然珩磨头的转速较低，但往复速度较高，参加切削的磨粒又多，因此，能很快地切除金属，生产效率较高，应用范围广。珩磨可以加工铸铁、淬硬或不淬硬的钢件，但不宜加工易堵塞油石孔的韧性金属零件。珩磨可加工孔径为5～500mm的孔，也可加工长径比大于10的深孔。

3.3.3 深孔加工

塑料模中的冷却水道孔、加热器孔及一部分顶杆孔等都属于深孔。一般冷却水道孔的精度要求不高，但要防止偏斜。加热器孔为保证热传导效率，孔径及粗糙度有一定要求，表面粗糙度 $Ra=1.25\sim6.3\mu m$，而顶杆孔则要求较高，孔径精度一般为IT7。这些孔的加工方法如下：

① 中小型模具的孔，常用普通钻头或加长钻头在立钻、摇臂钻床上加工，加工时排屑并进行冷却，进刀量要小，防止孔偏斜。

② 中大型模具的孔，一般在摇臂钻床、镗床及深孔钻床上加工，较先进的方法是在加工中心上与其他孔一起加工。

③ 过长的低精度孔也可采用划线后从两面对钻的方法加工。

④ 对于直径小于20mm且长径比达100（甚至更大）的孔，多采用深孔钻床加工。它可以一次加工全部深孔，大大简化了加工工艺，且加工精度较高。深孔钻床的钻头由高速钢或硬质合金与无缝钢管压制成型的枪杆对焊而成。工作时钻头旋转进给同时高压切削液由钻杆尾部注入，沿钻杆凹槽将切屑冲刷出来。

深孔钻钻头切削部分的主要特点是仅在轴线一侧有切削刃，没有横刃。其结构如图3-32（a）所示，内外刃偏角 κ_{r1}、κ_{r2}，余偏角 Ψ_{r1}、Ψ_{r2}。钻头偏离轴心线的距离为 e，因此内刃切出的孔有锥形凸台，有助于钻头的定心导向。若合理配置内外刃偏角与钻头偏距，可使两刃产生的径向力相互抵消一部分。通常取 $e=d/4$，$\Psi_{r1}=25°\sim30°$，$\Psi_{r2}=20°\sim25°$，Ψ_{r1} 略大于 Ψ_{r2}。可控制内、外刃切削时产生恰当的径向合力 F，与孔壁支撑反力平衡，维持钻头的平衡性，并使钻头沿轴线方向前进，这是深孔钻床特有的性能。钻头刃磨时，内刃前刀面应低于钻头轴心 H 的距离。这样既可使钻心切削刃的工作后角大于零，改善加工情况，同时又能使钻削时形成一个直径为 $2H$ 的芯柱，此芯柱也辅助起定心导向的作用，如图3-32（b）所示。H 值可由内刃工作后角数值及进给量计算得出，常取 $H=(0.01\sim0.015)d$，因为 H 值很小，因此它能自动折断，并随切屑排出。

深孔钻加工孔的特点如下：

① 孔的长径比达100或更大；

② 生产效率高，只需一道工序就可获得高质量的孔；

③ 在较长的时间内连续加工，孔的尺寸变化很小（0.02～0.05mm以内）；

④ 工件材料硬度高达45HRC时仍可进行加工；

⑤ 孔的质量很好，通常无需再加工；

⑥ 不需要熟练的操作技术；

⑦ 刀具耐用度比麻花钻高出10～15倍，每磨一次可加工数百至数千件工件；

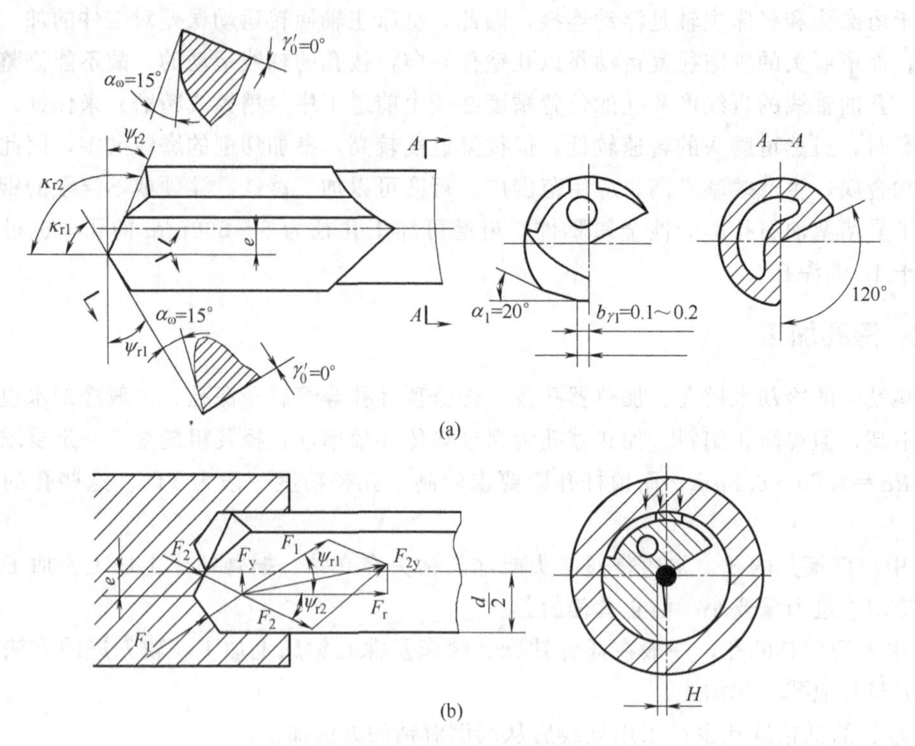

图 3-32　深孔钻钻头结构

⑧ 孔的位置精度较高。

3.3.4　精密孔加工

当孔精度为微米级时，对较大孔可采用坐标镗床加工，较小孔则采用坐标磨床加工。没有精密设备时可采用研磨方法加工。

在坐标镗床上可以利用铰刀或镗刀进行精密孔的精加工，但当没有合适的铰刀或镗孔较困难时，可采用精孔钻进行精加工。加工时先用普通钻头钻孔，并留扩孔量为 0.1～0.3mm。精钻时切削速度不能高，一般为 2～8mm/s，进给量为 0.1～0.2mm/r。只要钻头装夹正确，刃口角度对称，配合润滑剂的使用，钻出的孔径与钻头尺寸基本相同，精度可达 IT4～IT6，表面粗糙度 Ra 可达 3.2～0.4μm。

3.3.5　孔系的加工

(1) 单件孔系的加工

对于同一零件的孔系加工，常用方法有下面几种：

① 划线法加工　在加工过的工件表面上通过划线找出各孔的位置，并用中心冲在各孔的中心处冲出中心孔的痕迹，然后在车床、钻床或铣床上按照划线逐个找正并进行孔加工。由于划线和找正都具有较大的误差，因此孔的位置精度低，一般在 0.25～0.5mm 范围内，适用于相对精度要求不高的孔系加工。

② 找正法加工　找正法是在通用机床（镗床、铣床）上利用辅助工具来找正所要加工孔的正确位置的加工方法。找正时常借用芯轴量块或用样板找正，以提高找正精度。如图 3-33 所示为芯轴和块规找正法。

镗第一排孔时，将芯轴插入主轴孔内（或直接利用镗床主轴），然后根据孔和定位基准的距离组合一定尺寸的块规来校正主轴位置，校正时用塞尺测定块规和芯轴之间的间隙，以避免块规和芯轴直接接触而损伤块规，如图 3-33（a）所示。镗第二排孔时，分别在机床主轴和已加工孔中插入芯轴，采用同样的方法来校正主轴的位置，以保证孔的中心距精度，如图 3-33（b）所示。找正法加工设备简单，孔中心距精度可达±0.03mm。

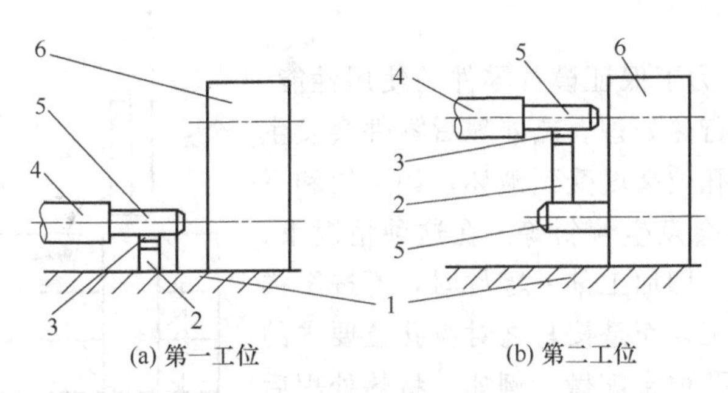

图 3-33 芯轴和块规找正法

1—机床工作台；2—量块；3—块规；4—机床主轴；5—芯轴；6—工件

③ 通用机床坐标加工法　坐标加工法是将被加工各孔之间的距离尺寸换算成互相垂直的坐标尺寸，然后通过机床纵、横进给机构的移动确定孔的加工位置来进行孔加工的方法。在立铣床或镗床上利用坐标法加工，孔的位置精度一般不超过 0.02～0.08mm。

如果用百分表装置来控制机床工作台的纵、横向移动，可将孔的位置精度提高到 0.02mm 以内。附加百分表在铣床上镗孔的方法如图 3-34 所示。在立铣床上安装一个百分表（图中表示的是控制纵向移动的百分表），当要求工作台的纵向移动距离为 H 时，在机床主轴上安装一根直径为 d 的检验棒，在图标位置用量块组装垫出检验棒的半径加上要移动的距离 H 的尺寸，用百分表控制机床工作台在纵向准确移动距离 H。横向移动也可同样控制。

④ 坐标镗床加工　坐标镗床工作台和主轴箱的位移方向上有粗读数标尺，通过带校正尺的精密丝杠坐标测量装置来控制位移，表示整毫米位移尺寸。毫米以下的读数通过精密刻度尺，在光屏读数器坐标测量装置的光屏上读出。另外还设有百分表中心校准器、光学中心测定器、校准校正棒、端面定位工具等附件供找正工件用，坐标镗床的定位精度一般可以达到 2μm。

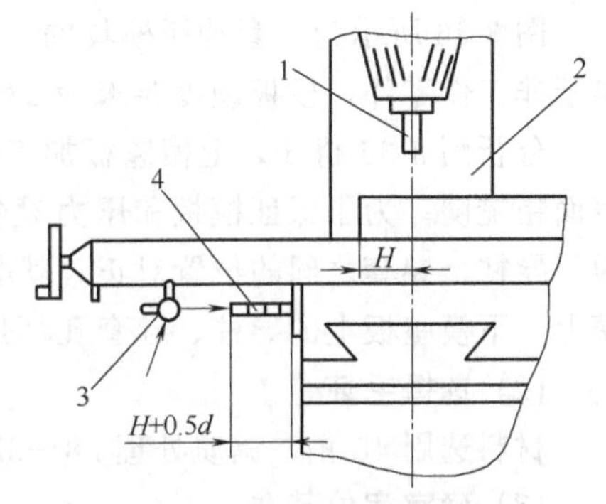

图 3-34 附加百分表在铣床上镗孔的方法

1—检验棒；2—立铣床；3—百分表；4—量块组

坐标镗床可进行孔及孔系的钻、锪、铰、镗加工等。一般直径大于 20mm 的孔应先在机床上钻预孔，小于 20mm 的孔可在坐标镗床上直接加工。加工孔系时，为防止切削热影响孔距精度，应先钻孔距较近的大孔，然后钻较小孔。孔径为 10mm 以下、孔距精度为 0.03mm 时可直接钻铰加工；直径大于 10mm 时应采用钻、扩、铰工序加工。当孔径及孔距公差较小时，应采用钻、镗加工方法。

(2) 相关孔系的加工

模具零件中有些零件本身的孔距精度要求并不高，但相互之间的孔位要求必须一致；有些相关零件不仅孔距精度要求高，而且要求孔位一致。这些孔常用的加工方法有：

① 同镗（合镗）加工法　对于上、下模座的导柱孔和导套孔，动、定模座的导柱孔和导套孔以及模座与固定板的销钉孔等，可以采用同镗加工法。同镗加工法就是将孔位要求一致的 2 个或 3 个零件用夹钳装夹固定在一起，对同一孔位的孔同时进行加工，如图 3-35 所示。

② 配镗加工法　为了保证模具零件的使用性能，许多模具零件都要进行热处理。热处理后零件会发生变形，使热处理前的孔位精度受到破坏，如上模和下模中各对应孔的中心会发生偏斜等。在这种情况下，可以采用配镗加工法，即加工某一零件时，不按图样的尺寸和公差进行加工，而是按与之对应孔位要求的热处理后的零件实际孔位来配做。例如，将热处理后的凹模放到坐标镗床上实测出各孔的中心距，然后以此来加工未经热处理的凸模固定板上的各对应孔。通过这种方法可保证凹模和凸模固定板各对应孔的同轴度。

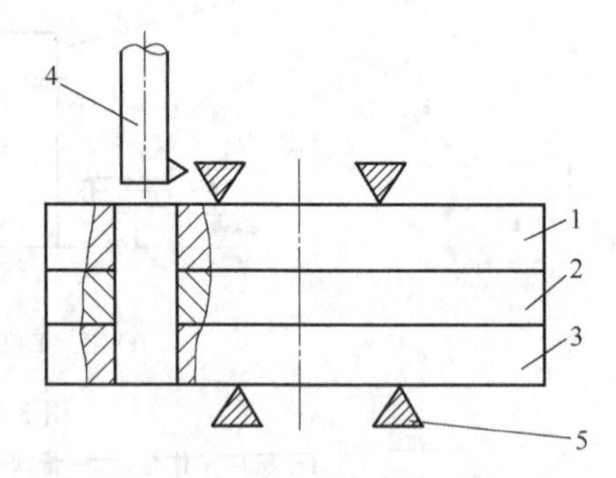

图 3-35　模具零件的同镗（合镗）加工

1，2，3—零件；4—钻头；5—夹钳

③ 坐标磨削法　配镗不能消除热处理对零件的影响，加工出的孔位绝对精度不高。为了保证各相关件孔距的一致性和孔距精度，可以采用高精度的坐标磨削的方法来消除淬火件的变形，保证孔距精度和孔位精度。

3.4 孔加工实例

(1) 零件分析

图 3-36 所示为一套冲压模具的上模座板，起着成型零件和导向零件的固定作用，该板属于非工作零件，模板硬度要求为 28～32HRC。

分析图 3-36 得知，上模座板加工的关键是要保证上、下表面的平行度和 $Ra=0.8\mu m$ 的表面粗糙度；为了保证模板和压力设备工作平面平行，就要保证 ϕ34mm 模柄孔的垂直度；为了导柱、导套之间的位置对正，就必须保证 ϕ31mm 和 ϕ32mm 两个孔的尺寸精度，因冲模上、下模座板上的导柱、导套孔都是配做，所以图纸上这两孔的位置精度并未做要求。

(2) 选择毛坯

材料选用 45 钢，调质处理 28～32HRC。

(3) 确定定位基准

根据基准重合又便于装夹原则，上模座板选下平面和两个互相垂直的侧面为精基准。基准为中分划线，即图 3-36 所示俯视图中的两条通长中心线。

(4) 编制工艺过程

图 3-36 所示上模座板主要加工表面为平面及孔系结构，其中直径 $\phi34^{+0.04}_{0}$ mm 为模柄固定孔，$\phi31^{+0.025}_{0}$ mm、$\phi32^{+0.025}_{0}$ mm 为两个导套固定孔，$2\times\phi10^{+0.015}_{0}$ mm 为定位销孔，$4\times\phi$13mm 为凸模固定用螺钉沉孔，$4\times\phi$8.5mm 为固定用螺钉过孔，其具体的加工工艺过

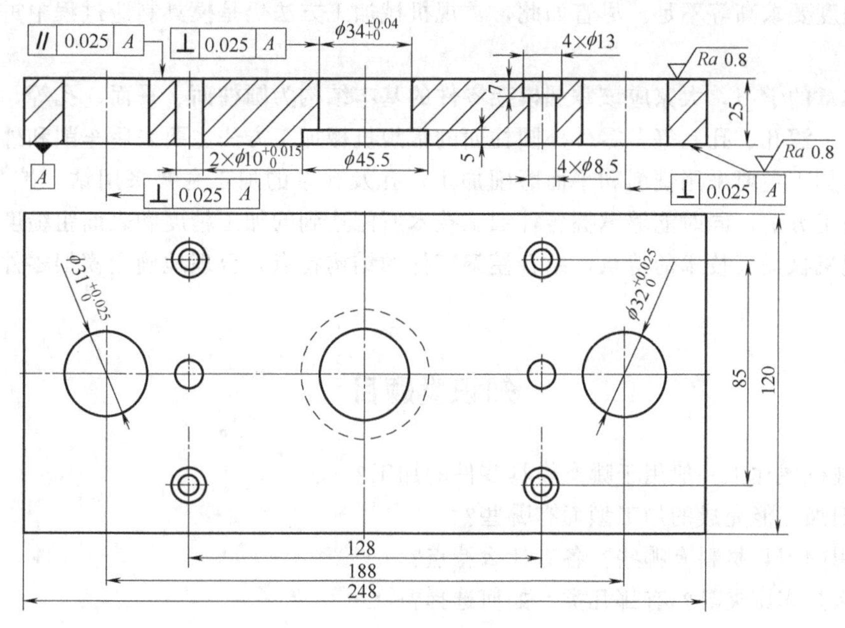

图 3-36 上模座板

程如表 3-12 所示。

表 3-12 上模座板加工工艺过程

工序号	工序名	工序内容	定位基准
1	备料	锻造 260mm×130mm×30mm 六面体坯料	
2	粗铣	铣上、下面至 27mm	对应平面
3	粗铣	铣四周侧面，至 250mm×122mm	对应平面
4	热处理	调质处理 28～32HRC	
5	铣	铣上、下面至 25.4mm	对应平面
6	铣	四周均匀去除至尺寸要求，且相互垂直、平行	
7	磨	磨上、下面至尺寸要求，且平行	
8	钳工	中分划线，钻、扩孔：ϕ34mm 至 ϕ30mm、ϕ31mm 至 ϕ28mm、ϕ32mm	对应平面
9	镗	镗 ϕ34mm、ϕ31mm、ϕ32mm、ϕ45.5mm 的孔至尺寸	对应平面
10	钳工	钻、扩孔：4×ϕ13mm、4×ϕ8.5mm 至尺寸要求	
11	钳工	与其他零件配做 2×ϕ10mm 销钉孔	
12	检验	按图样检验	

本章小结

模具零件常规机械加工包含了车、铣、刨、磨、钻等加工技术，因刨削加工目前基本被铣削加工所代替，故本章节并未涉及刨削加工。常规机械加工技术是模具零件加工中不可缺少的一类重要加工方法。在模具制造过程中对于一般精度要求的零件、高精度要求零件的粗加工基本上都是采用各种常规机械加工技术进行加工。但是，常规机械加工技术也存在着很难或者无法加工复杂曲面、很难加工硬的材料（这里指切削加工）、材料利用率低、对操作人员熟练程度要求高等不足。尽管如此，常规机械加工方法仍是模具制造过程中重要的加工手段。

通过本章的学习，大家应该掌握模架零件的基本结构为圆柱面、平面、孔等，其中孔又分为一般孔、深孔、孔系等，零件外圆柱面的常规机械加工方法主要采用车削和外圆磨削加工，平面的加工主要采用铣削和平面磨削加工，孔及孔系的加工主要采用钻、扩、车、铰、镗、磨等加工方法；同时能够掌握各种加工技术所能达到的加工精度和表面粗糙度，能够根据各种常规机械加工技术的特点，结合模架零件的结构特点，合理地确定模架零件的加工工艺过程。

知识类题目

1. 常规机械加工一般用于哪类模具零件的加工？
2. 车削加工能完成的加工型面有哪些？
3. 常用的刀具材料有哪些？各有什么特点？
4. 什么是车床夹具？有哪几类？如何选择？
5. 车削工艺参数有哪些？如何确定？
6. 回转体类零件有哪些加工方法？各能达到何种精度和表面粗糙度？如何选择？
7. 内、外圆磨削如何选择砂轮？如何确定磨削用量？
8. 模板类零件的常规机械加工方法有哪些？如何选择？
9. 常用的铣削刀具有哪几类？如何根据加工型面选择刀具？
10. 孔的加工方法及其加工设备有哪些？
11. 孔的不同加工方案所能达到的经济精度级别和表面粗糙度是多少？各适用于哪些场合孔的加工？
12. 单件孔系的加工方法有哪些？相关孔系的加工方法有哪些？

能力类题目

模具零件常规机械加工的应用训练

学生分组后按照任务单中的任务要求实施并完成任务。通过任务的实施，掌握模具零件的常规机械加工技术。每组学生5～6人。本章的任务单如表3-13～表3-15所示。

表3-13 任务单1

<table>
<tr><td>任务名称</td><td colspan="3">导柱、导套的加工
注：零件三维数字模型为中国大学MOOC“模具制造工艺”(课程编号：0802SUST006)资源库中“任务零件”文件夹下的“guide_bush. prt”“guide_post. prt”，工程图为对应的PDF文档</td></tr>
<tr><td>组别号</td><td></td><td>成员</td><td></td></tr>
<tr><td>任务要求</td><td colspan="3">每个成员先独立完成以下任务：
1. 分析零件的加工结构特点
2. 根据该零件在模具中的作用，分析各个工作部位的使用要求
3. 编制加工工艺规程
每个成员完成上述任务后，按组进行讨论，最后形成书面讨论结果</td></tr>
</table>

续表

<table>
<tr><td>任务要求</td><td>
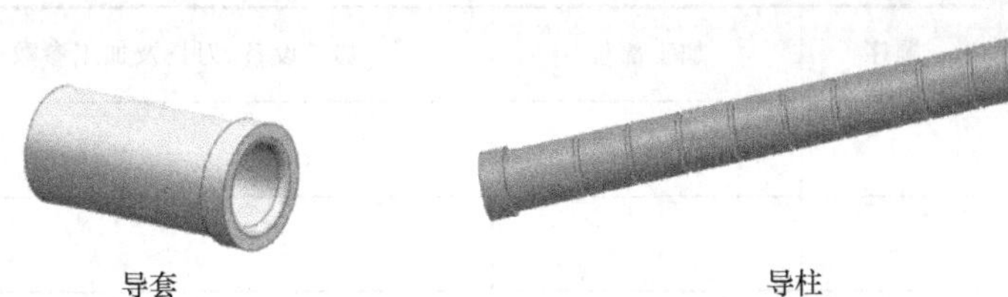
导套　　导柱

顺序	加工部位	加工设备、刀具及加工参数	备注
1			
2			
3			
4			
…			
</td></tr>
</table>

表 3-14 任务单 2

<table>
<tr><td>任务名称</td><td colspan="3">定模座板的加工
注：零件的三维数字模型为中国大学 MOOC"模具制造工艺"（课程编号：0802SUST006）资源库中"任务零件"文件夹下的"fixedplate. prt"</td></tr>
<tr><td>组别号</td><td></td><td>成员</td><td></td></tr>
<tr><td>任务要求</td><td colspan="3">每个成员先独立完成以下任务：
1. 分析零件的加工结构特点
2. 根据该零件在模具中的作用，分析各个工作部位的使用要求
3. 编制加工工艺规程
每个成员完成上述任务后，按组进行讨论，最后形成书面讨论结果

定模座板</td></tr>
</table>

续表

<table>
<tr><td>任务要求</td><td>

顺序	加工部位	加工设备、刀具及加工参数	备注
1			
2			
3			
4			
…			

</td></tr>
</table>

表 3-15 任务单 3

<table>
<tr><td>任务名称</td><td colspan="3">顶杆固定板的加工
注：零件的三维数字模型为中国大学 MOOC“模具制造工艺”（课程编号：0802SUST006）资源库中“任务零件”文件夹下的“pushplate. prt”</td></tr>
<tr><td>组别号</td><td></td><td>成员</td><td></td></tr>
<tr><td>任务要求</td><td colspan="3">每个成员先独立完成以下任务：
1. 分析零件的加工结构特点
2. 根据该零件在模具中的作用，分析各个工作部位的使用要求
3. 编制加工工艺规程
每个成员完成上述任务后，按组进行讨论，最后形成书面讨论结果
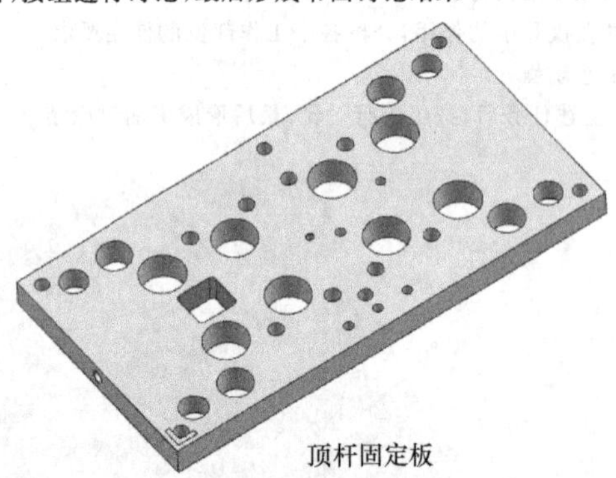
顶杆固定板

顺序	加工部位	加工设备、刀具及加工参数	备注
1			
2			
3			
4			
…			

</td></tr>
</table>

各组学生任务实施完成后，对任务实施的整个环节进行自评总结，再通过组内互评和教师评价对任务的实施进行评价。各评价表具体内容如表 3-16～表 3-18 所示。

表 3-16 学生自评表

任务名称	________零件的加工			
姓名		班级		
学号		组别		
评价观测点			分值	得分
零件在模具工作过程中的作用分析			5	
零件结构特点分析			5	
零件加工特点分析			5	
毛坯确定			5	
加工定位基准的选择			10	
加工设备的确定			5	
工件装夹方式的确定			10	
加工刀具的确定			10	
加工参数的确定			15	
零件加工工艺规程的制定			30	
总计			100	
任务实施过程中完成较好的内容				
任务实施过程中完成不足的内容				
需要改进的内容				
任务实施总结				

表 3-17 组内互评表

任务名称	______零件的加工						
班级			组别				
评价观测点	分值	得分					
		组长	成员 1	成员 2	成员 3	成员 4	成员 5
分析问题能力	15						
解决问题能力	15						
责任心	15						
实施决策能力	15						
协作能力	10						
表达能力	15						
创新能力	15						
总计	100						

表 3-18 教师评价表

任务名称	______零件的加工			
班级		姓名	组别	
评价观测点			分值	得分
专业知识和能力	理论知识掌握程度		15	
	零件分析能力		10	
	加工设备、工具选择能力		5	
	加工参数确定能力		10	
	加工工艺规程卡编制能力		25	
方法能力	自主学习能力		5	
	决策能力		3	
	实施规划能力		3	
	资料收集、信息整理能力		3	
个人素养	交流沟通能力		3	
	团队组织能力		3	
	协作能力		3	
	文字表达能力		2	
	工作责任心		5	
	创新能力		5	
总计			100	

·第4章·

模具零件的数控加工

数控机床在模具加工中占有重要的位置。数控车床、数控铣床、数控磨床等设备在形状复杂和高精度的模具成型表面加工中发挥了重要的作用。

在模具制造中，应用数控加工可以起到提高加工精度、缩短制造周期、降低制造成本的作用，同时由于数控加工的广泛应用，可以降低对模具钳工经验的过分依赖，因而数控加工在模具中的应用给模具制造带来了革命性的变化。当前，先进的模具制造企业都以数控加工为主来制造模具，并以数控加工为核心进行模具制造流程的安排。

(1) 数控车削加工

一般来说，数控车削加工多用于模具制造中轴类标准件，同时也可以用于回转体模具零件的制造加工，如回转体类的注塑模具零件，轴类、盘套类零件的锻模成型零件，冲压模具的圆形冲头等。

(2) 数控铣削加工

由于模具外部结构多为平面结构，内部多为凸凹型面以及曲面的结构，因而数控铣床在模具制造中应用较多，采用数控铣床可以加工出外形轮廓较为复杂的或带有曲面的模具零件，如注塑模型腔、压铸模型腔等带有曲面的零件。

(3) 数控电火花加工

数控电火花加工主要有数控电火花线切割和数控电火花成型加工，这两种加工技术相比机械加工有着独特的优势，因其加工过程不属于切削加工，所以一般将数控电火花加工归属为特种加工范畴，具体将在第5章中详细讲解。

(4) 数控磨削加工

数控磨削分为数控外圆磨削、数控坐标磨削和数控立式磨削，其中数控坐标磨削在模具加工中主要应用于成型孔磨削、型腔底面磨削、凹球面磨削、二维轮廓磨削、三维轮廓磨削、成型磨削等。

另外还有其他的一些数控加工工艺，如数控钻孔、数控冲孔等。这些数控加工工艺为模具制造提供了丰富的加工手段。随着数控技术的发展，越来越多的数控加工方法将用于模具制造，使模具制造的前景更加广阔。

模具零件的加工以机械切削加工、磨削加工、特种加工等方法为主要加工手段，本章学习的内容以及数控加工技术与模具零件其他加工技术的关系如图4-1所示。

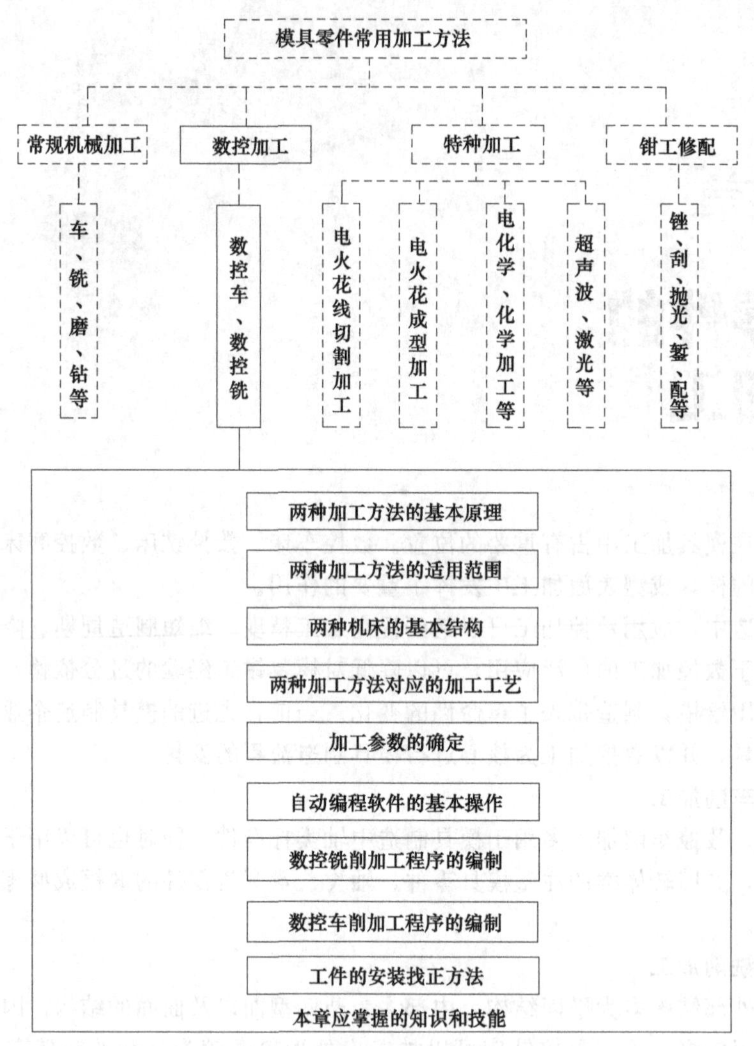

图 4-1　本章知识框图及学习思维导图

4.1 数控加工设备

4.1.1　数控加工设备的分类

数控机床是指装有程序控制系统的机床。该系统能够逻辑地处理使用号码或其他符号编码指令规定的程序。上述的控制系统就是数控系统。使用数字化的程序代码将零件加工过程中所需的各种操作步骤、刀具与工件之间的相对位移等信息记录在控制介质上，然后将其送入计算机或数控系统，经过译码、运算和处理，控制机床刀具与工件的相对运动，从而加工出所需要的零件的这类机床叫作数控机床。目前在模具制造中用到的数控机床主要以数控车床、数控铣床和加工中心为主。

(1) 数控车床

数控车床是目前应用较为广泛的一种数控机床，主要用于轴类或盘类等回转体零件的车、钻、铰、镗孔和攻螺纹等加工，一般能自动完成内外圆柱面、圆锥面、球面、圆柱螺纹、圆锥螺纹、切槽及端面等工序的切削加工。数控车床都具备两轴的联动功能。

随着数控车床制造技术的不断发展，形成了产品繁多、规格不一的局面。对数控车床的分类可以采用不同的方法。按主轴的配置形式可分为卧式数控车床和立式数控车床，卧式数控车床有水平导轨和斜置导轨两种形式；按刀架数量分为单刀架与双刀架两种，单刀架数控车床是两坐标控制，双刀架数控车床是四坐标控制；按数控车床控制系统和机械结构的档次分为经济型数控车床、全功能型数控车床和车削中心。图 4-2 所示是各类数控车床。

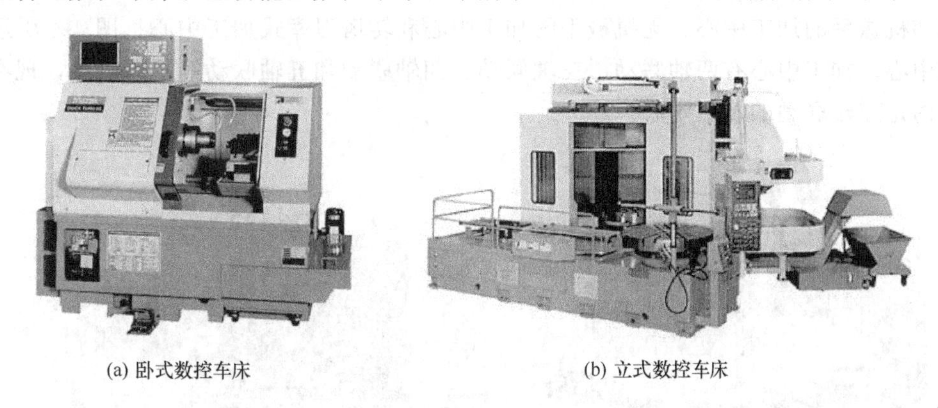

(a) 卧式数控车床　　(b) 立式数控车床

图 4-2　各类数控车床

(2) 数控铣床

数控铣床在模具制造行业中的应用非常广泛，各种具有平面轮廓和立体曲面的零件（如模具的凸模、凹模、型腔等）都采用数控铣床进行加工。数控铣床还可以进行钻、扩、铰、镗孔和攻螺纹等加工。数控铣床常用的分类方法是按其主轴的布局形式分类，包括立式数控铣床、卧式数控铣床和立卧两用数控铣床，图 4-3 所示为各类数控铣床的示意图，其上的坐标系符合 ISO 标准的规定，即符合右手定则。数控铣床有两轴联动、三轴联动、四轴联动和五轴联动等不同档次，现在应用最广泛的是三轴联动的数控铣床，四轴联动和五轴联动的数控铣床一般都应用在军工、汽车和航天工业等领域。

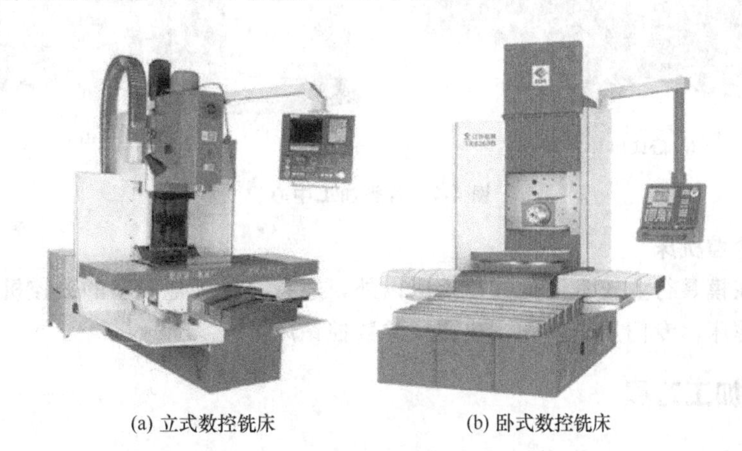

(a) 立式数控铣床　　(b) 卧式数控铣床

图 4-3　各类数控铣床

(3) 加工中心

加工中心是指配备刀库和自动换刀装置，在一次装夹下可实现多工序（甚至全部工序）

加工的数控机床。目前主要有镗铣类加工中心和车削类加工中心两大类。通常我们所说的加工中心是指镗铣类加工中心。

镗铣类加工中心是在数控铣床（镗床）的基础上演化而来的，其数控系统能控制机床自动地更换刀具，连续地对工件各加工表面自动进行铣削、钻削、扩削、铰削、镗削、螺纹加工等多种工序，工序高度集中。

加工中心按照结构分为立式、卧式、龙门式加工中心和五轴加工中心；按换刀形式分为带刀库和机械手的加工中心、无机械手的加工中心和转塔刀库式加工中心。图 4-4 所示为各类加工中心。加工中心有两轴联动、三轴联动、四轴联动和五轴联动等不同档次，现在应用最广泛的是三轴联动的加工中心。

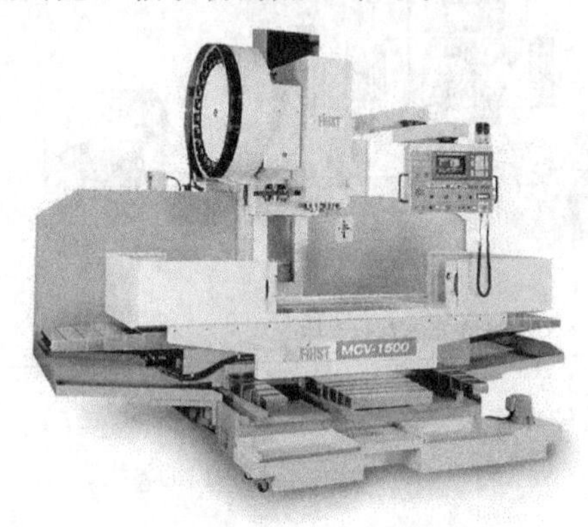

(a) 带刀库和机械手的立式加工中心

(b) 无机械手的立式加工中心

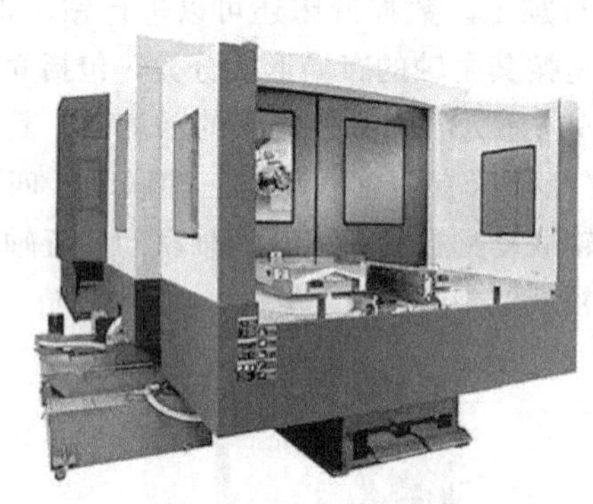

(c) 卧式加工中心

(d) 龙门式加工中心

图 4-4　各类加工中心

(4) 其他数控机床

除了以上在模具行业较常用的数控机床以外，还有一些其他类型的数控机床，如专门用来镗孔的数控镗床，专门用来钻孔、攻螺纹的数控钻床。

4.1.2　数控加工刀具

4.1.2.1　数控加工刀具的分类

数控加工刀具按不同的分类方式可分成以下几类。

(1) 根据刀具的结构分类

整体式：如图 4-5（a）所示。

镶嵌式：可分为机夹式和焊接式，如图 4-5（b）、（c）所示。

减振式：当刀具的工作臂长与直径之比较大时，为了减少刀具的振动，提高加工精度，多采用此类刀具，如图 4-5（d）所示。

内冷式：切削液通过刀体内部由喷孔喷射到刀具的切削刃部，如图 4-5（e）所示。

特殊型：如复合刀具、可逆攻螺纹刀具等，如图 4-5（f）所示。

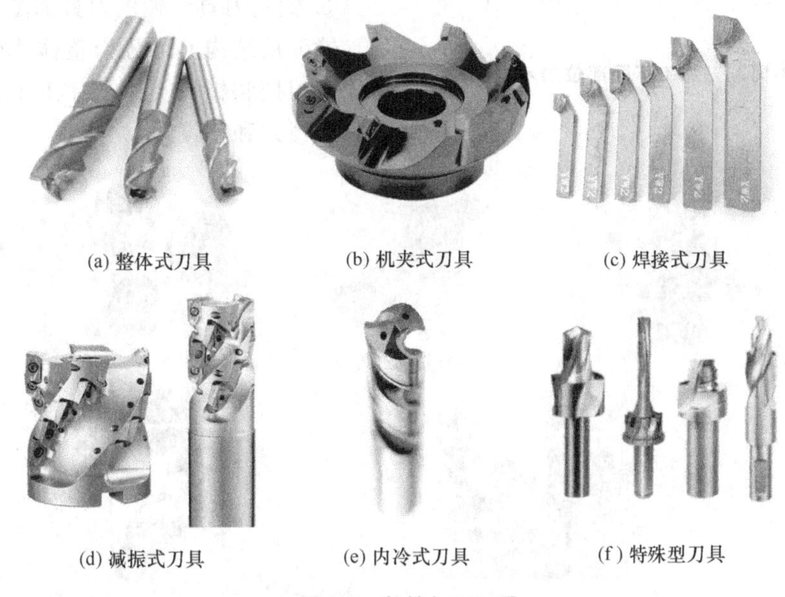

(a) 整体式刀具　(b) 机夹式刀具　(c) 焊接式刀具

(d) 减振式刀具　(e) 内冷式刀具　(f) 特殊型刀具

图 4-5　数控加工刀具

(2) 根据制造所采用的材料分类

高速钢刀具：高速钢通常是型坯材料，韧性较硬质合金好，硬度、耐磨性和红硬性较硬质合金差，不适合切削硬度较高的材料，也不适合进行高速切削。高速钢刀具使用前需生产者自行刃磨，且刃磨方便，适合各种特殊需要的非标准刀具。

硬质合金刀具：硬质合金刀具切削性能优异，有标准规格系列产品。目前国际通行的分类规范，是按碳化钨基体中是否加入其他碳化物进行分类，可分为钨钴类（YG 类、K 类）、钨钴钛类（YT 类、P 类）和添加稀有碳化物类（YW 类、M 类）三类。

除此之外还有涂层刀具、陶瓷刀具、立方氮化硼刀具、金刚石刀具等。

上述刀具材料，从总体上分析，材料的硬度、耐磨性，金刚石最高，依次降低到高速钢；而材料的韧性则是高速钢最高，金刚石最低。

(3) 根据切削工艺分

① 车削刀具　车削刀具分外圆、内孔、外螺纹、内螺纹、切槽、切端面、切端面环槽、切断等类型，图 4-6 所示为不同车刀加工不同部位的示意图。数控车床一般使用标准的机夹可转位刀具。机夹可转位刀具的刀片和刀体都有标准，刀片材料采用硬质合金、涂层硬质合金以及高速钢。数控车床机夹可转位刀具类型有外圆刀具、外螺纹刀具、内圆刀具、内螺纹刀具、切断刀具、孔加工刀具（包括中心孔钻头、镗刀、丝锥等）。常规车削刀具为长条形方刀体或圆柱刀杆。方刀体一般用槽形刀架螺钉紧固方式固定。圆柱刀杆用套筒螺钉紧固方式固定。

② 钻削刀具　钻削刀具分小孔、短孔、深孔、攻螺纹、铰孔等类型，如图 4-7（a）、

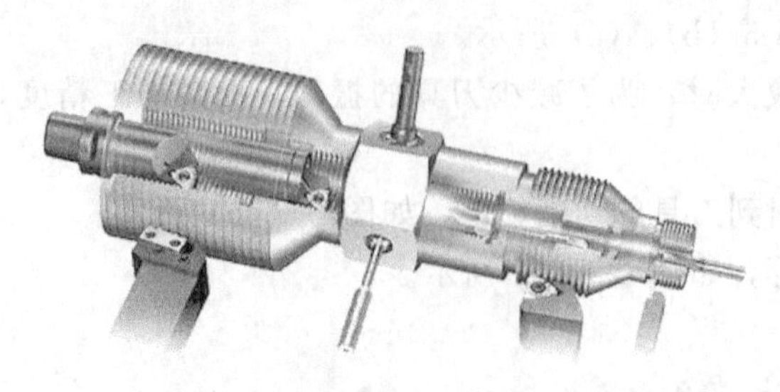

图 4-6　不同车刀加工不同部位的示意图

（b）所示。钻削刀具可用于数控车床、车削中心，又可用于数控镗铣床和加工中心，因此它的结构和连接形式有多种，如直柄、直柄螺钉紧固、锥柄、螺纹连接、模块式连接（圆锥或圆柱连接）等。

③ 镗削刀具　镗削刀具如图 4-7（c）所示。镗刀从结构上可分为整体式镗刀柄、模块式镗刀柄和镗头类。从加工工艺要求上可分为粗镗刀和精镗刀。

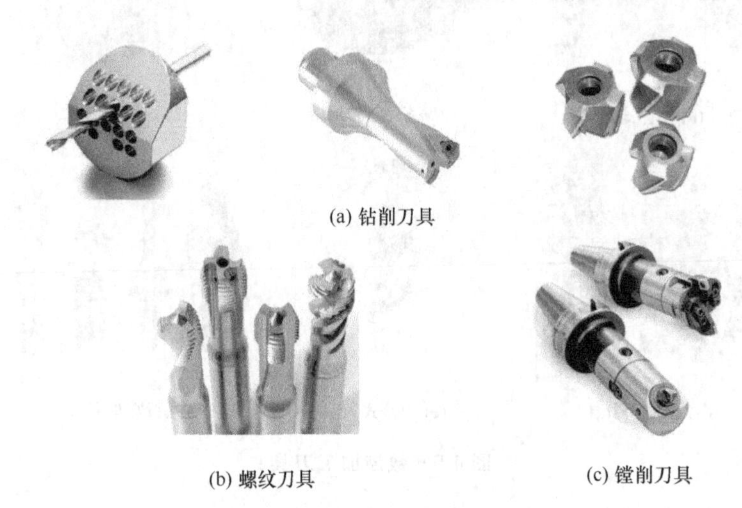

(a) 钻削刀具

(b) 螺纹刀具　　(c) 镗削刀具

图 4-7　数控刀具

④ 铣削刀具　铣削刀具分面铣刀、立铣刀、模具铣刀、键槽铣刀等。

a. 面铣刀。面铣刀也叫盘铣刀，主要用于较大平面的铣削和较平坦的立体轮廓的多坐标加工。面铣刀的圆周表面和端面上都有切削刃，端部切削刃为副切削刃。面铣刀都制成套式镶齿结构和刀片机夹可转位结构，刀齿材料为高速钢或硬质合金，刀体材料为 40Cr。

b. 立铣刀。立铣刀是数控机床上用得最多的铣刀。立铣刀的圆柱表面和端面上都有切削刃，它们可同时进行切削，也可单独进行切削。结构有整体式和机夹式等，高速钢和硬质合金是铣刀工作部分的常用材料。

c. 模具铣刀。模具铣刀由立铣刀发展而成，可分为圆锥形立铣刀、圆柱形球头立铣刀和圆锥形球头立铣刀三种，其柄部有直柄、削平型直柄和莫氏锥柄。它的结构特点是球头或端面上布满切削刃，圆周刃与球头刃圆弧连接，可以做径向和轴向进给，主要用于模具曲面的精加工。铣刀工作部分用高速钢或硬质合金制造。

d. 键槽铣刀。键槽铣刀有两个刀齿，圆柱面和端面都有切削刃，端面刃延至中心，也可以把它看作是立铣刀的一种。用键槽铣刀铣削键槽时，一般先轴向进给到达槽深，然后沿键槽方向铣出键槽全长。

除上述常用铣刀类型外，还有用于加工某些特定零件的铣刀，如鼓形铣刀、成型铣刀等。数控铣削刀具类型繁多，图 4-8 所示为不同数控铣刀及其适用的加工部位。

4.1.2.2　数控刀具的特点

为了达到高效、多能、快换、经济的目的，数控加工刀具与普通金属切削刀具相比应具有以下特点。

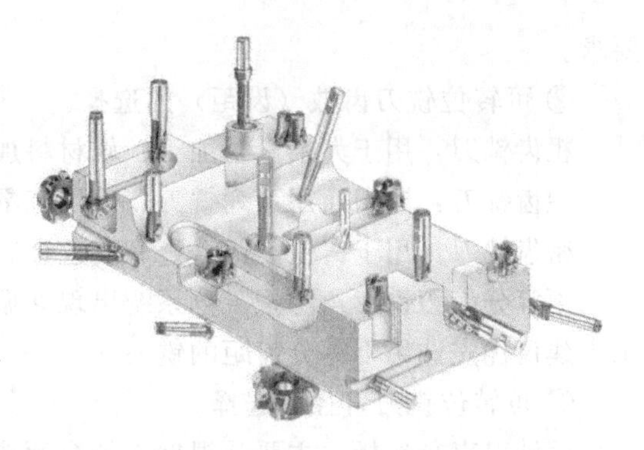

图 4-8 不同数控铣刀及其适用的加工部位

① 高的切削效率。数控车床和车削中心的最高主轴转速都在8000r/min以上，一般加工中心的最高主轴转速在15000～30000r/min，高端加工中心的转速可以达到40000～60000r/min。硬质合金刀具的切削速度为200～300m/min。为适应高的切削速度，就必须有高质量的刀具作保障。

② 高的精度和重复定位精度。高精密加工中心的加工精度可以达到3～5μm，因此刀具的精度、刚度和重复定位精度必须与之相适应。

③ 高的可靠性和耐用度。数控加工时，为了保证产品质量，对刀具实行强迫换刀或由数控系统对刀具寿命进行管理，所以，刀具工作的可靠性已上升为选择刀具的关键指标。数控机床上所用的刀具为满足数控加工及对难加工材料加工的要求，刀具材料应具有高的切削性能和耐用度，不但切削性能要好，而且一定要性能稳定，同一批刀具在切削性能和刀具寿命方面不得有较大的差异，以免在无人看管的情况下，因刀具先期磨损和破损造成加工工件的大量报废甚至损坏机床。

④ 可实现刀具尺寸的预调和快速换刀。实现刀具尺寸互调和快速换刀，并达到很高的重复定位精度。例如数控机床采用人工换刀，则使用快换夹头。对于有刀库的加工中心，则实现自动换刀。

⑤ 具有一个比较完善的工具系统及刀具管理系统、在线监控及尺寸补偿系统。

4.1.2.3 数控刀具的选用

切削刀具应根据加工材料性能、切削量、工件结构形状、加工方式、机床加工能力和承受负荷，以及其他相关因素选择刀具。刀具选择总的原则是安装调整方便、刚性好、耐用度和精度高。在满足加工要求的前提下，尽量选择较短的刀柄，以提高刀具加工的刚性。

数控切削刀具为了适应数控机床高速、高效和自动化程度高等特点，可分为整体式和镶嵌式两种。整体式刀具的刀刃与刀柄连接为一体，该类型刀具在早期是应用最广泛、最有效的切削刀具，目前应用较少。镶嵌式刀具是通过通用刀具、通用连接刀柄及少量专用刀柄连接而成的。镶嵌式刀具按照刀片的固定方式又分为不转位和可转位两种，其中可转位刀具目前成为切削刀具中的主流，在数量上达到整个数控刀具的30%～40%。

(1) 可转位铣刀的选择

目前可转位铣刀已广泛应用于铣削加工，其种类已覆盖了现有的全部铣刀。可转位铣刀的正确选择和合理使用是充分发挥加工设备效能的关键。

① 可转位铣刀的类型。

可转位面铣刀：主要用于加工较大平面，主要有平面粗铣刀、平面精铣刀、平面粗精复合铣刀三种。

可转位立铣刀：主要用于加工凸台、凹槽、小平面、曲面等。主要有立铣刀、孔槽铣刀、球头立铣刀、R立铣刀、T形槽铣刀、倒角铣刀、螺旋立铣刀、套式螺旋立铣刀等。

可转位槽铣刀：主要有三面刃铣刀、两面刃铣刀、精切槽铣刀。

可转位专用铣刀：用于加工某些特定零件，其形式和尺寸取决于所用机床和零件的加工要求。

② 可转位铣刀齿数（齿距）的选择。

粗齿铣刀：用于大余量粗加工、软材料加工、切削宽度较大、机床功率较小时。

中齿铣刀：属于通用系列铣刀，使用范围广泛，具有较高的金属切除率和切削稳定性。

密齿铣刀：用于铸铁、铝合金和有色金属的大进给速度切削加工。

不等分齿距铣刀：防止工艺系统出现共振，使切削平稳，在铸钢、铸铁件的大余量粗加工中建议优先选用不等分齿距的铣刀。

③ 可转位铣刀直径的选择。

面铣刀直径选择：主要是根据工件宽度选择，同时要考虑机床的功率、刀具的位置和刀齿与工件接触形式等，也可将机床主轴直径作为选取的依据，面铣刀直径可按 $D=1.5d$（d 为主轴直径）选取。一般来说，面铣刀的直径应比切宽大 20%～50%。

立铣刀直径选择：主要考虑工件加工尺寸的要求，并保证刀具所需功率在机床额定功率范围以内。如小直径立铣刀，应主要考虑机床的最高转速能否达到刀具的最低切削速度要求。

(2) 根据加工区域的特点选择刀具

在零件结构允许的情况下应选用大直径、长径比值小的刀具；切削薄壁、超薄壁零件的底刃过中心铣刀，其端刃应有足够的向心角，以减少刀具和切削部位的切削力；加工铝、铜等较软材料零件时应选择前角稍大一些的立铣刀，齿数尽量不要超过 4 齿。

为了合理加工工件及选择切削刀具，必须先分析被加工工件的形状、尺寸大小、材料硬度等条件。选取刀具时，要使刀具的尺寸与被加工工件的表面尺寸相适应。

① 刀具类型的选取　平面零件周边轮廓的加工，常采用立铣刀。

一般加工表面比较平坦的零件时，采用端铣刀。加工凸台、凹槽时，可选择镶硬质合金刀片的玉米铣刀或选择高速钢立铣刀。

对于一些立体自由曲面型面和变化斜角轮廓外形的加工，常采用球头铣刀、环形铣刀、锥形铣刀。在进行自由曲面加工时，球头刀具的端部切削速度为零，为保证加工精度，切削间距一般取得很密，所以球头刀具常用于曲面的精加工。

圆角刀具在表面加工质量和切削效率方面都优于球头刀，因此，只要在保证不过切的前提下，曲面的粗加工应优先选择圆角刀具。

② 刀具直径和切削量的选取　在模具零件数控加工过程中，粗加工应选择直径大的刀具，并采用大切削量，其切削量一般为 1～5mm；半精加工时选择比粗加工小的刀具，其切削量一般为 0.3～1mm；精加工时选择小于零件最小位置尺寸的刀具，其切削量一般在 0.5mm 以下。

③ 刀角半径的选取　球头刀具或圆角刀具的刀尖圆角，应根据轮廓周边的过渡圆角设定，以避免过切现象发生。

4.2 数控程序编制

4.2.1 数控编程步骤

采用数控机床进行零件加工时，为了使数控机床能根据零件加工的要求进行动作，必须将这些要求以机床数控系统能识别的指令形式告知数控系统，这种数控系统可以识别的指令称为程序，制作程序的过程称为数控编程。数控编程的过程不仅单一指编写数控加工指令的过程，它还包括从零件分析到编写加工指令再到程序校核的全过程。

在编程前首先要进行零件的加工工艺分析，确定加工工艺路线、工艺参数、刀具的运动轨迹、位移量、切削参数（切削速度、进给量、背吃刀量）以及各项辅助功能（换刀、主轴正反转、切削液开关等）；接着根据数控机床规定的指令及程序格式编写加工程序单；再把这一程序单中的内容记录在控制介质上，检查正确无误后采用手工输入方式或计算机传输方式输入数控机床的数控装置中，从而指挥机床加工零件。

数控编程步骤如图 4-9 所示，主要有以下几个方面的内容。

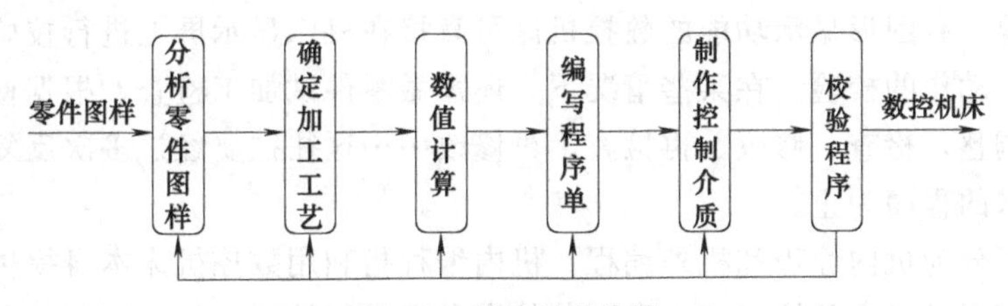

图 4-9 数控编程步骤

(1) 分析零件图样

零件轮廓分析包括对零件尺寸精度、形位精度、表面粗糙度、技术要求的分析，以及对零件材料、热处理等要求的分析。

分析零件图样和工艺要求的目的，是确定加工方法、制订加工计划，以及确认与生产组织有关的问题，此步骤的内容包括：

① 确定该零件应安排在哪类或哪台机床上进行加工。

② 确定采用何种装夹具或何种装夹位方法。

③ 确定采用何种刀具或采用多少把刀进行加工。

④ 确定加工路线，即选择对刀点、程序起点（又称加工起点，加工起点常与对刀点重合）、走刀路线、程序终点（程序终点常与程序起点重合）。

⑤ 确定切削深度和宽度、进给速度、主轴转速等切削参数。

⑥ 确定加工过程中是否需要提供冷却液、是否需要换刀、何时换刀等。

(2) 确定加工工艺

选择加工方案，确定加工路线，选择定位与夹紧方式，选择刀具，选择各项切削参数，选择对刀点、换刀点。

(3) 数值计算

选择编程原点，对零件图形各基点进行正确的数学计算，为编写程序单做好准备。

根据零件图样几何尺寸，计算零件轮廓数据，或根据零件图样和走刀路线，计算刀具中心（或刀尖）运行轨迹数据。数值计算的最终目的是获得编程所需要的所有相关位置坐标数据。

(4) 编写程序单

在完成上述步骤之后，即可根据已确定的加工方案（或计划）及数值计算获得的数据，按照数控系统要求的程序格式和代码格式编写加工程序等。编程者除应了解所用数控机床及系统的功能、熟悉程序指令外，还应具备与机械加工有关的工艺知识，才能编制出正确、实用的加工程序。

(5) 制作控制介质

程序单完成后，当数控程序简单时，可直接采用手工输入机床，编程者或机床操作者可以通过 CNC 机床的操作面板，在 EDIT 方式下直接将程序信息键入 CNC 系统程序存储器中；当程序需自动输入机床时，可以根据 CNC 系统输入、输出装置的不同，先将程序单的程序制作成或转移至某种控制介质上。现在大多数程序采用移动存储器（CF 卡）、硬盘作为存储介质，采用计算机传输或直接在 CF 卡槽内插卡把程序输入到数控机床。

(6) 程序校验

编制好的程序，在正式用于生产加工前，必须进行程序运行检查。一般采用机床空运行的方式进行校验，有图形显示功能的数控机床可直接在机床显示屏上进行校验。程序校验只有对数控程序、动作的校验。在某些情况下，还需做零件试加工检查。根据检查结果，对程序进行修改和调整，检查、修改、再检查、再修改……这往往要经过多次反复，直到获得完全满足加工要求的程序为止。

数控编程可分为机内编程和机外编程。机内编程指利用数控机床本身提供的交互功能进行编程，机外编程是脱离数控机床本身在其他设备上进行编程。机内编程的方式随机床的不同而异，可用“手工”方式逐行输入控制代码（手工编程）、交互方式输入控制代码（会话编程）、图形方式输入控制代码（图形编程），甚至可以语音方式输入控制代码（语音编程）或通过高级语言方式输入控制代码（高级语言编程）。但机内编程一般来说只适用于简单形状，而且效率较低。机外编程也可以分成手工编程、计算机辅助 APT 编程和计算机辅助设计与制造（CAD/CAM）编程等方式。机外编程由于可以脱离数控机床进行，相对机内编程来说效率较高，是普遍采用的方式。

数控编程是 CAD/CAM 的重要组成部分，是产品设计、产品工艺设计与制造过程中一个承上启下的重要环节。它接收有关产品的几何信息和加工工艺信息，并自动生成数控加工用的刀具轨迹。理想的加工程序不仅应保证加工出符合设计要求的合格零件，同时应能使数控机床功能得到合理的应用和充分的发挥，且能安全可靠和高效地工作。

(1) 手工编程

手工编程就是从分析零件图样、确定加工工艺过程、数值计算、编写零件加工程序单、制作控制介质到程序校验都由人工完成。它要求编程人员不仅要熟悉数控指令及编程规则，而且还要具备数控加工工艺知识和数值计算能力。一个完整的数控加工程序是由若干个程序段组成，每个程序段按照一定的顺序排列，能使数控机床完成某特定动作的一组指令，每个指令由地址字符和数字组成。对于加工形状简单、计算量小、程序段数不多的零件，采用手工编程较容易，而且经济、及时。因此，在点位加工或直线与圆弧组成的轮廓加工中，手工编程仍广泛应用。对于形状复杂的零件，特别是具有非圆曲线、列表曲线及曲面组成的零件，用手工编程就很难实现，必须用自动编程的方法编制程序。

(2) 自动编程

自动编程是利用自动编程软件来生成数控加工程序。编程人员只需根据零件图样的要求，设定加工面、加工方法、刀具、切削参数等，由计算机自动地进行数值计算生成刀路文件，再经过软件进行后置处理，就可以生成零件加工程序代码，将加工程序代码通过 CF 卡或者网络传输送入数控机床。自动编程使得一些计算烦琐、手工编程困难或无法编出的程序能够顺利地完成。目前各个行业的数控编程都是运用软件进行自动编程。

4.2.2 数控机床的坐标系

(1) 标准坐标系及其运动方向

在数控编程时，为了描述机床的运动，简化程序编制的方法及保证记录数据的互换性，数控机床的坐标系和运动方向均已标准化。掌握机床（标准）坐标系、编程坐标系、加工坐标系等概念，是数控编程的基础。

① 机床相对运动的规定　数控机床的进给运动是相对的，有的是刀具相对于工件运动（如车床），有的是工件相对于刀具运动（如铣床）。无论机床在实际加工中是工件运动还是刀具运动，在确定编程坐标时特别规定：永远假定刀具相对于静止的工件移动，并且将刀具与工件距离增大的方向作为坐标轴的正方向。

这一原则可以保证编程人员在不确定机床加工零件时是刀具移向工件，还是工件移向刀具的情况下，都可以根据零件的图纸或数字模型进行手工或自动编程。

② 标准坐标系　在数控机床上，机床的动作是由数控装置来控制的，为了确定数控机床上的各种运动，必须先确定机床上运动的位移和运动的方向，这就需要在机床上建立一个坐标系，这个坐标系就是机床坐标系。

数控机床上的标准坐标系采用右手笛卡儿坐标系，如图 4-10 所示。

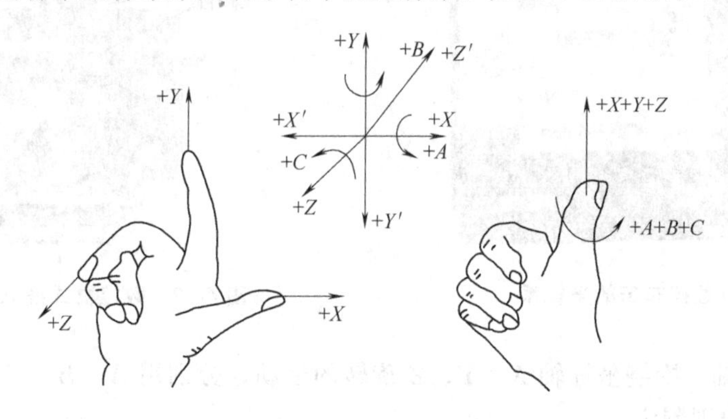

图 4-10　右手笛卡儿坐标系

a. 伸出右手的大拇指、食指和中指，并互为 90°。则大拇指代表 X 坐标，食指代表 Y 坐标，中指代表 Z 坐标。

b. 大拇指的指向为 X 坐标的正方向，食指的指向为 Y 坐标的正方向，中指的指向为 Z 坐标的正方向。

c. 围绕 X、Y、Z 坐标旋转的旋转坐标分别用 A、B、C 表示，根据右手定则，大拇指的指向为 X、Y、Z 坐标中任意轴的正方向，则其余四指的旋转方向即为旋转坐标 A、B、C 的正方向 。

③ 坐标轴方向的规定　在确定机床直线坐标轴时，一般先确定 Z 轴，然后确定 X 轴，最后按右手定则判定 Y 轴。

a. Z 轴。Z 坐标轴的运动方向是由机床主轴决定的，与主轴轴线平行的坐标轴即为 Z 轴，Z 坐标的正向为刀具离开工件的方向。

b. X 轴。X 轴是水平轴，平行于工件的装夹面，且垂直于 Z 轴。确定 X 轴的方向时，要考虑两种情况：

• 如果工件做旋转运动，X 坐标的方向在工件的径向上，则刀具离开工件的方向为 X 坐标的正方向。

• 如果刀具做旋转运动，则分为两种情况：Z 坐标水平时，观察者沿刀具主轴向工件看时，$+X$ 运动方向指向右方；Z 坐标垂直时，观察者面对刀具主轴向立柱看时，$+X$ 运动方向指向右方。

c. Y 轴。在确定 X、Z 坐标的正方向后，可以用根据 X 和 Z 坐标的方向，按照右手笛卡儿坐标系来确定 Y 坐标的方向。

数控车床的坐标系如图 4-11 所示。图 4-12 所示的数控立式铣床坐标系，其 X、Y、Z 直线坐标轴的确定方法如下。

Z 坐标：平行于主轴，刀具离开工件的方向为正。

X 坐标：Z 坐标垂直，且刀具旋转，所以面对刀具主轴向立柱方向看，向右为正。

Y 坐标：在 Z、X 坐标确定后，用右手定则来确定。

图 4-11 数控车床的坐标系

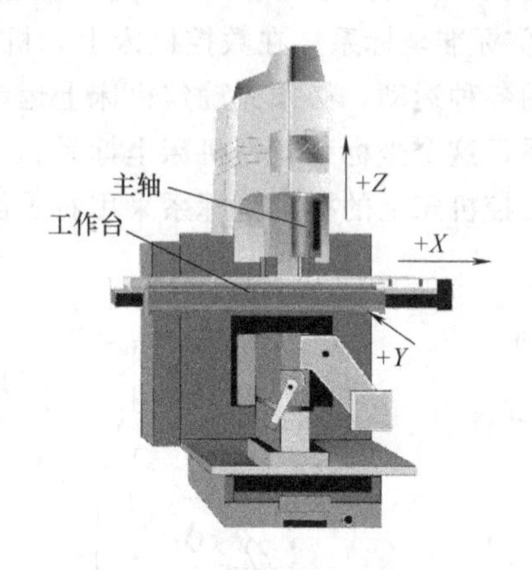

图 4-12 数控立式铣床的坐标系

d. 旋转坐标轴。围绕坐标轴 X、Y、Z 旋转的运动，分别用 A、B、C 表示。它们的正方向用右手螺旋定则判定。

e. 附加轴。如果在 X、Y、Z 主要坐标以外，还有平行于它们的坐标，可分别指定第 2 组 U、V、W 坐标，第 3 组 P、Q、R 坐标。

（2）机床原点与参考点

① 机床原点　机床坐标系是机床固有的坐标系，机床坐标系的原点也称为机床原点或机床零点，即 $X=0$，$Y=0$，$Z=0$。机床原点是机床的基本点，它是其他所有坐标系，如工件坐标系、编程坐标系，以及机床参考点的基准点。从机床设计的角度看，该点位置可以是任意点，但对某一具体机床来说，机床原点是固定的。

数控车床的机床原点一般设在主轴前端的中心，如图 4-13 所示。数控铣床的机床原点位置一般设在 X、Y、Z 坐标的正方向极限位置上，如图 4-14 所示。

② 机床参考点　数控装置上电时并不知道机床原点的位置，为了正确地在机床工作时建立机床坐标系，通常在每个坐标轴的移动范围内设置一个机床参考点（测量起点）。

机床参考点的位置是由机床制造厂家在每个进给轴上用限位开关精确调整好的，是一个固定位置点，其坐标值已输入数控系统中，因此参考点对机床原点的坐标是一个已知数。这样，机床启动后就可以通过回原点操作，找到机床原点的位置。

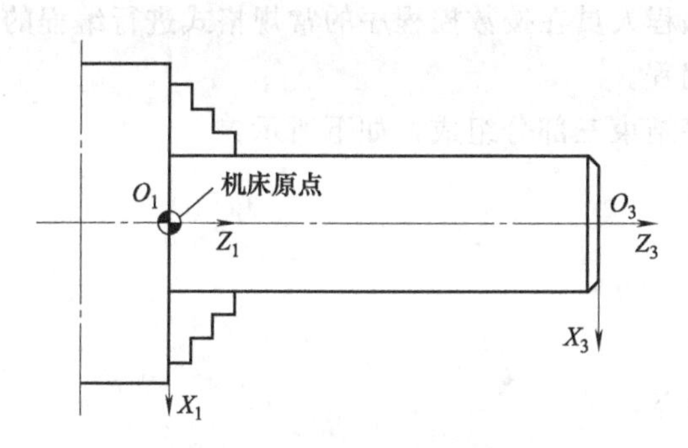

图 4-13 数控车床的机床原点

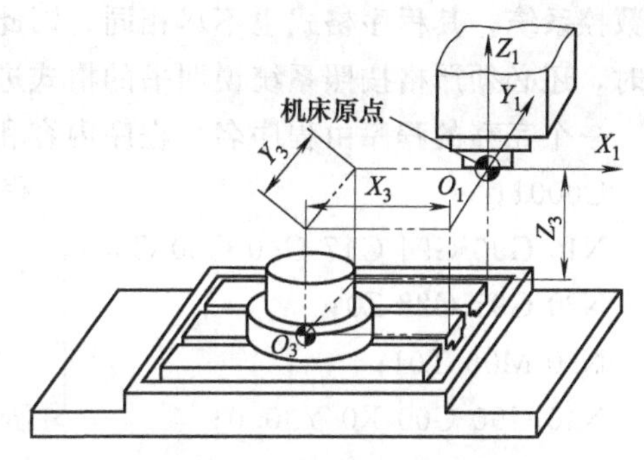

图 4-14 数控铣床的机床原点

通常在数控铣床上机床原点和机床参考点是重合的；而在数控车床上机床参考点是离机床原点最远的极限点。数控车床的参考点与机床原点如图 4-15 所示。

(3) 工件坐标系

工件坐标系是用于确定工件几何图形上各几何要素（点、直线和圆弧）的位置而建立的坐标系，是编程人员在编程时使用的。编程人员选择工件上的某一已知点为原点称编程原点或工件原点，工件坐标系一旦建立便一直有效，直到被新的工件坐标系所取代。工件装夹到机床上时，应使工件坐标系与机床坐标系的坐标轴方向保持一致。

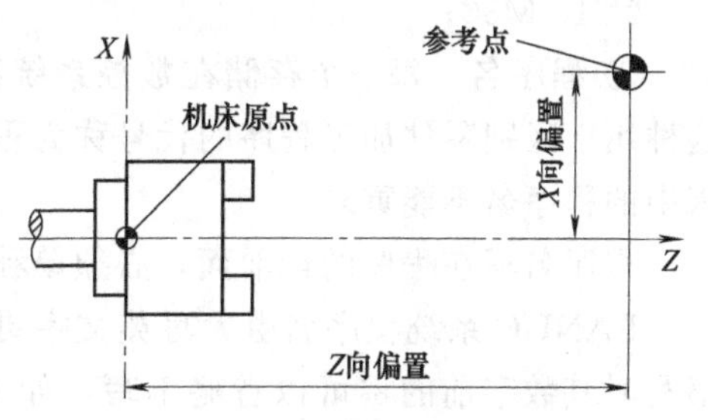

图 4-15 数控车床的参考点与机床原点

工件坐标系的原点选择要尽量满足编程简单、尺寸换算少、引起的加工误差小等条件。选择工件坐标系原点时，最好把工件坐标系原点放在工件图的尺寸能够方便地转换成坐标值的地方，比如选在工件图样的尺寸基准上，这样可以直接用图纸标注的尺寸作为编程点的坐标值，减少计算工作量；对于有对称形状的几何零件，工件坐标系原点最好选在对称中心上；工件坐标系原点尽量选在尺寸精度较高的工件表面上，这样可以提高工件的加工精度和同一批零件的一致性，Z 轴的零点通常选在工件的上表面，见图 4-16 和图 4-17；另外，选择工件坐标系原点时，还要考虑能使工件方便地装夹、测量和检验。

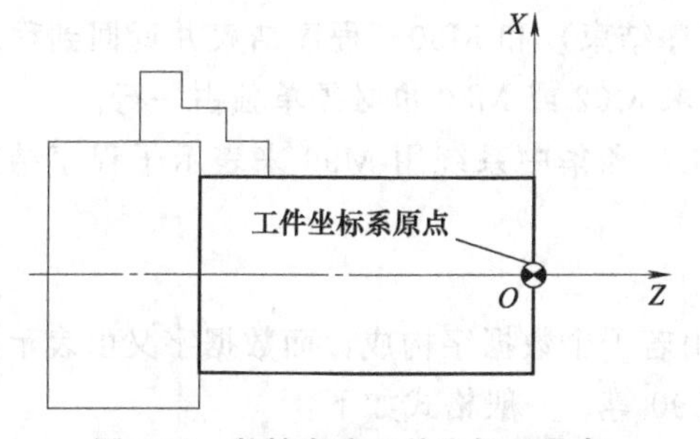

图 4-16 数控车床工件坐标系原点

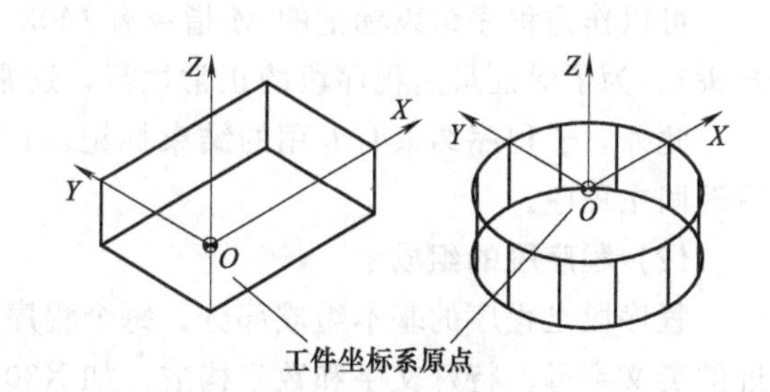

图 4-17 数控铣床工件坐标系原点

4.2.3 数控程序结构

(1) 数控程序的组成

每一种数控系统，根据系统本身的特点与编程的需要，都有一定的程序格式。对于不同的数控系统，其程序格式也不尽相同。因此，编程人员在按数控程序的常规格式进行编程的同时，还必须严格按照系统说明书的格式进行编程。

一个完整的程序由程序名、程序内容和程序结束三部分组成，如下所示：

```
O0001;                                  程序名
N10 G90 G94 G17 G40 G80 G54;  ┐
N20 G91 G28 Z0;               │
N30 M06 T01;                  │
N40 G90 G00 X0 Y30.0;         ├ 程序内容
N50 M03 S800;                 │
…                             │
N200 G91 G28 Z0;              ┘
N210 M30;                               程序结束
```

① 程序名　每一个存储在数控系统存储器中的程序都需要指定一个代号来加以区别，这种用于区别零件加工程序的代号称为程序名。程序名是加工程序的识别标记，因此同一机床中的程序名不能重复。

程序名写在程序的最前面，必须单独占一行。

FANUC 系统程序名由大写英文字母 O 及四位数字构成，数值从 O0000 到 O9999，在书写时其数字前的零可以省略不写，如 O0020 可写成 O20。另外，需要注意的是，O9000 以后的程序名，有时在数控系统中有特殊的用途，因此在一些数控系统中是无法输入的，应尽量避免使用。

存储在华中系统中的程序，与一般在电脑中的存储方式相同，是以文件名的形式出现。文件名由大写英文字母 O 加 7 位以内的数字、字母所组成；文件下有程序名，由“%”加数字“1”“2”等组成。

② 程序内容　程序内容是整个程序的核心，它由许多程序段组成，每个程序段由一个或多个指令构成，它表示数控机床的全部动作。

在数控铣床与加工中心的程序中，子程序的调用也作为主程序内容的一部分，主程序有时只完成换刀、启动主轴、工件定位等动作，其余加工动作都由子程序来完成。

③ 程序结束　程序结束通过 M 指令来实现，它必须写在程序的最后。

可以作为程序结束标记的 M 指令有 M02（程序结束）和 M30（程序结束并返回到程序开头）。为了保证最后程序段的正常执行，通常要求 M02 或 M30 也必须单独占一行。

此外，子程序结束有专用的结束标记，FANUC 和华中系统用 M99 来表示子程序结束后返回主程序。

(2) 程序段的组成

程序段是程序的基本组成部分，每个程序段由若干个数据字构成，而数据字又由表示地址的英文字母、特殊文字和数字构成。如 X30、G90 等。一般格式如下：

N50　G01　X30.0　Y30.0　Z30.0　F100　S800　T01　M03;

其中“N __”为程序段号；“G __”为准备功能；“X __ Y __ Z __”为尺寸字；“F __”为进给功能；“S __”为主轴功能；“T __”为刀具功能；“M __”为辅助功能；“；或 LF”为结束标记，可以省略。所以上述指令的含义为：第 N50 程序段，刀具由当前位置直线运动到坐标为（30，30，30）的点，进给速度为 100mm/min，主轴转速为 800r/min，使用 01

号刀具，主轴正转。

① 程序段号 程序段号由地址符“N”开头，其后为若干位数字。在大部分系统中，程序段号仅作为“跳转”或“程序检索”的目标位置指示。因此，它的大小及次序可以颠倒，也可以省略。程序段在存储器内以输入的先后顺序排列，而程序的执行是严格按信息在存储器内的先后顺序一段一段地执行，也就是说执行的先后次序与程序段号无关。但是，当程序段号省略时，该程序段将不能作为“跳转”或“程序检索”的目标程序段。程序段号也可以由数控系统自动生成，程序段号的递增量可以通过“机床参数”进行设置，一般可设定增量值为10。

② 程序段内容 程序段的中间部分是程序段的内容，程序内容应具备六个基本要素，即准备功能字、尺寸功能字、进给功能字、主轴功能字、刀具功能字、辅助功能字等，但并不是所有程序段都必须包含所有功能字，有时一个程序段内仅包含其中一个或几个功能字也是允许的。

(3) 数控指令功能

① 准备功能 准备功能也叫G功能或G指令，是用于数控机床做好某些准备动作的指令。它由地址G和后面的两位数字组成，从G00～G99共100种，如G01、G41等。目前，随着数控系统功能的不断提高，有的系统已采用三位数的功能指令，如SINUMERIK系统中的G450、G451等。

② 辅助功能 辅助功能也叫M功能或M指令，它由地址M和后面的两位数字组成，从M00～M99共100种。

辅助功能是控制机床或系统的开、关等辅助动作的功能指令，如开、停冷却泵，主轴正反转，程序的结束等。

同样，由于数控系统以及机床生产厂家的不同，其M指令的功能也不尽相同，甚至有些M指令与ISO标准指令的含义也不相同。因此我们在进行数控编程时，一定要按照机床说明书的规定进行。

在同一程序段中，既有M指令又有其他指令时，M指令与其他指令执行的先后次序由机床系统参数设定。因此，为保证程序以正确的次序执行，有很多M指令如M30、M02、M98等最好以单独的程序段进行编程。

③ 其他功能

a. 坐标功能：坐标功能字（又称尺寸功能字）用来设定机床各坐标的位移量。它一般使用X、Y、Z、U、V、W、P、Q、R（用于指定直线坐标尺寸）和A、B、C、D、E、（用于指定角度坐标）及I、J、K（用于指定圆心坐标点位置尺寸）等为地址符，在地址符后紧跟“+”或“-”号及一串数字，如X100.0、Y60、I-10等。

对于输入的整数坐标值，如输入X正方向移动50mm时，是输入“X50”还是“X50.0”，则由系统中的参数所设定。

b. 刀具功能：刀具功能是指系统进行选刀或换刀的功能指令。刀具功能用地址T及后缀的数字来表示，常用刀具功能指定方法有T 4位数法和T 2位数法。

c. 进给功能：用来指定刀具相对于工件运动的速度功能称为进给功能，由地址F和其后缀的数字组成。根据加工的需要，进给功能分为每分钟进给（G94状态）和每转进给（G95状态）两种。

d. 主轴功能：用来控制主轴转速的功能称为主轴功能，亦称为S功能，由地址S和其后缀数字组成。在程序中，主轴的正转、反转、停转由辅助功能 M03、M04、M05 进行控制。其中，M03 表示主轴正转，M04 表示主轴反转，M05 表示主轴停转。

例 M03 S300；表示主轴正转，转速为 300r/min。

M05；表示主轴停转。

(4) 模态指令与开机默认指令

① 模态指令与非模态指令　模态指令（又称为续效指令）表示该指令一经在一个程序段中指定，在接下来的程序段中一直持续有效，直到出现同组的另一个指令时，该指令才失效。如常用的 F、S、T 指令。

非模态指令（或称为非续效指令）表示仅在编入的程序段内有效的指令。如 G 指令中的 G04 指令，M 指令中的 M00、M06 指令等。

模态指令的出现，避免了在程序中出现大量的重复指令，使程序变得清晰明了。同样，尺寸功能字如出现前后程序段的重复，则该尺寸功能字也可以省略。如下例程序段中有下划线的指令均可以省略。

例 G01 X20.0 Y20.0 F150.0；

G01 X30.0 Y20.0 F150.0；

G02 X30.0 Y－20.0 R20.0 F100.0；

上例中有下划线的指令可以省略，因此以上程序可写成如下形式：

G01 X20.0 Y20.0 F150.0；

X30.0；

G02 Y－20.0 R20.0 F100.0；

② 开机默认指令　为了避免编程人员出现指令遗漏，数控系统中对每一组的指令，都选取其中的一个作为开机默认指令，该指令在开机或系统复位时可以自动生效，因而在程序中允许不再编写。

常见的开机默认指令有 G00、G17、G40、G49、G54、G80、G90、G95、G97 等。

(5) 常用 G 代码

① 工件坐标系设定（G54～G59）　对已通过夹具安装定位在数控机床工作台上的工件，加工前需要在工件上确定一个坐标原点，以便刀具在切削加工过程中以此点为基准，完成坐标移动的加工指令，我们把以此点所建立的坐标系称为工件坐标系。

对工件上的这一点，其位置实际在编程时就已经规定好了，工件装夹到工作台之后，我们通过“对刀”，把规定的工件坐标系原点所在的机床坐标值确定下来，然后用 G54 等设置，在加工时通过 G54 等指令进行工件坐标系的调用。

工件坐标系指令一般在刀具移动前的程序段与其他指令同行指定，也可独立指定。

指令格式如下：

G54/G55/G56/G57/__；调用第一/二/三/四工件系/__。

② 绝对坐标与增量（相对）坐标指令（G90、G91）　绝对坐标是根据预先设定的编程原点作为参考点进行编程。即在采用绝对值编程时，首先要指出编程原点的位置。这种编程方法一般不考虑刀具的当前位置，程序中的终点坐标是相对于原点坐标而言的，如图 4-18 所示。在编程时，绝大多数采用 G90 来指定绝对坐标编程。

③ 公制尺寸与英制尺寸输入　大多数数控系统可通过 G 指令（代码）来完成公制尺寸与英制尺寸的切换。FANUC 系统与华中系统用 G20/G21 来指定英制/公制尺寸。指令格式

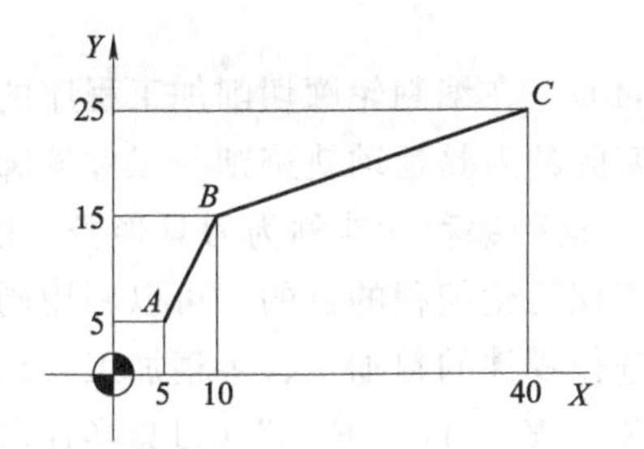

图 4-18 绝对值编程与增量值编程

为“G20”/“G21”，可在指定程序段与其他指令同行，也可独立占用一个程序段。

④ 坐标平面选择指令（G17、G18、G19） 右手笛卡儿坐标系的三个互相垂直的轴 X、Y、Z 轴，分别构成三个平面，如图 4-19 所示，即 XY 平面、ZX 平面、YZ 平面。对于三坐标的铣床或加工中心，在加工过程中常要指定插补运动（主要是圆弧运动）在哪个平面中进行。所有数控系统均用 G17 表示在 XY 平面内加工；G18 表示在 ZX 平面内加工；G19 表示在 YZ 平面内加工。G17、G18、G19 可在任一程序段与其他指令同行指定，也可独立指定。

⑤ 快速点定位指令（G00） G00 指令使刀具以点位控制方式从刀具当前点以最快速度（由机床生产厂家在系统中设定）运动到另一点。执行 G00 指令时不能对工件进行加工。

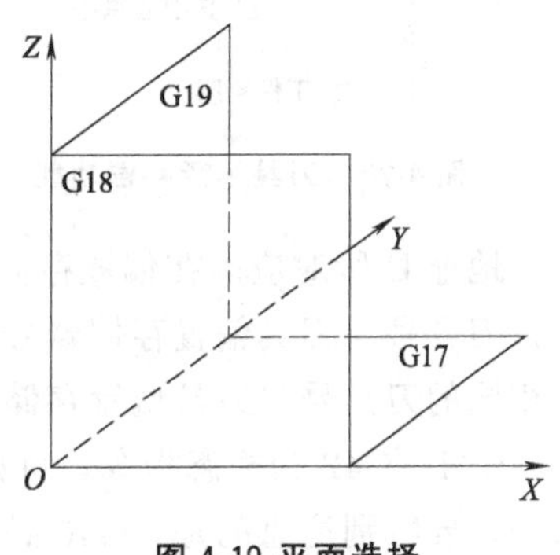

图 4-19 平面选择

所有数控系统均采用“G00 X__Y__Z__”格式，其中 X、Y、Z 表示直角坐标中的终点位置坐标值。在执行 G00 时，为避免刀具与工件或夹具相撞，一般采用三轴不联动的编程方法。即刀具从上往下时，先在 XY 平面内定位，然后 Z 轴下降；刀具从下往上时，Z 轴先上升，然后再在 XY 平面内定位。

⑥ 直线插补指令（G01） 直线插补指令（G01）使刀具从当前位置起以直线进给方式运行至坐标值指定的终点位置。运行速度由进给速度指令 F 指定；指定的速度通常是刀具中心的线速度。

所有数控系统均采用“G01 X__Y__Z__F__”格式，其中 X、Y、Z 为直角坐标中的终点坐标，F 为进给速度。

⑦ 刀具长度补偿指令（G43、G44、G49） 对于装入主轴中的刀具，它们的伸出长度各不相同，在加工过程中为每把刀具设定一个工件坐标系也是可以的，但通过刀具的长度补偿指令在操作上更加方便。

通过刀具长度补偿指令来补偿假定的刀具长度与实际的刀具长度之间的差值。系统规定所有轴都可采用刀具长度补偿，但对于立式数控铣削机床来说，一般用于刀具轴向（Z 方向）的补偿，补偿量通过一定的方式得到后设置在刀具偏置存储器中。

刀具长度补偿指令格式为“G43 Z__H__”。

G43 指令表示刀具长度沿正方向补偿，G44 指令表示刀具长度沿负方向补偿，G49 指令表示取消刀具长度补偿。

G43、G44 为模态指令，可以在程序中保持连续有效。G43、G44 的撤销可以使用 G49

指令进行。

⑧ 刀具半径补偿指令（G41、G42、G40） 在编制轮廓切削加工程序的场合，一般以工件的轮廓尺寸作为刀具轨迹进行编程，而实际的刀具运动轨迹则与工件轮廓有一偏移量，其值为刀具半径，如图 4-20 所示。数控系统的这种编程功能称为刀具半径补偿功能。

通过运用刀具补偿功能来编程，可以实现简化编程的目的。可以利用同一加工程序，只需对刀具半径补偿量做相应的设置就可以进行零件的粗加工、半精加工及精加工。

刀具半径补偿指令格式为“G41 G01 X __ Y __ D __ F __”（刀具半径左补偿）。

G41 与 G42 的判断方法是：处在补偿平面外另一根轴的正方向，沿刀具的移动方向看，当刀具处在切削轮廓左侧时，称为刀具半径左补偿；当刀具处在切削轮廓的右侧时，称为刀具半径右补偿。判断方法如图 4-21 所示。

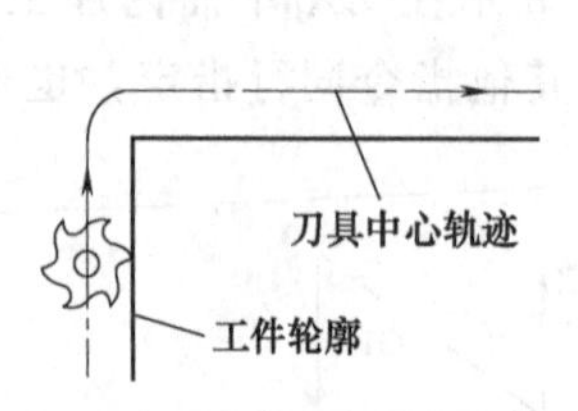

图 4-20 刀具半径补偿功能

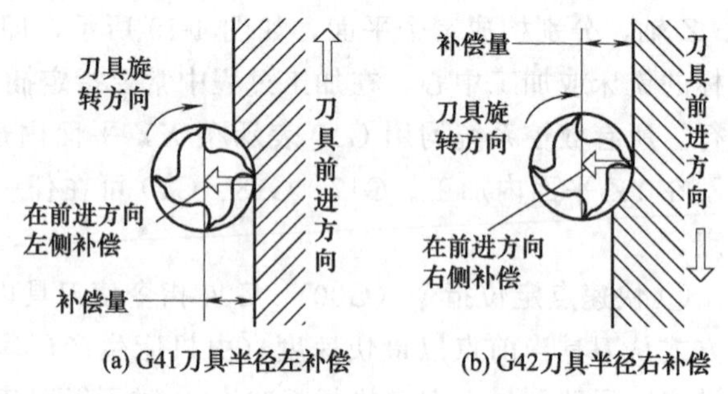

图 4-21 刀具半径补偿偏置方向的判断方法

地址 D 所对应的在偏置存储器中存入的偏置值通常指刀具半径值。和刀具长度补偿一样，刀具号与刀具偏置存储器号可以相同，也可以不同，一般情况下，为防止出错，最好采用相同的刀具号与刀具偏置存储器号。

G41、G42 为模态指令，可以在程序中保持连续有效。G41、G42 的撤销可以使用 G40 指令。要特别注意的是，G40 必须与 G41 或 G42 在程序中成对使用。

⑨ 圆弧插补指令（G02/G03） FANUC 和华中系统的圆弧插补格式为：

a. 在 XY 平面上的圆弧：

$$\mathrm{G17}\begin{Bmatrix}\mathrm{G02}\\\mathrm{G03}\end{Bmatrix}\mathrm{X}\_\ \mathrm{Y}\_\begin{Bmatrix}\mathrm{R}\_\\\mathrm{I}\_\ \mathrm{J}\_\end{Bmatrix}\mathrm{F}\_$$

b. 在 ZX 平面上的圆弧：

$$\mathrm{G18}\begin{Bmatrix}\mathrm{G02}\\\mathrm{G03}\end{Bmatrix}\mathrm{X}\_\ \mathrm{Z}\_\begin{Bmatrix}\mathrm{R}\_\\\mathrm{I}\_\ \mathrm{K}\_\end{Bmatrix}\mathrm{F}\_$$

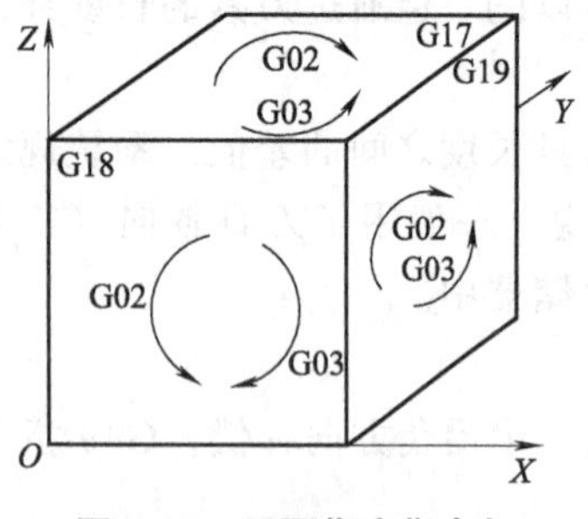

图 4-22 平面指定指令与圆弧插补指令的关系

c. 在 YZ 平面上的圆弧：

$$\mathrm{G19}\begin{Bmatrix}\mathrm{G02}\\\mathrm{G03}\end{Bmatrix}\mathrm{Y}\_\ \mathrm{Z}\_\begin{Bmatrix}\mathrm{R}\_\\\mathrm{J}\_\ \mathrm{K}\_\end{Bmatrix}\mathrm{F}\_$$

其中，G02 表示顺时针圆弧插补；G03 表示逆时针圆弧插补。圆弧插补的顺、逆方向的判断方法是沿圆弧所在平面（如 XY 平面）的另一根轴（Z 轴）的正方向向负方向看，顺时针方向为顺时针圆弧，逆时针方向为逆时针圆弧。各平面上的插补方向如图 4-22 所示。

X __ Y __ Z __为圆弧的终点坐标值，其值可以是绝对坐标，也可以是增量坐标。在增量方式下，其值为圆弧终点坐标相对于圆弧起点的增量值。R __为圆弧半径。I __ J __ K __为圆弧的圆心相对其起点分别在 X、Y 和 Z 坐标轴上的矢量值。

4.2.4 数控加工程序的编制

(1) 编程前的准备工作

在学习该案例轮廓加工程序编制之前，我们需要介绍一下轮廓铣削加工路线，才能正确地编制数控加工程序。

① 加工路线的确定原则　在数控加工中，刀具刀位点相对于零件运动的轨迹称为加工路线。加工路线的确定与工件的加工精度和表面粗糙度直接相关，其确定原则如下：

a. 加工路线应保证被加工零件的精度和表面粗糙度，且效率较高。

b. 使数值计算简便，以减少编程工作量。

c. 应使加工路线最短，这样既可减少程序段，又可减少空刀时间。

d. 加工路线还应根据工件的加工余量和机床、刀具的刚度等具体情况确定。

② 切入、切出方法选择　采用立铣刀铣削外轮廓侧面时，铣刀在切入和切出零件时，应沿与零件轮廓曲线相切的切线或切弧上切向切入、切出零件表面，如图 4-23 (a)、(b) 所示，而不应沿法向直接切入零件，以避免加工表面产生刀痕，保证零件轮廓光滑。

铣削内轮廓侧面时，一般较难从轮廓曲线的切线方向切入、切出，这样应在区域相对较大的地方，用切弧切向切入和切向切出，如图 4-23 (c) 所示，按照 $A—B—C—B—D$ 的顺序进行。

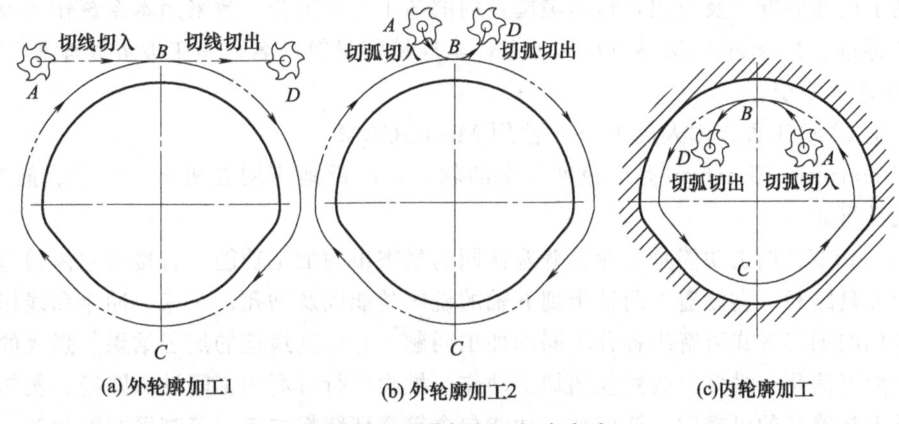

图 4-23　刀具切入、切出方法

③ 凹槽切削方法选择　加工凹槽切削方法有三种，即行切法、环切法和先行切最后环切法，如图 4-24 所示。三种方案中，图 4-24 (a) 所示方案最差（左、右侧面留有残料）；图 4-24 (c) 所示方案最好。

在轮廓加工过程中，工件、刀具、夹具、机床系统等处在弹性变形平衡的状态下，在进给停顿时，切削力减小，会改变系统的平衡状态，刀具会在进给停顿处的零件表面留下刀痕，因此在轮廓加工中应避免进给停顿。

(2) 常用数控编程软件

数控自动编程软件在强大的市场需求驱动下和软件业的激烈竞争中得到了很大的发展，

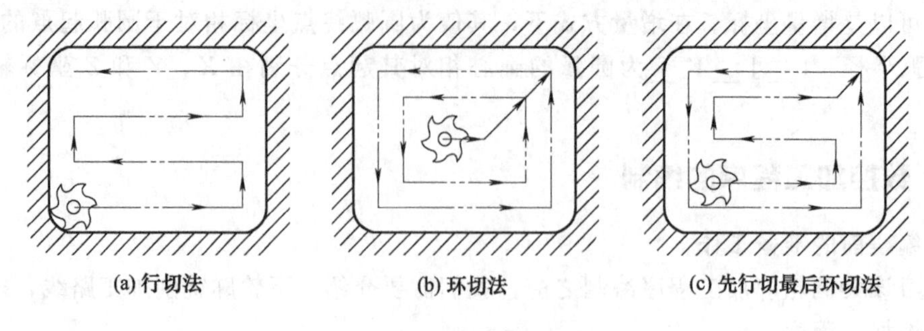

图 4-24 凹槽切削方法

功能不断得到更新与拓展，性能不断完善提高。作为高科技转化为现实生产力的直接体现，数控自动编程已代替手工编程在数控机床的使用中发挥着越来越大的作用。目前，CAD/CAM图形交互式自动编程已得到较多的应用。它是利用CAD绘制的零件加工图样，经计算机内的刀具轨迹数据进行计算和后置处理，从而自动生成数控机床零部件加工程序，以实现CAD与CAM的集成。随着CIMS技术的发展，当前又出现了CAD/CAPP/CAM集成的全自动编程方式，其编程所需的加工工艺参数不必由人工参与，直接从系统内的CAPP数据库获得，推动数控机床系统自动化的进一步发展。下面是常用的自动编程软件。

① MasterCAM：MasterCAM系统是美国CNC Software公司研发的基于PC平台的CAD/CAM系统，它集建模和编程于一身是最有经济效率的全方位的软件系统。自1984年以来，由于其在复杂曲面创建、数据交换、外形铣削、多轴加工、路径模拟等方面的强大功能，得到了迅速的推广及应用，包括美国在内的各工业大国皆一致采用本系统作为设计、加工制造的标准。MasterCAM为PC级CAM全球销售量第一名，是工业界及学校广泛采用的CAD/CAM系统。

工厂里CNC工程技术人员中70%使用MasterCAM。

② Cimatron：Cimatron是以色列开发的软件，广泛地应用在机械、电子、航空航天、科研、模具行业。

Cimatron NC加工功能是工业界普遍认同的最杰出的加工功能，直接由立体模型计算准确安全的刀具路径。它涵盖了两轴半到五轴的铣床功能以及钻孔、车床、冲床和线切割的功能。多样化的加工方式可解决各种不同的加工问题，并得到最佳的加工结果。强大的刀具路径管理功能可简化一模多穴或繁复的加工动作。批次执行可利用工间计算路径。实体切削模拟可确认刀具路径的可靠度。铣床加工功能包含等高环绕粗加工、等高平行粗加工、等高精加工、多曲面投影加工、连续曲面沿面切削、自动残料侦测加工、清角加工、自由外形加工等20余种加工方式，每一种方式都具有安全的过切保护，准确可靠。

③ Creo：Creo是美国PTC（参数技术有限公司）开发的软件，十多年来已成为全世界最普及的三维CAD/CAM系统，广泛用于电子、机械、模具、工业设计和玩具等各行业，集合零件设计、产品装配、模具开发、数控加工、造型设计等多种功能于一体。1997年开始在大陆流行，目前大部分制造企业都装有Creo软件。它与UG是机械行业最好用的三维建模软件。用Creo建模，用MasterCAM、PowerMILL和CIMATRON加工编程已经成为公认的方法。

Creo/NC模块主要用于数控加工分析与编程，生成数控加工的相关文件，完成数控加工的全过程。它具有铣削、钻孔、车削、多轴加工、线切割加工等加工编程能力。用户可以通过 NC-Check 对生成的刀具轨迹进行检查，如果刀具轨迹符合要求，则可以使用 NC-Post 对其进行后处理，以便生成数控加工代码，为数控机床提供加工数据。Creo 系统的全相关性能可以将设计模型的变化体现到加工信息中。

④ UG（Unigraphics）：Unigraphics 进入中国市场比 Pro/E（Creo 的较早版本）晚很多，但同样是当今世界上最先进、面向制造行业的 CAD/CAE/CAM 高端软件。UG 软件被当今许多世界领先的制造商用来从事工业设计、详细的机械设计以及工程制造等。如今 UG 在全球已拥有 17000 多个客户。UG 自 1990 年进入中国市场以来，发展迅速，已经成为汽车、机械、计算机及家用电器、模具设计等领域的首选软件。

UG NX CAM 模块可以提供 2～5 轴的铣削加工、2～4 轴的车削加工、电火花线切割加工和点位加工。用户可以根据零件结构、加工表面形状和加工精度要求选择合适的加工方法。在交互式图形编程中，用户可以在图形方式下生成刀轨，观察刀具的运动过程，生成刀具位置源文件。

⑤ PowerMILL：PowerMILL 是英国 Delcam 公司开发的编程软件，其功能强大，易学易用，可快速、准确地产生能最大限度发挥 CNC 机床生产效率、无过切的粗加工和精加工刀具路径，刀路优秀，应用前景非常广阔。

⑥ CATIA：CATIA 最具特色的是它强大的曲面功能，应该说是任何一款 CAD 三维软件所不能比的，现在国内几乎所有的航空制造公司都在使用 CATIA。CATIA 是一套集成的应用软件包，内容覆盖了产品设计的各个方面——计算机辅助设计（CAD）、计算机辅助工程分析（CAE）、计算机辅助制造（CAM），既提供了支持各种类型的协同产品设计的必要功能，也可以进行无缝集成完全支持“端到端”的企业流程解决方案。

(3) 手工编程实例

图 4-25 所示为一卸件块不带半径补偿的轮廓加工，毛坯尺寸为 120mm×80mm×20mm，工件材料为 45 钢。

① 夹具及刀具选用　本案例夹具可选规格为 136mm 的平口虎钳。加工外轮廓刀具可选用刀具号为 1 号的 ϕ16mm 立铣刀，刀具补偿号为 1，刀具转速为 600r/min，进给速度为 100mm/min。为提高内壁加工质量，采用刀具号为 2 号的 ϕ10mm 的键槽铣刀加工腰形槽，刀具补偿号为 2，刀具转速 2000r/min，进给速度 30mm/min。

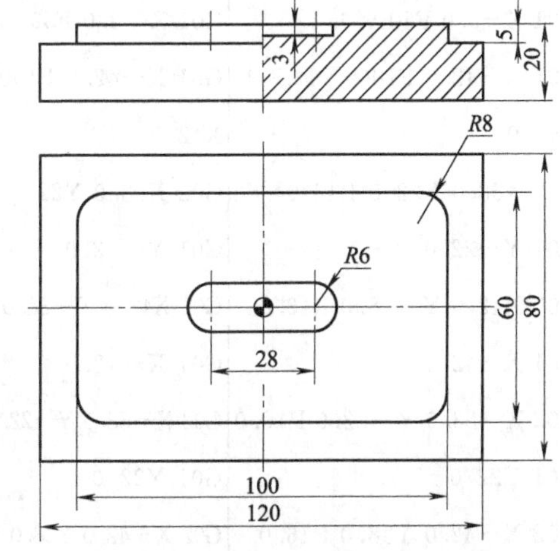

图 4-25　不带半径补偿的轮廓加工

② 刀具轨迹　在加工外轮廓时，刀具轨迹如图 4-26 中双点画线所示。在不采用半径补偿编程时，程序中所编程的坐标点的位置（即实际刀具中心点的位置）应在零件外轮廓基础上等距偏置一个刀具半径；在凸圆角处，其转角圆弧半径也变为在原来圆弧半径的基础上加上刀具半径。

在加工内轮廓时，刀具轨迹如图 4-27 中双点画线所示。编程轮廓为在原零件轮廓的基础上等距偏置一个刀具半径；在凹圆角处，其转角圆弧半径也变为在原来圆弧半径的基础上减去刀具半径。

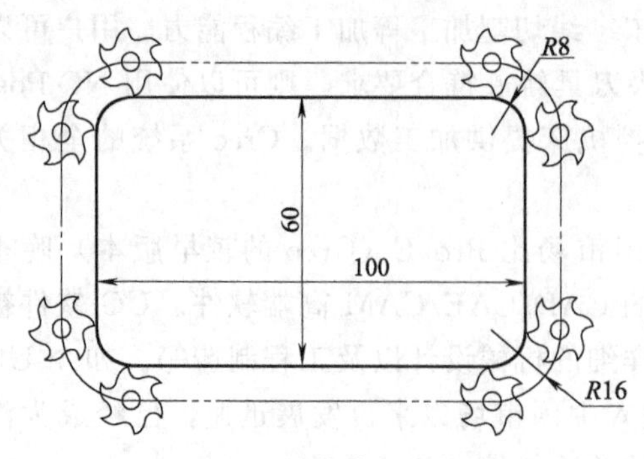

图 4-26 外轮廓刀具轨迹

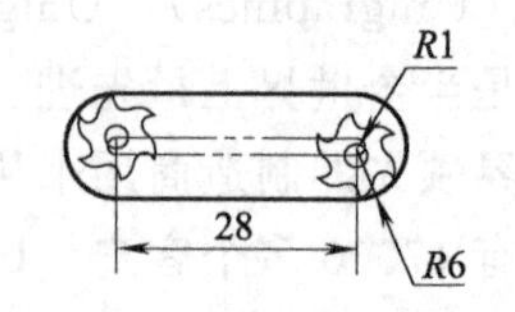

图 4-27 内轮廓刀具轨迹

③ 参考程序

FANUC、华中系统	SINUMERIK 系统	说明
O1001	LKJG001	
%1（华中系统）		
G90 G80 G40 G21 G17 G94	G90 G40 G71 G17 G94	程序初始化
G91 G28 Z0.0	Z0 D0	*Z* 方向回零
M06 T01	M06 T01	换取 1 号刀，ϕ16mm 立铣刀
G90 G54	G90 G54	绝对编程方式，调用 G54 工件坐标系
G00 X−70.0 Y38.0	G00 X−70.0 Y38.0	刀具快速进给至起刀点
G43 Z20.0 H01	G00 Z20.0 D01	执行 1 号刀长度补偿使刀具快速进给到 *Z*20.0 处
M03 S600	M03 S600	主轴正转，转速 600r/min
M08	M08	冷却液打开
G01 Z−5.0 F50	G01 Z−5.0 F50	*Z* 方向直线进给，速度 50mm/min
G01 X−42.0 F100	G01 X−42.0 F100	*XY* 平面外轮廓进给开始，进给速度 100mm/min
X42.0	X42.0	
G02 X58.0 Y22.0 R16.0	G02 X58.0 Y22.0 CR=16.0	
G01 Y−22.0	G01 Y−22.0	
G02 X42.0 Y−38.0 R16.0	G02 X42.0 Y−38.0 CR=16.0	
G01 X−42.0	G01 X−42.0	
G02 X−58.0 Y−22.0 R16.0	G02 X−58.0 Y−22.0 CR=16.0	
G01 Y22.0	G01 Y22.0	
G02 X−42.0 Y38.0 R16.0	G02 X−42.0 Y38.0 CR=16.0	*XY* 平面外轮廓进给结束
G00 Z150.0	G00 Z150.0	快速抬刀
M05	M05	主轴停转
M09	M09	冷却液关
G91G28 Z0.0	Z0 D0	*Z* 方向回零

FANUC、华中系统	SINUMERIK 系统	说明
M06 T02	M06 T02	换 2 号刀，ϕ10mm 键铣刀
G90 G00 X0.0 Y0.0	G90 G00 X0.0 Y0.0	刀具快速进给至起刀点
G43 H02 Z10.0	G0 D01 Z10.0	执行 2 号刀长度补偿使刀具快速进给到 Z10.0 处
M03 S2000	M03 S2000	主轴正转，转速 2000r/min
M08	M08	冷却液打开
G01 Z−3.0 F20.0	G01 Z−3.0 F20.0	Z 方向直线进给，速度 20mm/min
X−14.0 Y1.0 F30.0	X−14.0 Y1.0 F30.0	XY 平面内轮廓进给开始，进给速度 30mm/min
G03 Y−1.0 R2.0	G03 Y−1.0 CR=2.0	
G01 X14.0	G01 X14.0	
G03 Y1.0 R2.0	G03 Y1.0 CR=2.0	
G01 X−14.0	G01 X−14.0	
X0.0 Y0.0	X0.0 Y0.0	XY 平面内轮廓进给结束
G00 Z150.0	G00 Z150.0	快速抬刀
M05	M05	主轴停转
M09	M09	冷却液关
M30	M30	程序结束

4.3 基于 UG 的数控编程

在 4.2.4 节中已经对 UG 软件进行了简单的介绍，对于利用 UG 进行数控编程的具体步骤这里不做叙述，为了使大家对 UG 数控编程的基本流程和方法有所了解，这里以香皂盒注塑模具型腔电极的数控加工为例，说明利用 UG 进行数控加工程序编制的基本过程。另外，在中国大学 MOOC“模具制造工艺”（课程编号：0802SUST006）资源库中，“案例视频”文件夹下有基于 UG 的数控编程视频，可供大家参考学习。电火花成型电极的数控加工也是模具制造中所占比重较大的一类加工。对该零件利用 UG 进行数控加工程序生成的具体过程，因篇幅所限也不做详细描述，这里只给出基于 UG 数控编程的主要步骤和重点参数的设定。

(1) 香皂盒型腔电极的结构分析

香皂盒的外表面成型要依赖注塑模具的型腔，所以型腔的表面光洁度要求较高。该模具的型腔底部有三个细长凸台，最小圆角半径 R 为 0.765mm，但无法直接将型腔通过机械切削加工方法加工出来，需要设计型腔电极进行电火花清角加工。同时，型腔分型面下部分别设计了 R1.35mm 的凸圆角和 R3.065mm 的凹圆角，也要设计电极进行清角。

型腔整体深度较浅，其他部位的过渡圆弧半径较大，可直接通过机械切削加工出来。外形尺寸也较适合加工，但若直接精加工型腔，所使用的刀具最大直径只能为 6mm，这样刀具损耗大，加工表面光洁度差，且无法保证尺寸精度。

另外，底部三个小凸台窄且深，也需要另外设计电极进行加工。为减少电火花加工时间，要先用小直径的刀具对底部的三个窄长凸台进行粗加工。

综合考虑，决定设计型腔整体电极，用电火花精加工型腔曲面。型腔电极曲面的分解图如图 4-28 所示。

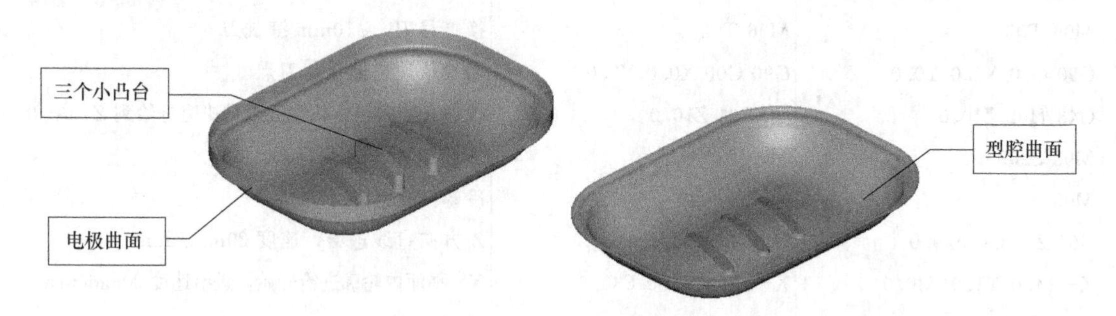

图 4-28 型腔电极曲面的分解图

电极曲面和型腔曲面是凸凹相对的，凸出来的曲面最小曲率半径 R 为 1.53mm，凹圆角半径 R 为 3.056mm，加工时要采取合适的数控工艺，图 4-29 所示为设计好的型腔电极 3D 模型。

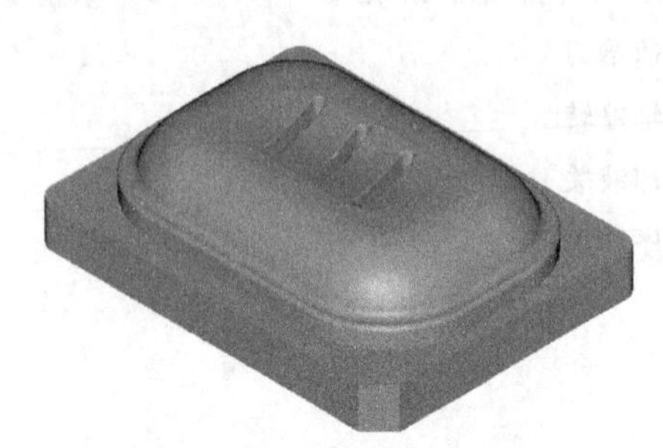

图 4-29 型腔电极 3D 模型

(2) 加工工艺分析

型腔电极的表面光洁度要求高，结构也较为复杂，曲面间圆角过渡圆滑，圆弧半径较小。加工时有以下的难点：

电极的曲面外形较为规则，且为凸面，容易保证电极的表面光洁度。型腔电极的底部三个小凸台的最小圆角半径 R 为 0.765mm，是加工的难点。

小凸台对应的三个小缺口在深度上没有要求，加工完毕后并不影响电火花的加工结果，所以，此处是否将修补面绘制出来无关紧要。电加工时，为避免电极伤及分型面，要将电极曲面沿 Z 方向的最大投影外形向下延伸 5.0mm。

本套注塑模具是一模两腔结构，型腔加工时，转角处及底部三个小凸台处留下的加工余量很大。若条件许可，可设计两个加工电极，一个作为粗加工电极，放电间隙取－0.2mm，以保证加工效率，另一个电极作为精加工电极，放电间隙取－0.1mm，以保证型腔最终的表面粗糙度。

数控加工前，先用锯床锯出 135mm×105mm×40mm 的紫铜毛坯，首先在普通铣床上精加工底平面，在零件的底面钻 4 个孔并攻螺纹 M12，用螺钉固定在布满孔阵的装夹固定板上，再将装夹固定板用压板固定在数控机床的工作台上进行加工。紫铜材料较软，易于加工，可使用锋利的白钢刀，采用较高的转速和进给量，使用切削液，精加工时要使用新刀。

(3) 数控程序编制

① 首先选取 ϕ16 平底四刃白钢刀，用 3D 曲面挖槽刀路对型腔电极曲面进行粗加工。进给速度 800mm/min，下刀速度 500mm/min，抬刀速度 2000mm/min，主轴转速 $S=1000$r/min，加工余量 0.3mm。深度设置采用绝对尺寸，将 Minimum depth 设置成 17.5mm，Maximum depth 设置成－5.0mm。Z 方向每次最大下刀步距 0.35mm。

② 继续选取 ϕ16 平底白钢刀，用 2D 外形加工刀路对毛坯的外形进行粗加工，X、Y 方向的加工余量为 0.3mm，Z 方向的加工余量为 0.0mm。深度设置采用绝对尺寸，Top of stock 设置成－5.0，Depth 设置成－10.0。粗切削步距每步 0.5mm。

③ 选取的 ϕ16 平底白钢刀，用曲面精加工等高外形加工刀路对电极曲面外形进行半精加工，加工余量为 0.0mm。将 Minimum depth 设置成 17.0mm，Maximum depth 设置成 0.0mm。Z 方向每次最大下刀步距 0.2mm。

④ 换取新的 ϕ16 平底白钢刀，用 2D 外形加工刀路对电极 Z－5.0mm 处的最大曲面外形进行精加工，同时精加工校表面。X、Y 方向的加工余量为－0.1mm，Z 方向的加工余量为 0.0mm。深度设置采用绝对尺寸，Top of stock 设置成－0.0，Depth 设置成－5.0。Z 方向只加工一刀，无须进行深度设置。

⑤ 选取 ϕ16 平底白钢刀，用 2D 外形加工刀路对毛坯的分中外形进行精加工，X、Y、Z 方向的加工余量都为 0.0mm。Z 方向的加工余量为 0.0mm。深度设置采用绝对尺寸，Top of stock 设置成－5.0，Depth 设置成－10.0。粗切削步距每步 2.0mm。

⑥ 选取 ϕ12R6 球头刀，用曲面精加工平行铣削刀路对型腔电极的曲面进行精加工。深度设置采用绝对尺寸，将 Minimum depth 设置成 17.5mm，Maximum depth 设置成 0.0mm。加工余量为－0.1mm，切削步距为 0.15mm，加工角度为 45°。

⑦ 因为在曲面精加工等高外形加工刀路中，如果选用平底刀，无法将加工余量设置成负值，所以这里选取 ϕ12R0.1 圆鼻刀（实际选用 ϕ12 平底白钢刀），用曲面精加工等高外形加工刀路对电极下部的凹凸小圆角曲面精加工（这种方法经常用在曲面精加工等高外形加工刀路中）。加工余量为－0.1mm。深度设置采用绝对尺寸，将 Minimum depth 设置成 6.1mm，Maximum depth 设置成－0.1mm。Z 方向每次最大下刀步距 0.05mm。

⑧ 选取 ϕ3 平底白钢刀，进给速度 300mm/min，下刀速度 400mm/min，抬刀速度 1200mm/min，主轴转速 S=4000r/min。用 2D 外形（Ramp）斜线加工刀路对三个小凹槽进行粗加工，X、Y 加工余量为 0.15mm，Z 加工余量为 0.0mm。深度设置采用绝对尺寸，Top of stock 设置成 17.5，Depth 设置成 10.0。斜线下刀切削深度为 0.2mm。

⑨ 选取 ϕ3 平底白钢刀，用 2D 外形（Ramp）斜线加工刀路对三个小凹槽进行精加工，X、Y 加工余量为－0.1mm，Z 加工余量为 0.0mm。深度设置采用绝对尺寸，Top of stock 设置成 17.5，Depth 设置成 10.0。斜线下刀切削深度为 0.5mm。

⑩ 选取 ϕ3R1.5 球头刀，进给速度 250mm/min，下刀速度 400mm/min，抬刀速度 1200mm/min，主轴转速 S=4000r/min。用曲面精加工平行铣削刀路对型腔电极的第一个小凹槽的中间部分进行精加工。深度设置采用绝对尺寸，将 Minimum depth 设置成 17.5mm，Maximum depth 设置成 12.0mm。加工余量为－0.1mm。切削步距 0.1mm，加工角度为 0.0°。

⑪ 选取 ϕ3R1.5 球头刀，用曲面精加工平行铣削刀路对型腔电极的小凹槽前部曲面进行精加工。加工余量为－0.1mm。切削步距 0.1mm，加工角度为 90.0°。

⑫ 选取 ϕ3R1.5 球头刀，用曲面精加工平行铣削刀路对型腔电极的小凹槽后部曲面进行精加工。加工余量为－0.1mm。切削步距 0.1mm，加工角度为 90.0°。

⑬ 继续选取 ϕ3R1.5 球头刀，用曲面精加工平行铣削刀路对型腔电极的第二个小凹槽进行精加工。加工余量为－0.1mm。

⑭ 继续选取 ϕ3R1.5 球头刀，用曲面精加工平行铣削刀路对型腔电极的第三个小凹槽进行精加工。加工余量为－0.1mm。

型腔电极数控加工模拟效果如图 4-30 所示。

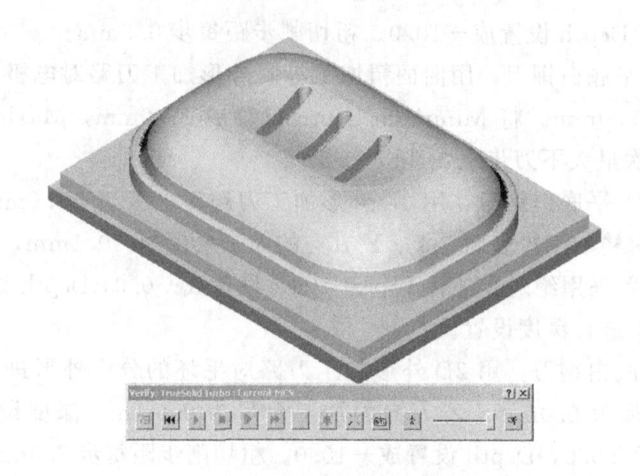

图 4-30 型腔电极数控加工模拟效果

本章小结

模具零件的数控加工方法相比常规机械加工方法具有可加工复杂曲面、加工效率高、加工精度高并且可以实现生产的网络化和智能化等优点。数控加工在模具制造行业中的应用越来越广泛，特别是数控铣的应用，各种平面轮廓和立体曲面零件都采用数控铣床进行加工，数控铣床还可以对精度要求高的孔进行钻、扩、铰、镗及攻螺纹等加工。

本章在讲解数控加工基本知识的基础上，介绍了常用数控编程软件的应用。通过本章的学习，大家应该掌握常用数控机床的分类及适用的加工对象；掌握数控加工所用刀具的形式、特点及适用对象，能够根据加工零件合理选择加工刀具；掌握数控编程的坐标系统；基本掌握数控铣床（加工中心）的基本编程指令及方法，能够手工进行简单零件的数控程序编制；掌握利用 UG 软件进行数控编程的流程和基本方法，基本能够合理地根据相应的加工参数加工给定零件。

知识类题目

1. 常用的数控铣削刀具有哪几类？各适用于模具零件哪些部位的加工？
2. 数控编程的基本步骤是什么？
3. 编程时如何规定机床的相对运动？
4. 什么是机床坐标系？各轴的运动方向如何规定？
5. 什么是机床原点与参考点？二者有何区别？
6. 什么是编程坐标系？编程坐标系和机床坐标系有何关系？
7. 数控程序由哪几部分组成？程序段由哪几部分组成？
8. 数控功能指令有哪些？
9. 常用数控编程软件有哪些？

能力类题目

模具零件的数控加工编程训练

学生分组后按照任务单中的任务要求实施并完成任务。通过任务的实施，掌握模具零件的数控加工技术。每组学生 5～6 人。本章的任务单如表 4-1、表 4-2 所示。

表 4-1 任务单 1

<table>
<tr><td>任务名称</td><td colspan="3">电极的手工编程与加工
注:零件的数字模型参见中国大学 MOOC“模具制造工艺”(课程编号:0802SUST006)资源库中“任务零件”文件夹下的“pole. prt”</td></tr>
<tr><td>组别号</td><td></td><td>成员</td><td></td></tr>
<tr><td>任务要求</td><td colspan="3">每个成员先独立完成以下任务:
1. 根据数字模型分析电极的异形轮廓特点
2. 确定合理的刀具及加工参数
3. 手工编制数控加工程序
4. 对所编制的程序在计算机上进行仿真模拟
将所选择的刀具、主要加工参数、编制的数控程序附在任务单后上交。每个成员完成上述任务后,按组进行讨论,最后形成书面讨论结果
电极</td></tr>
</table>

表 4-2 任务单 2

<table>
<tr><td>任务名称</td><td colspan="3">型腔镶块的自动编程
注:零件的数字模型为中国大学 MOOC“模具制造工艺”(课程编号:0802SUST006)资源库中“任务零件”文件夹下的“CA-insert. prt”</td></tr>
<tr><td>组别号</td><td></td><td>成员</td><td></td></tr>
<tr><td>任务要求</td><td colspan="3">每个成员先独立完成以下任务:
1. 根据数字模型分析型腔镶块的结构特点
2. 确定合理的刀具及加工参数
3. 利用 UG 编制成型面的数控加工程序
4. 对所编制的程序在计算机上进行仿真模拟
每个成员完成上述任务后,按组进行讨论,最后形成书面讨论结果
型腔镶块</td></tr>
</table>

各组学生任务实施完成后，对自动编程的合理性予以测评，对任务实施的整个环节进行自评总结，再通过组内互评和教师评价对任务的实施进行评价。各评价表具体内容如表 4-3～表 4-6 所示。

表 4-3 学生自评表 1

<table>
<tr><td>任务名称</td><td colspan="4">电极的手工编程与加工</td></tr>
<tr><td>姓名</td><td></td><td>班级</td><td colspan="2"></td></tr>
<tr><td>学号</td><td></td><td>组别</td><td colspan="2"></td></tr>
<tr><td colspan="3">评价观测点</td><td>分值</td><td>得分</td></tr>
<tr><td colspan="3">加工刀具的确定</td><td>15</td><td></td></tr>
<tr><td colspan="3">加工参数的确定</td><td>15</td><td></td></tr>
<tr><td colspan="3">坐标系的设定</td><td>10</td><td></td></tr>
<tr><td colspan="3">刀路轨迹规划</td><td>10</td><td></td></tr>
<tr><td colspan="3">工件装夹方式的确定</td><td>10</td><td></td></tr>
<tr><td colspan="3">数控程序的编制</td><td>40</td><td></td></tr>
<tr><td colspan="3">总计</td><td>100</td><td></td></tr>
<tr><td>任务实施过程中完成较好的内容</td><td colspan="4"></td></tr>
<tr><td>任务实施过程中完成不足的内容</td><td colspan="4"></td></tr>
<tr><td>需要改进的内容</td><td colspan="4"></td></tr>
<tr><td>任务实施总结</td><td colspan="4"></td></tr>
</table>

表 4-4 学生自评表 2

<table>
<tr><td>任务名称</td><td colspan="4">型腔镶块的自动编程</td></tr>
<tr><td>姓名</td><td></td><td>班级</td><td colspan="2"></td></tr>
<tr><td>学号</td><td></td><td>组别</td><td colspan="2"></td></tr>
<tr><td colspan="3">评价观测点</td><td>分值</td><td>得分</td></tr>
<tr><td colspan="3">型腔镶块成型面的构成分析</td><td>10</td><td></td></tr>
<tr><td colspan="3">自动编程软件的操作</td><td>5</td><td></td></tr>
<tr><td colspan="3">铣削设备的设定</td><td>5</td><td></td></tr>
<tr><td colspan="3">铣削方法的确定</td><td>15</td><td></td></tr>
<tr><td colspan="3">刀路轨迹规划</td><td>15</td><td></td></tr>
<tr><td colspan="3">加工刀具的确定</td><td>10</td><td></td></tr>
<tr><td colspan="3">加工参数的确定</td><td>20</td><td></td></tr>
<tr><td colspan="3">切入、切出方式的选择</td><td>5</td><td></td></tr>
<tr><td colspan="3">模拟仿真加工</td><td>5</td><td></td></tr>
<tr><td colspan="3">后置处理器的使用</td><td>5</td><td></td></tr>
<tr><td colspan="3">加工程序的生成</td><td>5</td><td></td></tr>
<tr><td colspan="3">总计</td><td>100</td><td></td></tr>
<tr><td>任务实施过程中完成较好的内容</td><td colspan="4"></td></tr>
<tr><td>任务实施过程中完成不足的内容</td><td colspan="4"></td></tr>
<tr><td>需要改进的内容</td><td colspan="4"></td></tr>
<tr><td>任务实施总结</td><td colspan="4"></td></tr>
</table>

表 4-5 组内互评表

任务名称	______零件的手工(自动)编程						
班级		组别					
评价观测点	分值	得分					
		组长	成员 1	成员 2	成员 3	成员 4	成员 5
分析问题能力	20						
解决问题能力	15						
责任心	15						
实施决策能力	15						
协作能力	10						
表达能力	10						
创新能力	15						
总计	100						

表 4-6 教师评价表

任务名称	______零件的手工(自动)编程				
班级		姓名		组别	
评价观测点		分值	得分		
专业知识和能力	零件结构及加工工艺分析能力	10			
	数控编程能力	25			
	工具使用能力	15			
	理论知识	15			
方法能力	自主学习能力	5			
	决策能力	3			
	实施规划能力	3			
	资料收集、信息整理能力	3			
个人素养	交流沟通能力	3			
	团队组织能力	3			
	协作能力	3			
	文字表达能力	2			
	工作责任心	5			
	创新能力	5			
总计		100			

第5章 模具零件的特种加工

随着模具技术的发展和进步，应用于模具零件的具有高硬度、高强度、高韧性、高脆性、耐高温等特殊性能的材料不断出现，同时，零件的结构和形状也越来越复杂，精度要求

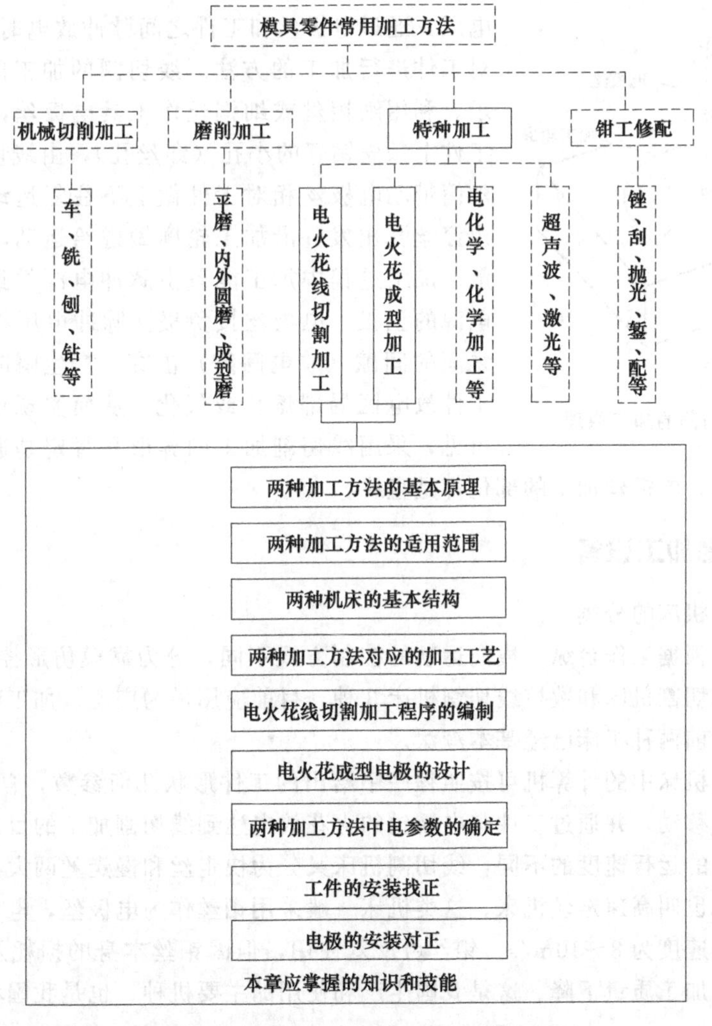

图 5-1　本章知识框图及学习思维导图

更高，表面粗糙度要求更低。这样的零件仅仅依靠常规的切削加工方法很难甚至根本无法完成加工，于是出现了采用电、化学、光、声等能量对工件进行加工的方法，如电火花线切割加工、电火花成型加工、电解加工、电铸加工、超声加工等方法，我们把这类加工方法称为特种加工方法，本章主要介绍前两种方法，其他方法在第6章介绍。其中利用电极与工件之间的放电腐蚀效应的加工方法称为电加工，在模具零件的加工中电加工方法被大量应用，电加工与一般机械加工的区别在于以下几个方面：

① 加工过程中不要求工具材料的硬度高于工件材料的硬度；

② 在加工过程中工具与工件之间不存在机械切削力；

③ 切除材料的能量是电能，而不是依靠机械能；

④ 可以完成机加工中刀具无法到达区域的加工。

本章学习的内容以及特种加工技术与模具零件其他加工技术的关系如图5-1所示。

5.1 电火花线切割加工

电火花线切割加工工艺是采用移动的细金属丝作电极丝，在电极丝和工件之间施以脉冲电压，通过电极丝和工件之间脉冲放电时的电腐蚀作用，对工件进行加工的方法。线切割的加工原理如图5-2所示，利用细钼丝或细铜丝作工具电极丝，将电极丝穿过工件上预先钻好的小孔（穿丝孔），由线切割机床上的储丝筒带动电极丝相对工件做上下往复运动，同时电极丝由穿丝孔出发，沿加工轮廓做进给运动，但不与工件接触。加工过程中加工能量由脉冲电源供给，工件接脉冲电源的正极，电极丝接负极。脉冲电压将电极丝和工件之间的间隙（放电间隙）击穿，产生瞬时火花放电，将工件放电区局部熔化或气化，从而实现切割加工。由此可见，采用线切割加工的异形孔肯定是通孔，而且加工过程中任意时刻，电极丝加工的部位都是直线。

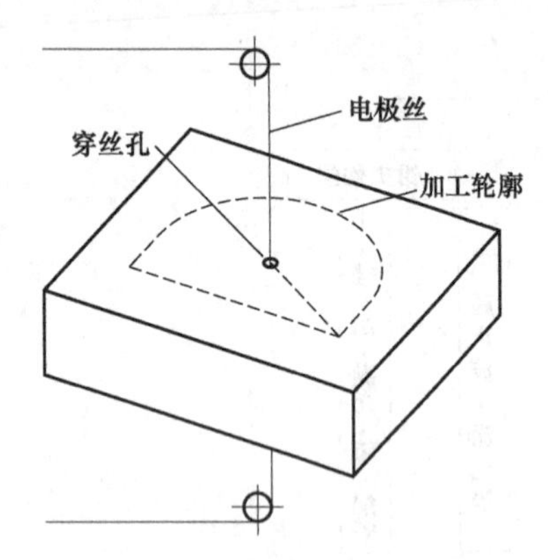

图5-2 线切割的加工原理

5.1.1 线切割加工设备

（1）线切割机床的分类

线切割机床根据工作台纵、横向运动的控制方式不同，分为靠模仿形控制线切割机床、光电跟踪控制线切割机床和数控线切割机床3种，目前应用最为广泛、加工精度最高的是数控线切割机床，前两种机床已经基本淘汰。

数控线切割机床中的计算机可按照程序中给出的工件形状几何参数，自动控制机床纵、横滑板做准确的移动，并通过工件与电极丝的火花放电达到线切割加工的目的。

根据电极丝的运行速度的不同，线切割机床又分为快走丝和慢走丝两大类。

快走丝机床也叫高速走丝机床，这类机床一般采用钼丝作为电极丝，电极丝做高速往复运动，一般走丝速度为8～10m/s。钼丝可反复使用，但因钼丝本身的损耗及运动过程中的反向停顿，会使加工质量下降。这是我国生产和使用的主要机种，也是我国独创的电火花线切割加工模式。

慢走丝机床也叫低速走丝机床，这类机床的电极丝做低速单向运动。电极丝一般采用铜丝，走丝速度低于0.2m/s。因电极丝做单向运动，不重复使用，所以电极丝的损耗对于加工质量的影响极小。慢走丝机床所加工的工件表面粗糙度通常可达到$Ra=0.8\mu m$及以上，且慢走丝机床的圆度误差、直线误差和尺寸误差都较快走丝机床好很多，所以在加工高精度零件时，慢走丝机床得到了广泛应用。近几年在模具高精度的发展趋势下，慢走丝机床在我国模具制造业中得到了广泛的应用。目前这类机床主要是瑞士和日本生产，我国台湾地区也有生产。

近几年，中走丝线切割机床发展迅速，所谓“中走丝”并非指走丝速度介于高速与低速之间，而是复合走丝线切割机床，即走丝原理是在粗加工时采用高速（8～10m/s）走丝，精加工时采用低速（1～3m/s）走丝，这样工作相对平稳、抖动小，并通过多次切割减少材料变形及钼丝损耗带来的误差，使加工质量也相应提高，加工质量可介于高速走丝机床与低速走丝机床之间。

因而可以说，“中走丝”实际上是往复走丝电火花线切割机床借鉴了一些低速走丝机床的加工工艺技术，并实现了无条纹切割和多次切割。在多次切割中，第一次切割的任务主要是高速稳定切割，可选用高峰值电流、较长脉宽的规准进行大电流切割，以获得较高的切割速度。第二次切割的任务是精修，保证加工尺寸精度。可选用中规准，使第二次切割后的粗糙度Ra在$1.4\sim1.7\mu m$。为了达到精修的目的，通常采用低速走丝方式，走丝速度为1～3m/s，并对跟踪进给速度限制在一定范围内，以消除往返切割条纹，并获得所需的加工尺寸精度。第三次、第四次或更多次切割（目前中走丝控制软件最多可以实现七次切割）的任务是抛磨修光，可用最小脉宽（目前最小可以分频到$1\mu s$）进行修光，而峰值电流随加工表面质量要求而异，实际上精修过程是一种电火花磨削，加工量甚微，不会改变工件的尺寸大小。走丝方式则像第二次切割那样采用低速走丝限速进给即可。

多次切割还需注意变形处理，因为工件在线切割加工时，随着原有内应力的作用及火花放电所产生的加工热应力的影响，将产生不定向、无规则的变形，使后面的切割量厚薄不均，影响加工质量和加工精度。因此，需根据不同材料预留不同加工余量，以使工件充分释放内应力及完全扭转变形，在后面多次切割中能够有足够余量进行精割加工，这样可使工件最后尺寸得到保证。

(2) 线切割机床的组成

图5-3（a）所示为数控快走丝线切割机床实物图，图5-3（b）所示为机床结构示意图。数控快走丝线切割机床主要由机床本体、工作液循环系统以及控制柜三部分组成。控制柜由数控装置和脉冲电源装置两大部分组成。数控装置又可以分为控制系统和自动编程系统。

① 机床本体　机床本体由床身、工作台、走丝机构、锥度切割装置等几部分组成。

床身：通常采用箱式结构，应有足够的强度和刚度。床身内部安置电源和工作液箱，考虑电源的发热和工作液泵的振动，有些机床将电源和工作液箱移出床身外另行安放。

工作台：数控电火花线切割机床最终都是通过工作台与电极丝的相对运动来完成零件的加工。为保证机床精度，对导轨的精度、刚度和耐磨性有较高的要求。一般采用“十”字滑板、滚动导轨和丝杠传动副将电动机的旋转运动变为工作台的直线运动，通过两个坐标方向各自的进给移动，可合成获得各种平面图形曲线轨迹。

走丝机构：走丝机构使电极丝以一定的速度运动并保持一定的张力。在快走丝线切割机床上，一定长度的电极丝平整地卷绕在储丝筒上，储丝筒通过联轴器与驱动电动机相连。为了重复使用该段电极丝，电动机由专门的换向装置控制做正反向交替运转。在运动过程中，

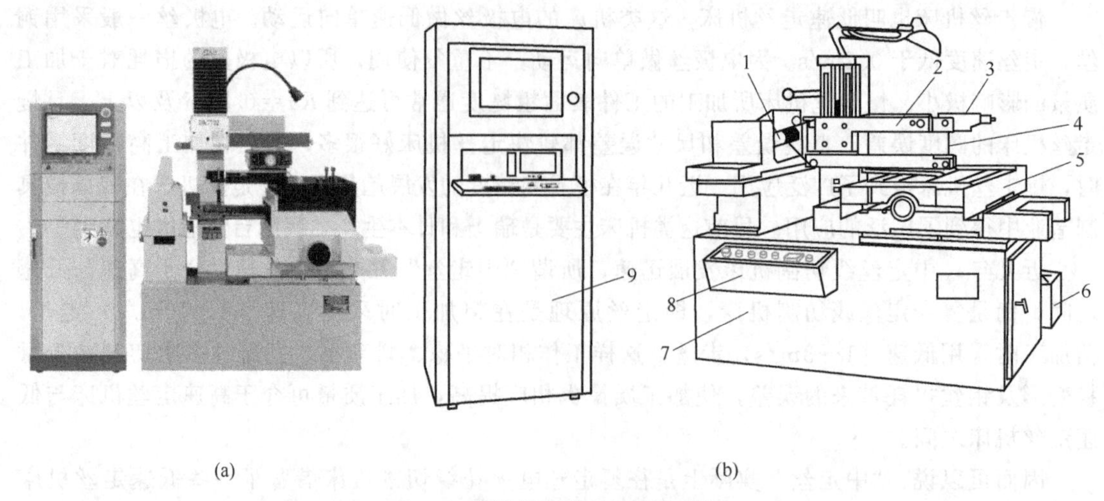

图 5-3 数控快走丝线切割机床图

1—储丝筒；2—丝架；3—锥度切割装置；4—电极丝；5—工作台；6—工作液箱；7—床身；8—操纵盒；9—控制柜

电极丝由丝架支撑，并依靠导轮保持电极丝与工作台垂直或倾斜一定的几何角度（锥度切割时），走丝机构的原理图如图 5-4 所示。

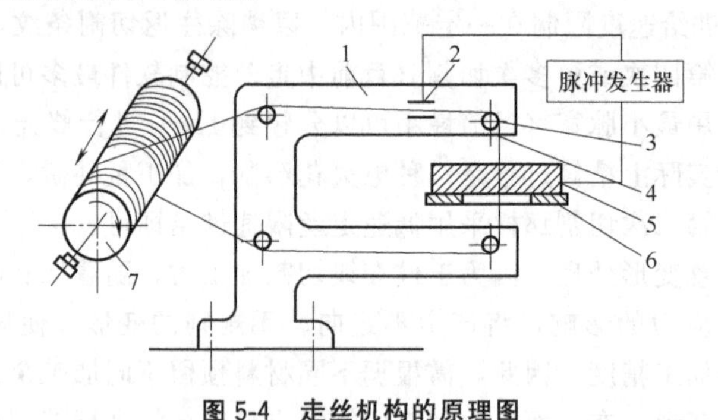

图 5-4 走丝机构的原理图

1—丝架；2—脉冲电源负极；3—导轮；4—钼丝；5—工件；6—夹具；7—储丝筒

锥度切割装置：为了切割有落料角的冲模和某些有锥度（斜度）的内外表面，有些线切割机床具有锥度切割功能。快走丝线切割机床上实现锥度切割的工作原理如图 5-5 所示。图 5-5（a）所示为上（或下）丝架平动法，上（或下）丝架沿 X 或 Y 方向平移，此法锥度不宜过大，否则钼丝易拉断，导轮易磨损，工件上有一定的加工圆角。图 5-5（b）所示为上、下丝架同时绕一定中心移动的方法，如果模具刃口放在中心 O 上，则加工圆角近似为电极丝半径，此法加工锥度也不宜过大。图 5-5（c）所示为上、下丝架分别沿导轮径向平动和轴向摆动的方法，此法加工锥度不影响导轮磨损，最大切割锥度通常可达 5°以上。

② 工作液循环系统　在数控电火花线切割加工中，工作液对加工工艺指标的影响很大，如对切割速度、表面粗糙度、加工精度等都有影响。慢走丝线切割机床大多采用去离子水作工作液，只有在特殊精加工时才采用绝缘性能较高的煤油。快走丝线切割机床使用的工作液是专用乳化液，目前供应的乳化液有多种，可根据切割速度、切割厚度等要求选用。工作液循环装置一般由工作液泵、液箱、过滤器、管道和流量控制阀等组成。

③ 脉冲电源　数控电火花线切割机床的脉冲电源是整个设备的重要组成部分。脉冲电源输出的两极分别与电极丝和工件相连，在加工过程中不断输出脉冲。脉冲电源工作过程中

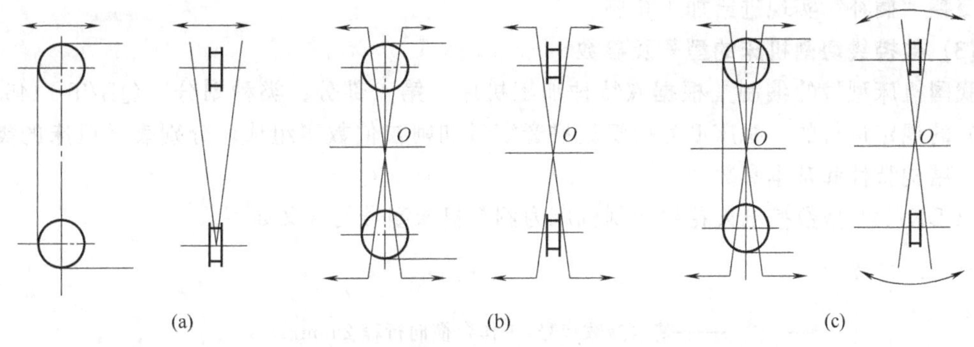

图 5-5 快走丝线切割机床上实现锥度切割的工作原理

输出的每个脉冲应具备一定的能量，波形要合适，脉冲电压、电流峰值、脉冲宽度、脉间宽度都要满足加工要求。同时要求脉冲电源工作稳定可靠，不受外界干扰。电火花线切割加工受加工表面粗糙度和电极丝允许承载电流的限制。

④ 数控线切割机床控制系统　数控线切割机床控制系统主要有轨迹控制和加工控制两大功能。

轨迹控制是指数控系统根据指令要求反复做插补运算，不断地生成纵、横向工作台的运动指令，精确地控制工件相对于电极丝的进给运动轨迹，以获得工件的形状和尺寸。

加工控制主要包括对伺服进给速度、电源装置、走丝机构、工作液系统的控制及其他的机床操作的控制等。其中，伺服进给速度的控制实际上是控制电极丝与工件之间的平均火花放电间隙，使之稳定在某一个常数，也就是要使电极丝的进给速度与工件材料的火花蚀除速度相平衡。

数控线切割机床控制系统的工作流程如图 5-6 中虚线框中所示。

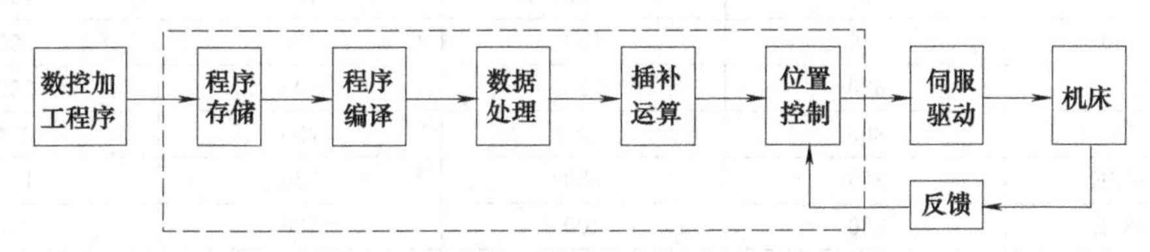

图 5-6 数控线切割机床控制系统的工作流程

为了简化计算，通常是按照工件的轮廓形状和尺寸进行编程，但实际上数控系统控制的是工作台相对于电极丝中心的轨迹。从工件的轮廓到电极丝中心有两个尺寸需要补偿：电极丝与工件之间的放电间隙和电极丝半径。人工编程时计算工作量非常大，采用计算机自动编程时，将工件的轮廓转换成电极丝中心轨迹的过程全部由计算机完成。这个过程称为数据处理，也就是数据的补偿，分为直线部分补偿和圆弧部分补偿。

加工程序经过数据处理后，接着就是插补运算和位置控制，其中插补运算是数控系统的主要任务之一，用于控制执行机构按预定的轨迹运动。数控电火花线切割机床 X、Y 坐标工作台只能在 X 或 Y 坐标轴方向做直线进给，但线切割加工的大部分图形都可分解成斜线或圆弧，因此为了加工斜线或圆弧，就把 X 或 Y 坐标工作台每走一步的距离（即脉冲当量）取得很小，只有 0.001mm。依斜线斜率或圆弧半径不同，X 或 Y 两个坐标方向进给步数的互相配合，使钼丝的轨迹尽量逼近所要加工的斜线或圆弧。这样，钼丝中心的轨迹并不是斜线或圆弧，而是由逼近所加工的斜线或圆弧的很多长度甚小的折线所组成，也就是由这些小折线交替“插补”实现进给加工轨迹。

(3) 数控线切割机床的型号及参数

我国机床型号的编制是根据《特种加工机床　第1部分：类种划分》(JB/T 7445.1—2013) 的规定进行的，机床型号由汉语拼音字母和阿拉伯数字组成，分别表示机床的类别、组别、结构特性和基本参数。

以DK7725型数控电火花线切割机床为例，机床型号的含义如下。

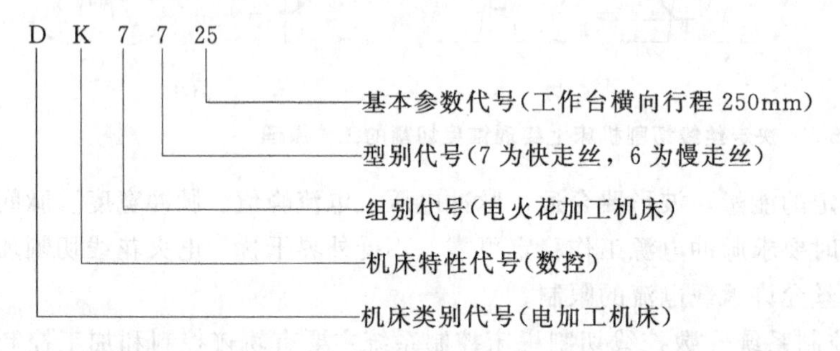

常见数控电火花线切割机床的型号及技术规格如表5-1所示。

表5-1　数控电火花线切割机床的型号及技术规格

型号规格	工作台横向行程/mm	工作台纵向行程/mm	切割工件最大厚度/mm	切割工件总重量/kg
DK7728	280	340	300	120
DK7732	320	420	340	250
DK7735	350	450	340	400
DK7740	400	500	400	400
DK7745	450	550	430	450
DK7750	530	630	500	500
DK7763	630	830	600	960
DK7780	800	1050	790	1800
DK7732E	320	350	280	175
DK7735E	350	400	480	230
DK7740E	400	500	480	320
DK7745E	450	500	480	400
DK7750-IE	500	630	480	500
DK7763E	630	800	500	960
DK7780E	800	1000	500	1200
SCX-I	150	150	75	40
HX-A	320	350	280	75

(4) 电极丝的选择

数控快走丝线切割机床通常采用直径为0.06～0.25mm的钼丝或直径为0.03～0.1mm的钨丝作电极丝，走丝速度约为8～10m/s，而且是双向往复循环运行，一直使用到断丝为止。工作液通常采用乳化液。由于电极丝的快速运动能将工作液带进狭窄的加工缝隙，所以工作液除了起冷却作用外，还能将电蚀产物带出加工间隙以保持加工间隙的“清洁”状态，有利于切割速度的提高。目前，线切割加工精度可达±0.01mm，表面粗糙度 Ra 为2.5～0.63μm，最大切割速度达 $100mm^2/min$ 以上。

慢走丝线切割机床采用直径为0.03～0.35mm的铜丝作电极，走丝速度为3～12m/min，电极丝只是单向通过间隙，不重复使用，可避免电极丝损耗对加工精度的影响。工作液主要是去离子水和煤油。加工精度可达±0.001mm，表面粗糙度$Ra<0.32\mu m$。这类机床还能进行自动穿电极丝和自动卸除加工废料等，自动化程度较高，能实现无人操作加工。

常用电极丝材料的特点如表5-2所示。

表5-2　常用电极丝材料的特点

材料	线径d/mm	特点
纯铜	0.1～0.25	适合切割速度要求不高或精加工时用。丝不易卷曲，抗拉强度低，容易断丝
黄铜	0.1～0.30	适合高速加工，加工面的蚀屑附着少，表面粗糙度和加工面的平直度也较好
专用黄铜	0.03～0.35	适合高速、高精度和理想的表面粗糙度加工以及自动穿丝，但价格高
钼	0.06～0.25	由于抗拉强度高，一般用于快走丝；在进行微细、窄缝加工时，也可用于慢走丝
钨	0.03～0.10	由于抗拉强度高，可用于各种窄缝的微细加工，但价格昂贵

一般情况下，快走丝线切割机床常用钼丝作电极丝，钨丝或其他昂贵金属丝因成本高而很少用，其他线材因抗拉强度低，在快走丝线切割机床上不能使用。慢走丝线切割机床上则可用铜丝、铁丝、专用合金丝，以及镀层（如镀锌等）电极丝。

电极丝直径的选择应根据工件加工的切缝宽窄、工件厚度及拐角尺寸大小等选择。由几何关系可知，电极丝直径d与加工内拐角半径R的关系为$d\leqslant 2(R-\delta)$（δ为放电间隙）。所以，在拐角要求小的微细线切割加工中，需要选用线径小的电极丝，但线径太小，能够加工的工件厚度也将会受到限制。表5-3列出了线径与拐角和工件厚度的极限。

表5-3　线径与拐角和工件厚度的极限

电极丝直径d/mm	拐角极限R_{min}/mm	切割工件厚度/mm
钨0.05	0.04～0.07	0～10
钨0.07	0.05～0.10	0～20
钨0.10	0.07～0.12	0～30
黄铜0.15	0.10～0.16	0～50
黄铜0.20	0.12～0.20	0～100以上
黄铜0.25	0.15～0.22	0～100以上

(5) 线切割加工的特点及应用

数控电火花线切割广泛用于加工硬质合金、淬火钢模具零件、样板，各种形状复杂的细小零件、窄缝等，如形状复杂、带有尖角窄缝的小型凹模的型孔可采用整体结构在淬火后加工，既能保证模具精度，也可简化模具设计和制造。此外，数控电火花线切割还可加工除不通孔以外的其他难加工的金属零件。线切割加工具有以下特点：

① 它是以通用金属丝为电极丝，大大降低了成型电极的设计和制造费用，缩短了生产准备时间，加工周期短。

② 能方便地加工出细小或带异形孔、窄缝和轮廓形状复杂的零件。

③ 无论被加工工件的硬度如何，只要是导电体或半导电体的材料，都能进行加工。由于加工中电极丝和工件不直接接触，没有像机械加工那样的切削力，因此，也适宜于加工低刚度工件及细小零件。

④ 由于电极丝比较细，切缝很窄，能对工件材料进行“套料”加工，故材料的利用率很高，能有效地节约贵重材料。

⑤ 由于采用移动的长电极丝进行加工，使单位长度电极丝的损耗较少，从而对加工精度的影响比较小，特别在低速走丝线切割加工时，电极丝一次使用，电极损耗对加工精度的影响更小。

⑥ 依靠数控系统的线径偏移补偿功能，使冲模加工的凸凹模间隙可以任意调节。

⑦ 采用四轴联动控制时，可加工上、下面异形体，形状扭曲的曲面体等零件。

5.1.2 线切割加工程序

(1) 工艺准备

在编制数控电火花线切割加工程序之前，要根据加工零件的图纸要求，进行零件图的工艺分析、电极丝的准备、工件准备、穿丝孔的确定、切割路线规划、工作液准备等工艺准备工作。

① 零件图的工艺分析　零件图的工艺分析主要分析零件的凹角和尖角是否符合线切割加工的工艺条件，零件的加工精度、表面粗糙度是否在线切割加工所能达到的经济精度范围内。

数控电火花线切割加工表面和机械加工的表面不同，它由无方向性的无数小坑和硬凸边所组成，特别有利于保存润滑油；而机械加工表面存在的切削或磨削加工痕迹都具有方向性。在相同的表面粗糙度和有润滑油的情况下，数控电火花线切割表面润滑性能和耐磨损性能均比机械加工表面好。

零件图中线切割加工表面粗糙度 Ra 对于线切割工艺参数的选择非常重要，Ra 的大小对线切割速度影响很大，Ra 降低一个档次将使线切割速度大幅度下降。所以，要检查零件图样上是否有过高的表面粗糙度要求。另外，线切割加工所能达到的表面粗糙度 Ra 是有限的，比如欲达到 Ra 小于 0.32μm 的要求还较困难。

同样，也要分析零件图上的加工精度是否在数控电火花线切割机床加工精度所能达到的范围内，根据加工精度要求的高低来合理确定线切割加工的有关工艺参数。

② 电极丝的准备　电极丝的准备除了根据选定的电火花线切割机床选择电极丝材料外，重点是根据加工零件的结构和尺寸，特别是工件的厚度、一些尺寸较小的窄缝和需要清根的部位，来选择电极丝的直径，以保证选择的电极丝直径可以满足加工要求。

③ 工件准备

a. 工件材料的选择和处理。工件材料的选择是在图样设计时确定的。作为模具零件的坯料，在加工前毛坯需经锻打和热处理。加工过程中残余应力的释放会使工件变形，从而达不到加工尺寸精度要求。为消除锻打后的残余应力，需要进行退火去应力处理；在机械粗加工完成后，进行淬火处理，之后工件需经两次以上回火或高温回火来消除淬火产生的应力。另外，加工前还要进行消磁处理及去除表面氧化皮和锈斑等。以线切割加工为主要加工工艺时，钢件的加工工艺路线一般为：下料→锻造→退火→机械粗加工→淬火与高温回火→磨削加工→退磁→线切割加工→钳工修整。

b. 工件加工基准的选择。为了便于线切割加工，根据工件外形和加工要求，应准备相应的校正和加工基准，并且此基准应尽量与图样的设计基准一致，常见的有以下两种形式。

形式 1：以外形为校正和加工基准。外形是矩形状的工件，比较容易找出两个相互垂直的基准面，这两个面同时垂直于工件的上、下平面，线切割加工时就可以以这两个基准面作为加工基准，如图 5-7（a）所示。

形式 2：以外形一侧为校正基准，内孔为加工基准。无论是矩形、圆形还是其他异形的工件，都应准备一个与工件的上、下平面保持垂直的校正基准，此时其中一个内孔可作为加工基准，如图 5-7（b）所示。在大多数情况下，外形基面在线切割加工前的机械加工中就已准备好了，并有明显的基准标识。工件淬硬后，若基面变形很小，稍加打光便可进行线切割加工；若变形较大，则应当重新修磨基面。

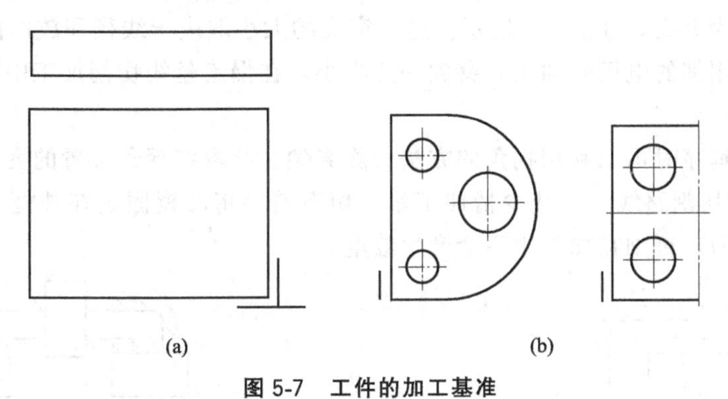

图 5-7 工件的加工基准

④ 穿丝孔的确定

切割凸模类零件时，为避免将坯件外形切断引起变形，通常在坯件内部外形附近预制穿丝孔。切割凹模、孔类零件时，可将穿丝孔位置选在待切割型孔内部。当穿丝孔位置选在待切割型孔的边角处时，切割过程中无用的轨迹最短；穿丝孔位置选在已知坐标尺寸的交点处则有利于尺寸推算；切割孔类零件时，若将穿丝孔位置选在型孔中心，可使编程操作容易。因此，要根据具体情况来选择穿丝孔的位置。穿丝孔大小要适宜，一般不宜太小，如果穿丝孔孔径太小，不但孔加工难度增加，而且也不便于穿丝。但若穿丝孔孔径太大，则会增加钳工工艺上的难度。一般穿丝孔常用直径为 3～10mm。

⑤ 切割路线规划

线切割加工工艺中，切割起始点和切割路线的确定合理与否，将影响工件变形的大小，从而影响加工精度。图 5-8 所示的由外向内顺序的切割路线，通常在加工凸模类零件时采用。其中，图 5-8（a）所示的切割路线是工艺性最差的，因为当切割完第一边，继续加工时，由于原来主要连接的部位被割离，余下材料与夹持部位的连接较少，工件的刚度大为降低，容易产生变形而影响加工精度；图 5-8（b）所示的切割路线，可减少由于材料割离后残余应力重新分布而引起的变形。所以，一般情况下最好将工件与其夹持部位分割的线段安排在切割路线的末端。对于精度要求较高的零件，最好采用如图 5-8（c）所示的方案，电极

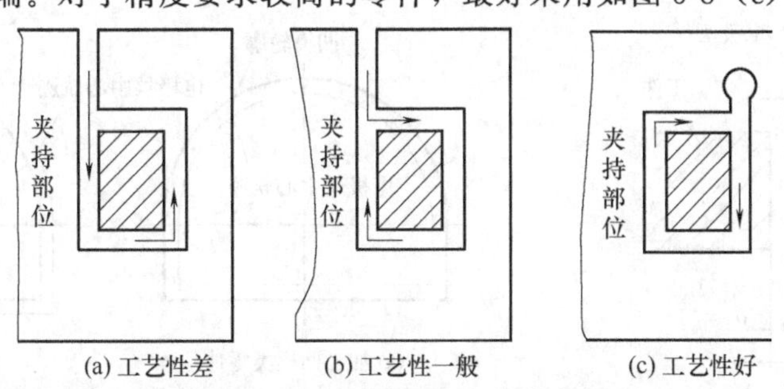

图 5-8 切割起始点和切割路线

丝不由坯件外部切入，而是将切割起始点取在工件预加工好的穿丝孔中，这种方案可使工件的变形最小，工艺性最好。

切割孔类零件时，为了减少变形，还可采用二次切割法。第一次粗加工型孔，各边留余量0.5mm，以补偿材料被切割后由于内应力重新分布而产生的变形。第二次切割为精加工。这样可以达到比较满意的效果。

由于电极丝的直径和放电间隙的关系，在工件切割面的交接处，会出现一个高出加工表面的高线条，称为突尖，如图5-9所示。这个突尖的大小取决于线径和放电间隙。在快走丝线切割加工中，用细的电极丝加工，突尖一般很小，在慢走丝线切割加工中就比较大，必须将它去除。

在编制切割程序时可以利用拐角的方法去除突尖。凸模在拐角位置的突尖比较小，选用如图5-10所示的切割路线，可减少精加工量。切下前要将凸模固定在外框上，并用导电金属将其与外框连通，否则在加工中不会产生放电。

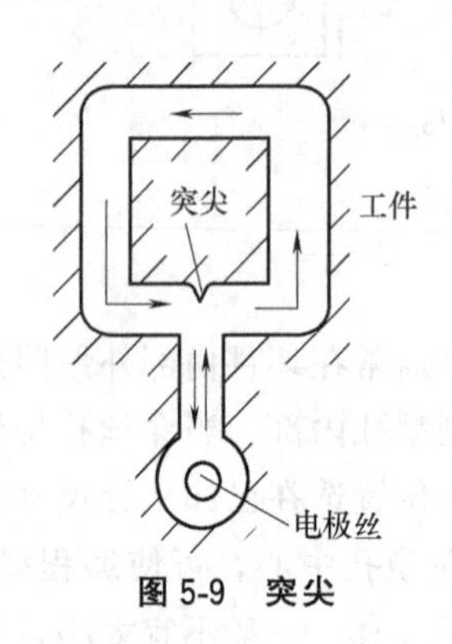

图5-9 突尖

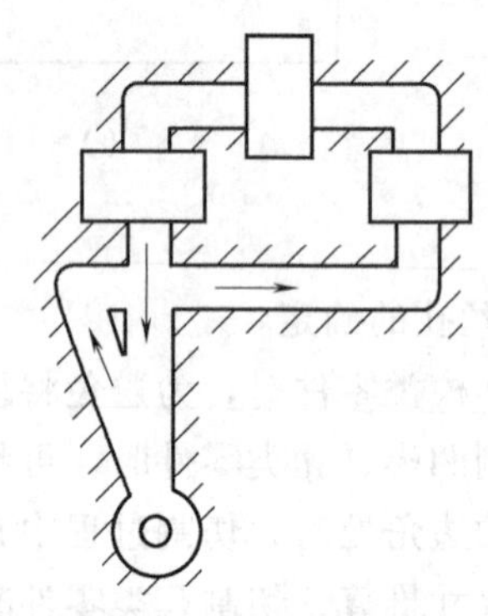

图5-10 拐角去除突尖

⑥ 工作液准备

根据线切割机床的类型和加工对象，选择工作液的种类、浓度及电导率等。对快走丝线切割加工，一般常用质量分数为10%左右的乳化液，此时可达到较高的线切割速度。对于慢走丝线切割加工，普遍使用去离子水。

(2) 线切割加工程序的编制

在具体编制线切割加工程序之前，我们首先分析一下电极丝的走丝轨迹和加工零件轮廓之间的关系，才能正确地编制出线切割的数控加工程序。

因电极丝具有一定的直径d，加工时又有放电间隙δ，使电极丝中心的运动轨迹与最终得到的加工面相距l，即$l=d/2+\delta$，如图5-11所示。因此，加工凹模类零件时，电极丝中心轨迹应缩小l；加工凸模类零件时，中心轨迹应放大l，如图5-12所示。

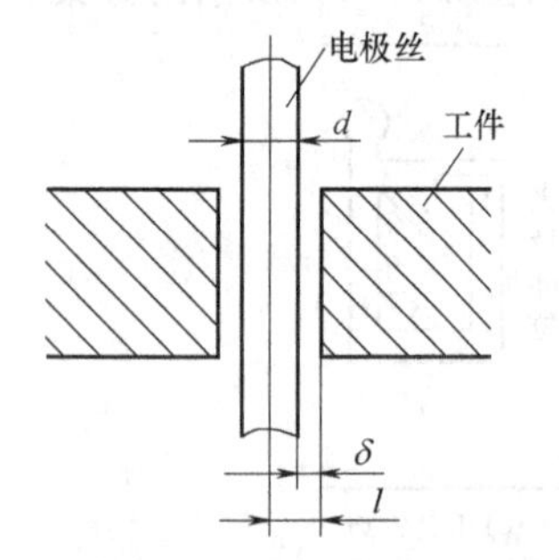

图5-11 电极丝与加工轮廓的位置关系

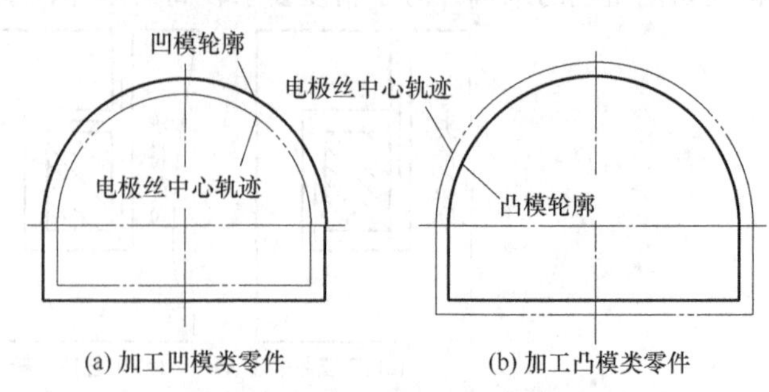

图5-12 电极丝中心轨迹的偏移

在线切割加工时，由于电极丝的直径和放电间隙的存在，所以在工件的凹角处不能加工“清角”，只能加工出圆角。对于形状复杂的精密冲模，在凸、凹模设计图样上应说明拐角处的过渡圆弧半径 R。同一副模具的凸、凹模中，尺寸要符合下列条件，才能保证加工的实现和模具的正确配合。

对凹角 $$R_1 \geqslant l = d/2 + \delta$$

对尖角 $$R_2 = R_1 - Z/2$$

式中 R_1——凹角圆弧半径；

R_2——尖角圆弧半径；

Z——凸、凹模的配合间隙。

我国电火花数控线切割机床所采用的编程代码有3B、4B、ISO等格式。目前，利用自动编程软件进行数控线切割程序的编制基本上已经取代了传统的手工程序编制，这里以应用较为广泛的CAXA线切割软件为例，介绍数控线切割自动编程软件的基本操作，由于篇幅限制，这里只给出关键的几个步骤，具体操作视频以及案例中用于线切割自动编程的数字文档在中国大学MOOC“模具制造技术”课程资源库中查询。

CAXA线切割编程软件中进行自动编程的步骤比较简单，首先在工作区域绘制需要加工的零件轮廓，如果已经有了零件的CAD图，只需要进行必要的格式转换，在CAXA线切割软件中打开。案例零件中需要加工两个型芯固定孔，所以重点绘制这两个固定孔的轮廓即可，图5-13中除了两个型芯固定孔，还绘制了固定板的外形，并标注了相关尺寸，仅仅是为了方便读图。

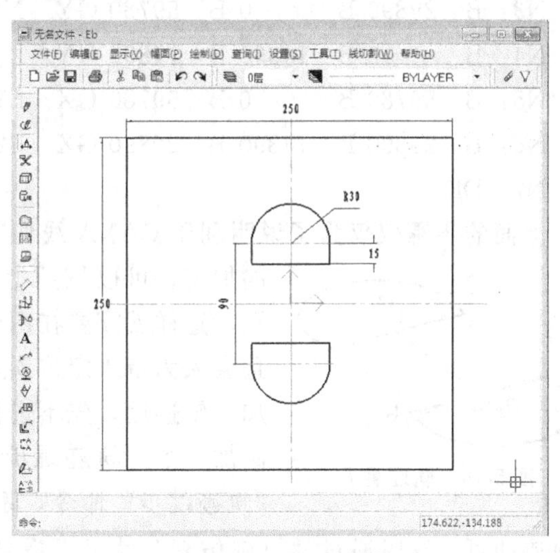

图 5-13 图形绘制

本例中，在线切割加工之前已经在 O 点位置加工了直径为3mm的穿丝孔，所以电极丝的起点位置即为穿丝孔的中心 O 点，线切割路线规划由 O 点直线走到 A 点切入工件，如图5-14所示，然后逆时针走完型芯固定孔的轮廓。加工采用直径为0.20mm的钼丝。绘制图形时按照零件尺寸进行绘制，加工的是凹模类零件，所以加工轨迹要向内偏移，偏移值为钼丝的半径加上放电间隙0.01mm，即加工轨迹要在零件轮廓基础上向内偏移0.1mm+0.01mm=0.11mm。

下面按照绘制的图形和加工规划进行线切割程序的自动编制，在“线切割”菜单下选择“轨迹生成”，系统弹出“参数表”窗口，选择“指定切入点”和“轨迹生成时自动实现补偿”两个选项，其他采用默认即可，在“补偿量”标签中输入“第1次加工=0.11”，完成参数的设置。然后拾取要加工的轮廓，拾取时要点选切入点 A 上方的直线，再选择逆时针方向的箭头完成轮廓的拾取，接着选取向内的偏移方向，选取 O 点为穿丝点和退出点，最后点选 A 点为切入点，系统就自动生成了绿色的加工轨迹线，如图5-15所示。为了观察加工轨迹和零件轮廓的偏移方向和位置，可以通过放大视图的方法来观察。为了验证电极丝的加工轨迹，可以通过“轨迹仿真”来观察。

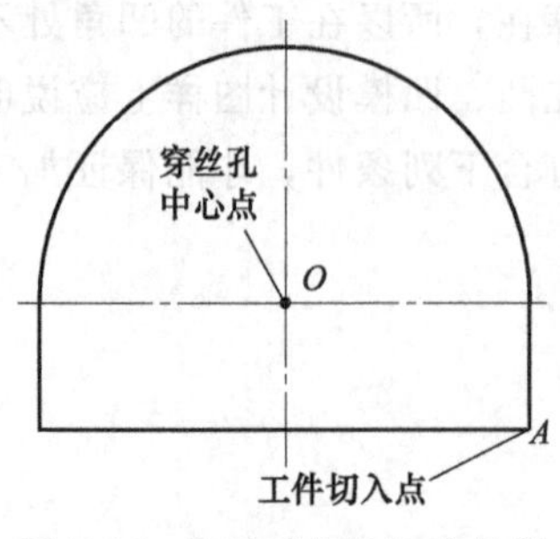

图 5-14 穿丝孔与切入点位置

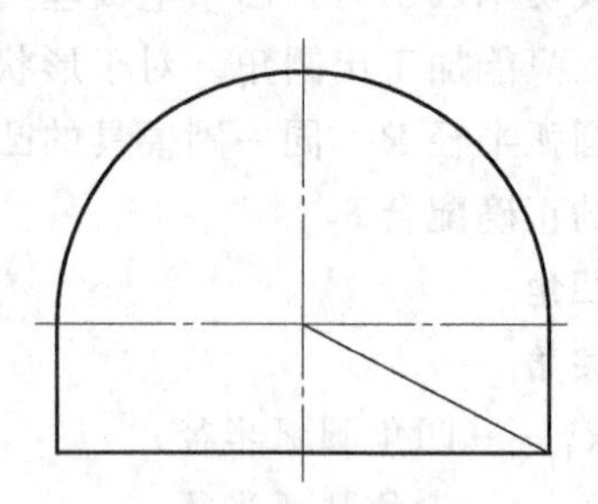
图 5-15 生成的加工轨迹

生成加工轨迹后，通过“生成 3B 代码”命令，就可以生成如下所示的加工代码，生成的代码以文本形式保存，加工前可以通过机床的传输接口将程序传输给线切割机床，为加工做好准备。

```
Start Point  =    0.00000 ,  45.00000  ;          X   ,      Y
N1：B  29890 B  14890 B  29890 GX  L4 ;     29.890 ,     30.110
N2：B      0 B  14890 B  14890 GY  L2 ;     29.890 ,     45.000
N3：B  29890 B      0 B  59780 GY  NR1 ;   -29.890 ,     45.000
N4：B      0 B  14890 B  14890 GY  L4 ;    -29.890 ,     30.110
N5：B  59780 B      0 B  59780 GX  L1 ;     29.890 ,     30.110
N6：B  29890 B  14890 B  29890 GX  L2 ;      0.000 ,    45.000
N7：DD
```

上面的步骤仅仅为了说明利用 CAXA 线切割编程软件进行自动编程的步骤。针对本例的加工，可以按照上面的步骤生成两个程序，来分别加工两个孔，这样就需要在两个穿丝孔各进行一次对丝，不但效率低，而且会人为带入定位误差，降低加工精度。所以，在分别生成两个加工轨迹后，先不进行 3B 代码的生成，而是在这两个轨迹之间添加一个“轨迹跳步”。具体操作是：选择“线切割”菜单下的“轨迹跳步”命令，系统提示选取轨迹，顺序点选前面生成的两个轨迹即可。这时通过“轨迹仿真”就可以看到，系统通过轨迹跳步将两个程序连在一起了，如图 5-16 所示，最后生成如下所示的加工代码。

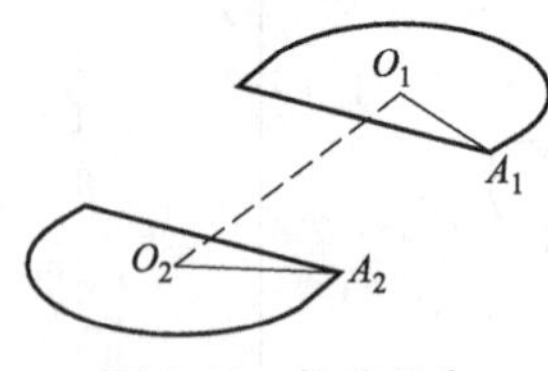

图 5-16 轨迹跳步

```
Start Point  =    0.00000 ,  45.00000  ;          X   ,      Y
N1：B  29890 B  14890 B  29890 GX  L4 ;     29.890 ,     30.110
N2：B      0 B  14890 B  14890 GY  L2 ;     29.890 ,     45.000
N3：B  29890 B      0 B  59780 GY  NR1 ;   -29.890 ,     45.000
N4：B      0 B  14890 B  14890 GY  L4 ;    -29.890 ,     30.110
N5：B  59780 B      0 B  59780 GX  L1 ;     29.890 ,     30.110
N6：B  29890 B  14890 B  29890 GX  L2 ;      0.000 ,    45.000
N7：D
N8：B      0 B  90000 B  90000 GY  L4 ;      0.000 ,   -45.000
N9：D
N10：B 29890 B  14890 B  29890 GX  L1 ;     29.890 ,   -30.110
```

N11：B 59780 B 0 B 59780 GX L3 ； −29.890 ， −30.110

N12：B 0 B 14890 B 14890 GY L4 ； −29.890 ， −45.000

N13：B 29890 B 0 B 59780 GY NR3 ； 29.890 ， −45.000

N14：B 0 B 14890 B 14890 GY L2 ； 29.890 ， −30.110

N15：B 29890 B 14890 B 29890 GX L3 ； 0.000 ， −45.000

N16：DD

通过生成的加工程序，我们可以看到，当机床由起始穿丝点 O_1 开始加工完第一个轮廓并回到 O_1 后，有一个暂停命令（N7 行），系统自动停止，这时，我们卸下电极丝后，让程序继续，机床会由 O_1 的位置沿图 5-16 所示的虚线走到 O_2 的位置（N8 行）后再次暂停（N9 行），然后我们装上电极丝，让程序继续，直到第二个轮廓加工完成。这样的加工方式，只需要进行第一个穿丝孔的对丝，不需要进行两次对丝，可以降低二次对丝带来的定位误差，提高加工精度。

5.1.3 工件与电极丝的安装定位

(1) 工件的装夹

电火花线切割机床一般在工作台上配备安装夹具，常用的装夹方式有以下几种。

悬臂式装夹：如图 5-17 所示，这种方式装夹方便，通用性好。但由于一端悬伸，工件受力时位置易变化，造成切割表面与工件上、下平面间的垂直度误差。悬臂式装夹适用于工件加工要求不高或悬臂较短的情况。

简支式装夹：如图 5-18 所示，这种方式装夹方便，支撑稳定，定位精度高，但不适用于小型工件的装夹。

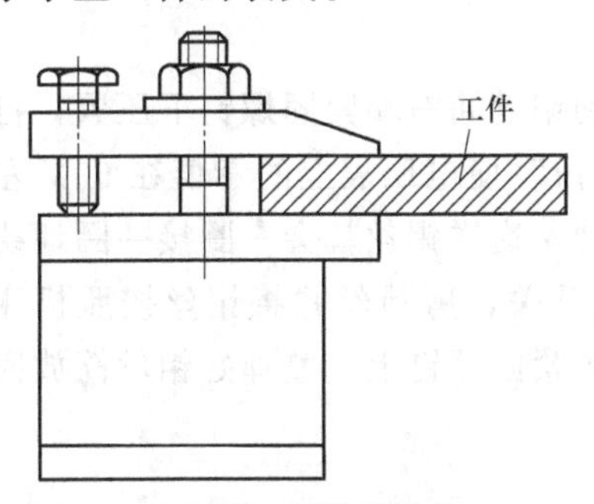

图 5-17 悬臂式装夹

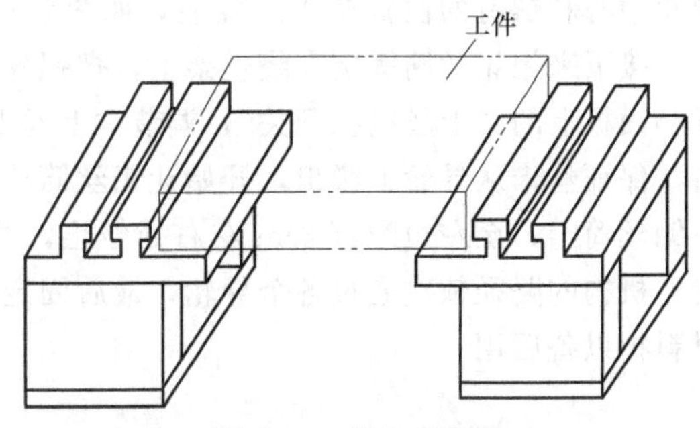

图 5-18 简支式装夹

桥式支撑装夹：如图 5-19 所示，这种方式是在通用夹具上放置垫铁后再装夹工件，装夹方便，对大、中、小型工件都可采用。

板式支撑装夹：如图 5-20 所示，这种方式是根据常用的工件形状和尺寸，制成具有矩

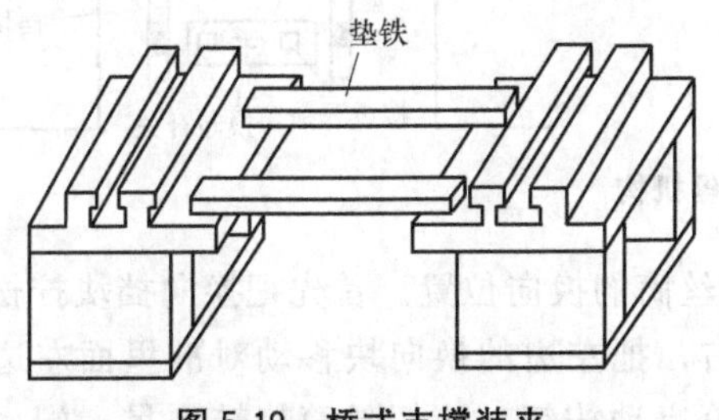

图 5-19 桥式支撑装夹

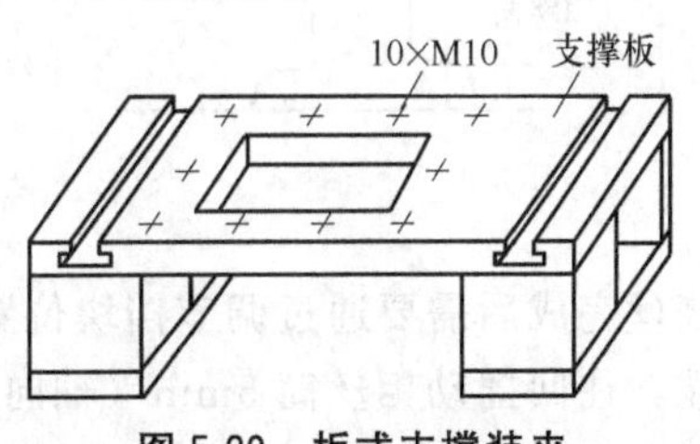

图 5-20 板式支撑装夹

形孔或圆形孔的支撑板夹具。此方式装夹精度高，适用于常规与批量生产，定位精度高，但通用性差。

(2) 工件的定位与找正

工件的定位与找正有百分表法、划线法和固定基面靠定法。百分表法是将百分表的磁性表座吸附在丝架上，将百分表的表头与工件基面接触，然后往复移动工作台，按百分表指示数值调整工件位置，直到百分表表针摆幅达到要求的数值。工件的找正应在三个互相垂直的方向上进行，如图 5-21 所示。百分表法找正工件是精度最高、通用性最好的方法。

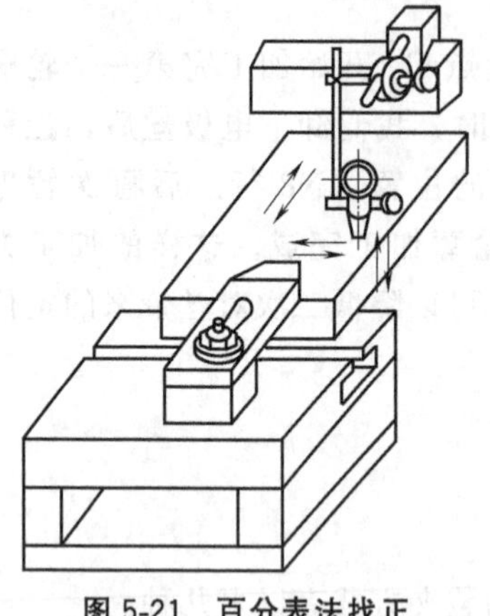

图 5-21　百分表法找正

工件待切割轮廓与定位基准相互位置要求不高时，可采用划线法。划线法是将固定在丝架上的划针针尖指向工件面上已经划出的基准线或基准面，移动工作台，根据目测针尖与基准之间的距离来调整工件位置进行找正。

固定基面靠定法是将具有相同加工基准面的工件，直接靠定在已经经过找正的通用或专用夹具纵、横方向的基准面上，以保证工件的正确加工位置。

(3) 电极丝的安装与找正

不同的电火花线切割机床有不同的走丝机构，其走丝路线各异，这里仅就应用最广泛的快走丝电火花线切割机床电极丝的一般安装过程给予简要说明。

① 电极丝的安装　首先让钼丝筒托板运动到左端，使上丝架中的上导轮中心对准绕丝开始的位置，对准的位置越靠近钼丝筒上右端的钼丝紧固螺钉，绕的丝就会越多，一般保证导轮中心和螺钉的位置在 2cm 左右，如图 5-22 所示。

接下来把钼丝筒固定在绕丝架上，把钼丝通过导轮引到钼丝筒右端紧固螺钉下压紧，打开小面板上的“上丝电机开关”，调节“上丝电机电压调节钮”使电压表上的示值在 60V 左右，保证丝未从导轮上脱出，开始让钼丝筒按照顺时针转动，这样钼丝就会一圈接一圈地绕在钼丝筒上，至左边螺钉 2cm 左右处停止，关上上丝电机开关，剪断丝并将钼丝按照机床走丝机构的路径依次通过各个导轮，最后固定在左侧的钼丝紧固螺钉上，整理好钼丝筒放回材料柜以备后用。

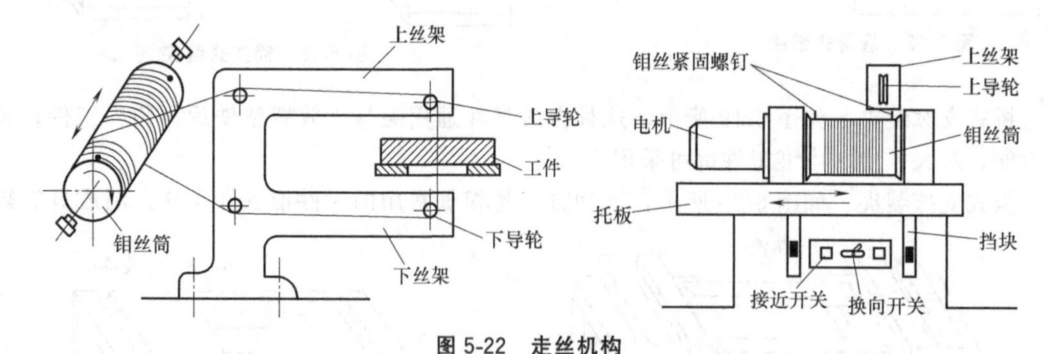

图 5-22　走丝机构

绕丝完成后需要通过调节挡块位置来调节钼丝筒的换向位置。首先把换向挡块拧松，放在两端，往回摇动钼丝筒 5mm（轴向距离）左右，把左边的换向块移动对准里面左边的无触点感应开关（圆形），拧紧换向挡块。按钼丝筒启动按钮，让钼丝筒旋转到另一端，快到头 5mm 左右时按停止钮，把右边换向块移到右边的无触点开关处对准，拧紧换向块。由于无触点开关感应位置不一定在中间，可运丝观察换向处丝剩的多少再微调一下换向挡块的位置，保证能换向而不冲出限位即可。

② 电极丝找正　在线切割加工前，应找正电极丝相对于工件基准面或基准孔的坐标位置。常用的找正方法有目测法、火花法和自动找正法。

对加工要求较低的工件，在确定电极丝与工件有关基准线或基准面相互位置时，可直接利用目视或借助于 2～8 倍的放大镜进行观察。当电极丝与工件基准面初始接触时，记下相应工作台的坐标值。电极丝中心与基准面重合的坐标值，是记录值减去电极丝半径值。

在生产实践中，大多采用火花法找正电极丝。火花法是利用电极丝与工件在一定间隙时会发生火花放电来校正电极丝的坐标位置的，如图 5-23 所示。移动工作台，使电极丝逼近工件的基准面，待开始出现火花时，记下托板的相应坐标值来推算电极丝中心坐标值。此法简便、易行。但电极丝的运转抖动会导致误差产生，放电也会使工件的基准面受到损伤。此外，电极丝逐渐逼近基准面时，开始产生脉冲放电的距离，往往并非正常加工条件下电极丝与工件间的放电距离，一般找正电极丝时的放电能量设置比较小。

对于精度要求较高的零件常采用电极丝垂直校正器来找正电极丝的垂直度。如图 5-24 所示，将电极丝垂直校正器放置于工作台面与桥式夹具的刃口上，让测头直角口大概平行于工作台的 X、Y 轴，再把校正器连线上的鳄鱼夹夹在导电块固定螺钉头上，然后用手控盒移动工作台来靠近测头，看指示灯，如果是 X 方向，上面灯亮则要按 U 正方向调整，下面灯亮则按 U 反方向调整，直到两个指示灯同时亮，说明电极丝在 X 方向已垂直。Y 方向的调整方法相同。找好位置后把 U、V 轴坐标清零。

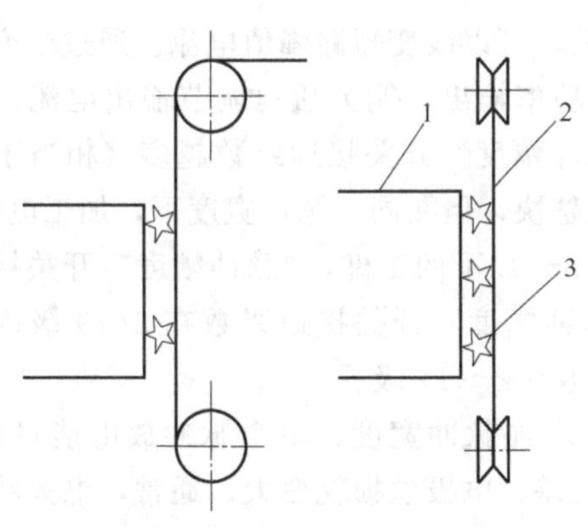

图 5-23　火花法找正电极丝

1—工件；2—电极丝；3—电火花

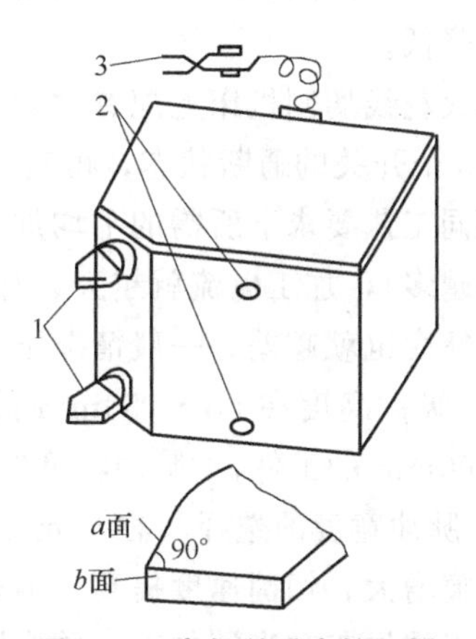

图 5-24　电极丝垂直校正器

1—测头；2—显示灯；3—鳄鱼夹

自动找正法是让电极丝在工件的穿丝孔中心定位。其原理是，首先沿 X 方向移动工作台，使电极丝与孔壁相接触，记下坐标值 x_1，反向移动工作台使电极丝与孔壁相接触，记下相应坐标值 x_2，将托板移至两者绝对值之和的一半处，即 $(|x_1|+|x_2|)/2$ 的坐标位置，该位置即为 Y 轴零点位置。同理也可得 X 轴零点的位置，如图 5-25 所示。目前的电火花线切割机床基本都具有基于本原理的穿丝孔中心自动找正功能。

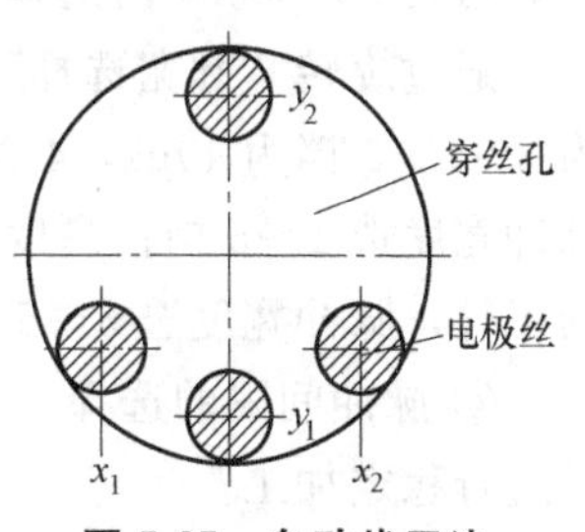

图 5-25　自动找正法

5.1.4 加工参数的确定

加工参数主要有电参数和进给参数两方面的内容。电火花线切割加工时，由放电造成的表面粗糙度、蚀除率、切峰宽度的大小和电极丝的损耗率等加工的工艺指标与脉冲电源的波形有关。在其他工艺条件大体相同的情况下，脉冲电源的波形及参数对工艺效果的影响非常大。目前广泛应用的脉冲电源波形是矩形波。

一般情况下，电火花线切割加工脉冲电源的单个脉冲放电能量较小，除受工件加工表面粗糙度要求的限制外，还受电极丝允许承载放电电流的限制。要想获得较好的表面粗糙度，每次脉冲放电的能量不能太大。表面粗糙度要求不高时，单个脉冲放电能量可以取大些，以便得到较高的切割速度。在实际应用中，脉冲宽度约为1～60μs，而脉冲频率约为10～100kHz。脉冲宽度窄，频率高，有利于降低表面粗糙度，提高切割速度。

(1) 电参数的选择

① 空载电压的选择 一般的线切割机床上都配有“电压调整”旋钮，可选择70～110V的电压。高度在50mm以下的工件，电压选择在70V左右；高度在50～150mm的工件，电压选择在90V左右；高度在150mm以上的工件，电压选择在110V左右。在一定的工艺条件下，随着空载电压峰值的提高，加工电流增大，切割速度提高，表面粗糙度增大。因电压高使加工间隙变大，所以加工精度略有降低。但间隙大有利于电蚀产物的排出和消电离，可提高加工稳定性和脉冲利用率。

② 脉冲峰值电流的选择 当其他工艺条件不变时，短路峰值电流大，加工电流峰值就大，单个脉冲能量也大，所以放电痕大，切割速度高，表面粗糙度差，电极丝损耗变大，加工精度降低。

电火花线切割机床上配有“脉冲幅度”开关，可以改变短路峰值电流。通过改变“脉冲幅度”5个开关的通断状态，可有12个级别的功率输出，能灵活地调节输出电流，保证在各种不同工艺要求下所需的平均加工电流。“脉冲幅度”开关接通级数越多（相当于功放管数选得越多），加工电流就越大，加工速度也就越快，但在同一脉冲宽度下，加工电流越大，表面粗糙度也就越差。一般情况下，高度在50mm以下的工件，“脉冲幅度”开关接通级数在1～5级；高度在50～150mm的工件，“脉冲幅度”开关接通级数在3～9级；高度在150～300mm的工件，“脉冲幅度”开关接通级数在6～11级。

③ 脉冲宽度的选择 在一定工艺条件下，增加脉冲宽度，单个脉冲放电能量也增大，则放电痕增大，切割速度提高，但表面粗糙度变差，电极丝损耗变大。通常，电火花线切割加工用于精加工和半精加工，单个脉冲放电能量应限制在一定范围内。当短路峰值电流选定后，脉冲宽度要根据具体的加工要求来选定。精加工时脉冲宽度可在20μs以下选择；中加工时可在20～60μs内选择。

通过旋转“脉宽选择”旋钮，可选择8～80μs脉冲宽度，分为5挡：1挡为8μs，2挡为20μs，3挡为40μs，4挡为60μs，5挡为80μs。一般情况下，高度在15mm以下的工件，脉冲宽度选1～5挡；高度在15～50mm的工件，脉冲宽度选2～5挡；高度在50mm以上的工件，脉冲宽度选3～5挡。

④ 脉冲间隔的选择 一般脉冲间隔在5～250μs范围内，基本上能适应各种加工条件，可进行稳定加工。

在单个脉冲放电能量确定的情况下，脉冲间隔减小，频率提高，单位时间内放电次数增多，平均加工电流增大，故切割速度提高。脉冲间隔在一定的工艺条件下对切割速度影响较大，对表面粗糙度影响较小。实际上，脉冲间隔太小，放电产物来不及排出，放电间隙来不及充分消电离，这将使加工变得不稳定，易烧伤工件或断丝；脉冲间隔太大，会使切割速度明显降低，严重时不能连续进给，加工变得不稳定。

选择脉冲间隔和脉冲宽度与工件厚度有很大关系，工件厚，脉冲间隔要大，以保持加工的稳定性。

总之，在工艺条件大体相同的情况下，利用矩形波脉冲电源进行加工时，电参数对工艺指标的影响有如下规律：

① 切割速度随着加工电流峰值、脉冲宽度、脉冲频率和开路电压的增大而提高，即切割速度随着加工平均电流的增加而提高。

② 加工表面粗糙度随着加工电流峰值、脉冲宽度及开路电压的减小而降低。

③ 加工间隙随着开路电压的提高而增大。

④ 表面粗糙度的改善有利于提高加工精度。

⑤ 在电流峰值一定的情况下，开路电压的增大有利于提高加工稳定性和脉冲利用率。

实践证明，改变矩形波脉冲电源的一项或几项电参数，对工艺指标的影响很大，需根据具体的加工对象和要求，全面考虑诸因素及其相互影响关系。选取合适的电参数，既要满足主要加工要求，又要注意提高各项加工指标。例如加工精小模具或零件时，为满足尺寸精度高、表面粗糙度好的要求，选取较小的加工电流峰值和较窄的脉冲宽度，这必然带来加工速度的降低。加工中、大型模具和零件时，对尺寸精度和表面粗糙度要求低一些，故可选用加工电流峰值大、脉冲宽度宽些的电参数值，尽量获得较高的切割速度。此外，不管加工对象和要求如何，还须选择适当的脉冲间隔，以保证加工稳定进行。表 5-4 所示是常用电参数表。

表 5-4 线切割加工常用电参数表

工件厚度/mm	加工电压/V	电工电流/A	脉宽挡位/挡	间隔微调(位置)	脉冲幅度/级
≤15	70	0.8～1.8	1～5	中间	3
15～50	70	0.8～2.0	2～5	中间	5
50～99	90	1.2～2.2	3～5	中间	7
100～150	90	1.2～2.4	3～5	间隔变大	9
150～200	110	1.8～2.8	3～5	间隔变大	9
200～250	110	1.8～2.8	3～5	间隔变大	9
250～300	110	1.8～2.8	3～5	间隔变大	11

(2) 切割速度参数

① 进给速度　工作台进给速度太快，容易产生短路和断丝现象；工作台进给速度太慢，加工表面的腰鼓量就会增大，但表面粗糙度较小。正式加工时，一般将试切的进给速度下降10%～20%，以防止短路和断丝。进给速度本身不具备提高加工速度的能力，其作用是保证加工的稳定性。加工电流与脉宽、脉间、加工电压和进给速度都有直接的关系。调节好前三种参数后就相当于调节好了进给速度。当调节不当时会显著影响加工能力，并有可能造成断丝。最佳进给速度调节可通过电流表指针的摆动情况判断，正常加工放电时电流表指针应基本不动（电机换向和每条程序执行完再执行下一条时的不放电过程除外）。如指针经常向下摇摆，则说明欠跟踪，应调快进给速度，反之则应调慢。如指针来回大幅度摇摆则说明加工

不稳定，应判明原因再做调节（脉宽等各项参数，还包括走丝机构，如导轮、轴承等），否则极易断丝。

② 走丝速度　走丝速度应尽量快一些，对快走丝线切割来说，会有利于减少因电极丝损耗对加工精度的影响。尤其是对厚工件的加工，由于电极丝的损耗，会使加工面产生锥度。一般走丝速度是根据工件厚度和切割速度来确定的。提高走丝速度会有利于电蚀产物的排出，走丝过程中电极丝会把工作液带入较大厚度的工件放电间隙中，有利于电蚀产物的排出，使加工稳定，提高切割速度。同时，走丝速度过高会导致机械振动加大、加工精度降低和表面粗糙度增大，并易造成断丝。

脉冲电源、机床、电极丝、工作液、控制系统等各部分的参数与切割速度、表面质量、放电间隙和加工精度之间的影响关系如图 5-26 所示。

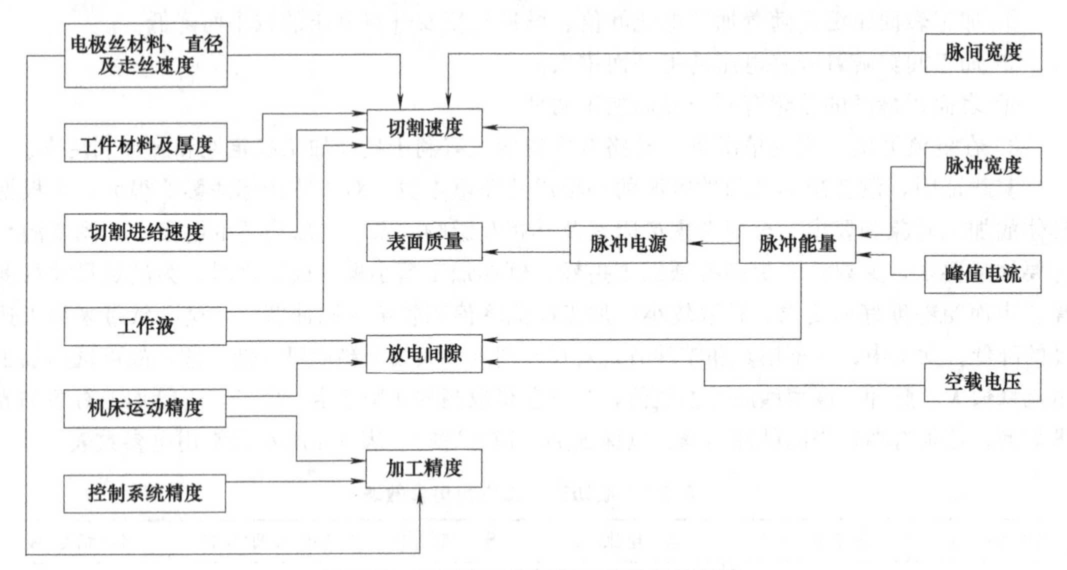

图 5-26　各因素对线切割工艺效果的影响

5.1.5　线切割加工实例

如图 5-27（a）所示零件为一注塑模具的型芯固定板，板中有两个异形的通孔，模板厚 25mm，未注圆角 $R=0.5$mm，材料为 45 钢，淬火处理，硬度为 42～46HRC，型孔表面粗糙度 $Ra=3.2\mu$m。本案例将采用电火花线切割的工艺加工两个异形型芯固定孔，具体尺寸如图 5-27（b）所示，该零件的数字模型为中国大学 MOOC“模具制造工艺”（课程编号：0802SUST006）资源库中“案例零件”文件夹下的“core_plate. prt”。

线切割加工的基本流程如图 5-28 所示。针对图 5-27 所示的型芯固定板案例零件，若采用标准模架，则只需在线切割工序之前加工穿丝孔；若采用非标准模架，则在线切割工序之前需要完成锻件备料，调质处理，机加工基准、螺孔、导柱孔、复位杆孔，磨削配合面，退磁等工序。准备线切割加工之前，先根据零件精度要求、机床工作尺寸、机床功能（是否需要锥度加工功能）确定机床，然后在计算机上或机床附带的编程软件中通过设定工件坐标系、设定穿丝点的位置、设定程序切割起止点的位置、设定切割方向、设定偏移方向及偏移值进行程序的编制，之后将编制的程序传输到线切割机床进行无丝空运转对所编程序进行校验。确保加工程序准确无误后，将确定了直径的电极丝通过机床的走丝机构安装在机床上。

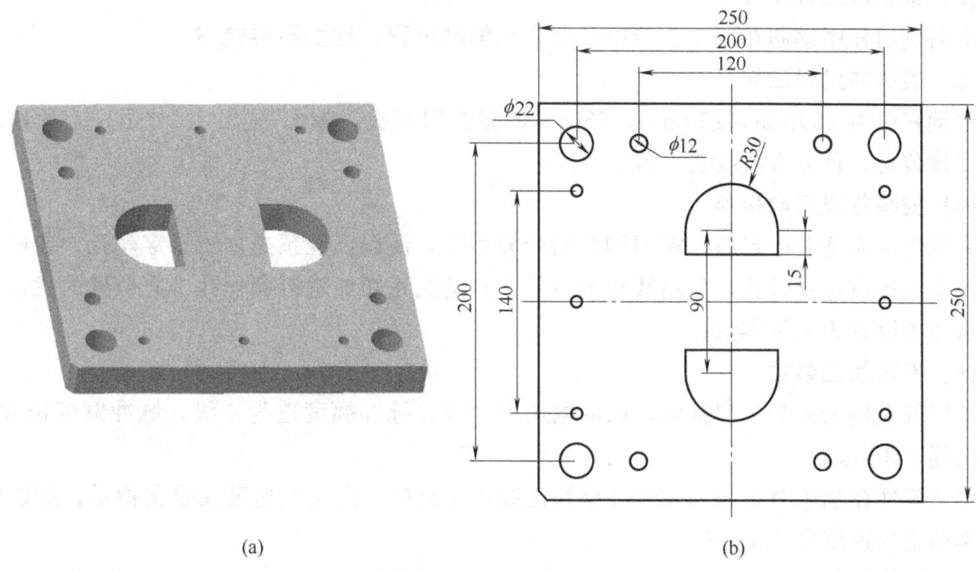

图 5-27 型芯固定板

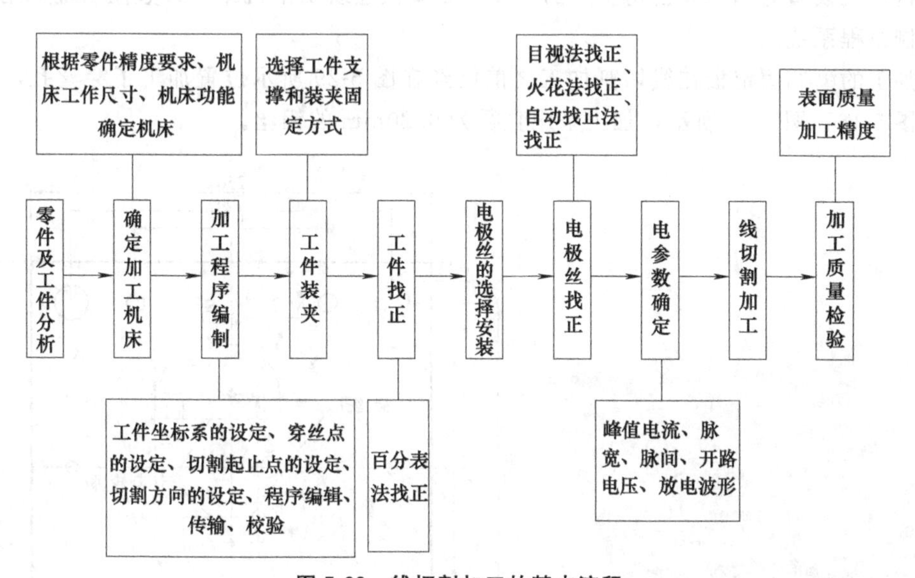

图 5-28 线切割加工的基本流程

对于案例零件，安装电极丝时，电极丝必须穿过穿丝孔。装夹工件时根据工件外形特点可以选择悬臂式支撑、桥式支撑、板式支撑、V 形夹具支撑等方式进行装夹。找正工件可以采用机加工中利用百分表找正工件的方法，也可以利用已经找正的电极丝对工件进行找正。对于电极丝的找正，一般线切割机床上会有一个找正器附件用来找正电极丝。所有的安装、找正工作完成后，确定峰值电流、脉宽、脉间、开路电压、放电波形等电加工参数，开始线切割加工，加工完成后进行加工精度和切割表面质量的检验。

(1) 选择线切割机床

案例型芯固定板厚度为 25mm，板中两个异形通孔的尺寸较小，故常用线切割机床的参数均满足加工要求，这里选择 DK7732 型机床加工案例零件。

(2) 编制加工程序

本案例的程序编制在 5.1.2 节中已有详细编制过程，这里不再赘述。

(3) 装夹并找正工件

案例零件为 250mm×250mm×25mm 的型芯固定板，板面平整，尺寸适中，所以采用桥式支撑装夹，百分表法找正工件。

(4) 安装并找正电极丝

案例零件为型芯固定板，需要切割两个异型孔，所以已经预先加工了穿丝孔，装电极丝时，使电极丝通过穿丝孔，采用线切割自带的自动找正功能进行穿丝孔中心位置的找正，并将该点位置设置为坐标零点。

(5) 设定加工参数

本案例采用 DK7732 型机床，脉冲电压为 65V，脉冲幅度选为 6 级，脉冲宽度选 68μs，脉冲间隔选 10μs。

案例零件在加工时选用 DK7732 型快速线切割机床，因走丝速度无量化指示，所以根据经验判断走丝速度在 8m/s 左右。

(6) 实施加工

本例加工设备为国内某公司生产的 DK7732 型快速线切割机床，其数控系统采用 HL 线切割控制编程系统。

要加工的型芯固定板在线切割加工之前已经在图 5-29 所示位置加工了穿丝孔，线切割路线如图 5-15、图 5-16 所示，加工采用直径为 0.20mm 的钼丝。

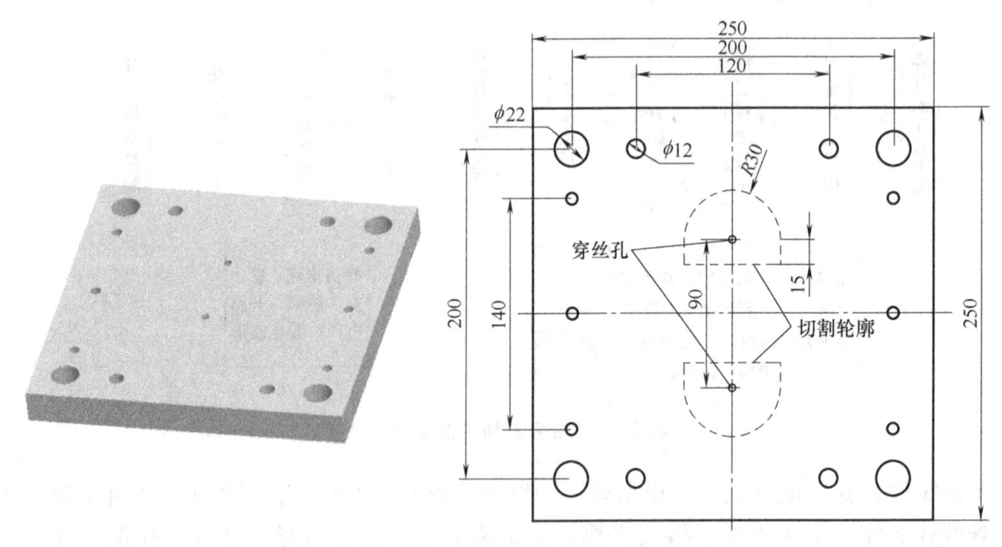

图 5-29 型芯固定板的加工

加工操作按照以下步骤进行：

① 启动机床电源开关，打开控制柜电源，进入线切割控制系统主界面，如图 5-30 所示。

② 选择文件调入命令，打开存在 U 盘中已经编制好的 3B 格式程序（编制好的 3B 格式程序具体内容见 5.1.2 节中按照“轨迹跳步”生成的程序代码），系统读取程序后，工作界面如图 5-31 所示。对程序进行模拟切割，以确认程序准确无误。

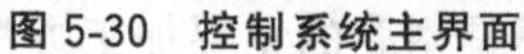
图 5-30 控制系统主界面

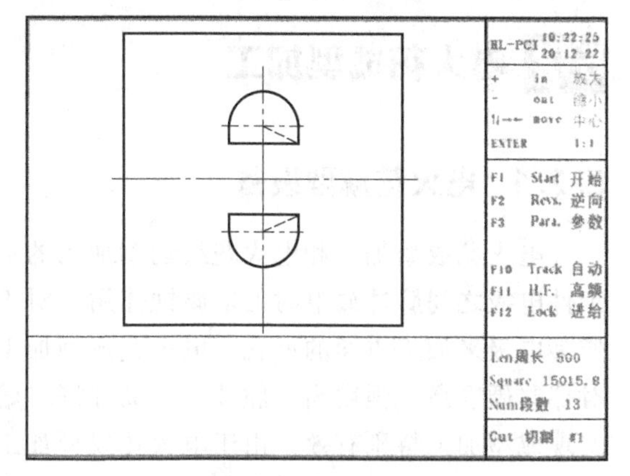

图 5-31 工作界面

③ 按钼丝筒启动按钮，让钼丝筒旋转到另一端，快到头时按停止钮，手工转动钼丝筒，直到钼丝筒上的钼丝走到端头，卸开此端的钼丝紧固螺钉，拆下钼丝。

④ 清理工件，确保各面及穿丝孔内壁干净无杂物，采用桥式支撑装夹工件，用百分表法找正工件。

⑤ 利用机床的手动控制盒移动工作台，使钼丝上下两个导轮的垂直连线位置接近穿丝孔中心，将拆下钼丝的一端穿过穿丝孔并按照走丝机构的走丝顺序穿丝，将钼丝固定在钼丝筒上，调整工作台位置，尽量让钼丝穿过穿丝孔的中心，保证钼丝与穿丝孔内壁不接触，拧松钼丝紧固螺钉，张紧钼丝，拧紧钼丝紧固螺钉，完成穿丝。

⑥ 用电极丝垂直校正器来找正电极丝的垂直度。

⑦ 采用线切割自带的自动找正功能进行穿丝孔中心位置的找正，并将该点位置设置为坐标零点。

⑧ 设置电加工参数，脉冲电压为100V，脉冲幅度选为6级，脉冲宽度（脉宽）设置为68μs，脉冲间隔（脉间）设置为9μs，如图5-32所示。

⑨ 按下走丝和工作液绿色按钮，启动钼丝筒运转，开启工作液泵，如图5-33所示。

⑩ 在控制系统的工作界面选择“CUT 切割”命令，开始切割加工。

⑪ 切割加工过程中，注意观察放电火花及电流表，确保放电稳定，同时注意如有意外情况发生，及时处理。

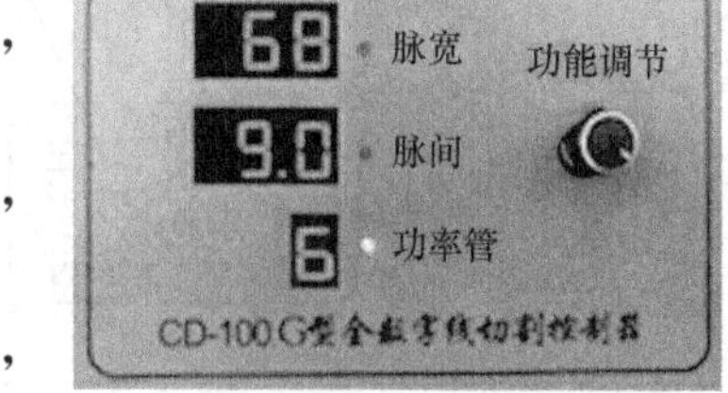

图 5-32 电参数设定界面

⑫ 加工完毕后，停止钼丝筒运转，关闭工作液泵，关闭机床电源，关闭控制柜电源。拆下工件，对加工表面及加工尺寸进行检验，清理机床。

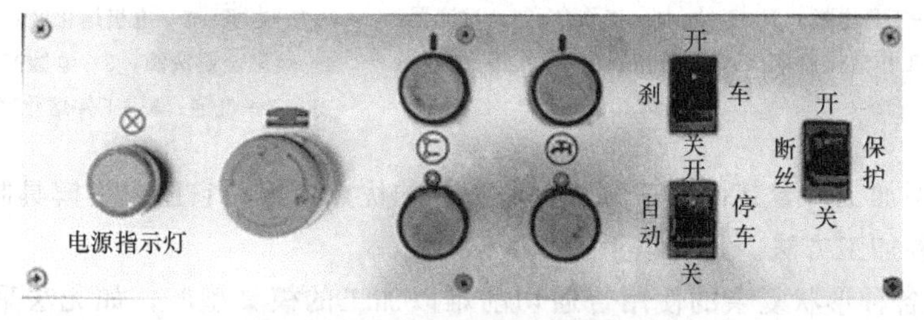

图 5-33 钼丝筒和工作液操纵面板

5.2 电火花成型加工

5.2.1 电火花成型设备

电火花成型加工和电火花线切割加工的本质相似，也是在一定介质中，通过工具电极和工件电极之间脉冲放电时的电腐蚀作用，对工件进行加工的工艺方法，只是线切割采用线材作为电极来加工贯通的型孔，电火花成型加工则是采用具有特定形状的电极来加工，尤其是对那些硬度高、强度高、脆性大、韧性好、熔点高的金属材料和结构复杂、工艺特殊的工件实现成型加工特别有效。由于电火花成型加工具有其他加工方法无法替代的加工能力和独特的仿形效果，因此，在模具制造行业得到了广泛应用，是模具型腔的主要加工方法之一。

(1) 电火花成型加工的基本原理与特点

电火花成型加工原理如图 5-34 所示。工具电极 2 和工件 3 相对置于具有绝缘性能的工作液体介质中，并分别与脉冲电源的两极（“+”极和“-”极）相连接。工作液供给箱 7 的作用是将工作箱 9 中的液体进行循环过滤。自动调节进给使工具电极与工件之间保持一定的放电间隙（一般为 0.005～0.2mm）。当电极和工件之间的脉冲电压升高到能使间隙中的工作液被击穿时，将会发生火花放电，放电区的高温把该处的电极和工件材料熔化，甚至气化，电极和工件表面都被蚀除一小块材料，形成小的凹坑，随着脉冲电压的结束，一个放电过程完成，电蚀产物被流动的工作液带走。电极和工件的放电微观图如图 5-35 所示。紧接着下一个放电过程又开始，周而复始，工具电极不断地向工件进给，工件表面形成无数小的凹坑，以此达到去除材料的目的。随着工件不断地被蚀除（工具电极材料尽管也会被蚀除，但其速度远小于工件材料），就可以在工件上加工出和工具电极工作形状相似的型腔形状。

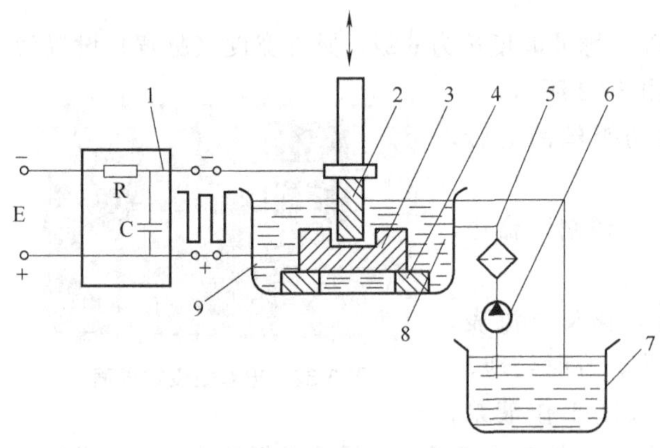

图 5-34 电火花成型加工原理

1—脉冲发生器；2—工具电极；3—工件；4—工作台；5—过滤器；6—泵；7—工作液供给箱；8—工作液；9—工作箱

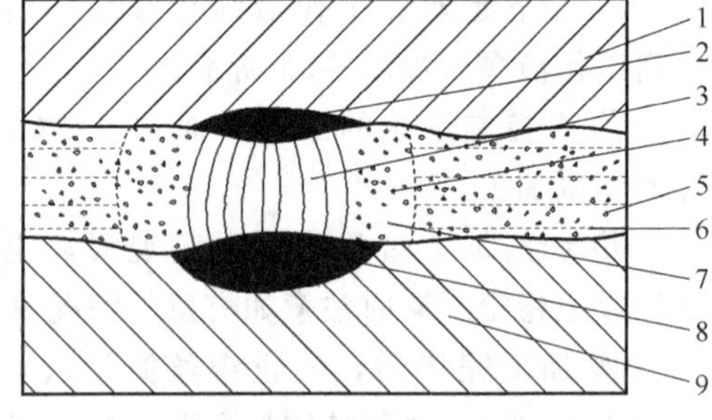

图 5-35 放电微观图

1—电极；2—电极熔化区；3—放电通道；4—熔融金属液滴；5—电蚀产物；6—工作液；7—气泡；8—工件熔化区；9—工件

电火花成型加工有着其他加工方法无法替代的优点，因而它已成为模具制造技术中应用极为广泛的一种加工方法。具有以下特点：

① 能加工各种形状复杂的使用普通切削难以加工的模具型腔，如无法采用机加工方法完成的注射模、吹塑模、压铸模等形状特殊的型腔。有助于改进和简化模具的结构设计和制

造工艺，提高模具的强度。

② 不受工件材料硬度的限制。和电火花线切割一样，电火花成型加工不受工件材料硬度的影响，无论工件材料硬度有多高，都能很容易地加工。

③ 电极和工件之间作用力小。由于电极和工件在加工过程中不直接接触，因而两极间的作用力很小。这对于用小电极加工无变形的薄壁工件十分有利。

④ 操作容易，便于自动加工。电火花加工的操作十分简便，只需要将电极和工件安装校正好后，开动机床便可实现自动控制和自动加工。

⑤ 比较容易选择和变更加工条件。电加工过程中可任意选择和变更加工条件，如任意选择粗加工和精加工，只需变更参数而不必变更设备。

⑥ 必须制作工具电极。电火花加工使用的电极除常用的圆形电极外，其他形状的电极都要单独加工制造，同别的加工方法相比，它增加了制作电极的费用和时间。

⑦ 加工部分形成残留变质层。工件上进行电加工的部位虽然很微细，但由于要经受上万摄氏度高温加热后又急速冷却，工件的加工表面受到强烈的热影响，因而会生成电加工表面变质层。这种变质层容易造成加工部位的碎裂与崩刃。

⑧ 放电间隙使加工误差增大。由于电极和工件之间需有一定量的放电间隙，这使得电极的形状尺寸和工件的形状尺寸有一定的差异，因而产生了一定的加工误差，放电间隙的大小直接影响着加工误差。

⑨ 加工精度受电极损耗影响。电极在加工过程中同样会受到电腐蚀而损耗，如果电极损耗不均匀，就会影响加工精度。

(2) 电火花成型加工机床

电火花成型加工机床主要由机床本体、控制柜两大部分组成，如图 5-36 所示。机床本体主要由主轴头、床身、工作液循环系统、立柱、工作台与工作液槽以及机床附件等组成。床身和立柱是机床的基础。主轴头是机床的关键部件，由伺服进给系统、导向机构、辅助机构（电极夹具和调节机构）等组成。

工作台一般都可做纵向和横向移动，以达到工具电极与被加工零件间所要求的相对位置。工作台上还配有工作液槽，使工具电极与被加工零件浸泡其中，起到冷却、排屑的作用。

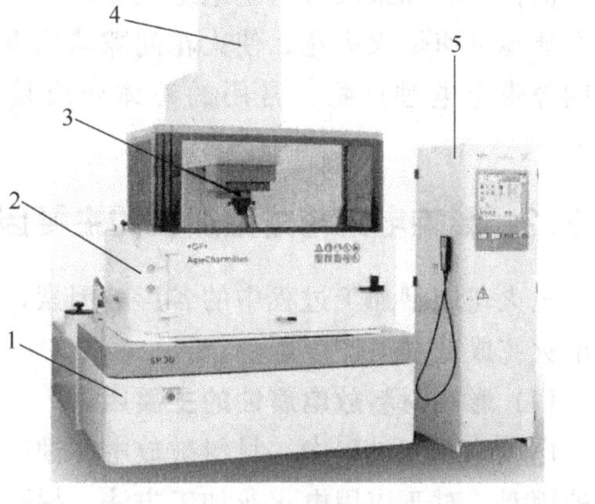

图 5-36 电火花成型加工机床

1—床身；2—工作液槽；3—立柱；4—主轴头；5—控制柜

工作液循环系统由工作液泵、过滤器、工作液槽及管道等组成。其作用是排出电火花加工过程中不断产生的电蚀产物，使工作液强制循环和过滤。

控制柜主要由脉冲电源、自动进给调节系统等组成。脉冲电源是把工频交流电转变成一定频率的单向脉冲电流，以供给电火花加工所需要的放电能量。通过调节电流幅值、脉宽和脉间等参数，满足粗、中、精加工的需要。

自动进给调节系统的作用是通过自身的自动控制系统，保证电极和工件之间在加工过程中始终保持一定的放电间隙，确保电火花加工过程的稳定性。

电火花成型机床的型号按照我国新修订的《特种加工机床　第1部分：类种划分》(JB/T 7445.1—2013) 进行命名。电火花成型机床型号的含义如下：

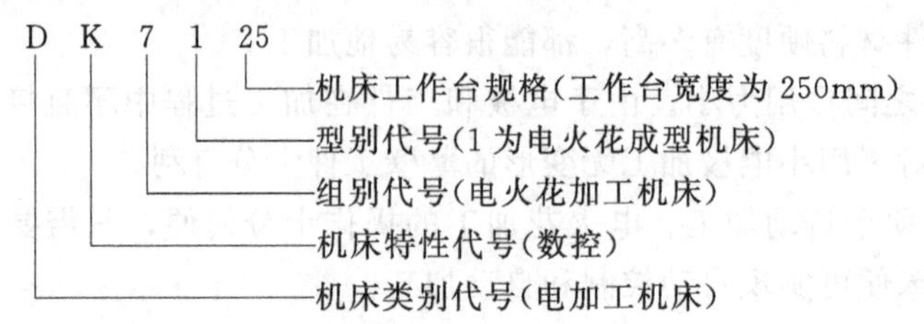

(3) **电火花成型加工必须具备的条件**

电火花成型加工过程中，要使脉冲放电能够进行放电加工，必须满足以下条件。

① 必须使工件和工具电极之间保持一定的放电间隙，以便形成火花放电的条件。

如果间隙过大，工作电压不能击穿工作介质，不能进行放电加工；如果间隙过小，容易形成短路，极间电压接近于零，同样不能进行放电加工。因此，在电火花加工过程中，必须用工具电极的自动进给调节装置来保持这个间隙。这一间隙与加工电压和加工量等因素有关，一般为0.005～0.2mm。

② 脉冲放电必须具有脉冲性、间歇性。

工具电极和工件间隙间的持续放电时间（即脉冲宽度）一般设定为10^{-7}～10^{-4}s，应使放电所产生的热量来不及从放电点过多传导扩散到其他部位为宜。两个电压脉冲之间的间隔时间（即脉间宽度）不宜太短，否则，放电间隙来不及消除电离和恢复绝缘，容易产生电弧放电，烧伤工具电极和工件；但脉间宽度选得过长，将降低生产效率。通常，加工面积、加工深度较大时，脉间宽度也应稍大。

③ 电火花放电必须在具有一定绝缘性能的液体介质中进行。

液体介质如果没有一定绝缘性能就不能击穿放电，形成火花通道。在放电完成以后，液体介质能迅速熄灭火花，使火花间隙消除电离，同时对电极表面进行较好的冷却，并能从工作间隙带走电蚀产物。常用的液体介质是由煤油、皂化液、去离子水等混合制成的电火花油。

5.2.2 影响电火花成型加工的主要因素

电火花成型加工过程中的各影响因素，主要从放电腐蚀、加工精度和表面质量3个方面对电火花成型加工产生影响。

(1) **影响材料放电腐蚀的主要因素**

电火花加工过程中，材料被放电腐蚀的规律是一个复杂的综合性问题。研究影响放电腐蚀的因素，对于应用电火花加工方法，提高电火花加工的生产率，降低电极的损耗是极为重要的。

① 极性效应的特点及应用　在脉冲放电过程中，工件和电极都要受到电腐蚀，但正、负两极的蚀除速度不同，这种两极蚀除速度不同的现象称为极性效应。产生极性效应的本质原因是电子的质量小，其惯性也小，在电场力作用下容易在短时间内获得较大的运动速度，即使采用较短的脉冲进行加工也能大量、迅速地到达阳极，轰击阳极表面；而正离子由于质量大，惯性也大，在相同时间内所获得的速度远小于电子，当采用短脉冲进行加工时，大部分正离子尚未到达负极表面，脉冲便已结束，所以负极的蚀除量小于正极。但是，当用较长的脉冲加工时，正离子可以有足够的时间加速，获得较大的运动速度，并有足够的时间到达

负极表面，加上它的质量大，因而正离子对负极的轰击作用远大于电子对正极的轰击，负极的蚀除量则大于正极。在电火花加工过程中，极性效应越显著越好，通过充分利用极性效应，合理选择加工极性，以提高加工速度，减少电极的损耗。在实际生产中把工件接正极的加工，称为“正极性加工”或“阳极加工”，工件接负极的加工称为“负极性加工”或“阴极加工”。极性的选择主要靠大量的实验数据确定。

② 电参数对电蚀量的影响　单位时间内从工件上蚀除的金属量就是电火花加工的生产率。生产率的高低受加工极性、工件材料的热学物理参数、脉冲电源、电蚀产物的排出情况等因素的影响。生产率与脉冲参数之间的关系可用下面的经验公式表示：

$$V_w = K_w W_e f \tag{5-1}$$

式中　V_w——电火花加工的生产率，g/min；

K_w——系数（与电极材料、脉冲参数、工作液组分等因素有关）；

W_e——单个脉冲能量，J；

f——脉冲频率，Hz。

由式（5-1）可知，提高电蚀量和生产率的途径在于：提高脉冲频率 f；增加单个脉冲能量 W_e（增加单个脉冲能量可以通过增加矩形脉冲的峰值电流和脉宽，减小脉间来实现）；提高系数 K_w。实际生产时，要考虑到这些因素之间的相互制约关系和对其他工艺指标的影响。

增加单个脉冲能量将使单个脉冲的电蚀量增大，使电蚀表面粗糙度增大。因此用增大单个脉冲能量的办法来提高生产率，只能在粗加工或半精加工时采用。提高脉冲频率，脉冲间隔太小会使工作液来不及通过消电离恢复绝缘，使间隙经常处于击穿状态，形成连续的电弧放电，破坏电火花加工的稳定性，影响加工质量。减小脉冲宽度虽然可以提高脉冲频率，但会降低单个脉冲能量，因此只能在精加工时采用。

通过提高系数也可以相应地提高生产率。其途径很多，例如合理选用电极材料和工作液，改善工作液循环过滤方式，及时排出放电间隙中的电蚀产物等。

③ 金属材料热学物理参数对电蚀量的影响　所谓热学物理参数是指材料的熔点、沸点（汽化点）、热导率、比热容、熔化热、汽化热等。

当脉冲放电能量相同时，金属的熔点、沸点、比热容、熔化热、汽化热越高，电蚀量越少，越难加工。另外，热导率大的金属，由于较多地把瞬时产生的热量传导散失到其他部位，因而降低了本身的蚀除量。

电火花加工过程中，工作液的作用是形成火花击穿放电通道，并在放电结束后迅速恢复间隙的绝缘状态；对放电通道产生压缩；帮助电蚀产物的抛出和排出；对工具、工件进行冷却。因而，对电蚀量也有较大的影响。

加工过程不稳定将干扰以致破坏正常的火花放电，使有效脉冲利用率降低。加工深度、加工面积的增加，或加工型面复杂程度的增加，都不利于电蚀产物的排出，影响加工稳定性；降低加工速度，严重时将造成积炭拉弧，使加工难以进行。为了改善排屑条件，提高加工速度和防止积炭拉弧，常采用强迫冲油和电极定时抬刀等措施。

（2）影响加工精度的因素

工件的加工精度除受机床精度、工件的装夹精度、电极制造及装夹精度影响之外，主要受放电间隙和电极损耗的影响。

① 电极损耗对加工精度的影响　在电火花成型加工过程中，电极会受到电腐蚀而损耗，

电极的不同部位，其损耗不同。电极的尖角、棱边等部位的电场强度较强，易形成尖端放电效应，所以这些部位比其他相对平坦部位腐蚀要快。电极的不均匀损耗必然使加工精度下降。所以精密型腔加工时可采用多电极更换的方法。

② 放电间隙对加工精度的影响　电火花成型加工时，电极和工件之间发生脉冲放电需保持一定的放电间隙。由于放电间隙的存在，使加工出的工件型孔（或型腔）尺寸和电极尺寸相比，沿加工轮廓要相差一个放电间隙（单边间隙）。若不考虑电蚀物引起的二次放电（由电蚀产物在侧面间隙中滞留引起的电极侧面和工件已加工表面之间的放电现象）和电极进给时机械误差的影响，放电间隙可用下面的经验公式表示：

$$\delta = K_{\delta} t_{i}^{0.3} I_{e}^{0.3} \tag{5-2}$$

式中　δ——放电间隙，μm；

K_{δ}——系数（与电极、工件材料有关）；

t_{i}——脉冲宽度，μs；

I_{e}——放电峰值电流，A。

要使放电间隙保持稳定，必须使脉冲电源的电参数保持稳定，同时还应使机床精度和刚度也保持稳定。特别要注意电蚀产物在间隙中的滞留而引起的二次放电对放电间隙的影响。一般单面放电间隙值为0.005～0.1mm。加工精度与放电间隙的大小是否稳定均匀有关，间隙越稳定均匀，加工精度越高。

③ 加工斜度对加工精度的影响　在加工过程中随着加工深度的增加，二次放电次数增多，侧面间隙逐渐增大，使被加工孔入口处的间隙大于出口处的间隙，出现加工斜度，使加工表面产生形状误差，如图5-37（a）所示，在电极无损耗的理想状态下，电极和工件的轮廓如图5-37（b）所示；在考虑电极损耗而不考虑二次放电的情况下，电极和工件的轮廓如图5-37（c）所示。二次放电的次数越多，单个脉冲的能量越大，则加工斜度越大。二次放电的次数与电蚀产物的排出条件有关。因此，应从工艺上采取措施及时排出电蚀产物，使加工斜度减小。

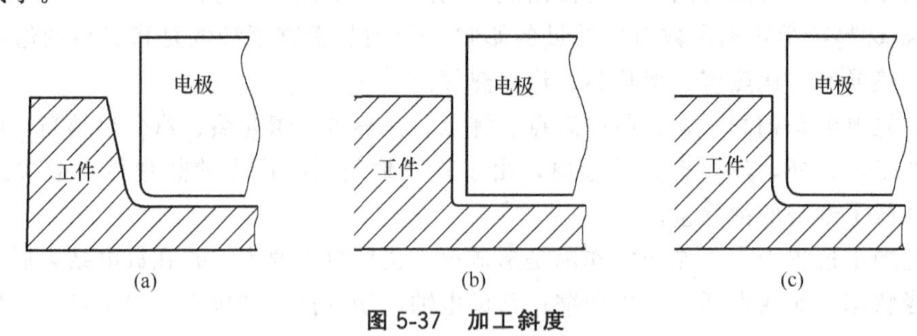

图5-37　加工斜度

(3) 影响表面质量的因素

① 表面粗糙度　经过电火花成型加工后的工件表面，是由脉冲放电时所形成的大量凹坑排列重叠形成的。在一定的加工条件下，加工表面粗糙度 Ra 可用以下经验公式表示：

$$Ra = K_{Ra} t_{i}^{0.3} I_{e}^{0.4} \tag{5-3}$$

式中　Ra——实测的表面粗糙度评定参数，μm；

K_{Ra}——系数（用铜电极加工淬火钢，按负极性加工时，取2.3）；

t_{i}——脉冲宽度，μs；

I_{e}——放电峰值电流，A。

由式（5-3）可以看出，工件的电蚀表面粗糙度 Ra 随脉冲宽度和电流峰值增大而增大。在一定的加工条件下，脉冲宽度和电流峰值增大使单个脉冲能量增大，电蚀凹坑体积也增大，所以表面粗糙度主要取决于单个脉冲能量。

电火花成型加工的表面粗糙度 Ra，粗加工时采用较大的电规准，一般可达 12.5～25μm，精加工时采用较小的电规准，可达 0.8～3.2μm，精细加工时，采用极小的电规准，可达 0.2～0.8μm。加工高熔点的硬质合金等可获得比钢更低的表面粗糙度。由于电极的相对运动，侧壁粗糙度比底面小。近年来研制的超光脉冲电源已使电火花成型加工的表面粗糙度 Ra 达 0.1～0.2μm。

② 表面变化层　经电火花成型加工后的工件表面将产生包括凝固层和热影响层的表面变化层。凝固层是工件表层材料在脉冲放电的瞬时高温作用下熔化后未能抛出，在脉冲放电结束后迅速冷却、凝固而保留下来的金属层。其晶粒非常细小，有很强的耐腐蚀能力。热影响层位于凝固层和工件基体材料之间，该层金属受到放电点传来的高温的影响，使材料的金相组织发生了变化。对于未淬火钢，热影响层就是淬火层。对于经过淬火的钢，热影响层是重新淬火层。

表面变化层的厚度与工件材料及脉冲电源的电参数有关，它随着脉冲能量的增加而增厚。粗加工时，变化层厚度一般为 0.1～0.5mm，精加工时一般为 0.01～0.05mm。凝固层的硬度一般比较高，故电火花加工后的工件耐磨性比机械加工好，但是随之而来的是增加了钳工研磨、抛光的困难。

5.2.3 电极的设计制造

电极是影响电火花成型加工精度的重要因素。为了保证加工精度，在设计电极时必须合理选择电极材料并准确地计算电极尺寸，并且使电极在结构上便于制造和安装。

(1) 电极材料的选择

虽然从电火花加工的原理来看，任何导电材料都可以作为电极，但是由于电极材料对电火花加工的稳定性、生产率和模具质量都有很大的影响，因此应选择损耗小、加工过程稳定、生产率高、机械加工性能好和价格低的材料制作电极。常用电极材料的种类及其性能如表 5-5 所示，其中紫铜和石墨是最常用的电极材料，占据电极材料份额的 90%以上。石墨的成本约为紫铜的 1.5～2 倍，但石墨的放电速度比紫铜快 30%，成型加工速度比铜快 50%以上。

表 5-5　常用电极材料的种类及其性能

电极材料	电火花加工性能		机械磨削加工性能	说明
	加工稳定性	电极损耗		
紫铜	好	较小	较差	最常用电极材料，磨削困难
石墨	尚好	较小	尚好	最常用电极材料，机械强度差，易崩角
黄铜	好	大	尚好	电极损耗太大
铜钨合金	好	小	尚好	价格昂贵，多用于深孔、直壁孔、硬质合金的穿孔
银钨合金	好	小	尚好	价格昂贵，多用于精密冲模或有特殊要求的加工
钢	较差	中等	好	一般电极材料，选择电规准时应注意加工稳定性
铸铁	一般	中等	好	一般电极材料

(2) 电极结构设计

电极的结构形式应根据待加工工件型腔的大小和复杂程度、电极的加工工艺性等因素确定。常用的电极结构有 4 种。

① 整体式电极　整体式电极是用一整块材料加工而成的，是最常用的电极结构形式。对于横截面积及质量较大的电极，可以在电极上开减重孔以减轻电极质量，但孔不能开通，并且孔口向上。整体式电极如图 5-38 所示。

② 组合式电极　当同一型腔或凹模上有多个型腔或型孔时，在某些情况下可以把多个电极组合在一起，如图 5-39 所示，一次电火花加工就可以完成多个型腔或型孔的加工，这种电极称为组合式电极。采用组合式电极加工，生产效率较高，各型孔间的位置精度取决于各电极的位置精度。

③ 镶拼式电极　对于形状复杂的电极，为了便于加工，常将其分成几部分单独加工，分别加工后再镶拼成整体，这种电极称为镶拼式电极，如图 5-40 所示。采用镶拼式电极既节省材料又便于电极加工。

④ 分解式电极　当电极制造困难且难以保证电加工精度（如内外尖角）时，常采用分解式电极。分解式电极加工方法是根据型腔的几何形状，将电极分解成几个部分，分别制作不同的工具电极，分别对型腔进行电火花加工。一般情况把电极分解成主型腔电极和副型腔电极分别制造，先用主型腔电极完成主型腔加工，后用副型腔电极加工型腔的尖角、窄缝、花纹等副型腔部位。图 5-41（a）所示为零件需要加工的部位，根据加工形状可以设计出如图 5-41（b）所示的电极，若该电极为整体式，需要清角的部位多，加工困难。我们可以分别设计如图 5-41（c）、图 5-41（d）所示的两个电极，降低电极的加工难度，用两个电极分别加工零件的两个弧面。分解电极法可以根据主、副型腔不同的加工条件，选择不同的电规准，有利于提高加工速度和改善加工质量，使电极易于制造和修整。但主、副型腔电极更换时的装夹精度要求很高。

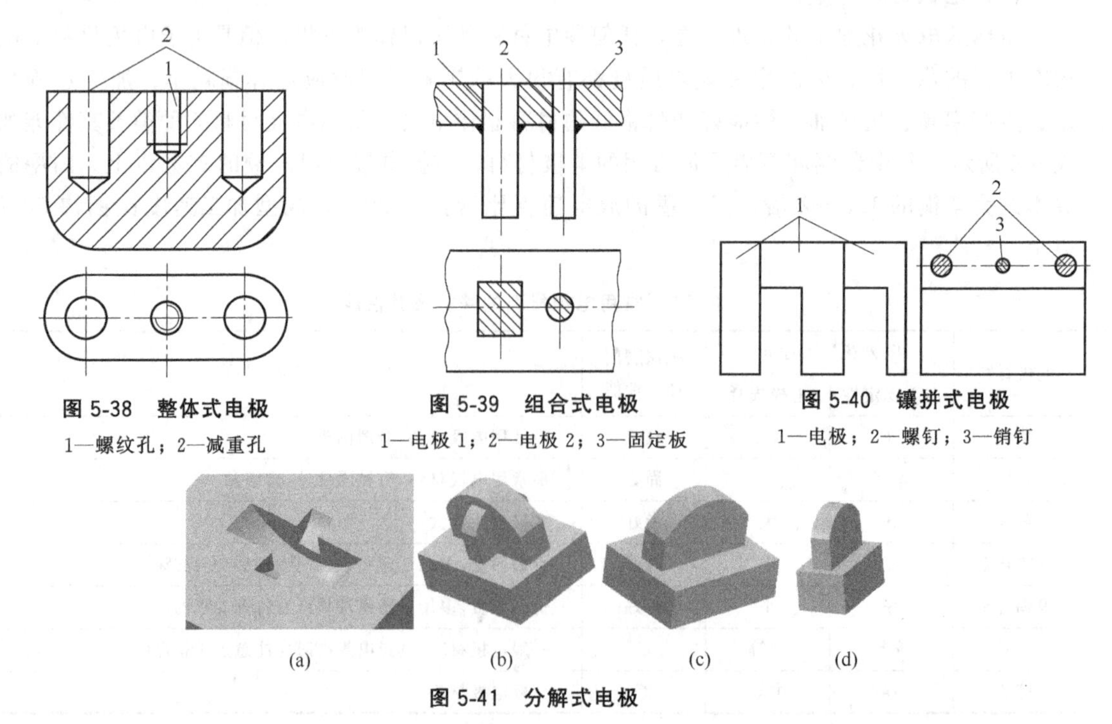

图 5-38　整体式电极

1—螺纹孔；2—减重孔

图 5-39　组合式电极

1—电极 1；2—电极 2；3—固定板

图 5-40　镶拼式电极

1—电极；2—螺钉；3—销钉

图 5-41　分解式电极

(3) **电极使用方法**

采用电火花成型方法进行模具型腔表面加工时，电极的使用方法主要有单电极加工方法、多电极加工方法及分解电极加工方法。

① 单电极加工方法 单电极加工方法是指只用一个电极加工出所需型腔，采用单电极加工时根据工件要求可以采用直接加工法和平动加工法两种形式。

对于加工形状简单、精度要求不高的型腔，可直接将电极尺寸设计到位，采用单电极直接加工成型。

对于工件尺寸精度和表面粗糙度有要求的，可以采用平动加工法，该方法也是电火花加工中最为常用的方法。平动加工原理如图 5-42 所示，加工过程中先采用低损耗、高生产率的电规准对型腔进行粗加工，然后，启动平动头带动电极作平面运动，按照粗、中、精的加工顺序逐级转换电规准，将型腔各面加工到所要求的尺寸及表面粗糙度。

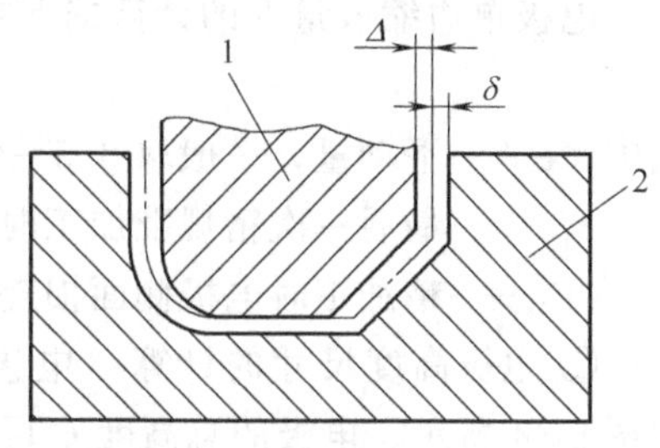

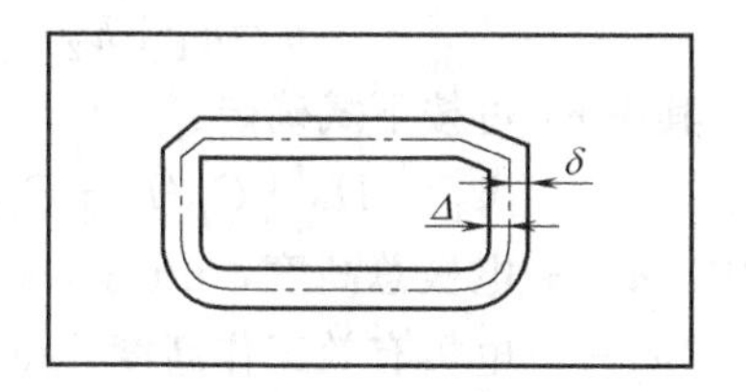

图 5-42 平动加工原理

1—电极；2—工件

② 多电极加工方法 多电极加工法是采用多个电极依次更换加工同一个型腔。每个电极都对型腔的全部被加工面进行加工，但电规准可以不同。因此，在电极设计时必须根据各个电极所用电规准的放电间隙来确定电极尺寸，每更换一个电极进行加工，都必须把前一个电极加工所产生的电蚀痕迹完全去除。

采用多电极加工法加工的型腔精度高，尤其适用于尖角、窄缝多的型腔加工。但多电极加工需要多个电极，制造电极精度要求高，更换电极时要求高定位精度，因此，多电极加工法一般只用于精密型腔的加工。

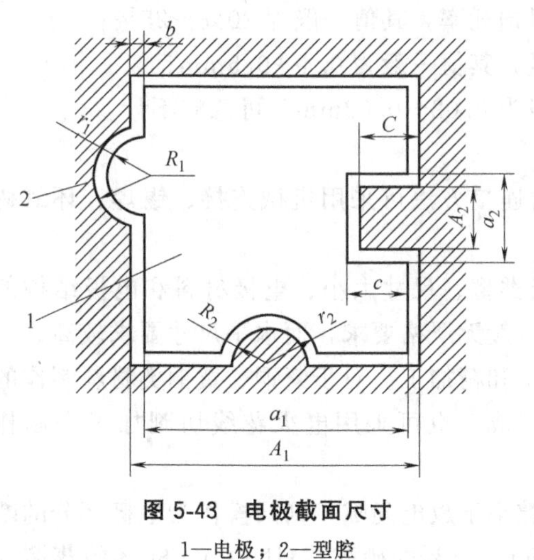

图 5-43 电极截面尺寸

1—电极；2—型腔

(4) **电极尺寸计算**

电极设计时需要计算电极横截面的尺寸并确定电极高度尺寸。

① 电极横截面尺寸的计算 用单电极进行电火花成型加工时，电极横截面尺寸的确定与工件待加工型腔或型孔尺寸相同，只需考虑放电间隙，即电极横截面尺寸等于型腔的横截面尺寸均匀地缩小一个放电间隙。当用单电极平动法进行电火花加工时，还必须考虑加上一个电极的横截面缩放量 b，如图 5-43 所示，电极横截面的尺寸计算可用下式进行计算：

$$a = A \pm Kb \tag{5-4}$$

式中 a——电极横截面方向的公称尺寸，mm；

A——型腔的公称尺寸，mm；

K——尺寸系数（直径方向取双边系数 $K=2$，半径方向取单边系数 $K=1$）；

b——电极单边缩放量，mm。

其中“±”的确定方法是：与型腔凸出部分相对应的电极凹入部分的尺寸（如图 5-43 所示的 r_2、a_2）应放大，即用“+”号；反之，与型腔凹入部分相对应的电极凸出部分的尺寸（如图 5-43 中的 r_1、a_1）应缩小，即用“-”号。

电极单边缩放量 b 的计算按下式进行：

$$b=e+\delta_j-\Gamma_j \tag{5-5}$$

式中 e——平动量，一般取 0.5～0.6mm；

δ_j——最后一次精规准加工时端面的放电间隙，一般为 0.02～0.1mm；

Γ_j——精加工时电极侧面损耗（单边），一般忽略不计。

② 电极高度尺寸的计算　电极总高度尺寸的确定如图 5-44 所示。电极的总高度 h 可按下式进行计算：

$$h=h_1+h_2 \tag{5-6}$$

其中 h_1 可按下式确定：

$$h_1= H_1+C_1H_1+C_2S-\delta_j \tag{5-7}$$

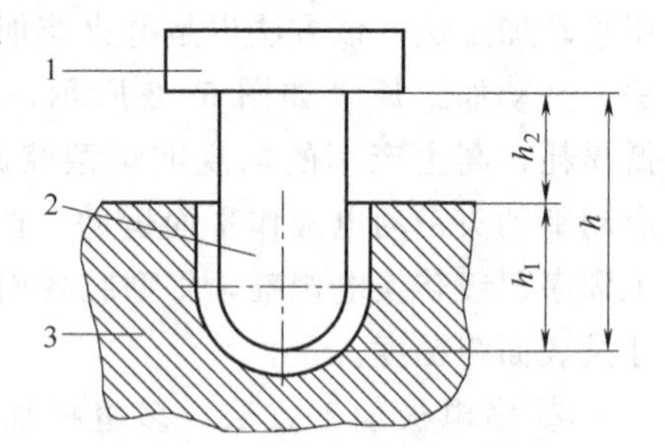

图 5-44　电极总高度尺寸的确定

1—电极固定板；2—电极；3—型腔

式中 h——电极总高度，mm；

h_1——电极有效工作高度，mm；

h_2——考虑加工结束时，为避免电极固定板和模块相碰，同一电极能多次使用等因素而增加的高度，一般取 5～20mm；

H_1——型腔深度，mm；

C_1——粗规准加工时，电极端面的相对损耗率，其值一般小于 1%，只适用于未预加工的型腔；

C_2——中、精规准加工时，电极端面的相对损耗率，其值一般为 20%～25%；

S——中、精规准加工时，端面总的进给量，其值一般为 0.4～0.5mm；

δ_j——精规准加工时端面的放电间隙，一般为 0.02～0.03mm，可忽略不计。

(5) 电极制造

① 电极的连接　采用组合式电极时，电极的连接方法可采用机械连接、锡焊、环氧树脂胶合等方法。

② 电极的制造方法　制造电极时应根据电极类型、尺寸大小、电极材料和电极结构的复杂程度等进行考虑。孔加工用电极的垂直尺寸一般无严格要求，而水平尺寸要求较高。

若适合切削加工，可采用切削加工方法粗加工和精加工。对于紫铜、黄铜类材料制作的电极，其最后加工可采用刨削或由钳工精修来完成。也可采用电火花线切割加工来制作电极。

直接用钢凸模作电极时，若凸、凹模配合间隙小于放电间隙，则凸模作为电极部分的断面轮廓必须均匀缩小。可采用 6%的氢氟酸（HF）、14%的硝酸（HNO_3）、80%的蒸馏水（H_2O）所组成的溶液浸蚀。此外，还可采用其他种类的腐蚀液进行浸蚀。当凸、凹模配合间隙大于放电间隙，需要扩大用作电极部分的凸模断面轮廓时，可采用电镀法。单边扩大量在 0.06mm 以下时表面镀铜；单边扩大量超过 0.06mm 时表面镀锌。

用于型腔加工的电极，其水平和垂直方向尺寸要求都较严格，比加工穿孔电极困难。对铜电极，除采用切削加工方法加工外，还可采用电铸法、精密锻造法等进行加工，最后由钳工精修达到要求。由于使用石墨坯料制作电极时，机械加工、抛光都很容易，所以以机械加工方法为主。目前应用最广的紫铜和石墨电极，其加工制造以机械加工为主。

5.2.4 工件和电极的安装找正

(1) 工件的装夹和找正

电火花成型加工前，模具工件的校正、压装以及与电极的定位，目的就是要使工件与电极之间建立 X、Y、Z 等各坐标的相对位置关系。

工件工艺基准的校正是工件装夹的关键，一般以水平工作台为依据。例如在电火花加工模具型腔时，规则的模板工件一般以分模面作为工艺基准，将此工件自然平置在工作台上，使工件的工艺基准平行于工作台面，即完成了水平校正。

当加工工件上、下两平面不平行，或支撑的面积太小，不能平置时，则必须采用辅助支撑措施，并根据不同精度要求采用百分表校正水平，如图 5-45 所示。

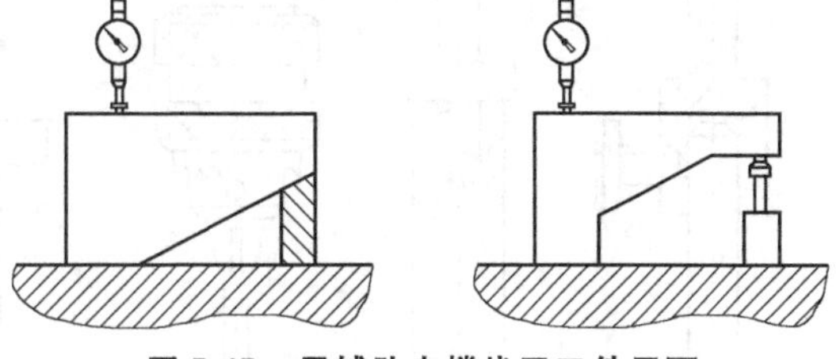

图 5-45 用辅助支撑找正工件平面

当加工单个规则的圆形型腔时，工件水平校正后即可压紧进入后续加工步骤。但对于多孔或任意图形的型腔，除水平校正外，还必须校正与工作台 X、Y 坐标平行的基准。例如，规则的矩形体工件，预先确定互相垂直的两个侧面为工艺基准，依靠 X、Y 两坐标的移动，用百分表校正两个侧基准面。若工件为非规则形状，应在工件上划出基准线，通过移动 X、Y 坐标，用固定的划针进行工件的校正。

在电火花加工中，工件和电极所受的力较小，因此对工件压装的夹紧力要求比切削加工时低。为使压装工件时不改变定位时所得到的正确位置，在保证工件在加工过程中位置不变的情况下，夹紧力应尽可能小。

实际应用中，通常采用压板固定或磁性吸盘吸附两种方式进行工件的装夹。

① 使用压板装夹工件　将工件放置在工作台上，将压板螺钉头部穿入工作台的 T 形槽中，把压板穿在压板螺钉上，压板的一端压在工件上，另一端压在三角垫铁上，使压板保持水平或压板靠近三角垫铁处稍高些，旋动螺母预压紧工件。这种装夹方式和在铣床上用压板装夹工件是一致的。

然后将百分表的磁性表座吸附在主轴夹具上，再把百分表的测量杆靠在工件的 X 轴方向的基准面上，使百分表有一定的读数，然后转动 X 轴方向的手轮，观察百分表的指针变化。轻轻敲击工件，调整百分表指针变化，应使百分表指针在整个行程上的摆动范围在要求范围内，最后再把压板螺母旋紧固定工件，完成工件的装夹和找正。

② 使用磁性吸盘装夹工件　在电火花成型机床的工作台上安装磁性吸盘，并对磁性吸盘进行校准；将工件放置在磁性吸盘上，找正工件后，再用内六角扳手旋动磁性吸盘上的内六角螺母，使磁性吸盘带上磁性，工件就会牢牢地吸附在工作台上，完成工件的装夹和找正。

(2) 电极的装夹和找正

在电火花加工中，机床主轴进给方向都应该垂直于工作台，因此电极的工艺基准必须平行于机床主轴头的垂直坐标，即电极的装夹与找正必须保证电极进给加工方向垂直于工作台平面。

① 电极的装夹　由于在实际加工中碰到的电极形状各不相同，加工要求也不一样，因此电极的装夹方法和电极夹具也不相同。下面是几种常用的电极夹具：

图 5-46（a）所示为电极套筒，适用于一般圆形电极的装夹。

图 5-46（b）所示为电极柄结构，适用于尺寸较大的电极，并且在电极背端有足够的空间加工固定电极柄的螺纹孔。

图 5-46（c）所示为钻夹头结构，适用于直径范围在 1～13mm 之间的圆柄电极。

图 5-46（d）所示为 U 形夹头，适用于方电极和片状电极。

图 5-46（e）所示为可内充油的管状电极夹头。

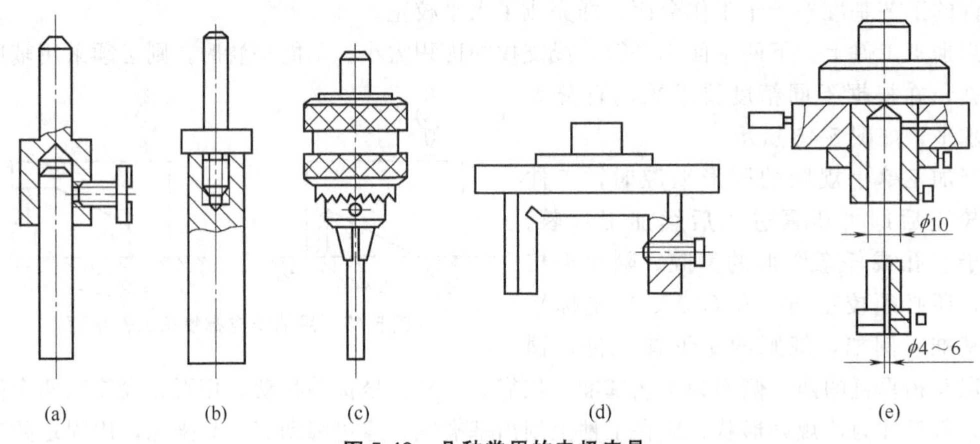

图 5-46　几种常用的电极夹具

除上面介绍的常用夹具外，还可根据要求设计专用夹具。

② 电极的校正　电极的校正方式有自然校正和人工校正两种。所谓自然校正，就是利用电极在电极柄和机床主轴上的正确定位来保证电极与机床的正确关系；而人工校正一般以工作台面 X、Y 水平方向为基准，用百分表、量块或角尺在电极横、纵两个方向（即 X、Y 方向）做垂直校正和水平校正，保证电极轴线与主轴进给轴线一致，保证电极工艺基准与工作台面 X、Y 基准平行。

实现人工校正时，要求电极的吊装装置上装有具有一定调节量的万向装置，通过该装置将电极与主轴头相连接。图 5-47 所示为常见的钢球铰链式垂直调整装置，电极或电极夹具装夹在电极装夹套 4 内，通过 4 个调整螺钉来调整电极垂直度。

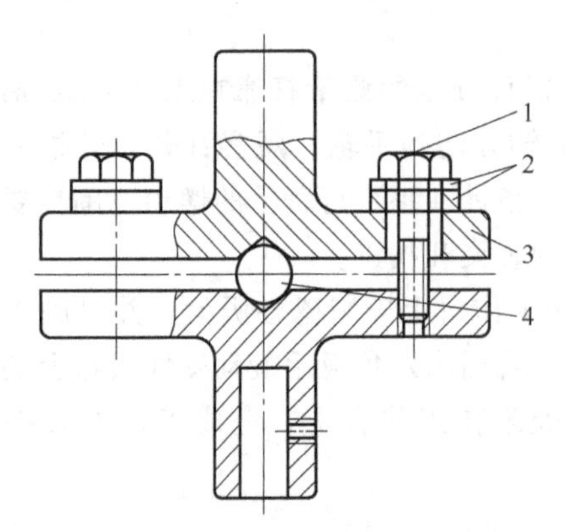

图 5-47　钢球铰链式垂直调整装置

1—调整螺钉；2—球面垫圈；3—钢球；4—电极装夹套

图 5-48 所示为十字铰链式工具电极夹具，通过调节十字板 X、Y 两个方向上的两对调节螺钉来调节电极在 X、Y 两个方向的角度。

校正操作时，将百分表顶压在电极的工艺基准面上，通过移动坐标（垂直基准校正时移动 Z 坐标，水平基准校正时移动 X 和 Y 坐标），观察表上读数的变化，估测误差值，并不断调整万向装置的方向来补偿误差，直到校准为止。

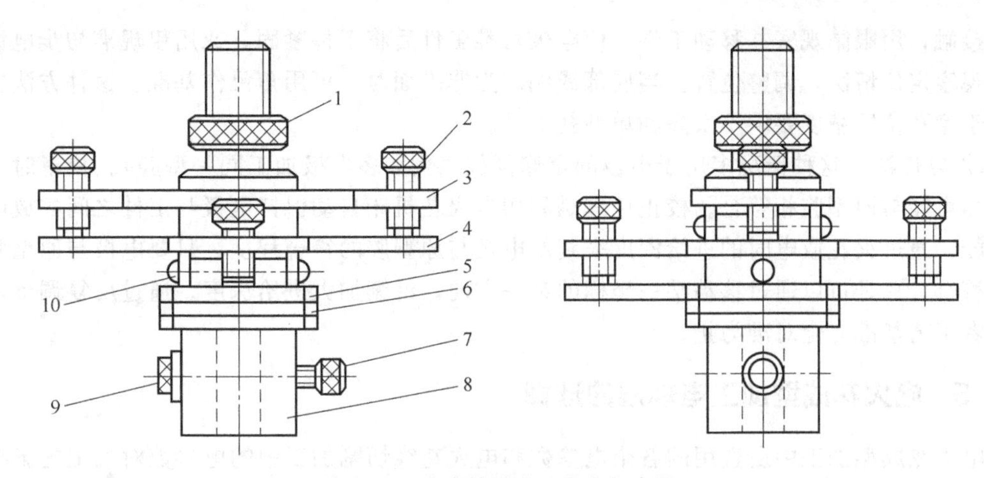

图 5-48 十字铰链式工具电极夹具

1—锁紧螺钉；2—调节螺钉；3—上板；4—十字板；5—下底板；6—绝缘板；
7—紧固螺钉；8—电极套；9—导线固定螺钉；10—圆柱销

如果电极外形不规则，无直壁等情况下，就需要辅助基准。一般常用的校正方法如下。

方法 1：按电极固定板基准校正。

在制造电极时，电极轴线必须与电极固定板基准面垂直。校正时，用百分表保证固定板基准面与工作台平行，从而保证电极与工件对正。

方法 2：按电极放电痕迹校正。

电极端面为平面时，除上述方法外，还可用较小的电规准在工件平面上放电，打印记校正电极，并调节至四周均匀地出现放电痕迹（俗称放电打印法），达到校正的目的。

方法 3：按电极端面进行校正。

主要指电极侧面不规则，而电极的端面又在同一平面时，可用量块或等高块，通过“撞刀保护”挡，使四个等高点尺寸一致，即可认定电极端与工作台平行。

(3) 工件与电极的对正

工件与电极的工艺基准校正以后，必须将电极和工件的相对位置对正，才能在工件上加工出位置准确的型腔。常用的定位方法主要有以下几种：

① 移动坐标法　如图 5-49 所示，先将电极移出工件，通过移动电极的 X 坐标与工件的垂直基准接近，同时密切监视电压表上的指示。当电压表上的指示值急剧变低的瞬间（此时电极的垂直基准正好与工件的垂直基准接触），停止移动坐标。然后移动坐标（$\Delta+x_0$），工件和电极 X 方向对正。在 Y 轴上重复以上操作，使工件和电极 Y 方向对正。

在数控电火花机床上，可用其“端面定位”功能代替电压表，当电极的垂直基准正好与工件的垂直基准接触时，机床自动记录下坐标值并停止。然后按上述方法使工件和电极的另一个方向对正。如果模具工件是规则的方形或圆形，还可用数控电火花机床上的“自动定位”功能进行自动定位。

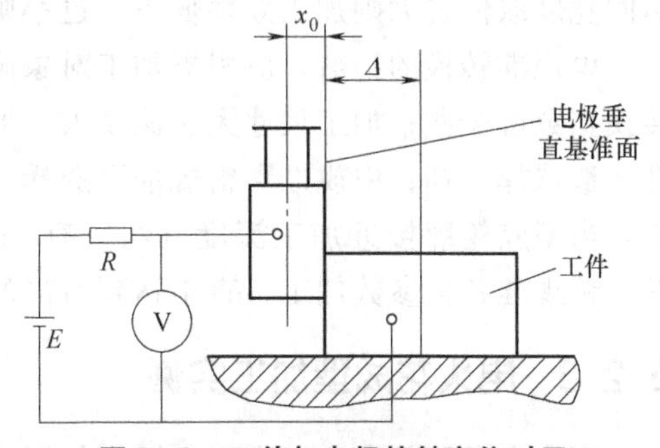

图 5-49 工件与电极接触定位对正

② 划线打印法　在工件表面划出型孔轮廓线，然后将已安装正确的电极垂直下降，与工件

表面接触，用眼睛观察并移动工件，使电极对准工件后将工件紧固。或用粗规准初步电蚀打印后观察定位情况，调整位置。当底部或侧面为非平面时，可用角尺作基准。这种方法主要适用于型孔位置精度要求不太高的单型孔工件。

③ 复位法　这种情况多用于电极的重修复位（例如多电极加工同一型腔）。校正时，电极应尽可能与原型腔相符合。校正原理是利用电火花机床自动保持电极与工件之间的放电间隙功能，通过火花放电时的进给深度来判断电极与原型腔的符合程度。只要电极与原型腔未完全符合，总是可以通过移动某一坐标的某一方向，继续加大进给深度。通过反复调整，直至两者工艺基准完全对准为止。

5.2.5 电火花成型加工电规准的选择

电火花成型加工中所选用的各个电参数和电火花线切割加工中的电参数对加工的影响是一样的，在电火花成型加工中将一组电脉冲参数称为一个电规准。电规准的选择应根据工件的加工要求、电极和工件的材料、加工的工艺指标等因素来选择。通常需要几个电规准才能完成一个型腔加工的全过程。电规准分为粗、中、精 3 种。从一个电规准调整到另一个电规准称为电规准的转换。

(1) 粗规准

粗规准主要用于粗加工，力求生产效率高、电极损耗小、加工过程稳定。所以，对粗规准的要求是以高的蚀除速度加工出型腔的基本轮廓，电极损耗要小，电蚀表面不能太粗糙，加工转换为中规准之前，工件的表面粗糙度 Ra 应小于 12.5μm。粗规准的脉冲宽度 t_i 一般取 100～500μs，峰值电流较大，一般为 20～60A，并采用负极性进行加工。通常用石墨电极加工钢时，电流密度约为 3～5A/cm^2，否则电极容易烧伤，影响加工表面质量。用紫铜电极加工钢时，电流密度可以稍大一些。

(2) 中规准

中规准的目的是减小被加工表面的粗糙度，为精加工作准备，中规准加工完成后工件的表面粗糙度 Ra 应为 2.5～5μm。中规准的脉冲宽度 t_i 一般取 20～200μs，峰值电流一般小于 10A，平均电流密度为 1.5～2.5A/cm^2。

(3) 精规准

精规准用于型腔精加工，加工量一般为 0.1～0.2mm。精规准的脉冲宽度 t_i<10μs，峰值电流一般为 0.5～2A，平均电流密度小于 1.5A/cm^2。尽管选用窄脉冲，电极损耗大，但是由于精加工的余量小，电极的绝对损耗率并不大。

对于脉间宽度，粗加工时一般取脉冲宽度的 1/5～1/10，精加工时取脉冲宽度的 25 倍。脉间宽度取值过大则加工效率低下，过小则易积碳拉弧，加工不稳定。

电规准转换的挡数，应根据加工对象确定。加工尺寸小、形状简单的浅型腔，电规准的转换挡数可少些；加工尺寸大、深度大、形状复杂的型腔，电规准的转换挡数应多些。粗规准一般选择 1 挡；中规准和精规准可选择 2～4 挡。开始加工时，先选用粗规准参数进行加工，当型腔轮廓接近加工深度（约留有 1mm 的余量）时，减小电规准，依次转换为中规准、精规准各挡参数加工，直至达到所需的尺寸精度和表面粗糙度。

5.2.6 电火花成型加工实例

万能充电器外壳注塑模型芯镶块如图 5-50 所示，材料为 45 钢，淬硬处理，硬度为 42～

46HRC，型腔表面粗糙度 Ra=1.6μm。电火花加工镶块上的两个窄凹槽，其宽度为5mm，长度15mm，深度1.6mm，4个侧壁均有2°的拔模斜度，单边放电间隙为0.1mm，端面放电间隙0.1mm。此次电火花成型加工前工件中已经完成了其他区域的加工，并已加工出了8个顶杆孔。型芯镶块的具体结构及详细尺寸参见中国大学MOOC“模具制造工艺”（课程编号：0802SUST006）资源库中“案例零件”文件夹下的“part5\work\core_edm.prt”数字模型。

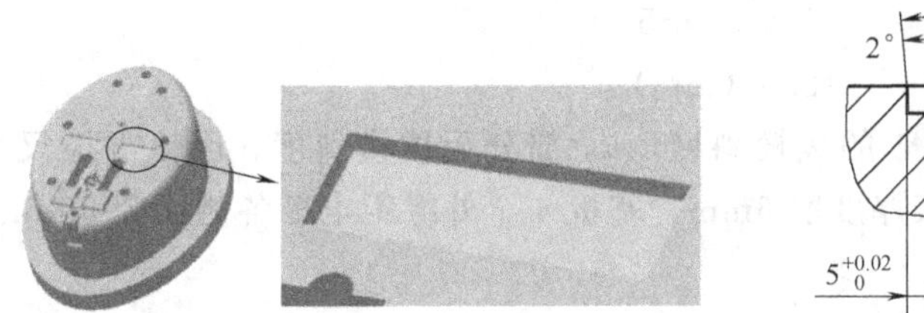
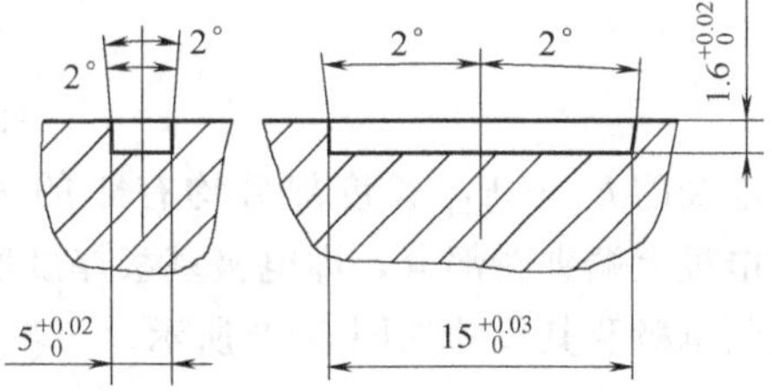

图 5-50 万能充电器外壳注塑模型芯镶块

(1) 设计电极

本案例需要加工两个窄槽，尺寸较小，为保证型腔的精度要求，采用单电极平动法进行加工，平动量为0.1mm，放电间隙0.1mm。电极材料为紫铜。

电极尺寸的计算可以采用手工计算，也可以借助三维软件直接进行电极的设计。

① 手工计算

a. 电极截面尺寸的计算。电极缩放尺寸示意图如图5-51所示，设计时将放电间隙和平动量都计算在内。

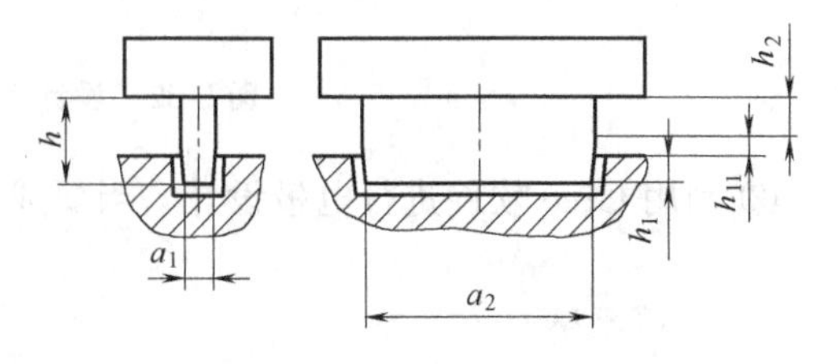

图 5-51 电极缩放尺寸示意图

根据公式 $a=A\pm Kb$ 可分别计算出 a_1、a_2 值。式中的 b 根据公式 $b=e+\delta_j-\Gamma_j$ 计算。

这里不考虑侧边电极损耗 Γ_j，其中 e 为平动量，取值0.1mm，δ_j 为单边放电间隙取值0.1mm。所以

$$\begin{aligned} b &= e+\delta_j \\ &= 0.1+0.1 \\ &= 0.2\ (\text{mm}) \end{aligned}$$

$$\begin{aligned} a_1 &= A_1\pm Kb \\ &= 5-2\times 0.2 \\ &= 4.6\ (\text{mm}) \end{aligned}$$

$$\begin{aligned} a_2 &= A_2\pm Kb \\ &= 15-2\times 0.2 \\ &= 14.6\ (\text{mm}) \end{aligned}$$

b. 电极高度尺寸的计算。电极高度的计算按照公式 $h=h_1+h_2$ 计算，其中电极有效高度 h_1 按照 $h_1=H_1+C_1H_1+C_2S-\delta_j$ 计算，其中 $C_1H_1+C_2S$ 值太小，忽略不计，端面放电间隙 δ_j 取值0.1mm。所以

$$
\begin{aligned}
h_1 &= H_1-\delta_j \\
&=1.6-0.1 \\
&=1.5\ (\text{mm})
\end{aligned}
$$

这里因为型腔四壁均有拔模斜度，实际工作过程中往往将电极的四壁在 h_1 的基础上沿斜面延长 2～3mm，为方便计算将该值用 h_{11} 表示，本案例 h_{11} 取值 2mm。h_2 一般取值为 5～20mm，这里取 5mm，所以

$$
\begin{aligned}
h &= h_1+h_{11}+h_2 \\
&=1.5+2+5 \\
&=8.5\ (\text{mm})
\end{aligned}
$$

电极的 h_1+h_{11} 长度部分均有 2°的拔模斜度，h_2 部分无拔模斜度。因该电极尺寸较小，电极上端夹持部分，即电极基板厚度取 6mm，基板 4 个外缘距电极各侧面为 5mm。设计出的电极及其尺寸如图 5-52 所示。

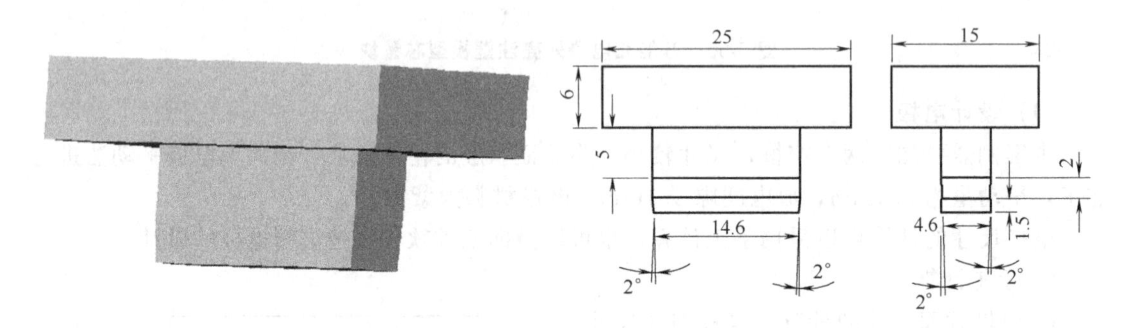

图 5-52 设计出的电极及其尺寸

② 利用 Creo 软件进行电极设计 当要成型的工作面为复杂曲面时，采用手工计算的工作量和难度都非常大，实际工作过程中，往往利用三维软件进行电极设计，模具设计及电极设计常用的三维软件以 Creo 和 UG 为主，Creo 本身没有电极设计模块，所以需要用户进行手工设计电极，UG 具有单独的电极设计模块，操作更为便利，这里我们采用 Creo 进行电极设计。因为上述电极较为简单，为了说明利用三维软件进行电极设计，对型芯镶块的另一个部位进行电极设计，如图 5-53 所示，受篇幅限制，这里只给出关键的几个步骤，具体操作视频见中国大学 MOOC“模具制造工艺”（课程编号：0802SUST006）资源库中“案例视频”文件夹下的“5-2 型芯镶块电火花成型电极设计 . avi”。

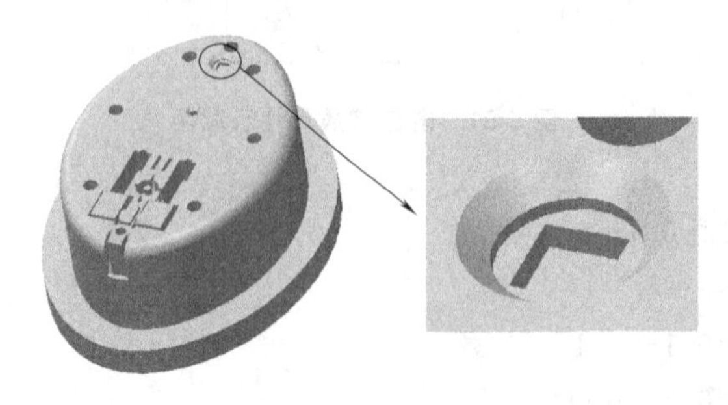

图 5-53 加工部位

首先建立一个装配体，调入型芯镶块，接着新建一个装配元件，新建的这个装配元件就是要设计的电极，将型芯镶块上要加工部位的曲面复制下来，并按照放电间隙进行偏移，得到如图 5-54 所示的曲面。

考虑到电极加工时深度方向的补偿，所以需要将喇叭形曲面沿自身曲面方向向外延伸 1mm。之后将曲面沿竖直方向向上延伸 5mm 作为冲水位，这样就完成了电极头的曲面设

计，完成后如图 5-55 所示。

电极座采用圆形夹持，所以拉伸一个由电极头的圆柱曲面上边缘开始长度为 20mm、直径为 10mm、两端封闭的圆柱，再将曲面合并，完成电极的曲面设计，如图 5-56 所示。最后将曲面实体化生成电极实体零件，完成电极的设计，如图 5-57 所示，完成后的电极数字模型见中国大学 MOOC“模具制造工艺”（课程编号：0802SUST006）资源库中“案例零件”文件夹下的“EDM. prt”。

图 5-54 复制并偏移曲面

图 5-55 电极头曲面

图 5-56 电极座曲面

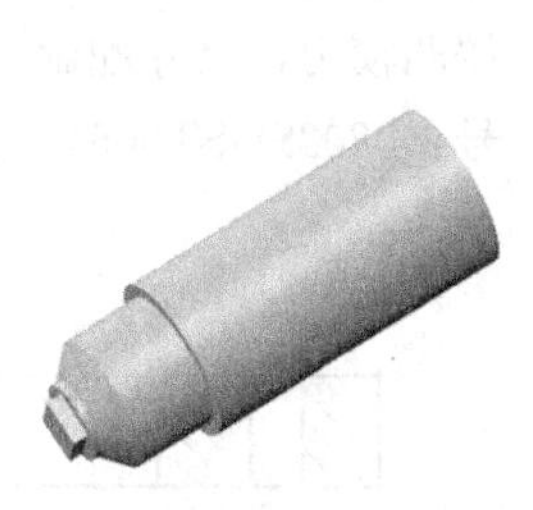

图 5-57 完成的电极

(2) 装夹并找正工件

采用磁性吸盘吸附方式固定工件，本工件外形为椭圆形，找正时外轮廓上没有可利用的平面，X、Y 基准的找正就要借助工件上已有的孔位来找正，先找正磁性吸盘在工作台上的位置，然后在图 5-58 所示的两个销孔中插入销钉，用两个销钉靠紧磁性吸盘 X 方向的边来找正工件的基准。

图 5-58 工件找正

(3) 装夹并找正电极

设计的电极座为方形，采用 U 形夹头进行电极的夹紧，用百分表在电极横、纵（即 X、Y 方向）两个方向做垂直校正和水平校正，保证电极轴线与主轴进给轴线一致，保证电极工艺基准与工作台面 X、Y 基准平行。

(4) 对正工件与电极

采用移动坐标法找出 X、Y 方向的坐标。利用电火花机床上的“端面定位”功能分别移动 X、Y 方向的工作台，当电极的垂直基准正好与工件的垂直基准接触时，机床自动记录下坐标值。

(5) 选择电规准

电规准按照表 5-6 所列参数进行选择设定。

表 5-6 电规准的选择

电规准	脉冲宽度 /μs	脉冲电流幅值 /A	表面粗糙度 Ra/μm	单边平动量 /mm	端面进给量 /mm
粗规准	360	25	10	0	1.5
中规准	80	10	5	0.05	0.07
精规准	12	6	1.25	0.095	0.03

工件与电极安装对正完成后，开启机床工作液泵，向工作槽内注入工作液，工作液面高

度以高出工件加工面 30～50mm 为宜。开启机床放电加工按钮开始加工，加工时保证工作液循环。加工完成后，放掉工作槽中的工作液，取下工件和电极。

5.3 电加工综合实例

5.3.1 凸、凹模加工工艺分析

图 5-59 所示是冲孔落料连续模的凹模板和其中一个凸模，凸模、凹模板材料都为 Cr12，淬火硬度为 60～63HRC。凸模的刃口尺寸标有公差，凹模的刃口尺寸未标公差，加工时必须按凸模刃口尺寸配做。凸、凹模的数字模型分别为中国大学 MOOC“模具制造工艺”（课程编号：0802SUST006）资源库中“案例零件”文件夹下的 tri_punch. prt、tri_die. prt。

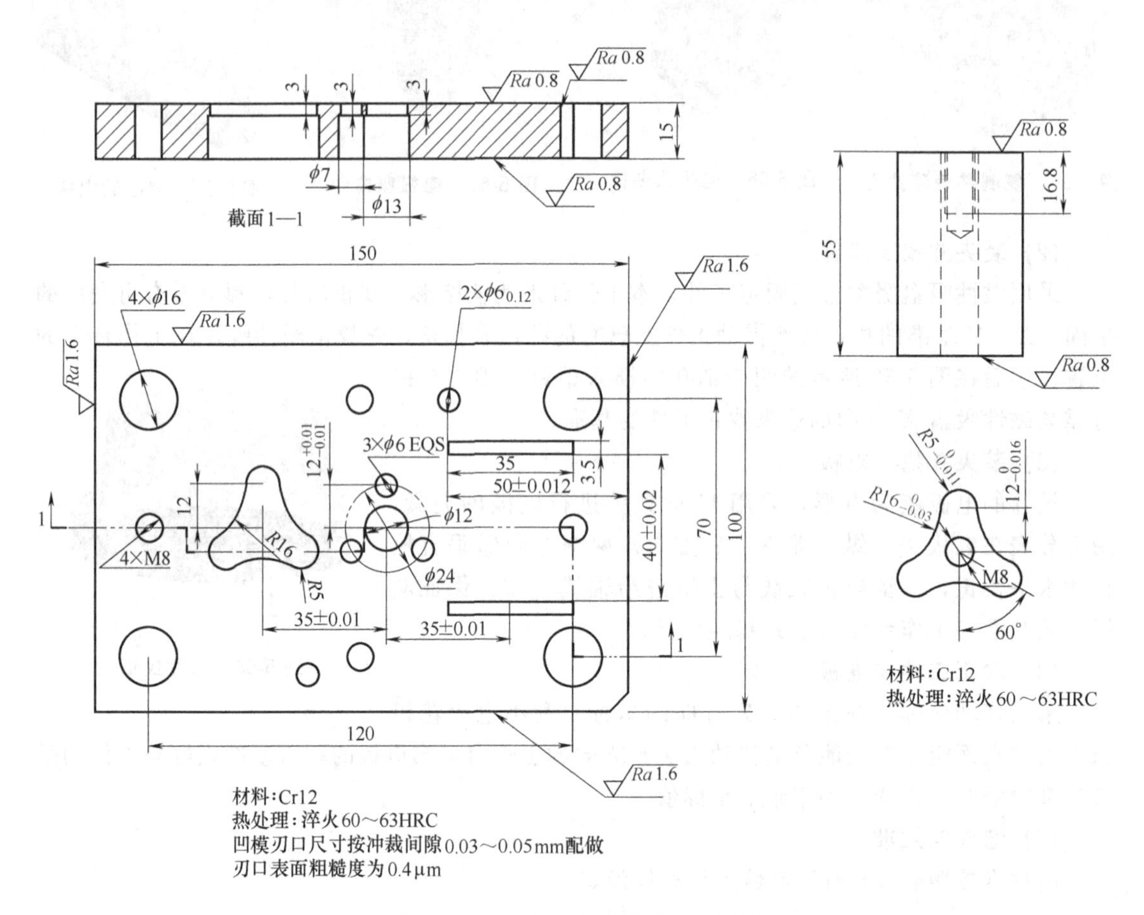

图 5-59 冲孔落料连续模的凸、凹模

就本连续模来说，因为凹模、凸模、侧刃、导板、凸模固定板及卸料板的型面形状相同、尺寸相近，所以同一副模具的这些零件都采用数控线切割加工方法进行配做效果比较好。具体方法是：在同一台线切割机床上，选用相同的电参数，用相同的切割路线（不同的偏移方向和偏移值）完成凹模型孔、凸模外型面、凸模固定板和卸料板与凸模配合孔的加工。

要特别注意的是，凹模、凸模、侧刃、导板、凸模固定板和卸料板线切割的加工顺序原

则是：先切割凸模固定板、卸料板等非主要零件，然后再切割凹模、凸模等主要零件。这样，在切割主要零件之前，通过对非主要零件的切割，可检验程序是否正确，机床工作是否正常，放电间隙是否准确，如果有问题可以及时得到纠正。

凹模板的加工工艺路线为：

下料→锻造→退火→铣或刨六面→磨上、下平面和相互垂直基准面→钳工划线或在数控机床上点孔位→在漏料孔内钻大孔去掉多余材料、钻穿丝孔、螺孔→粗铣漏料孔→淬火、回火→磨上、下平面和基准面→线切割加工凹模刃口和销孔→线切割或电火花加工漏料孔→钳工修配。

凸模的加工工艺路线为：

下料→锻造→退火→铣或刨六面→磨上、下平面和相互垂直基准面→钻穿丝孔、螺孔→淬火、回火→磨上、下平面和基准面→线切割加工→钳工修配。

(1) 分析零件要求

分析图 5-59 得知，这副模具加工的关键是要保证凸、凹模刃口尺寸精度、表面粗糙度，保证双面冲裁间隙 Z=0.03～0.05mm，保证上、下表面的平行度和表面粗糙度。为了保证凸、凹模对齐，保证各凹模型孔位置尺寸的精度，如尺寸 (50±0.012)mm、(35±0.01)mm、(40±0.02)mm 就特别重要。

(2) 选择毛坯

为了保证模具的质量和使用寿命，凸、凹模都选用锻件，材料为 Cr12。为了便于机械加工和锻造，将凸、凹模毛坯都锻造成六面体。

(3) 确定定位基准

根据基准重合又便于装夹原则，凸、凹模都选平面和两互相垂直侧面为精基准。基准角为 5mm×5mm 的倒角，在图 5-59 所示的俯视图中零件的右下角处。

(4) 编制工艺过程

凸模和凹模都用线切割进行加工，为了保证冲裁间隙，凸模固定板的凸模固定孔也应用线切割加工，并要保证它们的位置尺寸与凹模一致，凹模板中的销孔用线切割进行精加工可以保证精度，凸模固定板及销孔的具体加工过程在这里不进行讲解。凸、凹模的加工工艺过程如表 5-7、表 5-8 所示。

表 5-7 凸模加工工艺过程

工序号	工序名	工序内容	定位基准
1	备料	锻造 50mm×50mm×60mm 六面体坯料	
2	热处理	退火	
3	铣	铣成 45mm×45mm×55.6mm 的六面体	对应平面
4	钻	钻 ϕ5mm 穿丝孔，加工 M8 螺纹孔	
5	热处理	淬火，硬度为 60～63HRC	
6	磨	磨各面达图样要求	对应平面
7	退磁		
8	线切割	按图样线切割凸模	
9	钳工	钳工研磨刃口，保证表面粗糙度 Ra 为 0.4μm	
10	检验	按图样检验	

表 5-8 凹模加工工艺过程

工序号	工序名	工序内容	定位基准
1	备料	锻造 155mm×105mm×20mm 六面体坯料	
2	热处理	退火	
3	铣	铣六面，按图样尺寸单面留余量 0.5mm	对应平面
4	磨	磨上、下面及基准侧面，保证相互垂直，单面留余量 0.2mm	对应平面
5	数控点位	按基准点出各孔中心位置	基准侧面
6	钻	在凹模孔内钻穿丝孔，扩圆形凹模的漏料孔，钻、攻螺纹，钻、铰销孔	端面、按线
7	铣	铣非圆形凹模漏料孔到尺寸	端面、按线
8	热处理	淬火与回火，硬度为 60～63HRC	
9	磨	磨上、下面和垂直基准侧面到尺寸	对应平面
10	退磁		
11	线切割	根据图样及凸模实际尺寸，线切割加工各凹模型孔、定位销钉孔	端面、基准侧面
12	电火花	电火花成型侧刃漏料孔	
13	钳工	研磨刃口	
14	检验		

5.3.2 凸、凹模的数控线切割加工

对于线切割工序之前的各个工序这里不做阐述，这里重点阐述线切割的加工工艺。

线切割机床用 DK-7732，电极丝采用 $\phi 0.20$mm 的钼丝。

电参数的选择：脉冲宽度 $t_i=4\mu s$，脉间宽度 $t_0=10\mu s$，电流为 3.2A。此时的单面放电间隙 $\delta=0.01$mm，表面粗糙度可以达到 0.4μm，满足图样要求。

因该模具凸模上标有公差，凹模按凸模配做，保证平均冲裁间隙 $Z=0.03\sim0.05$mm，所以以凸模的平均尺寸作为编程的公称尺寸，凸模的偏移量应该等于放电间隙加上电极丝半径，即 $l_{凸}=0.1+0.01=0.11$（mm），而凹模的偏移量包含了冲裁间隙，这里取单面冲裁间隙为 0.02mm，故凹模的间隙补偿量为 $l_{凹}=0.1+0.01-0.02=0.09$（mm），实际加工过程中应根据加工出的凸模实际尺寸调整凹模的间隙补偿量。

凸、凹模穿丝孔、切入点和退出点的位置如图 5-60 所示，切割路线由切入点切入后逆时针走完轮廓，最后回到退出点。利用 CAXA 线切割软件进行自动编程的具体操作视频以及案例中用于线切割自动编程的数字文档在中国大学 MOOC“模具制造工艺”课程资源库中查询。

利用 CAXA 线切割编程软件，按照上面计算的偏移量以及规划的路线生成的加工程序如下：

(1) 凸模

Start Point = 0.00000 , 45.00000 ; X , Y

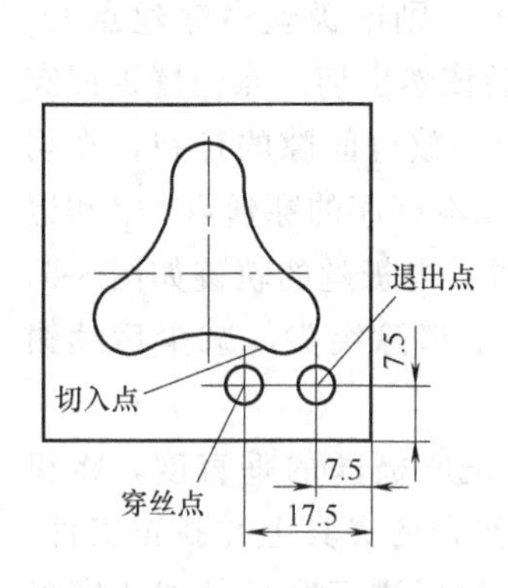

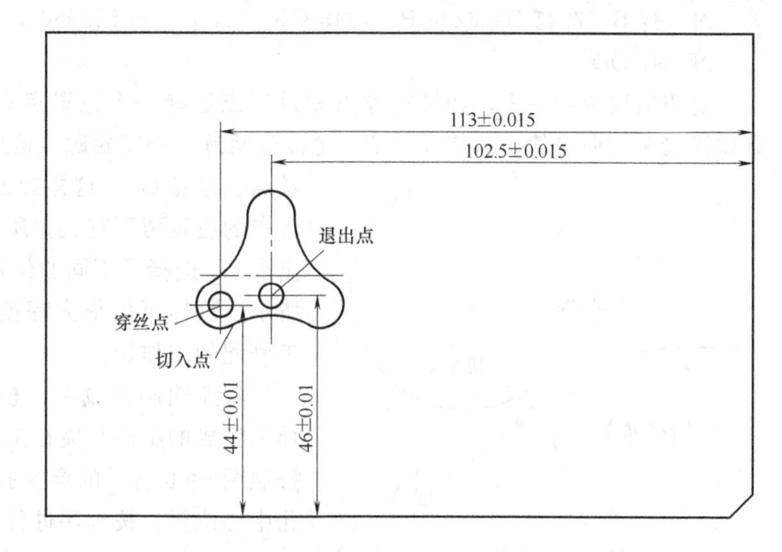

图 5-60 凸、凹模线切割路线规划图

N 1：B 29890 B 14890 B 29890 GX L4 ； 29.890 ， 30.110
N 2：B 0 B 14890 B 14890 GY L2 ； 29.890 ， 45.000
N 3：B 29890 B 0 B 59780 GY NR1 ； －29.890 ， 45.000
N 4：B 0 B 14890 B 14890 GY L4 ； －29.890 ， 30.110
N 5：B 59780 B 0 B 59780 GX L1 ； 29.890 ， 30.110
N 6：B 29890 B 14890 B 29890 GX L2 ； 0.000 ， 45.000
N 7：D
N 8：B 0 B 90000 B 90000 GY L4 ； 0.000 ， －45.000
N 9：D
N 10：B 29890 B 14890 B 29890 GX L1 ； 29.890 ， －30.110
N 11：B 59780 B 0 B 59780 GX L3 ； －29.890 ， －30.110
N 12：B 0 B 14890 B 14890 GY L4 ； －29.890 ， －45.000
N 13：B 29890 B 0 B 59780 GY NR3 ； 29.890 ， －45.000
N 14：B 0 B 14890 B 14890 GY L2 ； 29.890 ， －30.110
N 15：B 29890 B 14890 B 29890 GX L3 ； 0.000 ， －45.000
N 16：DD

(2) 凹模

Start Point ＝ －63.47975 ， 39.77907 ； X ， Y
N 1：B 2575 B 4245 B 4245 GY L4 ； －60.905 ， 35.534
N 2：B 7925 B 14003 B 15850 GX SR2 ； －45.055 ， 35.534
N 3：B 2443 B 4259 B 9796 GX NR3 ； －40.145 ， 44.038
N 4：B 8165 B 13865 B 13727 GY SR3 ； －48.070 ， 57.765
N 5：B 4910 B 14 B 9848 GY NR4 ； －57.890 ， 57.765
N 6：B 16089 B 138 B 7925 GX SR4 ； －65.815 ， 44.039
N 7：B 2443 B 4259 B 9844 GX NR2 ； －60.905 ， 35.535

N　8：B　7945 B　6244 B　7945 GX　L1；　−52.960，　41.779

N　9：DD

这里需要说明一下，如果穿丝点和退出点选择一个位置点 O_1，则电极丝由穿丝点 O_1 开始沿箭头方向进给，从切入点切入电极丝轨迹，切完轮廓轨迹后依然由切入点位置返回穿丝点位置点 O_1，这样会因为放电间隙的存在，在切入点的位置留下突尖，所以本程序的穿丝点 O_1 和退出点 O_2 选择了不同的位置，电极丝的轨迹如图 5-61 所示，这样可以很大程度上消除突尖，减少后续钳工修配的工作量。

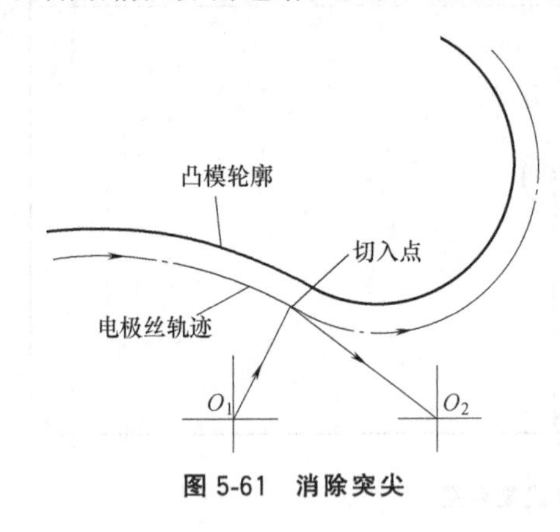

图 5-61　消除突尖

程序编制完成后，校正电极丝的垂直度，将机加工完成的工件装夹在工作台的夹具上并找正工件。按照图 5-60 所示的穿丝孔位置进行穿丝并找正穿丝孔中心位置，按程序进行切割。

其他凸模、侧刃、其他凹模型孔及销钉孔的线切割加工这里不再详细阐述。

5.3.3　凹模侧刃漏料孔的电火花成型加工

凹模侧刃漏料孔的详细尺寸如图 5-62 所示，在线切割加工完 3.5mm×35mm 的通孔后，需要采用电火花成型加工方法加工出 4.5mm×36mm 的漏料孔，即在刃口轮廓尺寸的基础上单边放大 0.5mm。这里需要说明一下，因漏料孔尺寸精度要求很低，可以先进行铣削加工，之后再热处理，热处理带来的变形对漏料孔来说影响不大。那么热处理之后就只需要进行侧刃凹模的线切割加工，不需要再进行漏料孔的电火花成型加工了。

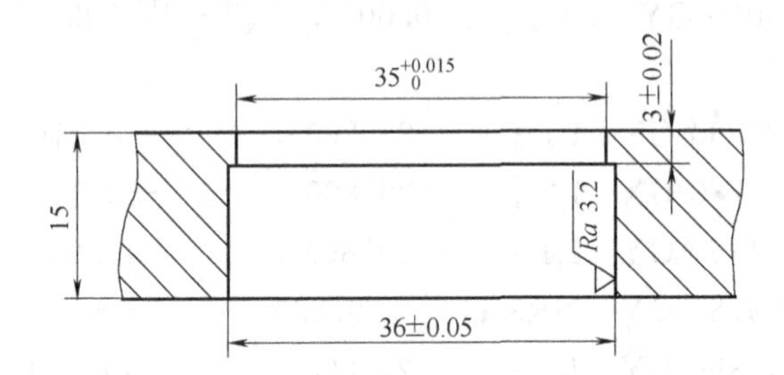

图 5-62　凹模侧刃漏料孔详细尺寸

(1) 设计电极

漏料孔轮廓简单，且侧壁无斜度，所以电极的设计比较简单，这里采用单电极平动法进行电火花成型加工，电极平动量为 0.1mm，放电间隙 0.1mm，电极材料为紫铜。设计方法参见 5.2.3 节，这里对于电极设计的过程不做详细阐述。设计出的电极如图 5-63 所示，其中 11.9mm 部分为电极的工作高度，5.1mm 为冲水位高度，上端的 10mm 为装夹位置。

电极形状简单，采用精铣加工即可完成。

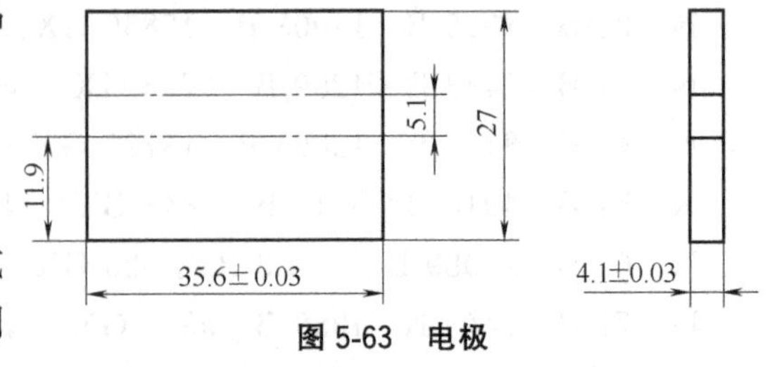

图 5-63　电极

(2) 装夹并找正工件

将凹模漏料孔朝上，采用磁性吸盘方式固定，找正时利用百分表分别在两个基准侧面进行打表找正。

(3) 装夹并找正电极

此电极没有单独设计电极座，直接在电极高度方向预留了10mm的装夹位置，故采用U形夹头进行电极的夹紧，用百分表在电极横、纵（即 X、Y 方向）两个方向作垂直校正和水平校正，保证电极轴线与主轴进给轴线一致，保证电极工艺基准与工作台面 X、Y 基准平行。

(4) 对正工件与电极

采用移动坐标法找出 X、Y 方向的坐标。利用电火花机床上的“端面定位”功能分别移动 X、Y 方向的工作台，当电极的垂直基准正好与工件的垂直基准接触时，机床自动记录下坐标值并反转停止。

(5) 选择电规准

由于漏料孔表面粗糙度要求不是很高，所以电规准的选择主要考虑加工效率，电规准按照表5-9所列参数进行选择设定。

表5-9 漏料孔加工电规准的选择

电规准	脉冲宽度/μs	脉冲电流幅值/A	表面粗糙度 Ra/μm	单边平动量/mm	端面进给量/mm
粗规准	360	25	10	0	11.8
中规准	60	8	3.2	0.05	0.1

工件与电极安装对正完成后，开启机床工作液泵，向工作槽内注入工作液，工作液面高度以高出工件加工面30～50mm为宜。开启机床放电加工按钮开始加工，加工时保证工作液循环。加工完成后，放掉工作槽中的工作液，取下工件和电极。

5.3.4 保证冲裁模凸、凹模配合间隙的方法

凸、凹模配合间隙是冲裁模的一项非常重要的技术指标，在凸、凹模的电火花加工中，保证凸、凹模配合间隙的方法有以下几种。

(1) 直接配合法

这种方法是直接用适当加长的钢凸模作电极加工凹模的型孔，加工后将凸模上的损耗部分去除，如图5-64所示。凸、凹模的配合间隙由控制脉冲放电间隙来保证。直接配合法的优点是可以获得均匀的配合间隙、模具质量高、电极制造方便、工艺简单；因为使用钢凸模作电极，因此存在加工速度低，在电流的直流分量作用下易磁化，使电蚀产物被吸附在电极放电间隙的磁场中，形成不稳定的二次放电的缺点。直接配合法适用于加工形状复杂的凹模或多型孔凹模，如电机定子、转子硅钢片冲模等。

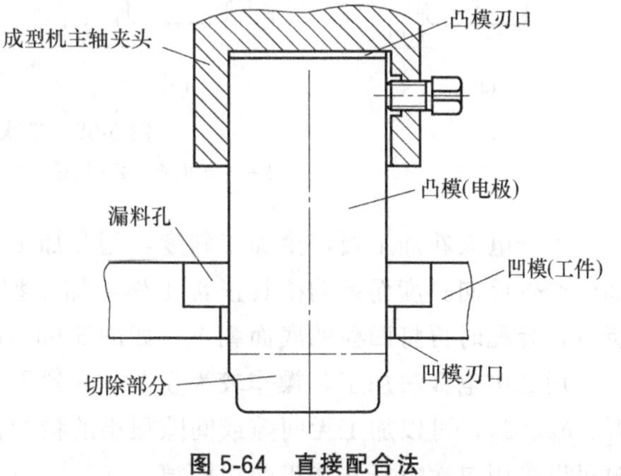

图5-64 直接配合法

(2) 混合法

混合法是将凸模的加长部分选用与

凸模不同的材料，如铸铁等粘接或钎焊在凸模坯料上，与凸模一起加工，以粘接或钎焊部分作为穿孔电极的工作部分。加工后，再将电极部分去除。这种方法的优点是电极材料可以选择与凸模不同的材料，因此电加工性能比直接配合法好；电极与凸模连在一起加工，电极形状、尺寸与凸模一致；加工后凸、凹模的配合间隙均匀，是一种使用较广泛的方法。

直接配合法和混合法都是依靠调节脉冲放电间隙来保证凸、凹模的配合间隙的。当凸、凹模的配合间隙很小时，必须保证脉冲放电间隙也很小，但是过小的放电间隙会使加工困难、效率低下。在这种情况下可以将电极的工作部分用化学浸蚀法蚀除一层金属，使断面尺寸均匀缩小 $\delta - Z/2$（Z 为凸、凹模双边配合间隙，δ 为单边放电间隙），以利于放电间隙的控制；反之，当凸、凹模的配合间隙较大时，可以用电镀法将电极工作部分的断面尺寸均匀扩大 $Z/2 - \delta$，以使加工时的间隙满足凸、凹模配合间隙的要求。

(3) 修配凸模法

修配凸模法是将凸模和工具电极分别制造，在凸模上留一定的修配余量，按电火花加工好的凹模型孔修配凸模，达到所要求的凸、凹模的配合间隙，不论配合间隙大小，均可采用。这种方法的优点是电极可以选用电加工性能好的材料；缺点是增加了制造电极和钳工修配的工作量，而且不易得到均匀的配合间隙。所以，修配凸模法只适用于加工形状比较简单的冲模。

(4) 二次电极法

二次电极法是利用一次电极制造出二次电极，再分别用一次和二次电极加工出凹模和凸模，并保证凸、凹模配合间隙。二次电极法分为两种情况：一是一次电极为凹型，适用于凸模制造困难时；二是一次电极为凸型，适用于凹模制造困难时。图 5-65 所示为一次电极为凸型电极时的加工方法。其加工工艺过程为：根据模具尺寸要求设计并制造出一次凸型电极；用一次电极加工出凹模，如图 5-65 (a) 所示；用一次电极加工出凹型二次电极，如图 5-65 (b) 所示；用二次电极加工出凸模，如图 5-65 (c) 所示；凸、凹模配合保证配合间隙，如图 5-65 (d) 所示。图中 δ_1、δ_2、δ_3 分别为加工凹模、加工二次电极和加工凸模时的放电间隙。

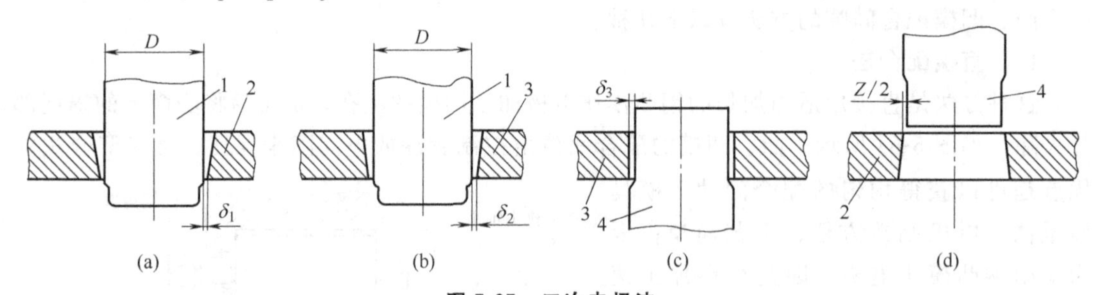

图 5-65 二次电极法

1—一次电极；2—凹模；3—二次电极；4—凸模

由于电火花加工要产生加工斜度，型孔加工后其孔壁要产生斜度。为了防止型孔的工作部分产生反向斜度而影响模具正常工作，加工型孔时应将凹模的底面朝上，如图 5-65 (a) 所示，装配时再将凹模的底面朝下，如图 5-65 (d) 所示。

用二次电极法加工，操作较为复杂，一般不常采用。但这种方法能够合理调整放电间隙 δ_1、δ_2、δ_3，可以加工无间隙或间隙很小的精冲模。对于硬质合金模具，在无成型磨削设备时可以采用二次电极法加工凸、凹模。

本章小结

本章通过对案例型芯固定板的线切割加工的讲解，讲解了实施电火花线切割加工的基本工艺流程、加工特点、适用范围等基本知识，学生通过案例的学习，可以掌握电火花线切割机床的基本结构、线切割的加工原理、电参数的确定及其对加工质量的影响，并具备编制线切割数控加工程序的能力、电极丝的选择及安装找正、线切割机床的加工操作能力。本案例学习过程中，需要重点掌握线切割加工工艺的规划、加工电参数的选择等知识，并通过训练具备线切割数控加工程序的编制，以及线切割加工的实操能力。

通过万能充电器外壳注塑模型芯镶块的电火花成型加工案例的讲解，学生可以掌握电火花成型加工的基本原理、加工特点、适用范围等基本知识，通过案例电极设计的学习，掌握电火花成型电极设计的能力，具备根据零件要求合理选择电参数的能力，并能够实施电火花成型加工。学习过程中重点进行成型电极的设计和机床的操作能力训练。

冲孔落料连续模的凸、凹模加工案例，是综合运用电火花线切割和电火花成型加工工艺进行模具零件的电加工，通过学习，学生可以全面掌握电火花线切割和电火花成型加工在模具零件加工中的灵活运用，能够合理安排模具零件的电加工工艺。

知识类题目

1. 电加工相比机械切削加工有哪些特点?
2. 电火花线切割加工的基本原理是什么?
3. 电火花线切割机床有哪些组成部分?
4. 电火花线切割机床有哪几类? 有什么区别?
5. 如何确定电极丝轨迹的偏移值?
6. 在线切割机床上如何安装找正工件?
7. 线切割电参数有哪些? 如何选择?
8. 线切割加工的基本流程是什么?
9. 电火花成型加工的基本原理是什么?
10. 电火花成型加工必须具备的三个条件是什么?
11. 什么是极性效应? 生产中如何利用极性效应?
12. 影响电火花成型加工的主要因素有哪些?
13. 影响电火花成型加工精度的因素有哪些?
14. 简述电火花成型加工的基本工艺过程。

能力类题目

模具零件的电加工训练

学生分组后按照任务单中的任务要求实施并完成任务。通过任务的实施，掌握案例中的知识，并进行电加工能力的训练。每组学生 5～6 人。本章的两个任务单如表 5-10、表 5-11 所示。

表 5-10　任务单 1

<table>
<tr><td>任务名称</td><td colspan="3">十字形连续模凸、凹模的电加工
注：零件的三维数字模型分别为中国大学 MOOC“模具制造工艺”（课程编号：0802SUST006）资源库中“任务零件”文件夹下的“cross_punch. prt”和“cross_die. prt”，工程图为“cross. pdf”</td></tr>
<tr><td>组别号</td><td></td><td>成员</td><td></td></tr>
<tr><td>任务要求</td><td colspan="3">各组成员细分以下任务，每人负责其中的若干个小任务，每位成员都需要参与所有小任务的实施
1. 制定十字片连续模中凸、凹模零件的加工工艺卡
2. 规划凸、凹模电加工工艺方案
3. 确定电极丝规格、线切割的切割顺序
4. 如果需要则进行电火花成型电极的设计
5. 编制线切割加工程序
6. 确定加工电参数
7. 确定装夹和找正工件方法
8. 如果使用成型电极，则还需要确定装夹和找正电极的方法

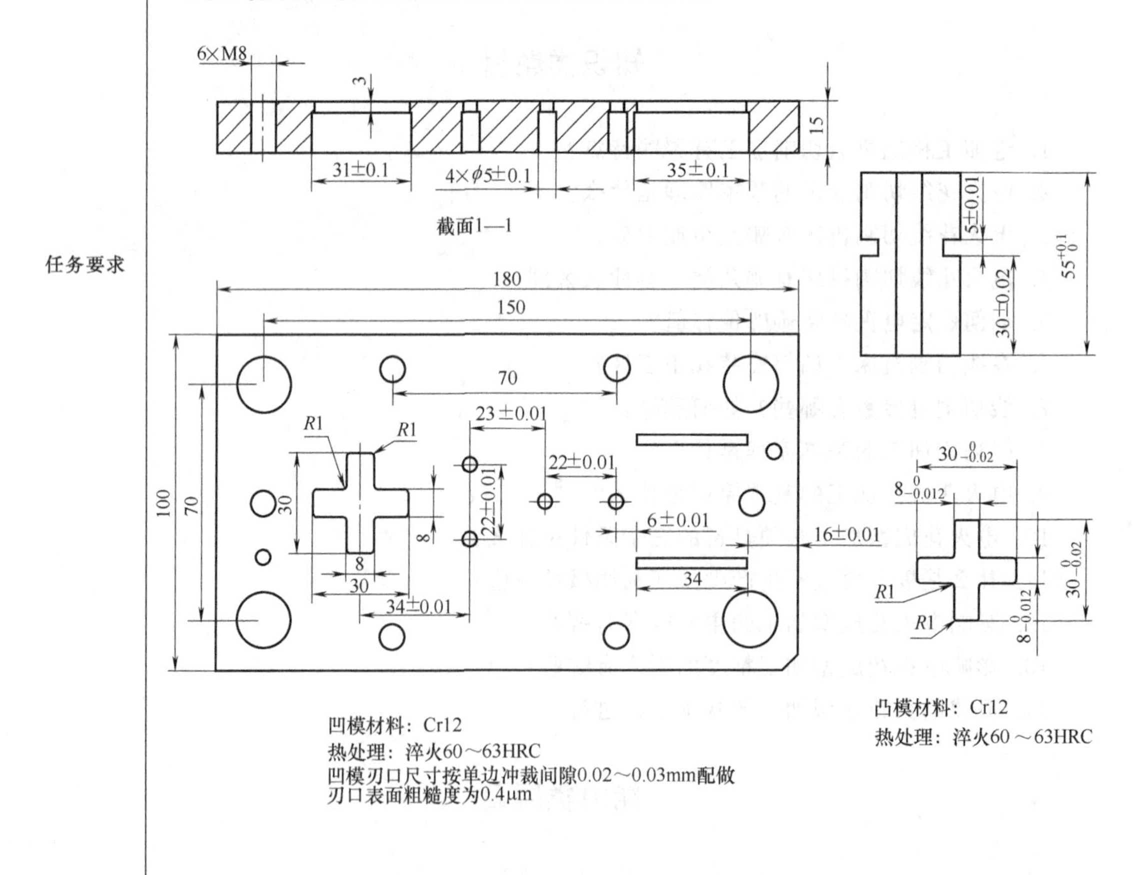

</td></tr>
</table>

各组学生任务实施完成后，学生对任务实施的整个环节进行自评总结，再通过组内互评和教师评价对任务的实施进行评价。各评价表具体内容如表 5-12～表 5-15 所示。

表 5-11 任务单 2

任务名称	盒盖注塑模具型腔镶块的电加工 注:零件的三维数字模型为中国大学 MOOC“模具制造工艺”(课程编号:0802SUST006)资源库中“任务零件”文件夹下的“cavity2. prt”		
组别号		成员	
任务要求	各组成员细分以下任务,每人负责其中的若干个小任务,每位成员都需要参与所有小任务的实施 1. 分析零件结构,确定需要电火花成型加工的部位 2. 制定盒盖注塑模具型腔镶块的加工工艺卡 3. 规划盒盖注塑模具型腔镶块电加工工艺方案 4. 设计电火花成型电极 5. 确定加工电参数 6. 确定装夹和找正工件方法 7. 确定装夹和找正电极方法 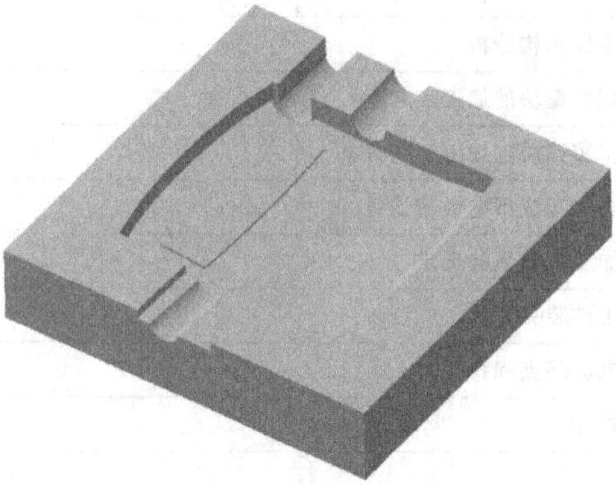		

表 5-12 学生自评表 1

任务名称	十字形连续模凸、凹模的电加工		
姓名		班级	
学号		组别	

评价观测点	分值	得分
十字片连续模凸模的加工工艺卡	10	
凹模加工工艺卡	10	
电加工工艺方案	10	
电极丝规格确定、线切割的切割顺序	10	
电火花成型电极的设计	10	
线切割加工程序	20	
确定加工电参数	10	
确定装夹和找正工件方法	5	
确定找正并对正电极丝方法,如果使用成型电极,则还需要确定装夹和找正电极方法	15	
总计	100	

任务实施过程中完成较好的内容	
任务实施过程中完成不足的内容	
需要改进的内容	
任务实施总结	

表 5-13　学生自评表 2

<table>
<tr><td>任务名称</td><td colspan="4">盒盖注塑模具型腔镶块的电加工</td></tr>
<tr><td>姓名</td><td></td><td>班级</td><td colspan="2"></td></tr>
<tr><td>学号</td><td></td><td>组别</td><td colspan="2"></td></tr>
<tr><td colspan="3">评价观测点</td><td>分值</td><td>得分</td></tr>
<tr><td colspan="3">零件结构分析</td><td>10</td><td></td></tr>
<tr><td colspan="3">型腔镶块的加工工艺卡</td><td>15</td><td></td></tr>
<tr><td colspan="3">型腔镶块电加工工艺方案</td><td>15</td><td></td></tr>
<tr><td colspan="3">电火花成型电极的设计</td><td>25</td><td></td></tr>
<tr><td colspan="3">加工电参数的选定</td><td>15</td><td></td></tr>
<tr><td colspan="3">工件装夹和找正</td><td>10</td><td></td></tr>
<tr><td colspan="3">电极装夹和找正</td><td>10</td><td></td></tr>
<tr><td colspan="3">总计</td><td>100</td><td></td></tr>
<tr><td>任务实施过程中完成较好的内容</td><td colspan="4"></td></tr>
<tr><td>任务实施过程中完成不足的内容</td><td colspan="4"></td></tr>
<tr><td>需要改进的内容</td><td colspan="4"></td></tr>
<tr><td>任务实施总结</td><td colspan="4"></td></tr>
</table>

表 5-14　组内互评表

<table>
<tr><td>任务名称</td><td colspan="7"></td></tr>
<tr><td>班级</td><td colspan="3"></td><td>组别</td><td colspan="3"></td></tr>
<tr><td rowspan="2">评价观测点</td><td rowspan="2">分值</td><td colspan="6">得分</td></tr>
<tr><td>组长</td><td>成员 1</td><td>成员 2</td><td>成员 3</td><td>成员 4</td><td>成员 5</td></tr>
<tr><td>分析问题能力</td><td>10</td><td></td><td></td><td></td><td></td><td></td><td></td></tr>
<tr><td>解决问题能力</td><td>20</td><td></td><td></td><td></td><td></td><td></td><td></td></tr>
<tr><td>责任心</td><td>15</td><td></td><td></td><td></td><td></td><td></td><td></td></tr>
<tr><td>建模与工程图能力</td><td>25</td><td></td><td></td><td></td><td></td><td></td><td></td></tr>
<tr><td>协作能力</td><td>10</td><td></td><td></td><td></td><td></td><td></td><td></td></tr>
<tr><td>表达能力</td><td>10</td><td></td><td></td><td></td><td></td><td></td><td></td></tr>
<tr><td>创新能力</td><td>10</td><td></td><td></td><td></td><td></td><td></td><td></td></tr>
<tr><td>总计</td><td>100</td><td></td><td></td><td></td><td></td><td></td><td></td></tr>
</table>

表 5-15 教师评价表

任务名称					
班级		姓名		组别	
评价观测点				分值	得分
专业知识和能力	零件结构及加工工艺分析能力			20	
	零件加工规划能力			15	
	工程软件应用能力			15	
	理论知识			15	
方法能力	自主学习能力			5	
	决策能力			3	
	实施规划能力			3	
	资料收集、信息整理能力			3	
个人素养	交流沟通能力			3	
	团队组织能力			3	
	协作能力			3	
	文字表达能力			2	
	工作责任心			5	
	创新能力			5	
总计				100	

·第6章·

模具零件的其他加工技术

模具零件的加工技术除了前面讲述的常规机械加工、数控加工、电加工外，对于具有特殊结构要求的模具零件，例如文字、图案、皮纹等要求，模具零件的加工还要用到许多其他加工技术，如数控雕刻加工、抛光加工、皮纹加工、电镀加工等。本章将对这些技术进行介绍，作为模具制造技术的知识拓展。

(1) 在型腔中加工文字与图案

雕刻加工工艺种类繁多，按照工作空间可划分为平面雕刻、立体雕刻两大类。平面雕刻采用两轴或两轴半加工策略；立体雕刻采用三轴和多于三轴的加工策略，其中三轴加工包括基于矢量信息的凸雕加工和凹雕加工、基于离散点信息的立体浮雕加工等。

区域铣削加工既是平面类零件常用的加工方法，也是三维零件分层加工的常用方法。三维立体雕刻用于加工平面图案或文字以得到立体效果。刀具在加工过程中根据轮廓外形和刀具外形自动调整雕刻深度，可以在不换刀的情况下通过抬刀完成清根加工，类似毛笔书法中的提笔动作，最终雕刻出来的汉字能够表现出笔画表面的凸凹不平。

关于浮雕建模与加工，一种是基于图像的浮雕建模与加工，该方法从平面图像出发进行浮雕设计与加工；另一种是基于几何的浮雕建模与加工，该方法从平面上的二维轮廓出发进行浮雕设计与加工。

随着塑料在日常生活中的广泛应用，人们对塑料制品表观质量有了更高的要求，需要制品的表面有装饰纹。这就涉及塑料模具型腔的花纹加工问题。目前，塑料模具型腔花纹加工主要采用化学腐蚀法，也有人称之为装饰纹蚀刻加工，行业称之为晒纹。这种方法大多在模具机械加工结束后，作为最后一道工序。装饰纹加工的特点是：可以在模具表面加工皮纹、木纹等天然花纹和绘画、线条、几何图案、文字等任意形状的花纹。

(2) 抛光型腔表面

塑料制品要达到外形美观、光洁的目的，关键在于模具型腔的最后精加工，一般其表面粗糙度 Ra 需达 0.1μm 以下，模具型腔的抛光加工是关键的一环。提高模具型腔表面光洁度，抛光是目前主要的终加工手段，目的是降低表面粗糙度并去除研磨形成的损伤层，获得光滑、无损伤的加工表面。抛光过程的材料去除量十分微小，约为 5μm。

(3) 电镀型腔表面

某些塑料制品的外表形状复杂，且尺寸精度要求很高，例如，某些家电产品上的高质量旋钮，仪器仪表中的高精度塑料零件，机动车辆尾灯中的RR反射器等。对于这些产品的注塑模具的型腔，采用电脉冲及电火花加工工艺尚无法达到要求，目前我国多采用电镀加工的方法来实现。

(4) 快速制模

由于快速模具制造是基于材料逐层堆积的成型方法，工艺过程相对简单、方便和快捷，它不仅能适应各种生产类型特别是单件小批量的模具生产，而且还适应各种复杂程度的模具制造；它既能制造塑料模具，也能制造金属模具。模具结构愈复杂，快速模具制造的优越性就愈突出。随着现今3D打印技术的发展和成熟，快速制模技术在模具制造上的应用会越来越广泛。

本章的学习内容及重点如图6-1所示。

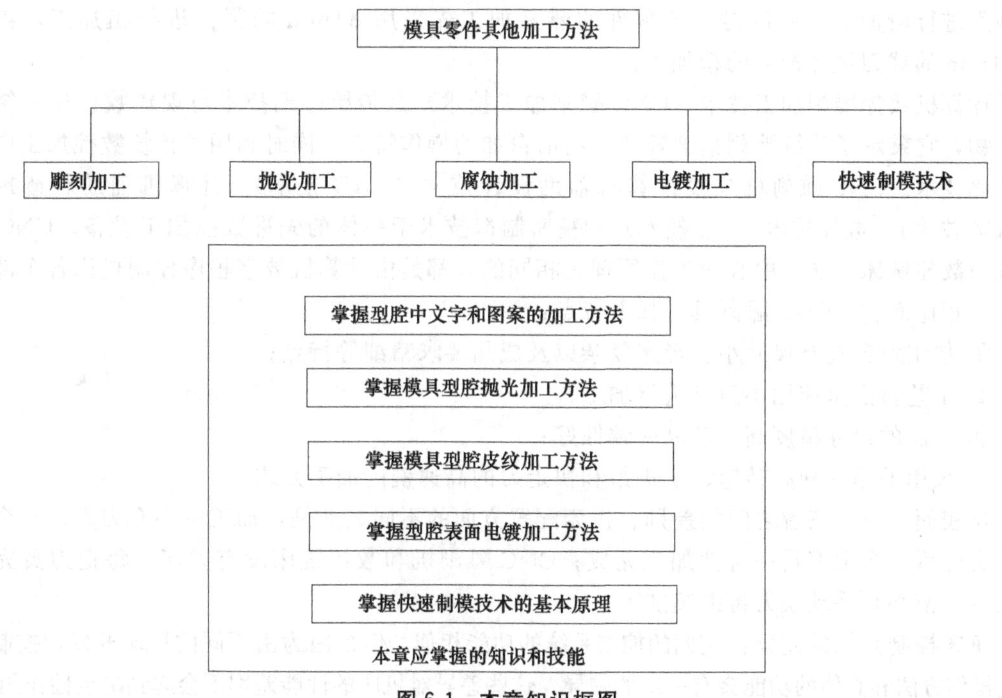

图6-1 本章知识框图

6.1 数控雕刻加工

图6-2所示为香皂盒注塑模具的型腔镶块，包含有如图所示的“陕西科技大学”汉字反文及“SHAANXI UNIVERSITY OF SCIENCE & TECHNOLOGY”英文字母的反文图案，所有文字图案深0.2mm，英文字母笔画宽度为1mm。对于该文字的加工可以采用数控雕刻加工、激光雕刻加工，也可采用化学腐蚀加工，数控雕刻加工因受刀具影响，部分细节很难加工到位。激光雕刻加工可以解决这样的问题，但加工设备较贵。激光雕刻在现代模具制造中对于文字图案等的加工应用将会有着越来越广的应用。化学腐蚀加工相对加工深度较小，但加工成本较低，目前在模具制造中还在大量应用。这里首先对数控雕刻加工做一个基本的介绍。

对于文字的数控雕刻加工一般按照数控程序先采用较粗的刻刀进行粗加工，再采用较细

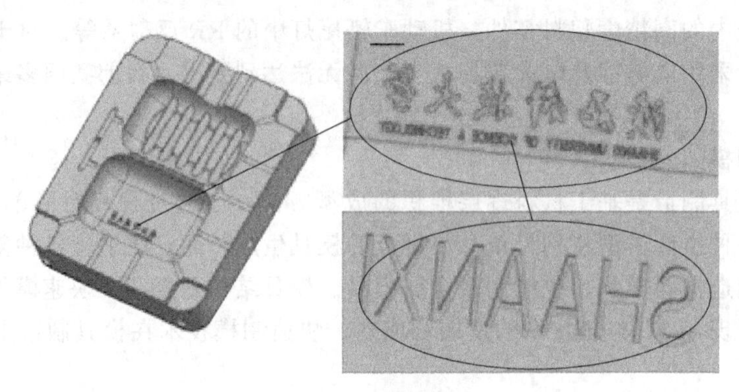

图 6-2 型腔镶块

的刻刀进行精加工。所以对于该零件的雕刻加工先采用 ϕ1mm 的圆刀进行粗加工，再用 ϕ0.1mm 的球刀进行最后的精加工。

计算机数控雕刻加工技术（CNC 雕刻加工技术）是传统雕刻技术与现代数控技术结合的产物，它秉承了传统雕刻精细轻巧、灵活自如的操作特点，同时利用了传统数控加工中的自动化技术。CNC 雕刻机是集计算机辅助设计技术（CAD 技术）、计算机辅助制造技术（CAM 技术）、数控技术（NC 技术）和精密制造技术于一体的先进数控加工设备。CNC 雕刻机与数控铣床、加工中心的工作原理是相同的，都是由计算机数字程序控制机床各个部件运行。相比而言，CNC 雕刻具有如下特点：

① 加工对象具有尺寸小、形态复杂以及成品要求精细等特点；

② 工艺特点是使用小刀具进行加工；

③ 产品的尺寸精度高，产品一致性好；

④ 采用的是一种高转速、小进给和快走刀的高速铣削加工方式。

从表面上看，三者之间的差别、机床配置方面的不同之处是：加工中心有刀库，一个工件装夹好后，多把刀具一次性加工完成；CNC 雕刻机和数控铣床没有刀库，每把刀具完成加工后，都必须手动换刀再继续加工。

机床控制系统的差异：它们的控制系统的功能相似，但是因为由不同的厂家开发，控制系统的操作方法和具体的功能会有一定的差异。这些差异对机床的性能差别不会起到决定性作用。

决定机床性能差异的关键要从具体的细节方面来看，数控铣床和加工中心主轴都比较大，转速比较低，一般数控机床最高转速在 20000r/min 以下，但功率比较大，主轴输出扭矩比较大，适合直径比较大的刀具。

另外，数控铣床主轴功率大，一般为 10～100kW；CNC 雕刻机主轴功率较小（4kW 以下），最高转速高，一般为 15000～40000r/min，最高可达 100000r/min，进给较高，一般为 400m/min。可加工 60HRC 左右的淬火钢，适合中小型零件的精加工。

CNC 雕刻机转速比较高，主轴输出扭矩相对比较小，适合直径为 0.05～10mm 的刀具加工。因主轴转速高、刀具小，所以加工的工件比较细致，表面光洁度高。另外，数控铣床、加工中心床体比较大，运动部件也相应比较大，重量比较大，运动起来后加速比较慢，对加工大工件来说比较合适。CNC 雕刻机床体相对较小，运动部件小、重量轻，便于快速转向、掉头，加工小工件时平均加工速度会比较高。

因此，CNC 雕刻机适合使用中小刀具，加工中小型工件，细节部位加工精细，表面光洁度高；数控铣床、加工中心适合使用比较大的刀具，加工大型的工件，由于其主轴转速低，使用刀具大，加工表面光洁度相对CNC雕刻机要低，而且细小部位加工不到位。而这些加工不到位和光洁度比较差的情况，还可以由CNC雕刻机来帮助完成，减少后期的处理量。CNC雕刻机和数控铣床、加工中心各有所长，各有所短，对于工件加工，尤其是模具加工，它们都是必不可少的加工工具。

CNC雕刻机的使用和数控机床相似，这里不再做详细介绍。大家可以观看中国大学MOOC“模具制造工艺”（课程编号：0802SUST006）资源库中“案例视频”文件夹下的“模具刻字.mp4”以便了解数控雕刻加工。

6.2 化学腐蚀加工

(1) 化学腐蚀加工的原理和特点

化学腐蚀加工是将零件要加工的部位暴露在化学介质中，产生化学反应，使零件材料腐蚀溶解，以获得所需要形状和尺寸的一种工艺方法。化学腐蚀加工时，应先将工件表面不加工的部位用耐腐蚀涂层覆盖起来，然后将工件浸入腐蚀液中或在工件表面涂覆腐蚀液，将裸露部位的余量去除，达到加工目的。

化学腐蚀加工可加工金属和非金属（如玻璃、石板等）材料，不受被加工材料的硬度影响，不发生物理变化。加工后表面无毛刺，不变形，不产生加工硬化现象。只要腐蚀液能浸入的表面都可以加工，故适合加工难以进行机械加工的表面。加工时不需要用夹具。因腐蚀液和蒸气污染环境，对设备和人体有危害作用，加工时需采用适当的防护措施。

化学腐蚀在模具制造中主要用来加工塑料模型腔表面上的花纹、图案和文字，应用较广的是照相腐蚀。

照相腐蚀加工是把所需图像拍摄到照相底片上，再将底片上的图像经过光化学反应，复制到涂有感光胶（乳剂）的型腔工作表面上。经感光后的胶膜不仅不溶于水，而且还增强了耐腐蚀能力。未感光的胶膜能溶于水，用水清洗去除未感光胶膜后，部分金属便裸露出来，经腐蚀液的浸蚀，即能获得所需要的花纹、图案。

(2) 化学腐蚀工艺过程

照相腐蚀加工的工艺过程如下：

原图→照相→反贴底片→坚固薄膜→去胶→腐蚀→修整。

① 原图和照相　将所需图形或文字按一定比例绘制在图纸上即为原图。然后通过专用照相设备照相，将原图缩小至所需大小的照相底片上。以香皂盒型腔上文字的腐蚀为例，制成的胶片如图6-3所示。

图6-3　胶片

② 感光胶　感光胶的配方有很多种，聚乙烯醇感光胶最为常用。感光胶的作用原理是：聚乙烯醇和重铬酸铵间不起化学反应。聚乙烯醇的特点是易溶于水，无色透明，有黏结作

用，水分挥发后，形成一层薄膜，但用水冲洗、擦拭便可去掉。重铬酸铵是一种感光材料，经光照、感光、显影之后，不易溶于水，和聚乙烯醇的混合物共同形成一层薄膜，较牢固地附着在模具表面上。而未感光部分，仍是聚乙烯醇为主，经水冲洗，用脱脂棉擦拭便可去除。附着在模具表面的感光胶膜，经过固化后具有一定的耐腐蚀能力，能保护金属不被腐蚀。

③ 腐蚀面的清洗　涂胶前必须清洗模具表面。对小模具，可将其放入10%的NaOH溶液中加热去除油污，然后取出用清水冲洗。对较大的模具，先用10%的NaOH溶液煮沸后冲洗，再用开水冲洗。模具清洗后，经电炉烘烤至50℃左右涂胶，否则涂上的感光胶容易起皮脱落。清洗后的型腔如图6-4所示。

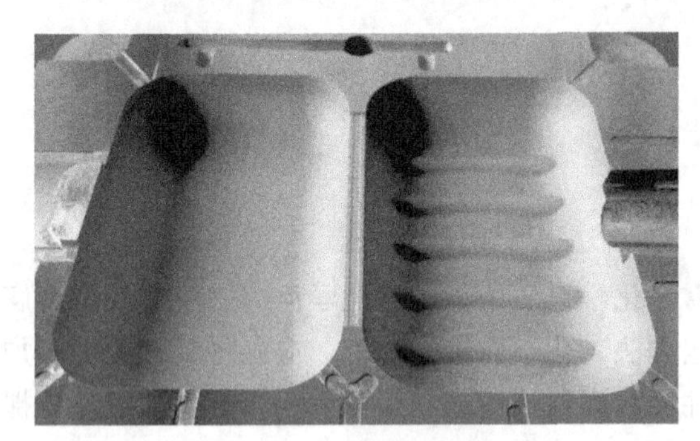

图6-4　清洗后的型腔

④ 涂胶　涂胶可采用喷涂法在暗室红灯下进行，在需要感光成像的模具部位应反复喷涂多次，每次间隔时间根据室温情况而定，室温高则时间短，室温低则时间长。喷涂时要注意均匀一致。涂胶后的型腔如图6-5所示。

⑤ 贴照相底片　在需要腐蚀的表面上，铺上制作好的照相底片，校平表面，用玻璃将底片压紧，垂直于表面，用透明胶带将底片粘牢。对于圆角或曲面部位可用白凡士林将底片粘牢。型腔设计时应预先考虑到贴片是否方便，必要时可将型腔设计成镶块结构。贴片后的型腔如图6-6所示。

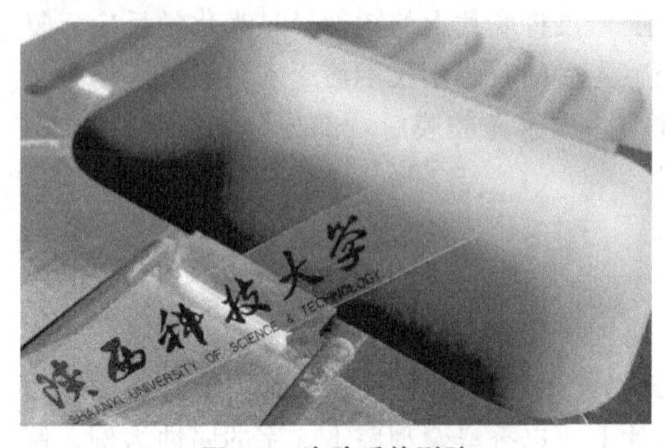

图6-5　涂胶后的型腔

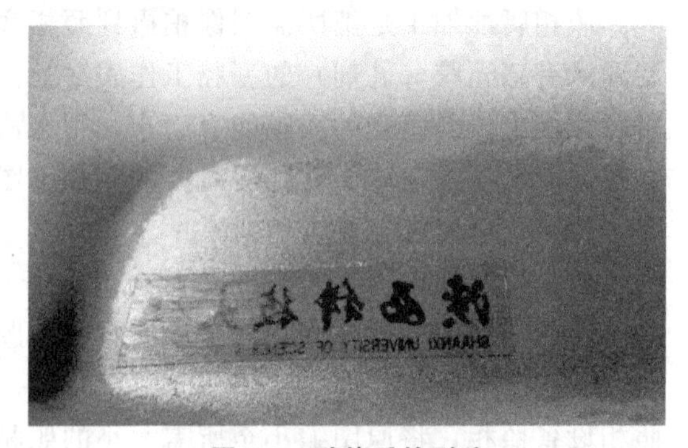

图6-6　贴片后的型腔

⑥ 感光　将经涂胶和贴片处理后的工件部位，用紫外线光源（如汞灯）照射，使工件表面的感光胶膜按图像感光。在此过程中应调整光源的位置，让感光部分均匀感光。感光时间的长短根据实践经验确定。

⑦ 显影冲洗　将感光后的工件放入40～50℃的热水中浸30s左右，让未感光部分的胶膜溶解于水中，取出后滴上碱性紫染料，涂匀显影，待出现清晰的花纹后，再用清水冲洗，并用脱脂棉将未感光部分擦掉。最后用热风吹干，如图6-7所示。

⑧ 坚膜及修补　将已显影的型腔模放入150～200℃的电热恒温干燥箱内，烘焙5～20min，以提高胶膜的黏附强度及耐腐蚀性能。型腔表面若有未去净的胶膜，可用刀尖修除干净，缺膜部位用印刷油墨修补。

⑨ 不腐蚀部位的保护　不需进行腐蚀的部位，应贴膜保护，如图 6-8 所示。

图 6-7　显影冲洗

图 6-8　贴膜保护

⑩ 腐蚀　腐蚀不同的材料应选用不同的腐蚀液。对于钢型腔，常用三氯化铁水溶液，可用浸蚀或喷洒的方法进行腐蚀。若在三氯化铁水溶液中加入适量的硫酸铜粉末调成糊状，涂在型腔表面（涂层厚度为 0.2～0.4mm），可减少向侧面渗透。为防止侧蚀，也可以在腐蚀剂中添加保护剂或用松香粉刷嵌在腐蚀露出的图形侧壁上。

腐蚀温度为 50～60℃，根据花纹和图形的密度及深度一般需腐蚀 1～3 次，一般腐蚀深度为 0.3mm。

⑪ 去胶及修整　将腐蚀好的型腔用漆溶剂和工业酒精擦洗。可用橡皮泥翻印文字，检查腐蚀效果，如图 6-9 所示。对于有缺陷的地方，进行局部修描后，再腐蚀或机械修补。腐蚀结束，表面附着的感光胶，应用 NaOH 溶液冲洗，使保护层烧掉，最后用水冲洗若干遍。之后用风机吹干，涂一层油膜，即完成全部加工，完成后的型腔部分的文字如图 6-10 所示。生产现场加工视频见中国大学 MOOC“模具制造工艺”（课程编号：0802SUST006）资源库中“案例视频”文件夹下的“晒文字.mp4”。

图 6-9　腐蚀效果

图 6-10　完成的型腔文字

6.3 抛光加工

塑料制品的表面质量包括有无斑点、条纹、凹痕、气泡、变色等缺陷，也包括表面光泽性和表面粗糙度。影响塑料制品表面质量的因素有很多，主要因素是模具的加工表面质量和塑料的成型工艺条件。

模具的加工表面质量也就是型腔的表面粗糙度是影响塑料制品表面质量的主要因素。型腔表面粗糙度与制件表面质量的关系主要是：模具型腔表面粗糙度一般比塑料制品的表面质量高1～2个等级。目前，注射成型塑件的表面粗糙度 Ra 一般为0.04～1.25μm，模具型腔的表面粗糙度 Ra 一般为0.02～0.63μm。

透明制件要求型腔和型芯的表面粗糙度相同。不透明制件根据使用情况而定，非配合面和隐蔽面可取较大的表面粗糙度。

根据制件的要求，我们有时需要对模具的成型零件进行抛光。抛光在模具制作过程中是很重要的一道工序，也是模具零件加工的最后一道工序，随着塑料制品的日益广泛应用，人们对塑料制品的外观品质要求也越来越高，所以塑料模具型腔的表面抛光质量也要相应提高，特别是镜面和高光高亮表面的模具对模具表面粗糙度要求更高，因而对抛光的要求也更高。抛光不仅增加工件的美观，而且能够改善材料表面的耐腐蚀性、耐磨性，还可以方便后续的注塑加工，如使塑料制品易于脱模，减少生产注塑周期等。

目前常用的抛光方法有以下几种。

(1) 机械抛光

机械抛光是靠切削、材料表面塑性变形去掉被抛光后的凸部而得到平滑面的抛光方法，一般使用油石条、羊毛轮、砂纸等，以手工操作为主，特殊零件如回转体表面，可使用转台等辅助工具，表面质量要求高的可采用超精研抛的方法。超精研抛是采用特制的磨具，在含有磨料的研抛液中，紧压在工件被加工表面上，做高速旋转运动。利用该技术可以达到 Ra = 0.008μm的表面粗糙度，是各种抛光方法中最好的。光学镜片模具常采用这种方法。

要想获得高质量的抛光效果，最重要的是要具备高质量的油石、砂纸和钻石研磨膏等抛光工具和辅助品。而抛光程序的选择取决于前期加工后的表面状况，如机械加工、电火花加工、磨削加工等。

机械抛光的一般过程如下：

① 粗抛经铣、电火花、磨削等工艺后的表面可以选择转速在35000～40000r/min的旋转表面抛光机或超声波研磨机进行抛光。常用的方法是利用直径3mm、＃400的轮子去除白色电火花层。然后用手工砂纸加油石进行研磨，使用条状油石研磨时，一般用油石蘸取煤油作为润滑剂或冷却剂。一般的砂纸和油石使用顺序为＃180→＃240→＃320→＃400→＃600→＃800→＃1000。许多模具制造商为了节约时间而选择从＃400开始。

② 半精抛主要使用砂纸和煤油，砂纸的号数依次为：＃400→＃600→＃800→＃1000→＃1200→＃1500。实际上＃1500砂纸只适用于淬硬的模具钢（52HRC以上），而不适用于预硬钢，因为这样可能会导致预硬钢件表面烧伤。

③ 精抛主要使用钻石研磨膏，一般采用抛光布轮混合钻石研磨粉或研磨膏进行研磨，通常的研磨顺序是9μm（＃1800）→6μm（＃3000）→3μm（＃8000）。9μm的钻石研磨膏和抛光布轮可用来去除＃1200和＃1500号砂纸留下的发状磨痕。接着用粘毡和钻石研磨膏进行抛光，顺序为1μm（＃14000）→0.5μm（＃60000）→0.25μm（＃100000）。

④ 精度要求在1μm以上（包括1μm）的抛光工艺在模具加工车间中一个清洁的抛光室内即可进行。若进行更加精密的抛光则必需绝对洁净的空间。灰尘、烟雾、头皮屑和口水沫都有可能报废数个小时工作后得到的高精密抛光表面。

香皂盒注塑模具的型腔、型芯部分的抛光采用机械抛光方式进行，采用手工砂纸加油石进行研磨，砂纸采用＃240→＃320→＃400→＃600的顺序进行抛光，之后采用＃800的条状油石研磨蘸取煤油抛光。

抛光前的型芯如图 6-11 所示，型芯上机加工的刀痕明显，手工抛光如图 6-12 所示。抛光过程这里不再做详细叙述。

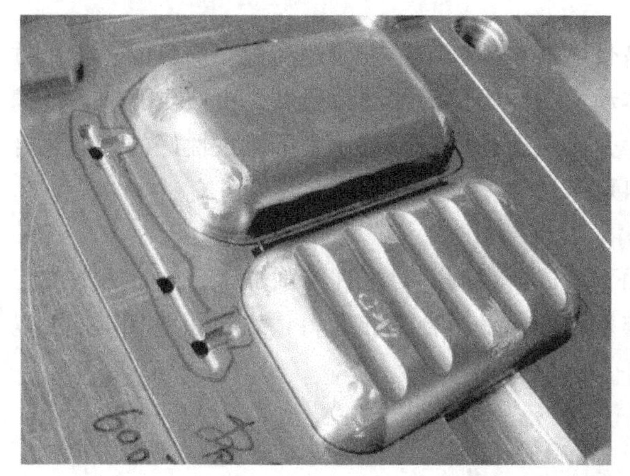
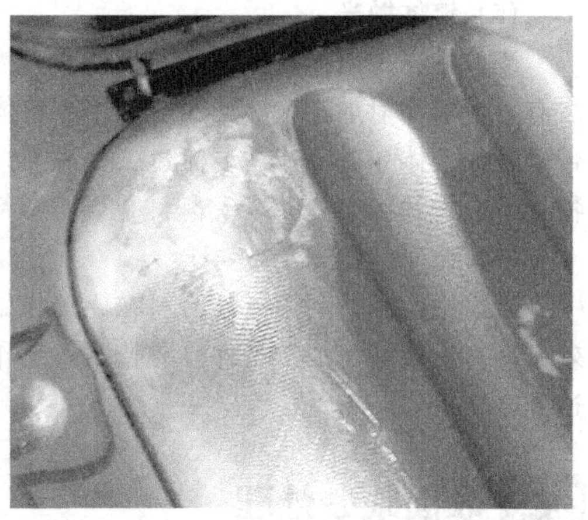

图 6-11 抛光前的型芯

抛光完成后的型芯如图 6-13 所示。生产现场加工视频见中国大学 MOOC“模具制造工艺”（课程编号：0802SUST006）资源库中，“案例视频”文件夹下的“型芯抛光.mp4”。

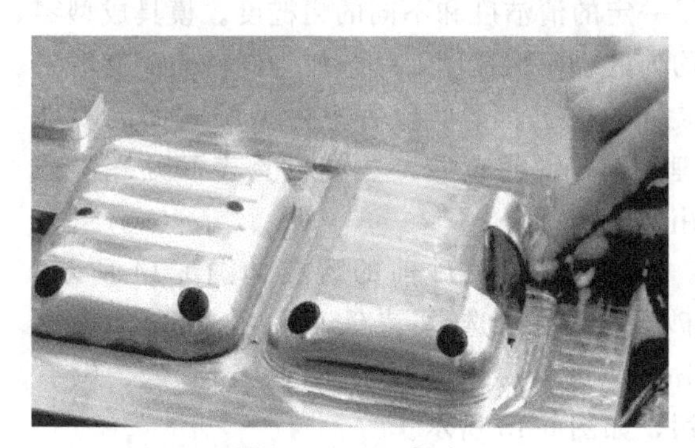

图 6-12 手工抛光

图 6-13 抛光完成后的型芯

(2) 化学抛光

化学抛光是让材料在化学介质中表面微观凸出的部分较凹入部分优先溶解，从而得到平滑面。这种方法的主要优点是不需复杂设备，可以抛光形状复杂的工件，可以同时抛光很多工件，效率高。化学抛光的核心问题是抛光液的配制。化学抛光得到的表面粗糙度一般为数十微米。

(3) 电解抛光

电解抛光基本原理与化学抛光相同，即选择性地溶解材料表面微小凸出部分，使表面光滑。与化学抛光相比，可以消除阴极反应的影响，效果较好。电解抛光过程分为两步：

① 宏观整平溶解产物向电解液中扩散，材料表面粗糙度值变大，$Ra>1\mu m$。

② 微光平整阳极极化，表面光亮度提高，$Ra<1\mu m$。

(4) 超声波抛光

将工件放入磨料悬浮液中并一起置于超声波场中，依靠超声波的振荡作用，使磨料在工件表面磨削抛光。超声波加工宏观力小，不会引起工件变形，但工装制作和安装较困难。超声波加工可以与化学或电化学方法结合。在溶液腐蚀、电解的基础上，再施加超声波振动搅拌溶液，使工件表面溶解产物脱离，表面附近的腐蚀或电解质均匀；超声波在液体中的空化作用还能够抑制腐蚀过程，利于表面光亮化。

(5) 流体抛光

流体抛光是依靠高速流动的液体及其携带的磨粒冲刷工件表面达到抛光的目的。常用方法有：磨料喷射加工、液体喷射加工、流体动力研磨等。流体动力研磨是由液压驱动，使携带磨粒的液体介质高速往复流过工件表面。介质主要采用在较低压力下流过性好的特殊化合物（聚合物状物质）并掺上磨料制成，磨料可采用碳化硅粉末。

(6) 磁研磨抛光

磁研磨抛光是利用磁性磨料在磁场作用下形成磨料刷，对工件磨削加工。这种方法加工效率高，质量好，加工条件容易控制，工作条件好。采用合适的磨料，表面粗糙度 Ra 可以达到 0.1μm。

6.4 表面喷砂处理

喷砂是采用压缩空气为动力，以形成高速喷射束将喷料（铜矿砂、石英砂、金刚砂、铁砂、海砂）高速喷射到需处理的工件表面，使工件表面的外表或形状发生变化。由于磨料对工件表面的冲击和切削作用，使工件的表面获得一定的清洁度和不同的粗糙度。模具成型零件的表面采用喷砂处理，可以获得较粗但又很均匀的表面粗糙度，一般作为制件表面有磨砂状装饰的加工。下面以香皂盒型腔表面的喷砂处理为例，说明喷砂工艺在模具表面处理中的应用。

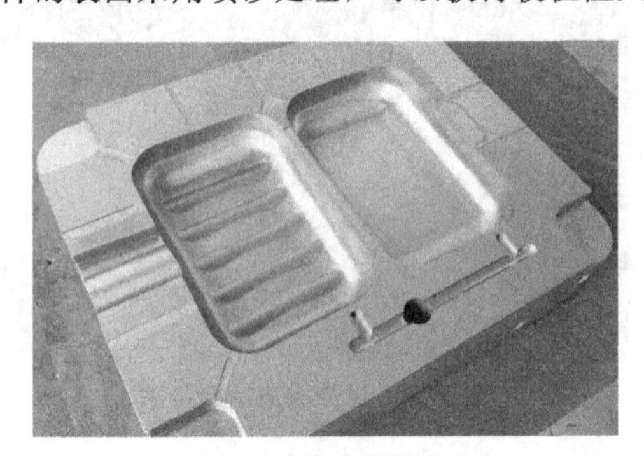

图 6-14　喷砂前的型腔

经过抛光，喷砂前的型腔如图 6-14 所示。喷砂用的磨料选择铸铁砂，粒径为 0.5～1.5mm。磨料要求有棱角、清洁、干燥、没有油污，如图 6-15 所示。

喷砂处理前需要将型腔不进行喷砂处理的表面保护起来，一般采用较厚的胶带进行保护，如图 6-16 所示。

图 6-15　喷砂磨料

图 6-16　保护其他部位

将保护过的型腔放入喷砂机中准备喷砂，如图 6-17 所示。喷砂处理时，工人带上厚手套，从喷砂机的两个入口分别放入，拿住喷射软管对准需要喷砂的部位进行喷砂，如图 6-18 所示，喷砂过程中，需要通过观察口随时观察喷射情况。

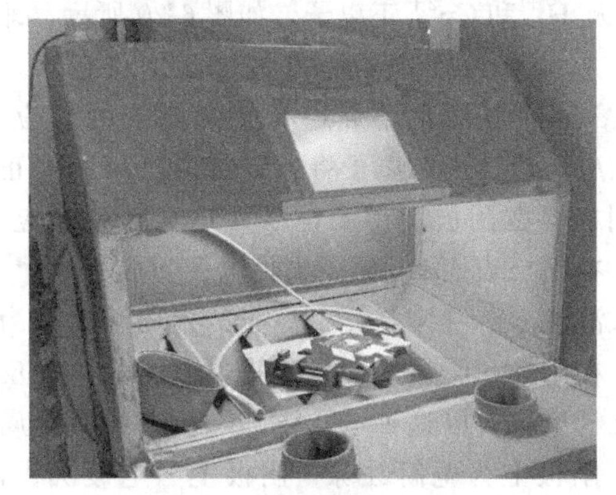
图 6-17 型腔放入喷砂机

图 6-18 喷砂处理

喷砂工艺过程中需要注意以下几点：

① 喷砂处理所用的压缩空气需经过冷却装置及油水分离器处理，以保证压缩空气的干燥、无油，压缩空气压力为 0.7MPa。

② 喷嘴到基体金属表面保持 100～300mm 的距离。

③ 喷射方向与基体金属表面法线的夹角控制在 15°～30°范围内。

④ 喷砂软管力求顺直，减少压力损失和磨料对软管的集中磨损，对施工中必须弯折的地方，要经常调换方向，使磨损均匀，延长软管的使用寿命。

⑤ 视空气压力、出砂量及结构表面污染情况灵活掌握喷嘴移动速度。

⑥ 在喷射过程中，根据空气压力、喷嘴直径、处理的质量、效率等对料气比及时进行调整。

喷砂处理完成的型腔如图 6-19 所示。生产现场加工视频见中国大学 MOOC“模具制造工艺”(课程编号：0802SUST006) 资源库中“案例视频”文件夹下的“表面喷砂 . mp4”。

图 6-19 喷砂处理完成的型腔表面

6.5 电化学加工

电化学加工包括从工件上去除金属的电解加工和对工件上沉积金属的电镀、涂覆加工两大类。虽然有关的基本理论在 19 世纪末已经建立，但真正在工业上得到大规模应用，还是

20世纪30年代以后的事。目前，电化学加工已经成为我国民用、国防工业中的一个不可或缺的加工手段。

当两个铜片接上约10V的直流电源并插入$CuCl_2$的水溶液中，此水溶液中含有OH^-和Cl^-负离子及H^+和Cu^{2+}正离子，如图6-20所示，即形成通路。导线和溶液中均有电流流过。在金属片（电极）和溶液的界面上，必定有交换电子的反应，即电化学反应。溶液中的离子将做定向移动，Cu^{2+}正离子移向阴极，在阴极上得到电子而进行还原反应，沉积出铜。在阳极表面Cu原子失掉电子而成为Cu^{2+}正离子进入溶液。溶液中正、负离子的定向移动称为电荷迁移。在阳极和阴极表面发生得失电子的化学反应称为电化学反应，以这种电化学作用为基础对金属进行加工的方法称为电化学加工。如图6-20中，阳极上为电解蚀除；阴极上为电镀沉积，常用以提炼纯铜。图6-20中e为电子流动的方向，i为电流的方向。

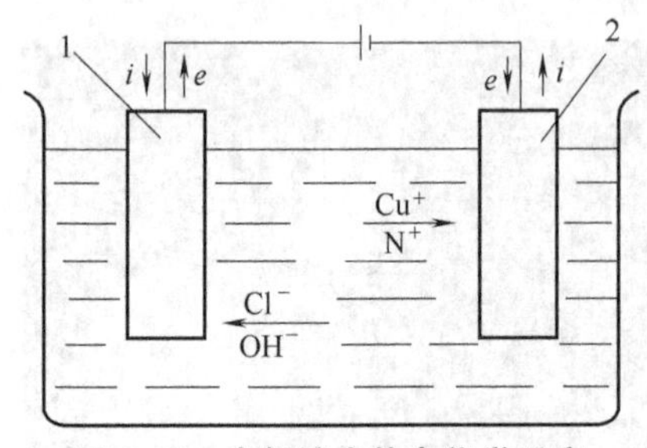

图6-20 电解液中的电化学反应

1—阳极；2—阴极

凡溶于水后能导电的物质就叫作电解质，如硫酸（H_2SO_4）、氢氧化氨（NH_4OH）、食盐（NaCl）、硝酸钠（$NaNO_3$）、氯酸钠（$NaClO_3$）、氢氧化钠（NaOH）等酸、碱、盐都是电解质。电解质与水形成的溶液为电解质溶液，简称为电解液。

电化学加工按其作用原理可分为三大类，第一类是利用电化学阳极溶解来进行加工，主要有电解加工、电解抛光等；第二类是利用电化学阴极沉积、涂覆进行加工，主要有电镀、涂镀、电铸等；第三类是利用电化学加工与其他加工方法相结合的电化学复合加工工艺，目前主要是电化学加工与机械加工相结合，如电解磨削、电化学阳极机械加工（还包含电火花放电作用）。

6.5.1 电解加工

(1) 电解加工的原理

电解加工是利用金属在电解液中发生电化学阳极溶解的原理，将工件加工成型的工艺方法，如图6-21（a）所示。加工时，工具电极接直流稳压电源（6～24V）的阴极，工件接阳极，两极之间保持一定的间隙（0.1～1mm）。具有一定压力（0.49～1.96MPa）的电解液，从两极间隙高速流过。接通电源后（电流可达1000～10000A），工件表面产生阳极溶解。由于两极之间各点的距离不等，其电流密度也不相等，图6-21（b）中以细实线的疏密程度表示电流密度的大小，细实线越密处电流密度越大，两极间距离最近的地方，通过的电流密度最大可达10～70A/cm^2，该处的溶解速度最快。随着工具电极的不断进给，进给速度一般为0.4～1.5mm/min，工件表面不断被溶解，使电解间隙逐渐趋于均匀，工具电极的形状就被复制在工件上，如图6-21（c）所示。

电解加工钢制模具零件时，常用的电解液为NaCl水溶液，其质量分数为14%～18%。电解液的离解反应为

$$H_2O \rightleftharpoons H^+ + OH^-$$

$$NaCl \rightleftharpoons Na^+ + Cl^-$$

电解液中的H^+、OH^-、Na^+、Cl^-离子在电场的作用下，正离子和负离子分别向阴极和阳极运动。阳极的主要反应为

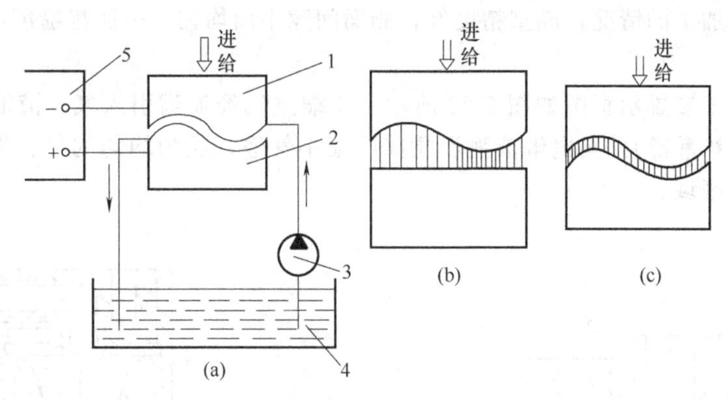

图 6-21 电解加工示意图

1—工具电极（阴极）；2—工件（阳极）；3—电解液泵；4—电解液；5—直流电源

$$Fe-2e \longrightarrow Fe^{2+}$$

$$Fe^{2+}+2OH^{-} \longrightarrow Fe(OH)_2 \downarrow$$

由于 $Fe(OH)_2$ 在水溶液中的溶解度很小，沉淀为墨绿色的絮状物，随着电解液的流动而被带走，并逐渐与电解液以及空气中的氧作用生成 $Fe(OH)_3$，$Fe(OH)_3$ 为黄褐色沉淀，即

$$4Fe(OH)_2+2H_2O+O_2 \longrightarrow 4Fe(OH)_3 \downarrow$$

正离子 H^+ 从阴极获得电子成为游离的氢气，即

$$2H^{+}+2e \longrightarrow H_2 \uparrow$$

由此可见，电解加工过程中，阳极不断以 Fe^{2+} 的形式被溶解，水被分解消耗，因而电解液的浓度稍有变化。电解液中的氯离子和钠离子起导电作用，本身并不消耗，所以 NaCl 电解液的使用寿命长，只要过滤干净，可以长期使用。

(2) 电解加工的特点

电解加工与其他加工方法相比，具有如下特点：

① 适用范围广：可加工高硬度、高强度、高韧性等难切削的金属（如高温合金、钛合金、淬火钢、不锈钢、硬质合金等）。

② 加工生产率高：由于所用的电流密度较大，所以金属去除速度快，用该方法加工型腔比用电火花方法加工提高工效 4 倍以上，在某些情况下甚至超过切削加工。

③ 可以达到较好的表面粗糙度（Ra 为 1.25～0.2μm），加工精度最高可达±0.02mm 左右。

④ 由于加工过程中不存在机械切削力，所以不会产生由切削力所引起的残余应力和变形，没有飞边、毛刺。

⑤ 加工过程中，阴极（工具电极）在理论上不会耗损，可长期使用。

(3) 混气电解加工

混气电解加工就是将一定压力的气体（主要是压缩空气或二氧化碳、氮气等）用混气装置使其与电解液混合在一起，使电解液成为包含无数气泡的气、液混合物，然后送入加工区进行电解加工。混气电解加工提高了电解加工的成型精度，简化了对阴极的设计与制造，因而得到了较快的推广。例如加工锻模，不混气时，如图 6-22（a）所示，侧面间隙很大，模具上腔有喇叭口，成型精度差，阴极的设计与制造也比较困难，需多次反复修正。图 6-22（b）

所示为混气电解加工的情况，成型精度好，侧面间隙小而均匀，表面粗糙度小，阴极设计较容易。

混气电解加工装置示意图如图 6-23 所示。压缩空气经喷嘴引入气、液混合腔（包括引入部、混合部及扩散部），与电解液强烈搅拌成细小气泡，成为均匀的气、液混合物，经工具电极进入加工区域。

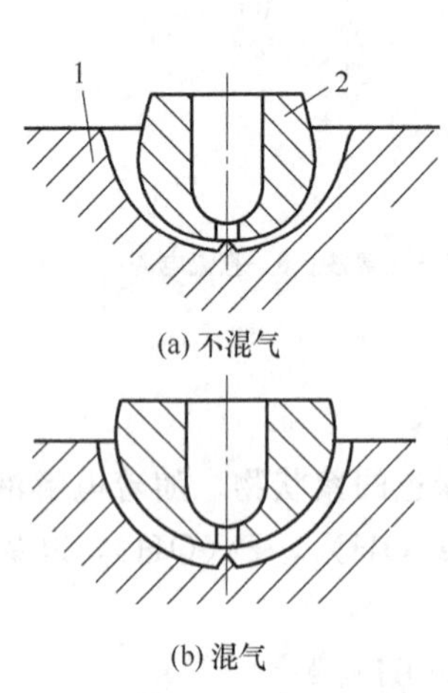

图 6-22　混气电解加工效果对比

1—工件；2—工具

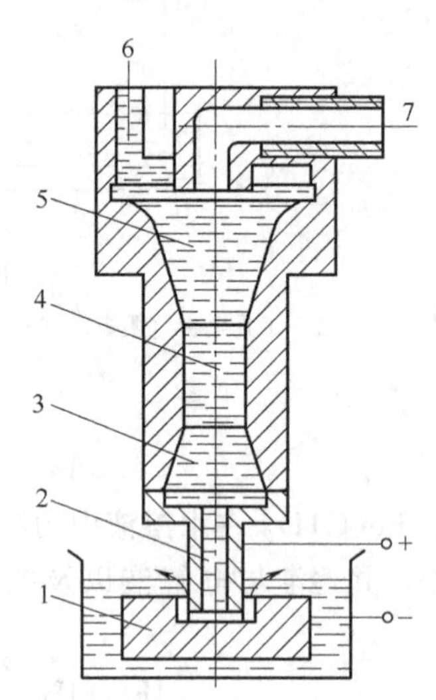

图 6-23　混气电解加工装置示意图

1—工件；2—工具电极；3—扩散部；4—混合部；5—引入部；6—电解液入口；7—气源入口

由于气体不导电，而且气体的体积会随着压力的改变而改变，因此，在压力高的地方，气泡体积小，电阻率低，电解作用强；在压力低的地方，气泡体积大，电阻率高，电解作用弱。混气电解液的这种电阻特性，可使加工区的某些部位，当间隙达到一定值时，电解作用趋于停止（这时的间隙值称为切断间隙）。所以混气电解加工的型腔，侧面间隙小而均匀，能保证较高的成型精度。

因气体的密度和黏度远小于液体，混气后电解液的密度和黏度降低，能使电解液在较低的压力下达到较高的流速，从而降低了对工艺设备刚度的要求。由于气体强烈的搅拌作用，还能驱散黏附在电极表面的惰性离子，同时使加工区内的流场分布均匀，消除“死水区”，使加工稳定。

6.5.2　电解修磨抛光

电解修磨抛光与电解加工的基本原理是相同的，是利用通电后工件（阳极）与抛光工具（阴极）在电解液中发生的阳极溶解作用来进行抛光的工艺方法，如图 6-24 所示。

电解修磨抛光工具可采用导电油石制造。导电油石以树脂作黏结剂与石墨和磨料（碳化硅或氧化铝）混合压制而成。导电油石应修整成与加工表面相似的形状。抛光时，手持抛光工具在零件表面轻轻摩擦。

(1) 电解修磨抛光的原理

图 6-25 所示是电解修磨抛光的原理图。从图中可以看出，加工时仅工具表面凸出的磨粒与加工表面接触，由于磨粒不导电，防止了两极间发生短路现象。砂轮基体（含石墨）导

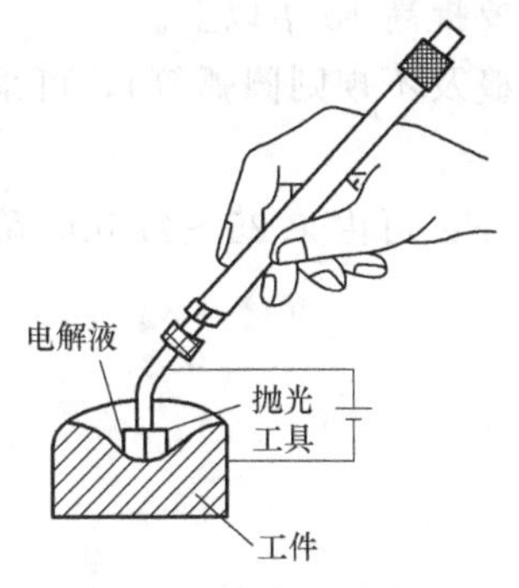

图 6-24 电解修磨抛光

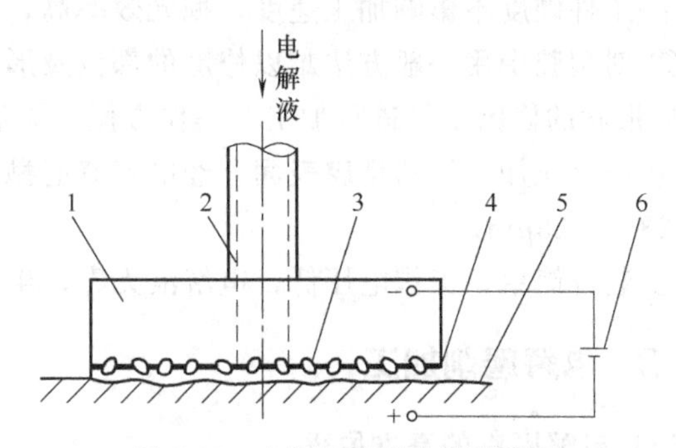

图 6-25 电解修磨抛光的原理图

1—阴极；2—电解液管；3—磨粒；4—电解液；5—阳极；6—电源

电，当电流及电解液从两极间通过时，工件表面产生电化学反应，溶解并生成很薄的氧化膜，氧化膜不断被移动的抛光工具上的磨粒刮除，使加工表面重新露出新的金属表面，并继续被电解。电解作用和刮除氧化膜交替进行，从而使加工表面的表面粗糙度值逐渐减小，工件被抛光。

(2) 电解修磨抛光工艺

① 电解修磨抛光设备的选用 电解修磨抛光设备由工作液循环系统、加工电源和机床等几部分组成。机床主要由伺服电动机控制，工作台由塑料制成的纵、横滑板和电解槽组成。电解液加热并进行恒温控制。直流电源可选用晶闸管整流电源，电流为 0～50V 可调。电流的大小视加工零件抛光面积而定。一般以电流密度为 80～100A/cm^2 来计算直流电流的大小。

② 工具电极 工具电极一般由铅制成。对于形状简单的型腔，可用 2mm 厚的铅板制成与型腔相似的形状。对于复杂型腔，可以将铅熔化后，先浇注在型腔中，待冷却凝固成型后，各面除去 5～10mm 即可使用。加工时，电极和零件表面要始终保持 5～10mm 的间隙值。

③ 电解液 电解液选用每升水中溶入 150g 硝酸钠（$NaNO_3$）、50g 氯酸钠（$NaClO_3$）。此电解液无毒，在加工过程中产生轻微的氨气。因硝酸钠是强氧化剂，容易燃烧，使用时应注意勿使它与有机物混合或受强烈振动。

④ 电解修磨抛光的工艺过程

a. 被抛零件的清洗：用汽油清洗被抛零件→进行化学除油→热水冲洗→冷水冲洗→HCl 清除氧化皮→冷水冲洗。

b. 装夹零件和电极：将电极接直流电源的负极，工件接直流电源的正极，工件和电极相距 5～10mm。

c. 电解修磨抛光：接通电源，在抛光过程中要搅拌电解液。

d. 清洗：先用热水清洗，再用冷水清洗。

e. 钝化处理：为提高金属的耐腐蚀性，应使零件在 10%（质量分数）的 HCl 中（温度 70～95℃）钝化 10～20min。

f. 冷水清洗。

g. 室温下干燥。

h. 涂防锈油防锈。

(3) 电解修磨抛光的特点

① 电解修磨抛光不会使工件产生热变形或应力。

② 工件硬度不影响加工速度，抛光效率高，比手工抛光效率要提高10倍以上。

③ 对型腔中用一般方法难以修磨的部位及形状（如深槽、窄缝及不规则圆弧等），可采用相应形状的修磨工具进行加工，操作方便、灵活。

④ 电火花加工后的型腔表面，经电解修磨抛光后表面粗糙度 Ra 可由 1.25～2.5μm 降至 0.23～1.25μm。

⑤ 装置简单，工作电压低，电解液无毒，生产安全。

6.5.3 电解磨削加工

(1) 电解磨削的基本原理

电解磨削是将金属的电化学阳极溶解作用和机械磨削作用相结合的磨削工艺，电解磨削原理图如图 6-26 所示。

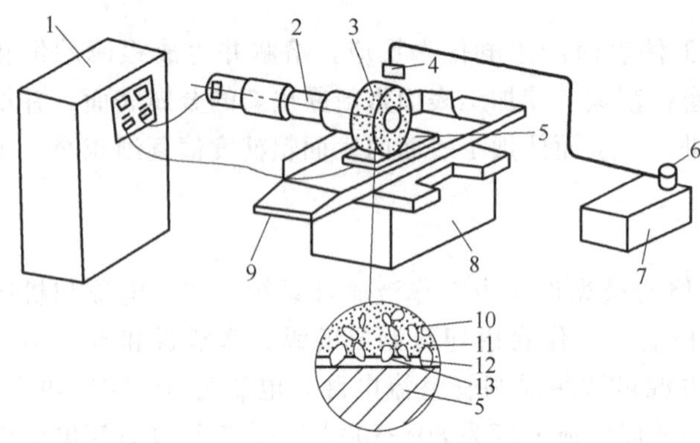

图 6-26　电解磨削原理图

1—直流电源；2—绝缘主轴；3—电解磨轮；4—电解液喷嘴；5—工件；6—电解液泵；7—电解液箱；8—机床本体；9—工作台；10—磨料；11—结合剂；12—电解间隙；13—电解液

磨削时，工件接直流电源的正极，电解磨轮（也称导电砂轮）接直流电源的负极。两极间由电解磨轮中凸出的磨料保持一定的电解间隙，并在电解间隙中注入一定量的电解液。接通直流电源后，工件（阳极）的金属表面发生电化学溶解，表面的金属原子将失去电子而变成离子溶解于电解液中。同时电解液中的氧与金属离子化合而在工件表面生成一层极薄的氧化膜。这层氧化膜具有较高的电阻，使阳极溶解过程减慢，这时通过高速旋转的磨轮将这层氧化膜不断刮除，并被电解液带走。由于阳极溶解和机械磨削共同交替作用的结果，使工件表面不断被蚀除，并形成光滑的表面，达到一定的尺寸精度。

在电解磨削过程中，金属主要是靠电化学阳极溶解作用腐蚀下来的，电解磨轮只起磨去电解产物阳极钝化膜和整平工件表面的作用。

(2) 电解磨削的特点

① 加工范围广，生产效率高　由于电解磨削主要是电解作用，因此只要选择合适的电解液就可以用来加工任何高硬度和高韧性的金属材料。例如磨削硬质合金时，与普通的金刚石砂轮磨削相比，电解磨削的加工效率要高 3～5 倍。

② 加工精度高，表面质量好　因为砂轮的作用是刮除氧化膜，而不是磨削金属，因而磨削力和磨削热都很小，不会产生磨削毛刺、裂纹、烧伤等现象，一般表面粗糙度可小于 0.16μm，而加工精度与机械磨削相近。

③ 砂轮的磨损量小　如磨削硬质合金，用普通机械磨削，碳化硅砂轮的磨损量大约为磨削掉的硬质合金重量的 400%～600%；用电解磨削，砂轮的磨损量只有硬质合金磨除量的 50%～100%。砂轮磨损量小，有助于提高加工精度。

尽管电解磨削所用的电解液都是腐蚀能力较弱的钝化性电解液（如 $NaNO_3$、$NaNO_2$

等），但机床和夹具等仍需采取防蚀防锈措施，而且，用电解磨削加工模具（冲裁模）刃口时不易磨得非常锋利。

（3）电解磨削在模具加工中的应用

① 磨削难加工的材料　电解磨削与工件硬度无关，所以用来加工高硬度的难加工材料效果显著。如硬质合金模具平面用立式电解平面磨床加工，不但生产效率高，而且加工质量好。

② 减少加工工序，保证磨削质量　以往制造各种拼块模具时，需按拼块形状进行粗加工，热处理后进行平面磨削和成型精磨，工序较多。而且，为了防止热变形，往往都留有较大的精磨余量。在磨削模具时，还要消耗大量的金刚石砂轮，使模具成本增加。采用电解磨削时，可直接用硬质合金拼块，无粗加工，从而减少工序，且磨削时不会产生磨削热、裂纹、烧伤和变形等，能很好地保证磨削质量。

③ 提高加工效率　机械成型磨削一般都采用单片砂轮（或成型砂轮）在平面磨床、成型磨床或光学曲线磨床上进行切入磨削。采用普通砂轮则由于砂轮磨损大而需要经常修整，砂轮修整成型占去很多时间，因而延长了加工工时。若采用电解磨削，则磨轮磨损量小，磨轮的修整时间很短，有助于提高加工效率。

6.5.4 电铸加工

电铸加工是利用金属的电解沉积翻制金属制品的工艺方法，其基本原理与电镀相同，只是镀层厚度较厚，要求有一定的尺寸和形状精度并与原模能分离。

电铸加工的基本原理如图 6-27 所示，用导电的原模作阴极，电铸材料作阳极，含电铸材料的金属盐溶液作电铸溶液。在直流电源（电压为 6～12V，电流密度为 15～30A/cm^2）的作用下，电铸溶液中的金属离子，在阴极获得电子还原成金属原子，沉积在原模表面，而阳极上的金属原子失去电子成为正离子，源源不断地溶解到电铸溶液中进行补充，使溶液中金属离子的浓度保持不变。

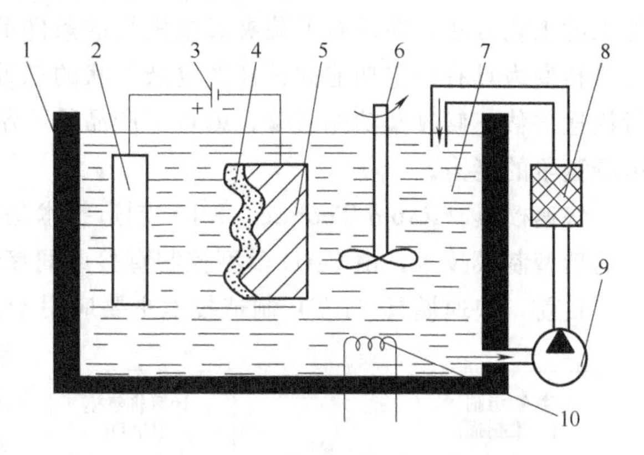

图 6-27　电铸加工的基本原理

1—电铸槽；2—阳极；3—直流电源；4—电铸层；5—原模（阴极）；6—搅拌器；7—电铸液；8—过滤器；9—泵；10—加热器

当原模上的电铸层逐渐加厚到所要求的厚度后，使其与原模分离，即获得与原模型面相反的电铸件。

电铸加工具有以下特点：

① 能准确地复制形状复杂的成型表面，制件表面粗糙度小（*Ra* 为 0.1μm 左右），用同一个原模能生产多个电铸件（其形状、尺寸的一致性极好）。

② 设备简单，操作容易。

③ 电铸速度慢（需几十甚至上百小时），电铸件的尖角和凹槽部位不易获得均匀的铸层。

④ 尺寸大而薄的铸件容易变形。

在模具制造中，电铸加工法主要用于加工塑料压模、注射模等模具的型腔。为了保证型腔有足够的强度和刚度，其铸层厚度一般为 6～8mm。电铸件的抗拉强度一般为 1.4～1.6MPa，硬度为 35～50HRC，不需进行热处理。对承受冲击载荷的型腔（如锻模型腔）不宜采用电铸加工法制造。

6.6 快速制模技术

6.6.1 快速制模技术的应用

快速模具制造（快速制模）技术作为一门新兴的技术，使制造业的发展迈上了一个新的台阶，被誉为世界新时代发展的重要技术之一。快速成型与制造作为快速模具制造技术的基础，广泛应用于医疗、航空、家电和汽车制造业等行业。尤其在汽车制造业，其应用非常广泛。

快速原型（rapid prototyping，RP）制造技术，是将计算机辅助设计（CAD）、计算机辅助制造（CAM）、计算机数控（CNC）、精密伺服驱动、激光技术及材料科学等先进技术集于一体的制造技术。RP 技术依照计算机上构成的产品的三维设计模型（即电子模型），对其进行分层切片，得到各层截面的轮廓，按照这些轮廓，激光束选择性地切割一层层的纸或固化一层层的液态树脂或烧结一层层的粉末材料，喷射源选择性地喷射一层层的黏结剂或热熔性材料等，形成各截面轮廓并逐步叠加成三维产品。

快速成型原理突破了传统加工中的成型方法（如锻、冲、拉伸、铸、注塑加工）和切削加工的工艺方法，在没有工装夹具或模具的条件下，可以自动、直接、快速、精确地将设计思想转变为具有一定功能的、任意复杂形状的三维实体模型或零件，从而可以对产品设计进行快速评估、修改及功能试验，缩短了产品的研制周期，减少了开发费用，提高了企业参与市场竞争的能力。

快速模具（Rapid Tooling，RT）制造技术是在快速原型（RP）制造技术基础上发展而来的新型制模技术，由 CAD 模型控制直接或间接形成功能性零件。

目前，快速模具（RT）制造技术主要应用于注塑模、冲压模、铸造消失模等方面，其制造方法主要有 RP 间接制模和在 RP 系统上直接制模两种，有三种典型的工艺路线，如图 6-28 所示。其一是单件小批量的零件制造，其工艺方案是利用 RP 技术和真空注模机，直接制造各种非金属模具，如硅橡胶模具；其二是中等批量零件的制造，其工艺方案是利用 RP 技术，采用快速喷涂技术制造金属冷喷涂模（即在通过快速成型系统制造出来的模具表面喷涂一层金属薄壳，基体仍为塑料、树脂等非金属材料），这种模具可用于 3000 件以下的注塑件的生产；其三是大批量的生产类型，工艺路线是先利用 RP 技术制造所设计零件的原型，然后将原型研磨成石墨电极，再通过电火

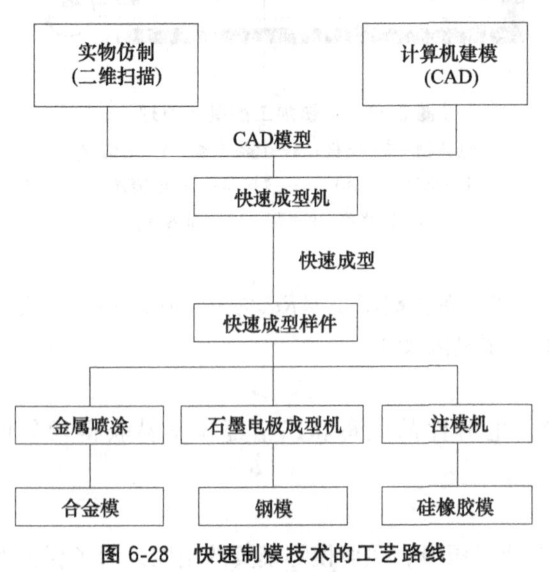

图 6-28 快速制模技术的工艺路线

花加工钢模，它适用于万件以上的大批量生产。

快速模具（RT）制造技术与传统的模具制造技术相比，具有以下特点。

（1）制造方法简单工艺范围广

由于快速模具制造是基于材料逐层堆积的成型方法，工艺过程相对简单、方便和快捷。它不仅能适应各种生产类型特别是单件小批量的模具生产，而且还适应各种复杂程度的模具制造；它既能制造塑料模具，也能制造金属模具。模具结构愈复杂，快速模具制造的优越性就愈突出。

（2）模具材料可强韧化和复合化

快速模具制造工艺能方便地利用在合金中添加元素或结晶核心，改变金属凝固过程或热处理等手段，改善和提高模具材料的性能；或者在合金中添加其他材料，制造复合材料模具。

（3）设计生产周期短，质量高

由于RP的模具设计采用柔性设计，在整个设计过程中的修改极为方便，所以进一步缩短了模具的设计周期。同时在模具的整个制造过程中，RP系统全部采用数据信息来控制产品的成型过程，极少依赖人的因素，因而可有效地降低人为的制造缺陷，提高产品的制造精度。

（4）便于远程的制造服务

由于RT对信息技术的应用，缩短了用户和制造商之间的距离，利用互联网可进行远程设计和远程服务，能使有限的资源得到充分的发挥，用户的需求能得到最快的响应。

6.6.2 快速制模技术的分类及基本原理

在国内，主要有两种快速模具制造技术被广泛应用：一种是直接制模技术，另一种是间接制模技术。这两种技术发展程度不尽相同，在市场中的使用范围也不同。

（1）间接制模技术

间接制模技术是通过CAD技术进行数据分析和绘图，使用RP系统制作出实物模型和模具原型，在此基础上进行金属模具的复制。由于间接制模技术对制作过程中的工艺要求没有直接制模技术复杂和精准，制造过程比较简单，适应大批量生产需求，所以间接制模技术比直接制模技术在制造业中的应用更广泛。

当然，在间接模具制造中，由于制造过程精准度不高，生产出的产品综合性能较低，不能保证产品的质量。同时在使用该方法进行生产时，有些过程需要配置污染处理器等装置，缺乏大规模生产的环境和过硬的生产材料，从而加大了企业的生产成本。因而，虽然间接制模技术应用广泛，但是它不能成为未来快速模具制造技术发展的主流。

例如：CEMCOM公司的镀镍＋陶瓷复合工艺（简称NCC方法）。NCC方法是建立在立体印刷（SLA）制模工艺技术方法之上的。在SLA方法制成的快速原型上加镀一层镍，再利用化学效应在镍质镀层凝固陶瓷材料，再对原型进行分离，从而得到最终的模具。这种模具可以用在注塑模制造上。这种方法制作的模具精度较好，但其废液污染比较严重，需要很长的电镀工序时间。

（2）直接制模技术

相对于间接制模技术，直接制模技术在产品制造过程中对模具精准度的要求比较高。它将成为未来模具制造技术的主流发展方向。直接制模技术是利用RP系统把CAD图纸上的数据直接应用到生产出的模具上，并直接制造出相应的模具，所以该技术要求数据必须精确，从而使生产出的产品质量、性能均比较高，提高了模具使用寿命，同时生产工序比间接制模法简单，缩短了生产周期，为企业节约了时间成本。

直接制模技术的主要方法有：

① 立体印刷（SLA） 1987年美国3D Systems公司推出了名为Stereo Lithography Apparatus的快速出样装置，中文直译为立体印刷装置，也有人称之为激光立体造型或激光立体光刻。

立体印刷制模工艺首先由CAD系统对准备制造的模型进行三维实体造型设计，再由专门的计算机切片软件切割成若干薄层平面数据模型。显然，薄层的厚度越小，模型的制作精度就越高，但制作的时间也就越长，所以应综合考虑精度和效率后选取薄层厚度。通常各薄层的厚度都相同，即进行等高切片。但更合理的办法是在模型表面形状变化大和精度要求高的部位切得薄一些，其他一些部位可以切得厚一些。随后RT软件根据各个薄层平面的X-Y运动指令，再结合提升机构沿Z坐标方向的间歇下降运动，形成整个模型的数控加工指令。而且无论三维模型的内外形状多么复杂，采取RT技术只要简单的两轴数控装置便可完成加工。

SLA制模技术的优点是：

a. 可以直接得到塑料模具；

b. 模具的表面光洁度好，尺寸精度高；

c. 适于小型模具的生产。

同时，使用SLA制模技术也有缺陷：

a. 模型易发生翘曲，在成型过程中需设计支撑结构，尺寸精度不易保证；

b. 成型时间长，往往需要二次固化；

c. 紫外激光管寿命为2000h，运行成本较高；

d. 材料有污染，对皮肤有损害。

② 层压式实体制造（LOM） 美国亥里斯公司新开发的纸片层压式快速模具制造工艺，是以纸作为制作模具的原材料，相应的高速三维成型机取名为层压式实体制造机，该工艺称为层压式实体制造（Laminated Object Manufacturing，LOM），其成型原理是根据CAD模型各层切片的平面几何信息对纸进行分层实体切割，连续地将背面涂有热熔融性黏合剂的纸片逐层叠加、裁切后形成所需的立体模型，其工作原理见图6-29。它具有成本低、制模速度快、适应办公室环境使用的特点，LOM模具有与普通木模同等水平的强度，甚至有更优的耐磨能力，可与普通木模一样进行钻孔等机械加工，也可以进行刮腻子等修饰加工。因此，以此代替木模，不仅仅适用于单件铸造生产，而且也适用于小批量铸造生产。实践中已有使用300次仍可继续使用的实例（如用于铸造机枪子弹）。此外，因具有优越的强度和造型精度，还可以用作大型木模。

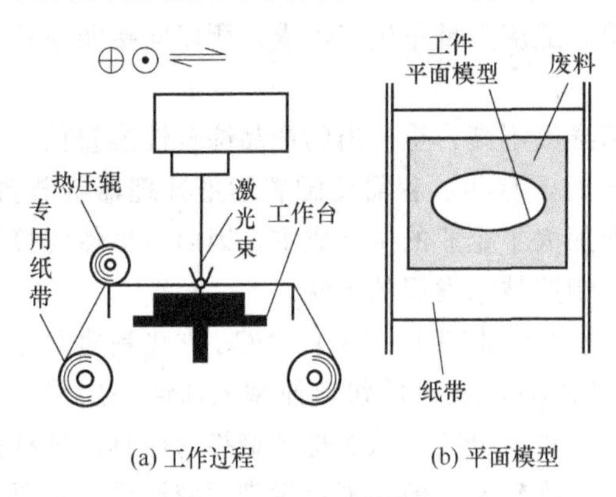

图6-29 LOM工作原理

LOM模型相当坚固，它可以进行机加工、打磨、抛光、绘制、加涂层等各种形式的加工。对体积表面积比值高的零件，成型速度快，由于材料没有液态固态的转换，因此不会产生热应力、收缩或膨胀、翘曲变形等缺陷，所用材料是目前RP工艺中最便宜的纸、塑料、陶瓷和复合材料等。LOM机器便宜，且制造空间大，因此适用于制造大型实体零件，零件的精度较高，工件外框与截面轮廓间的多余材料在加工中起到了支撑作用，所以工艺无须加支撑。缺点是材料的利用率低。

③ 选择性激光烧结（SLS） SLS技术最早由美国得克萨斯大学开发，并由公司将其推向市场。它采用激光器和粉末状材料，如塑料粉、陶瓷和黏结剂的混合粉、金属与黏结剂的混合粉。成型时，先在工作台上铺一层粉末材料，激光发射装置受控运动，在粉末箱中施行逐层扫描。激光聚焦光斑扫描所到之处，粉末烧结形成物理模型的组成部分，直至形成完整的物理模型。将其从粉末箱中取出并清除多余粉末即得原型。实际生产中用得比较多的是逐层铺撒粉末逐层烧结的方法，即铺撒一层粉末并用刮板刮平，烧结一层，一层成型完成后，工作台下降一截面层的高度，再铺撒一层粉末并刮平，进行这一层的烧结，如此循环，最终形成三维产品。SLS制模工艺的原理如图6-30所示。

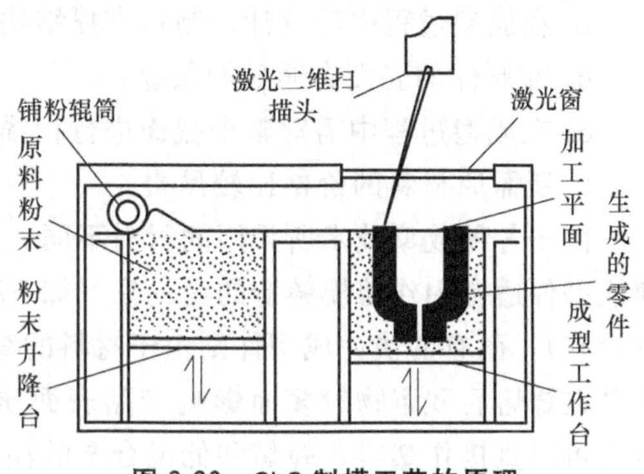

图 6-30 SLS 制模工艺的原理

SLS工艺材料的利用率高，材料的适应面广，不仅能制造塑料件，还能制造陶瓷、石蜡等材料的零件。特别是可以直接制造金属零件，使该工艺具有广阔的发展空间。缺点是在烧结的过程中，粉末材料或其中的黏结剂的温度刚达到熔点，不能很好地流动并填充粉末颗粒之间的空隙，因此，成型件的表面比较疏松、粗糙。

SLS制模技术的特点是：

a. 制件的强度好，在成型过程中无需设计、制作支撑结构；

b. 能直接成型塑料、陶瓷和金属制件；

c. 材料利用率高；

d. 适合中、小型模具的制作；

e. 成型件结构疏松、多孔，且有内应力，制件易变形；

f. 生成的陶瓷、金属制件的后处理较难，无法保证制件的尺寸精度；

g. 在成型过程中需对整个截面进行扫描，所以成型时间较长。

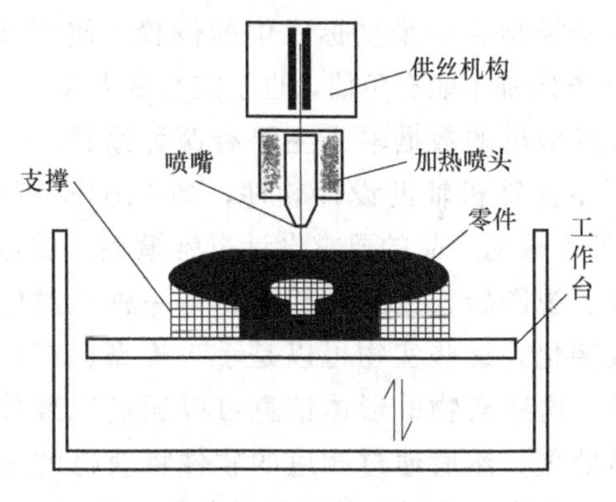

图 6-31 FDM 的原理图

④ 熔融沉积制造（FDM） 熔融沉积制造(Fused Deposition Molding，FDM）采用热熔喷头，使处于半流动状态的材料按模型的CAD分层数据控制的路径挤压并沉积在指定的位置凝固成型，逐层沉积、凝固后形成整个模型。这一技术又称为熔化堆积法、熔融挤出制模法等。FDM的原理图如图6-31所示。

熔融沉积制造技术用液化器代替了激光器，其技术关键是得到一定黏度、易沉积、挤出尺寸易调整的整体。但这种层叠技术依赖于用来作模型的成型材料的快速固化性能（大约0.1s）。熔融沉积快速制模技术是各种快速制模中发展速度最快的一种。熔融沉积快速制模工艺同其他快速制模工艺一样，也是采用在成型平台上一层层堆积材料的方法来成型零件，但是该工艺是首先将材料通过加热或其他方式熔融成为熔体状态或半熔融状态，然后通过喷头的作用成为基本堆积单元逐步堆积成型。根据成型零件的形态一般可分为熔融喷射和熔融挤压两种成型方式。

用熔融沉积制造技术可以制作多种材料的原型。如石蜡型、塑料原型、陶瓷零件等。石蜡型零件可以直接用于精密铸造，省去了石蜡模的制作过程。

FDM 快速制模技术的特点是：

a. 生成的制件强度较好，翘曲变形小；

b. 适合中、小型制件的生成；

c. 在成型过程中需设计、制作支撑结构；

d. 在制件的表面有明显的条纹；

e. 在成型过程中需对整个截面进行扫描涂覆，故成型时间较长；

f. 所需原材料的价格比较昂贵。

由于各种成型技术所采用的材料不同，所以各种快速成型件的性能也各具特色。有的快速成型件适合用作熔模铸造的消失模（如 FDM 制作的制件受热膨胀小而且烧熔后残留物基本没有），而有的快速成型件则由于材料的缘故不适于作消失模（如用 LOM 法制作的制件，因其在烧熔后残留物较多而影响产品表面质量），但是由于其具有良好的机械性能和强度，所以可以直接作塑料、蜂蜡和低温合金的注塑模。

6.6.3 快速制模的操作流程

快速制模的过程包括三维模型的建立、三维模型的近似处理、三维模型的切片处理、分层叠加成型截面轮廓的制造与截面轮廓的叠合和表面处理等。其基本成型过程如图 6-32 所示。

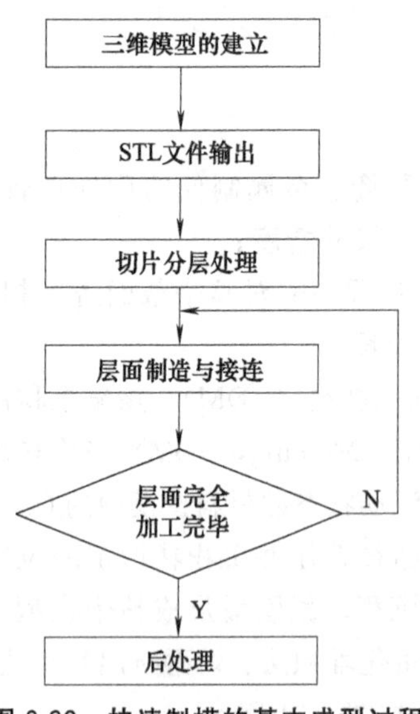

图 6-32 快速制模的基本成型过程

(1) 三维模型的建立

由于实现快速成型的系统只能接受计算机构造的产品三维模型立体图，然后才能进行切片处理，因此，三维建模是快速成型系统的第一步也是关键的一步。在建模初期要考虑到整个模型在三维坐标系中的位置，使模型在 X、Y、Z 三个方向都不能有负值，也不能数值太大。

目前快速成型机的数据输入主要有两种途径，一种是设计人员利用计算机辅助设计软件，如 Pro/E、UG、Solid Works 等，根据产品的要求设计三维模型，或将已有产品的二维三视图转换为三维模型；另一种是对已有的实物进行数字化，这些实物可以是手工模型、工艺品或人体器官等。这些实物的形体信息可以通过三维数字化扫描仪采集处理，然后通过相应的软件将获得的形体信息等数据转化为快速成型机所能接受的输入数据。

(2) 三维模型的近似处理

由于产品上往往有一些不规则的自由曲面，因此加工前必须对其进行近似处理。在目前的快速成型系统中，最常见的近似处理方法是模型转换成 STL 格式的文件。STL 格式是目前快速成型系统中最常见的一种文件格式，它用于将三维模型近似成小三角形平面的组合。用户只要了解到文件的三角形的面数、线数和点数，就可以判断模型的精度。在转换的过程中，要根据所制作的产品或模具的不同，选择不同的精度，精度太低无法达到设计要求，精度太高则有些不成熟的成型系统接受不了。

(3) 三维模型的切片处理

由于快速成型是按一层层截面轮廓来进行加工，因此，加工前必须从三维模型上沿成型的高度方向，每隔一定的间隔进行切片处理，以便提取截面的轮廓。间隔的大小根据被成型件精度和生产率的要求选定，间隔愈小，精度愈高，成型时间愈长。间隔的范围为 0.05～0.3mm 左右，一般取 0.1mm，在此取值下，能得到相当光滑的成型曲面。切片间隔选定之后，成型时每层叠加的材料厚度应与其相适应。各种快速成型系统都带有切片处理软件，能自动提取模型的截面轮廓。

(4) 截面轮廓的制造

根据切片处理得到的截面轮廓，在计算机的控制下，快速成型系统中的成型头、激光头或喷头在同一平面内，自动按截面轮廓运动，开始切割纸、烧结粉末或喷涂热熔材料，得到一层层截面轮廓。每层截面轮廓成型后，快速成型系统将下一层材料送至成型的轮廓面上，然后进行新一层截面轮廓的成型，从而将一层层的截面轮廓逐步叠合在一起，最终形成三维产品。

(5) 后期处理

后期处理是一种新工艺，在进行后期处理之前，先根据图纸分析整个工件的形状、尺寸，然后根据工件的大小、复杂性，决定是先去外围废料还是先去内腔废料，对于小工件，一般先去内腔较好。在对表面进行打磨处理时，一般按照“打磨→涂料→再打磨→再涂料”的顺序，不断重复直至表面粗糙度和尺寸精度符合设计要求。

6.7 高速加工

目前切削加工仍是当今主要的机械加工方法，在机械制造业中有着重要的地位。但如何提高其效率、精度、质量，已成为传统机械加工所面临的问题。20 世纪 90 年代，以高切削速度、高进给速度和高加工精度为主要特征的高速加工（HSM），已经成为现代数控加工技术的重要发展方向之一，也是目前制造业一项快速发展的高新技术。

(1) 高速加工概述

20 世纪 50 年代，德国一位切削物理学家通过试验提出了高速加工假设。他认为，一定的工件材料对应有一个临界切削速度，该切削速度下切削温度最高；在常规切削范围内切削温度随着切削速度的增大而升高，当切削速度达到临界切削速度后，切削速度再增大，切削温度反而下降。这个理论给人们一个非常重要的启示：加工时如果能在高速区进行切削，则有可能用现有的刀具进行高速加工，从而大大地缩短加工时间，成倍地提高机床的生产率。

从高速加工技术诞生至今，人们很难为高速加工做一个明确的界定，因为高速加工并不能简单地用切削速度这一参数来定义。在不同的技术发展时期，对不同的切削条件，用不同的切削刀具，加工不同的工件材料，其合理的切削速度是不一样的。目前通常把切削速度比常规切削速度高5～10倍以上的切削称为高速加工。但对于不同的材料、不同的切削方式，其高速加工的切削速度并不相同。

(2) 高速加工的特点

① 加工效率高　由于切削速度高，进给速度一般也提高5～10倍，这样，单位时间材料切除率可提高3～6倍，因此加工效率大大提高。如高速铣削加工，当背吃刀量和每齿进给量保持不变时，进给速度可比常规切削提高5～10倍，材料切除速度可提高3～5倍。

② 切削力小　传统的切削加工采用“重切削”方式，而高速加工采用“轻切削”方式。即传统的切削加工方式一般采用大背吃刀量、低进给速度进行加工，要求机床主轴在低转速时能提供较高的转矩，其结果是一方面切削力大，另一方面机床和工件都承受较大的力；而高速加工则采用小背吃刀量、高主轴转速和高进给速度进行加工，由于切削速度高，切屑流出的速度快，减少了切屑与刀具前面的摩擦，从而使切削力大大降低。

③ 热变形小　高速加工过程中，由于极高的进给速度，95%的切削热被切屑带走，工件基本保持冷态，这样零件不会由于温升而导致变形。

④ 加工精度高　高速加工机床激振频率很高，已远远超出“机床-刀具-工件”工艺系统的固有频率范围，这使得零件几乎处于“无振动”状态加工；同时在高速加工速度下，积屑瘤、表面残余应力和加工硬化均受到抑制，减小了表面硬化层深度及表面层微观组织的热损伤，因此高速加工后的表面几乎可与磨削相比。

⑤ 简化工艺流程　由于高速铣削的表面质量可达磨削加工的效果，因此有些场合高速加工可作为零件的精加工工序，从而简化了工艺流程，缩短了零件加工时间。

综上所述，高速加工是以高切削速度、高进给速度和高加工精度为主要特征的加工技术，高速加工可以缩短加工时间，提高生产效率和机床利用率；工件热变形小，加工精度高，表面质量好；适合加工薄壁、刚性较差、容易产生热变形的零件，加工工艺范围广，因此，在实际应用中，高速加工具有较好的技术经济性。

(3) 高速加工的关键技术

高速加工技术的开发与研究主要集中在刀具技术、机床技术、CAM软件等几个方面。

① 刀具技术　高速加工用的刀具必须与工件材料的化学亲和力小，具有优良的力学性能、化学稳定性和热稳定性，良好的抗冲击和热疲劳特性。高速加工通常采用具有良好热稳定性的硬质合金涂层刀具、立方氮化硼（CBN）刀具、陶瓷刀具和聚晶金刚石刀具。硬质合金涂层刀具由于刀具基体具有较高的韧性和抗弯强度，涂层材料高温耐磨性好，因此适用于高进给速度和高切削速度的场合；陶瓷刀具与金属的化学亲和力小，高温硬度优于硬质合金，所以适用于切削速度和进给速度更高的场合；立方氮化硼刀具具有高硬度、良好的耐磨性和高温化学稳定性，适用于加工淬火钢、冷硬铸铁、镍基合金等材料；聚晶金刚石刀具的摩擦系数低，耐磨性极强，导热性好，特别适用于加工难加工材料和黏结性强的非铁金属。

刀具夹紧技术是快速安全生产的重要保障。由于传统的长锥刀柄不适合用于高速加工，所以在高速加工中，采用刀柄锥部和端面同时与主轴内锥孔和端面接触的双定位刀柄，如德国的HSK空心刀柄。这种刀柄不需要拉钉，主轴锁紧装置充分考虑离心力的影响，夹持力一般随主轴转速的提高而自动增大。

② 机床技术　性能良好的数控机床是实现高速加工的关键因素。从原理上说，高速加工机床与普通数控机床并没有本质区别。但高速加工机床为了适应高速加工时主轴转速高、

进给速度快、机床运动部件加速度大等要求，在主轴单元、进给系统、CNC系统和机械系统等方面比普通数控机床具有更高的要求。

③ CAM软件　高速加工必须具有全程自动防过切和刀具干涉检查能力，具有待加工轨迹监控、速度预控制、多轴变换与坐标变换、刀具补偿、误差补偿等功能。现在高速加工一般采用NURBS样条曲线插补，这样可以克服直线插补时控制精度和速度的不足，提高进给速度和切削效率，而且可以提高复杂轮廓表面的加工精度和人员设备的安全性。实践证明，在同样精度的情况下，一个样条曲线程序段可代替5～10个直线程序段。

除了上述三种技术之外，零件毛坯制造技术、生产工艺数据库、测量技术、自动生产线技术等对高速加工能否发挥其应有作用也有着重要的影响。

(4) 高速加工技术在模具加工中的应用

高速加工在模具行业的应用主要是对电极的加工和对淬硬材料的直接加工。应用高速加工技术加工电极对电火花加工效率的提高作用非常明显。用高速加工技术加工复杂形状的电极，减少了电极的数量和电火花加工的次数；同时，高速加工也提高了电极的表面质量和精度，大大减少了电极和模具后续处理的工作量。

模具加工一般使用数控铣床（或加工中心）完成。由于普通铣削加工很难达到模具表面的质量要求，因此通常由钳工进行手工抛光。同时，模具一般使用高硬度、耐磨性好的合金材料制成，这给模具加工带来困难。由于这些材料用普通机械加工较难完成，因此广泛采用电火花成型加工方法，这也是影响模具加工效率的主要因素。应用高速加工技术可直接加工淬硬材料，特别是硬度在46～60HRC范围内的材料。高速加工能部分取代电火花加工，这样省去了电极的制造，降低了生产成本，节约了加工时间，缩短了生产周期。

本章小结

本章通过一些生产实例介绍了数控雕刻、化学腐蚀、抛光、表面喷砂、电化学、快速制模、高速切削等加工技术在模具制造中的应用，这些加工技术是对主流模具加工技术的有益补充，以弥补主流加工技术难以实现的加工问题。通过本章的学习，大家可以掌握所述各种加工技术的基本原理和加工工艺路线，了解更多的模具制造技术，也能更好地理解各种加工技术在模具制造中的应用。

知识类题目

1. 数控雕刻加工和数控铣削加工有何不同？其加工工艺过程是什么？
2. 化学腐蚀适用于哪些型面的加工？其加工工艺过程是什么？
3. 抛光加工有哪些方法？各自的加工工艺过程是什么？
4. 表面喷砂适用于哪些型面的加工？其加工工艺过程是什么？
5. 电化学加工的基本原理是什么？电解和电铸各适用于哪些加工场合？
6. 快速制模技术的工艺路线是什么？
7. 高速加工有哪些特点？

·第7章·

模具装配、安装与调试

在模具各零件加工、准备完成后，下一步的工作就是将加工完成并符合图纸和有关技术要求的模具零件、结构件及配购的标准件、通用件，按模具总装配图的技术要求和装配工艺顺序逐件进行配合、修整、安装和定位，加以连接和紧固，经检验和调整合格后，使之成为一套完整的模具，这个过程称为模具装配。

将装配好的模具安装在注射机、压力机等生产设备上进行试模，经检验合格后可进行小批量试生产，以进一步检验模具质量的稳定性和性能的可靠性。若试模中发现问题，或样品检验发现问题，分析原因为模具原因，则需对模具进行进一步的调整和修配，直至完全符合要求后将模具交付使用，这样的全过程称为模具安装与调试过程。本章将通过两套典型模具实例讲解模具的装配、安装与调试相关内容，具体内容如图 7-1 所示。

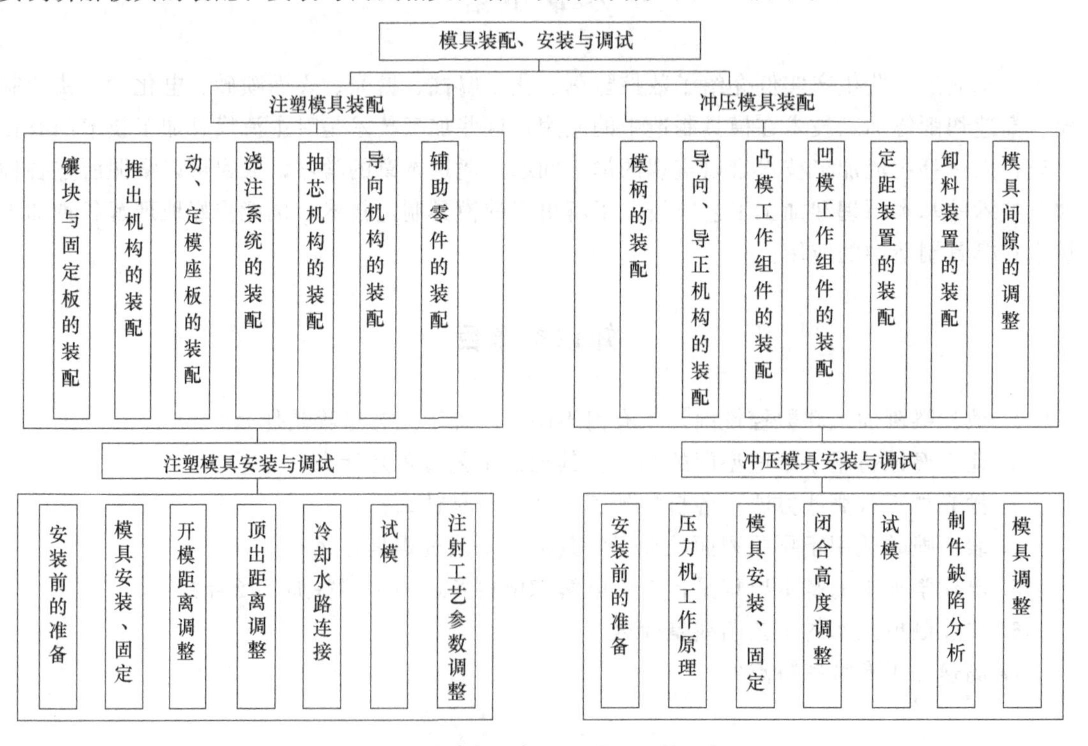

图 7-1　本章知识框图及学习思维导图

7.1 注塑模具的装配工艺

模具的装配是一个有序的技术过程，不是简单地把所有的模具零件堆积连接起来就可以了。装配质量的好坏，直接影响到制件的质量和模具的使用状态与使用寿命，因此，一定要按照模具装配工艺规程进行装配。

7.1.1 注塑模具装配流程

模具的装配工艺过程大致可以分为以下四个阶段。

(1) 装配前的准备阶段

模具在装配前的准备阶段主要有以下几个方面的内容：

① 熟悉装配工艺规程　装配工艺规程是规定模具装配工艺过程和装配方法的技术文件，是制订装配生产计划、进行技术准备的依据。因此，装配钳工在进行装配前必须熟悉装配工艺规程，以便掌握模具装配的全过程。

② 研读分析装配图　模具装配图是进行模具装配的主要依据。一般来说，模具的结构在很大程度上决定了模具的装配程序和方法。只有充分研读分析总装配图、部件装配图及零件图，才可以深入了解模具的结构特点和工作原理，清楚模具中各零件在模具中的作用以及各零件之间的位置要求、配合关系和连接方式，只有这样才能结合工艺规程合理确定装配基准、定出装配方法和装配顺序。

③ 清理检查零件　根据模具总装配图上的明细表清点零件种类和件数，并对各加工零件进行装配前的清洗，确保零件无毛刺残渣，仔细检查主要工作零件的尺寸和形位误差，检查零件各配合面有无损伤、变形和裂纹等缺陷。同时，按照装配图明细栏准备好装配所需的螺钉、销钉、弹簧等标准件。

④ 掌握模具验收技术条件　模具验收技术条件是模具的质量标准及验收依据，也是装配的工艺依据。模具的验收技术条件主要由模具制造企业和客户签订的技术协议书、产品的技术要求及国家颁发的质量标准等技术文件构成。所以，装配前必须充分了解这些技术条件，才能在装配时注重每个装配细节，装配出符合验收技术条件的优质模具来。

⑤ 布置装配场地　模具装配场地是保证文明生产的必要条件，必须干净整洁，功能区域划分明显，不允许有任何与装配无关的杂物。对于中小型模具，一般在装配工作台上就可以完成模具的装配，装配工作台上要有明显的工具区、零件区等区域划分，工具使用完毕必须马上归位，不能和模具零件混放。

⑥ 准备好装配工具及所需辅助材料　模具装配前要将必要的工、夹、量具及所需的装配设备，准备好归类放在固定工具区域备用。同时还要准备好如橡胶、低熔点合金、环氧树脂、无机黏结剂、薄铜皮等装配过程中所需的辅助材料。

(2) 组件装配阶段

组件装配是指将两个或两个以上的零件按照组件功能、装配工艺规程、规定的技术要求等连接成一个组件的局部装配工作。组件装配是模具总装配的基础，所以，组件装配工作一定要严格按照技术要求进行，只有装配出符合技术要求的合格组件，才能保证整副模具的装配精度。

(3) 总装配阶段

总装配是指将零件及装配好的组件，按照装配图连接成为模具整体的全过程。在进行模具总装配前应选择已装配好的组件作为基准件，同时安排好动、定模的安装顺序分别进行动、定模的装配，最后再进行动、定模的合模装配，并保证装配精度，以满足模具装配图和技术要求中规定的各项指标。将装配好的模具装在合模机上进行试合模，确定动、定模合模正确，各运动组件运行顺畅，方可完成模具的总装配。

(4) 检验调试阶段

模具装配完成后，需要按照模具验收技术条件对模具的各部分功能进行初步检验，再在注射机上试模，通过分析试模结果，对模具进行相应的调试或修理，直到能用模具稳定地生产出合格的塑料制件，模具才能投入使用。

7.1.2 注塑模具装配方法

在接到注塑模具装配任务后，必须先仔细阅读有关图纸，了解所成型塑料制件的形状、精度要求，了解模具的结构特点、动作原理和技术要求，选择合理的装配方法和装配顺序，并且要对照零件图检查各个零件的质量、数量。同时准备好必要的标准零件，如螺钉、弹簧、销钉等，并准备好装配用的辅助工具、材料等。

(1) 镶块与固定板的装配

型芯或型腔镶块和固定板的连接方式使用最广泛的是挂台固定方式，圆形镶块和固定板上的固定孔一般采用 H7/m6 的过渡配合，固定板一般由机械切削加工得到，因此，加工完成后的通孔与沉孔平面拐角处一般呈清角，如图 7-2 所示，而镶块加工完成后在相应部位往往呈圆角，一般都是由于机加工刀具或磨削时砂轮的损耗形成的。装配前应将固定板通孔的清角加以修正使之成为圆角或相对较大的倒角，否则镶块不能完全装入固定板。

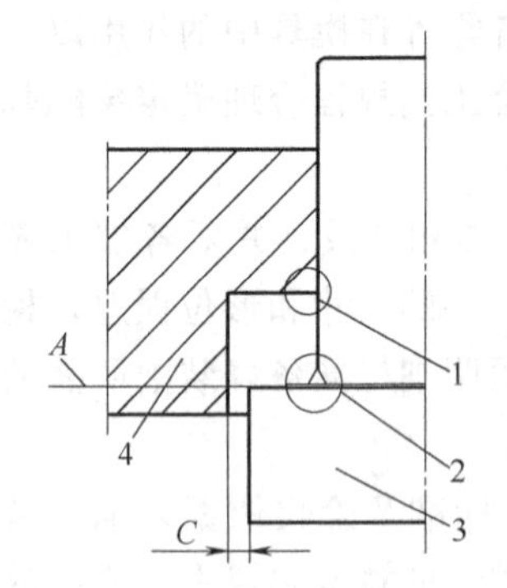

图 7-2 镶块与固定板配合角

1—清角；2—圆角；
3—镶块；4—固定板

对于矩形的镶块，对应的固定板孔也为矩形通孔，该通孔一般采用线切割加工，故加工出的通孔四角会因为电极丝半径及放电间隙而形成 R 为 0.2～0.3mm 的圆角，因此需要将镶块 4 个直角部位修成 $R=0.3$mm 左右的圆角。当镶块不允许修成圆角时，应将固定板孔的角部用锯条修出清角或窄槽，如图 7-3 所示。

另外一种应用较为广泛的连接方式为埋入式连接，如图 7-4 所示。固定板沉孔与镶块尾部为过渡配合。由于沉孔的形状与镶块尾部的形状和尺寸在机械加工后往往不能达到配合要求，因此在装配前应检查两者的尺寸，如有偏差应予以修正，一般修正镶块较方便。同样，固定板上的矩形沉孔的 4 个角一般也要进行清根处理。

(2) 导柱孔、导套孔的配做与装配

① 导柱孔、导套孔的加工　导柱孔、导套孔分别位于动模板和定模板上，为模具合模时的导向装置。因此，动、定模板上的导柱孔、导套孔的加工十分重要，其相对位置偏差应在 0.01mm 以内。除了可以用坐标镗床分别在动、定模板上镗孔外，比较普遍采用的方法是将动、定模板合在一起（用工艺定位销定位），在车床、铣床或镗床上进行镗孔。

对于淬硬的模板，若导柱孔、导套孔在热处理前加工至规定尺寸，在热处理后会引起位置变化而不能满足导向要求。因此在热处理前，模板加工时应留有磨削余量，热处理后或用坐标磨床磨孔，或将模板叠合后一起用内圆磨床磨孔，若淬硬的模板上已制成型腔，则以型腔为基准叠合模板。另外一种方法是在淬硬的模板孔内压入软套或软芯，在软芯上镗导柱

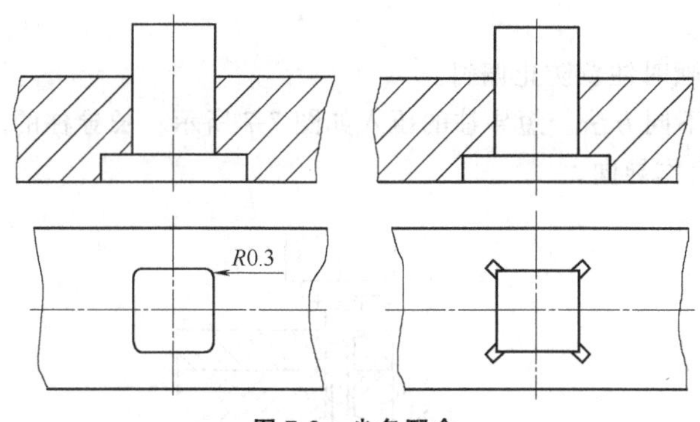

图 7-3 尖角配合

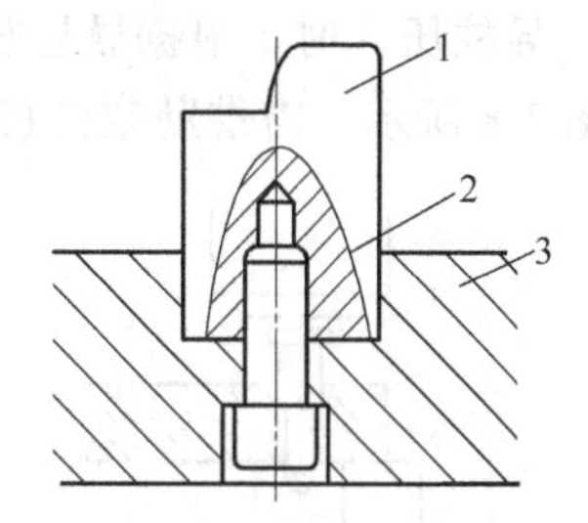

图 7-4 埋入式连接

1—镶块；2—固定螺钉；3—固定板

孔、导套孔。

② 导柱孔、导套孔的加工次序　由于模具的结构及采用的装配方法不同，因此在整套模具的装配过程中，应合理确定导柱孔、导套孔的加工时机。

a. 在模板的型腔凹模固定板孔未修正之前加工导柱孔、导套孔。适用的场合有：

各模板上的固定孔形状与尺寸均一致，而加工固定孔时一般采用各模板叠合后一起加工，此时可借助导柱、导套作为各模板间的定位。

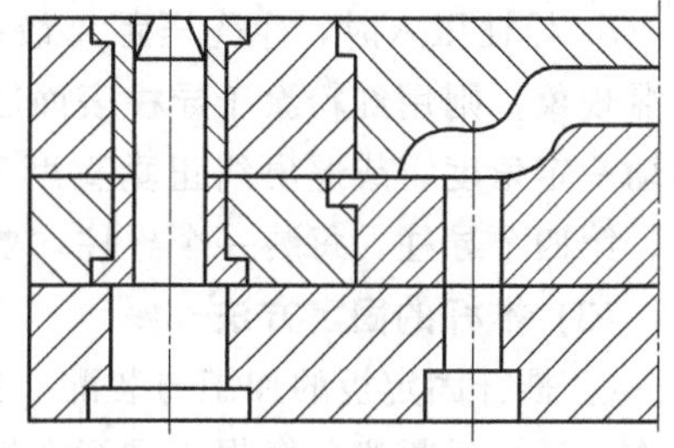

图 7-5 找正相对位置困难的型腔

不规则立体形状的型腔，在装配合模时很难找正相对位置，如图 7-5 所示，此时导柱、导套可用作定位，以正确确定固定孔的位置，型腔镶块加工时，应保证型腔外形的相对尺寸。

动、定模板上的型芯、型腔镶件之间无正确配合的场合。

模具具有斜导柱滑块机构的场合，由于这类模具需修配的面较多，特别是多方向、多滑块结构，如不先装好导柱与导套孔，则合模时难以找出基准，使得部件修正困难。

b. 在动、定模修正与装配完成后加工导柱孔、导套孔。其适用场合有：

如图 7-6（a）所示为小型芯需穿入定模镶块孔中，图 7-6（b）所示为卸料板与型腔有配合要求。

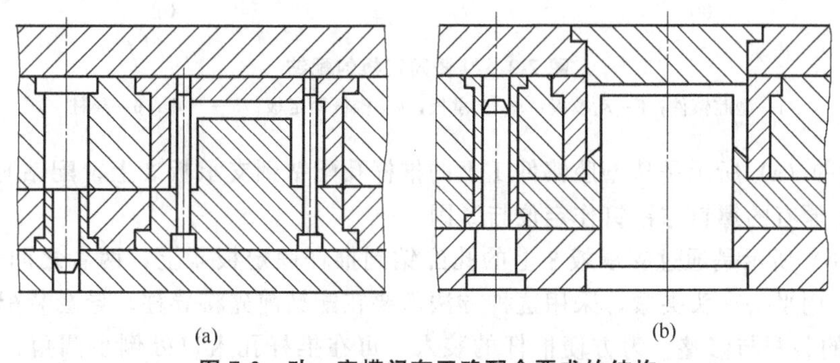

图 7-6 动、定模间有正确配合要求的结构

③ 导柱、导套的压入　导柱、导套压入动、定模板中后，开模和合模时导柱、导套应滑动灵活，因此压入时应注意：

a. 对导柱、导套进行选配。

b. 导套压入时，应校正其垂直度，随时注意防止偏斜。

c. 导柱压入时，根据导柱长短采取不同方法。短导柱的压入如图 7-7 所示；长导柱的压入如图 7-8 所示，需借助定模板上的导套作导向。

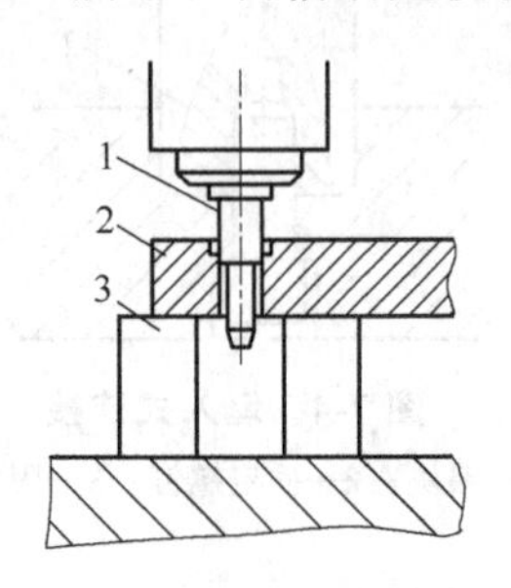

图 7-7　短导柱的压入

1—导柱；2—定模板；3—平行垫板

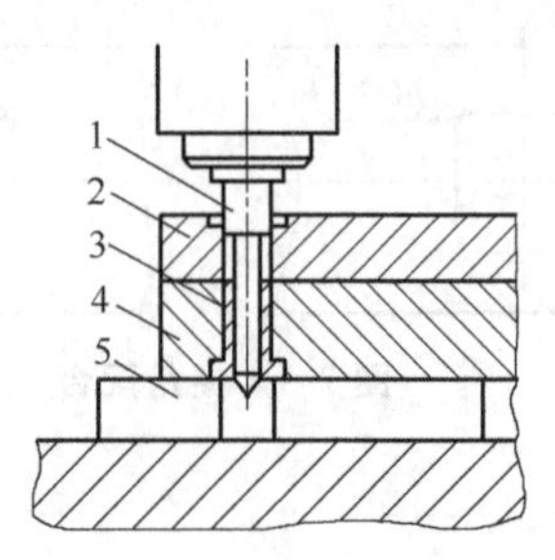

图 7-8　长导柱的压入

1—导柱；2—固定板；3—导套；4—定模板；5—平行垫板

d. 导柱压入时，应先压距离最远的两个导柱，并测试开模和合模是否灵活，如发现有卡滞现象，则用红粉涂于导柱表面后在导套内往复拉动，观察卡住部位，然后将导柱退出并转动一定角度，或退出纠正垂直度后再进行压入。在两个导柱装配合格的基础上再压入第三、第四个导柱，每装一个导柱均要进行以上测试。

(3) 推杆的固定方法

① 推杆固定板的加工与装配　推杆用来将制件推出，在模具操作过程中，推杆应保证动作灵活，尽量避免磨损。推杆在推杆固定板孔内，每边有 0.5mm 以上的间隙。推杆固定板的加工与装配方法如下：

推杆固定板孔是通过型腔镶件上的推杆孔配钻得到的，配钻由两步完成，如图 7-9 所示。

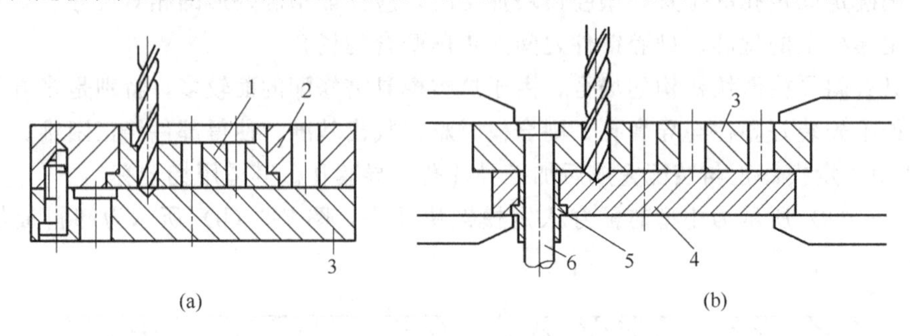

图 7-9　推杆固定板的配钻

1—型腔镶件；2—动模板；3—支承板；4—推杆固定板；5—导套；6—导柱

其中图 7-9（a）所示是从型腔镶件 1 上的推杆孔配钻到支承板 3 上，配钻时用动模板 2 和支承板 3 上原有的螺钉与销钉作定位与紧固。

图 7-9（b）所示是通过支承板 3 上的孔配钻到推杆固定板 4 上，两者之间利用导柱 6、导套 5 定位，用平头夹头夹紧，采用这种方法需要在配钻前先将导柱、导套装配完成。

② 推杆的装配与修整　为方便推杆的装入，可在推杆孔入口处倒小圆角、斜度。推杆顶端也可倒角，顶端留有修正量，在装配后修正顶端时可对倒角进行修整。

推杆数量较多时，与推杆孔进行选择配合。

检查推杆尾部台肩厚度及推杆台肩深度，使装配后留有 0.05mm 左右的间隙，推杆尾部台肩太厚时应修磨底部，如图 7-10 所示。

可将有导套 4 的推杆固定板 7 套在导柱 5 上，将推杆 8、复位杆 2 穿入推杆固定板 7 和支承板 9、型芯镶块 11，然后盖上推板 6，紧固螺钉。

模具闭合后，推杆和复位杆的极限位置取决于导柱与模脚的台阶尺寸。因此，在修磨推杆顶端面之前，必须先将此台阶尺寸修磨到正确尺寸。

推板复位至与垫圈 3 或模脚下台阶接触时，若推杆低于型面，则应修磨导柱台阶或模脚的上平面；若推杆高于型面，则修磨推板 6 的底面。

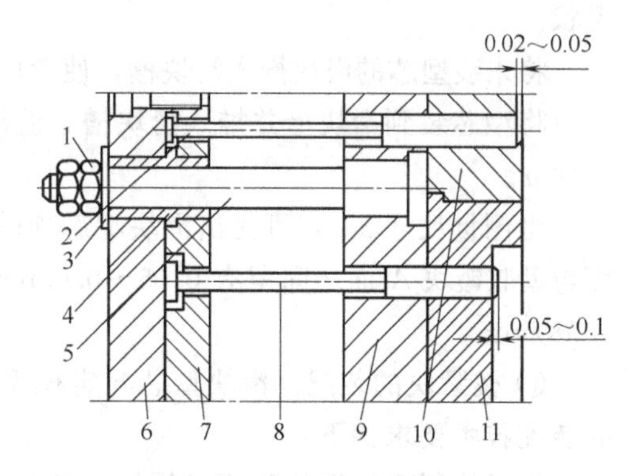

图 7-10　推杆的装配与修整

1—螺母；2—复位杆；3—垫圈；4—导套；5—导柱；6—推板；7—推杆固定板；8—推杆；9—支承板；10—型芯固定板；11—型芯镶块

修磨推杆及复位杆的顶面。应使复位杆端面低于分型面 0.02～0.05mm，在推板复位至终点位置后，测量其中一根复位杆高出分型面的尺寸，确定其修磨量，其他几根复位杆修磨至统一尺寸。推杆端面应高出型面 0.05～0.10mm，修磨方法与上述相同。各推杆端面不在同一平面上时，应分别确定修磨量。推杆与复位杆的修磨，只有在特殊情况下才和型面一起磨削，其缺点是当砂轮接触推杆时，推杆发生转动使端面不能磨平，有时会造成磨削中的事故。此外，清除间隙内的屑末也很麻烦。

(4) 滑块抽芯机构的装配

滑块抽芯机构的装配步骤如下：

① 将型腔镶块压入动模板，并磨两平面至要求尺寸。滑块的安装以型腔镶块的型面为基准。型腔镶块和动模板在零件加工时，各装配面均留有修正量。因此，要确定滑块的位置，必须先将型腔镶块装入动模板，并将上、下平面修磨正确。

② 将型腔镶块压出模板，精加工滑块槽。动模板上的滑块槽底面 N 取决于修磨后的 M 面。在进行动模板零件加工时，滑块槽面与两侧面有修磨余量。若在动模板零件加工时，未加工出 T 形槽，则需要在 M 面修磨正确后将型腔镶块压出，再根据滑块实际尺寸配磨或精铣滑块槽。

③ 铣 T 形槽。按滑块台肩实际尺寸精铣动模板上的 T 形槽。基本上铣削到要求尺寸，最后由钳工修正。

如果型腔镶块上也有 T 形槽，则可将型腔镶块镶入后一起铣槽。也可将已铣好 T 形槽的型腔镶块镶入后再单独铣削动模板上的 T 形槽。

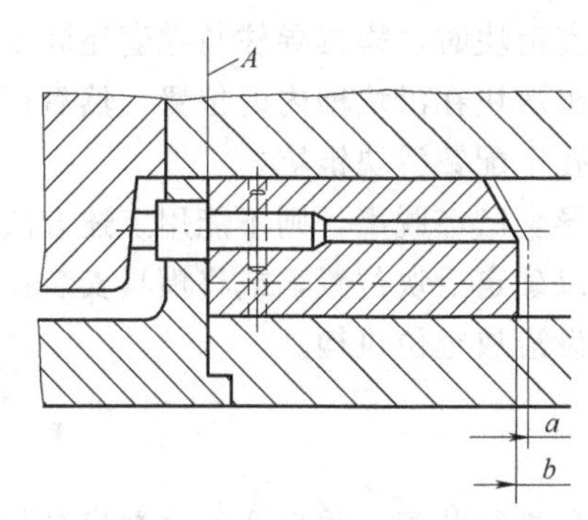

图 7-11　滑块型芯与定模型芯接触的结构

④ 型孔位置及配制型芯固定孔。固定于滑块上的横型芯，往往要求穿过型腔镶块上的孔而进入型腔，并要求型芯与孔配合正确且滑动灵活。为达到这个目的，合理且经济的工艺应是将型芯和型孔相互配做。由于型芯形状与加工设备不同，所采取的配做方法也不同。

⑤ 滑块型芯的装配。图 7-11 所示为滑块型芯与定模型芯接触的结构。由于零件加工中的累积误差，装配时往往需要修正滑块型芯端面。

修磨的具体步骤如下：

将滑块型芯端面磨成与定模型芯相应部位一致的

形状。

将未装型芯的滑块推入滑块槽，使滑块前面与型腔镶块的A面接触，然后测量出尺寸b。

将型芯装到滑块上并推入滑块槽，使滑块型芯的顶端面与定模型芯相接触，然后测量出尺寸a。

由测量尺寸a、b可得出滑块型芯顶端面的修磨量。但从装配要求来讲，希望滑块前端面与型腔镶块A面之间留有0.05～0.08mm的间隙，因此，实际修模量应为$b-a=(0.05\sim0.08)$mm。

⑥ 楔紧块的装配。滑块型芯与定模型芯修配密合后，便可确定楔紧块的位置。楔紧块的装配技术要求如下：

楔紧块斜面和滑块斜面必须均匀接触。由于在零件加工中和装配中有误差存在，因此在装配时需加以修正。一般修正滑块斜面较为方便，修正后用红粉检查接触质量。

模具闭合后，保证楔紧块和滑块之间具有锁紧力。其方法为在装配过程中使楔紧块和滑块接触后，分型面之间留有0.2mm的间隙。此间隙可用塞尺检查。

在模具使用过程中，楔紧块应保证在受力状态下不向闭模方向松动，也需使楔紧块的后端面与定模在同一平面上。

⑦ 镗斜导柱孔。镗斜导柱孔是在滑块、动模板和定模板组合的情况下进行的。此时楔紧块对滑块具有锁紧作用，分型面之间留有0.2mm的间隙，用厚度为0.2mm的铜片垫实。镗孔一般在立式镗床上进行即可。

⑧ 滑块复位定位。开模后滑块复位至正确位置，滑块复位的定位在装配时进行安装与调整。

图7-12所示为用定位板做滑块复位定位。滑块复位的正确位置可由修正定位板平面得到。复位后滑块后端面一般设计成与动模板外形在同一平面内，一旦出现由于加工中的误差而形成高低不平时，则可将定位板修磨成台肩形式。

滑块复位采用滚珠定位时如图7-13所示，装配时需在滑块上钻锥坑以装入滚珠、弹簧和顶丝。

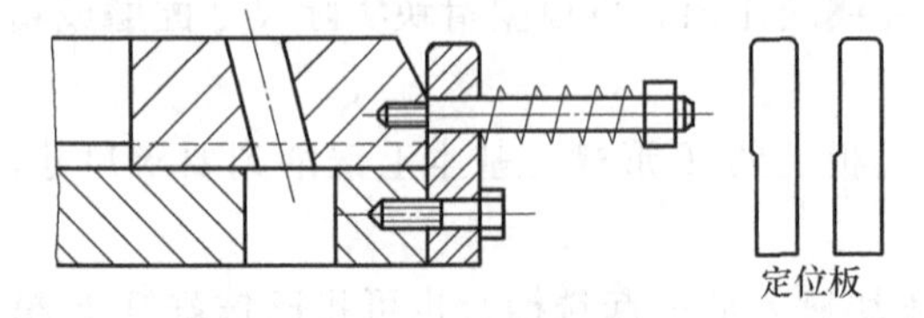

图7-12 用定位板做滑块复位定位

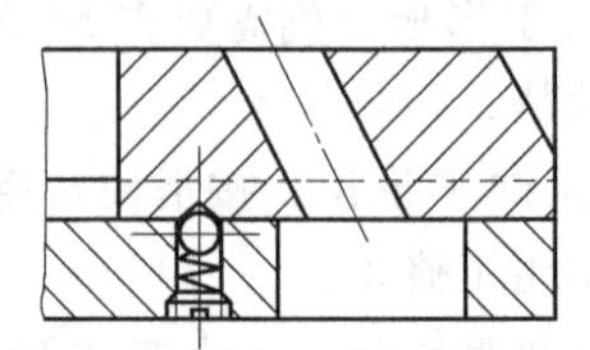

图7-13 滑块复位采用滚珠定位

当模具导柱长度大于斜导柱投影长度时，即斜导柱脱离滑块时，模具导柱与导套还尚未脱离，只需在开模至斜导柱脱出滑块动模板上划线，以划出滑块在滑块槽内的位置，然后用平行夹头将滑块和动模板夹紧，从动模板上已加工的弹簧孔中配钻滑块锥坑。

当模具导柱较短时，在斜导柱脱离滑块前模具导柱与导套已经脱离，则不能用上述方法确定滑块位置。此时必须将模具安装在注射机上进行开模以确定滑块位置，或将模具安装在特制的校模机上进行开模以确定滑块位置，或更改设计增设滑块定位机构。

7.1.3 注塑模具装配实例

结合7.1.1节的知识，按照三大步骤对香皂盒复杂模具进行装配，香皂盒的注塑模具数字模型及实物图如图7-14所示。

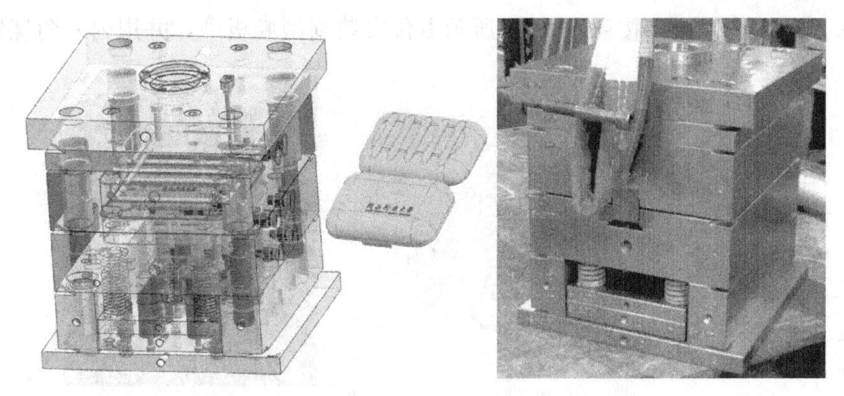

图 7-14 香皂盒注塑模具数字模型及实物图

该模具所生产的制件为折叠式一体香皂盒，模具采用 350mm×350mm 规格的三板式标准模架，所以模具的加工是在标准模架的基础上进行加工的，相比上一节的模具装配，我们可以不用在相关的模板上进行导向、复位等零件的固定孔和配合孔的加工，但该模具中既有滑块外侧抽芯，又有斜顶杆内侧抽芯，相对结构比较复杂。其中定模部分相对简单，与上一节的装配相似，只是多了一个流道板的装配环节，动模部分是本套模具的装配重点，通过本案例的学习，大家可以掌握复杂的三板式模具的安装。

(1) 定模装配

① 清理型腔板、型腔镶块 首先将型腔板和型腔镶块两个零件通过高压气体进行清理，以去除加工和运输过程中留下的残渣，如图 7-15 所示。

图 7-15 清理残渣

② 安装防水圈 型腔板底部有两个水孔和型腔镶块相连通，为防止漏水，必须安装橡胶防水垫圈，一般情况下，在孔的边缘涂抹油脂，然后将防水圈放入其中，如图 7-16 所示。

图 7-16 安装防水圈

③ 安装型腔镶块 对准位置将型腔镶块放入型腔板的凹槽中，然后从型腔板的背后用内六角螺钉固定型腔镶块，模型图和实物图如图 7-17 所示。

④ 安装锁紧楔 首先将斜导柱从锁紧楔

的背面压入，然后将锁紧楔按照图 7-18 所示方位安装到型腔板中，并用内六角螺钉固定。

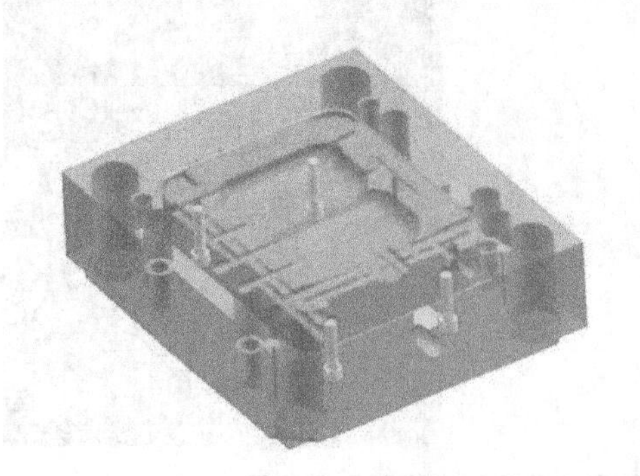

图 7-17 安装型腔镶块

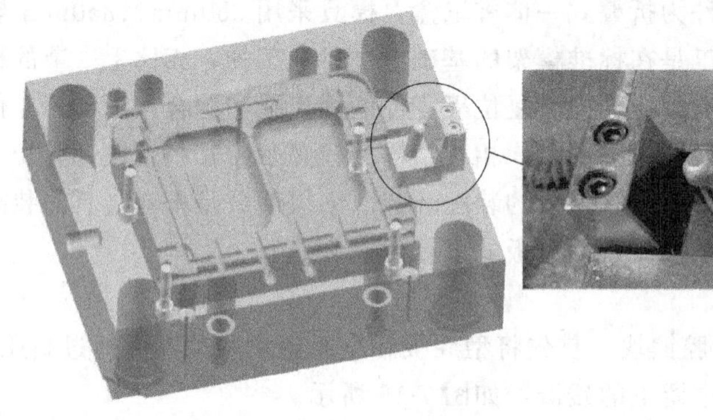

图 7-18 安装锁紧楔

⑤ 定模座板及流道板的安装　首先将 4 根导柱装入定模座板，然后将流道板穿入导柱，最后用内六角螺钉固定两板，如图 7-19 所示。

图 7-19 安装流道板

⑥ 清理模座板　首先采用高压气体清理模座板，为安装浇导套做好准备，如图 7-20 所示。

⑦ 安装拉料杆　首先将流道拉料杆从定模座板插入，然后再在背面装上挡块，挡块用内六角螺钉固定，如图 7-21 中圆圈处所示。

⑧ 安装浇导套　将浇导套从定模座板插入，然后用内六角螺钉固定，如图 7-22 中圆圈处所示。

图 7-20 清理模座板

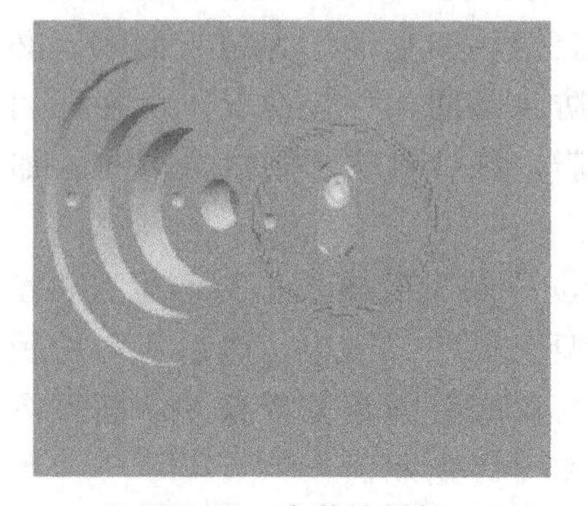

图 7-21 安装拉料杆

⑨ 安装定位圈　将定位圈按图 7-23 所示方位安装，并用内六角螺钉固定。

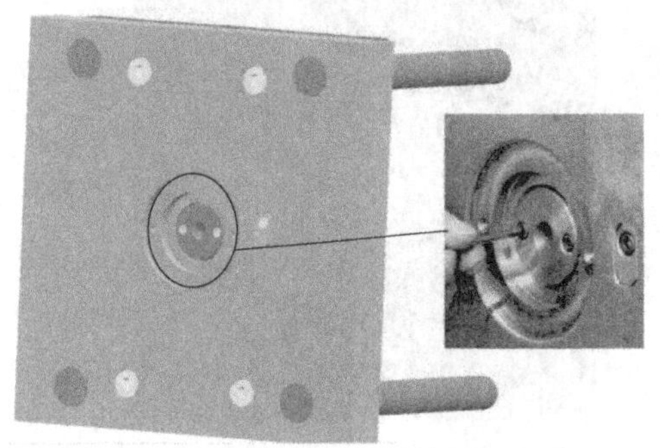

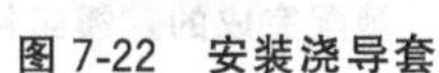

图 7-22　安装浇导套

图 7-23　安装定位圈

⑩ 定模组装　将步骤④完成的型腔板与定模座板通过导柱连接，如图 7-24 所示。

图 7-24　定模板组装

⑪ 安装限位螺钉　将 4 根限位螺钉从型腔板穿入，固定于定模座板上，如图 7-25 所示。

图 7-25　安装限位螺钉

⑫ 运动检测　组装好定模后，因模具开合模工作过程中型腔板要运动，所以利用起吊设备让型腔板上下运动几次，如图 7-26 所示，确定型腔板运动顺畅后，即可完成定模部分的装配，装配完成的定模组件如图 7-27 所示。

图 7-26 运动检测

图 7-27 装配完成的定模组件

(2) 动模装配

① 安装防水圈 型芯固定板底部和型腔板一样，也有 4 个水孔和型芯镶块相连通，也必须安装橡胶防水垫圈，如图 7-28 所示。

② 安装型芯镶块 和定模中安装型腔镶块的过程、方法一样，对准位置将型芯镶块放入型芯固定板的凹槽中，然后从型腔板的背后用内六角螺钉固定型腔镶块，模型图和实物图如图 7-29 所示。

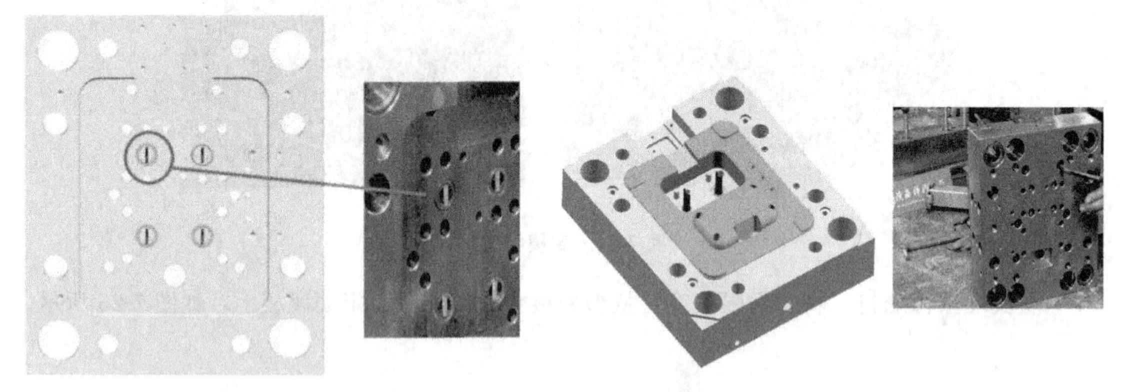

图 7-28 安装防水圈（动模）

图 7-29 安装型芯镶块（动模）

③ 安装斜顶杆导块 本模具采用方形斜顶杆实现内侧抽芯，在型芯固定板上设置了斜顶杆导块，判断出正确方位后装入，并用内六角螺钉固定，如图 7-30 所示。

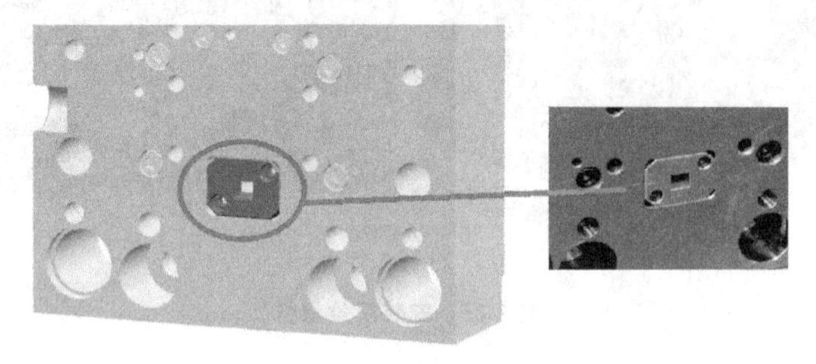

图 7-30 安装斜顶杆导块

④ 安装推杆固定板 首先将 4 根复位杆、5 根流道顶杆从顶杆固定板装入，然后在 4 根复位杆上套入弹簧，最后将复位杆、顶杆对准型芯固定板相应的孔位插入，但不固定，装入

后如图 7-31 所示。

⑤ 装入异形顶杆 本模具共采用 8 根顶杆对制件进行顶出，由于制件表面为曲面，故这 8 根顶杆的端面都为曲面，为了防止顶杆旋转，设计时将顶杆的固定部分设计成多半圆结构，所以安装时一定要找准方向，安装异形顶杆后的动模部分如图 7-32 所示。

图 7-31 安装推杆固定板

图 7-32 安装异形顶杆

⑥ 安装斜顶杆 先将斜顶杆座从顶杆固定板背后放入，然后将斜顶杆从型芯固定板的正面装入，并将斜顶杆的 T 形导滑部分装入斜顶杆座中的 T 形导滑槽，安装完的斜顶杆部分如图 7-33 中的圆圈处所示。

图 7-33 安装斜顶杆

⑦ 安装推杆垫板 将推杆垫板对正顶杆固定板，并用如图 7-34 所示的 6 个内六角螺钉固定。

⑧ 安装动模座板 首先将两个支撑块用内六角螺钉固定于动模座板上，然后装入 8 根支撑柱，并在动模座板背面用 8 颗内六角螺钉固定，最后装入 4 根推板导柱，完成动模座板部分的安装，如图 7-35 所示。接着将其与型芯板按位置固定，如图 7-36 所示。

图 7-34 安装推杆垫板

⑨ 安装滑槽 首先装入滑块耐磨块，并用内六角螺钉固定，然后装入两个滑槽压块，并用内六角螺钉轻轻固定，因为后面装配滑块时要调整压块，所以暂时不固定到位，如图 7-37 所示。

⑩ 安装滑块 将滑块从滑槽侧面滑入，调整滑槽压块位置，在保证滑块运动顺畅后，固定滑槽压块，并装入滑块限位螺钉，如图 7-38 所示。

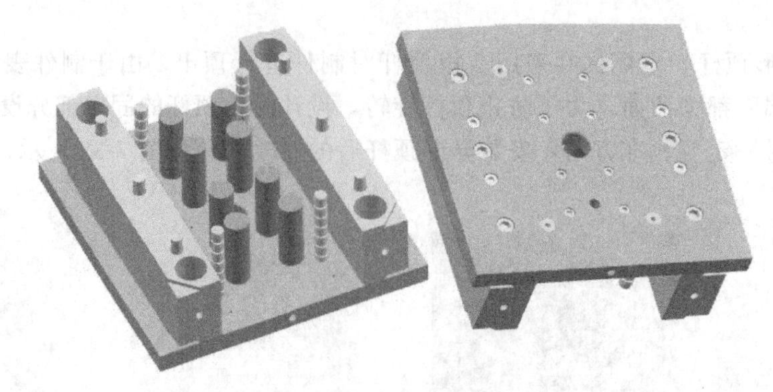

图 7-35　安装动模座板

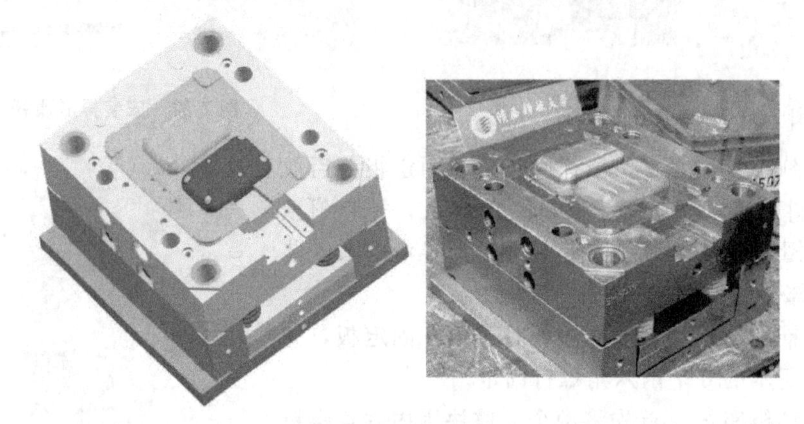

图 7-36　安装型芯板

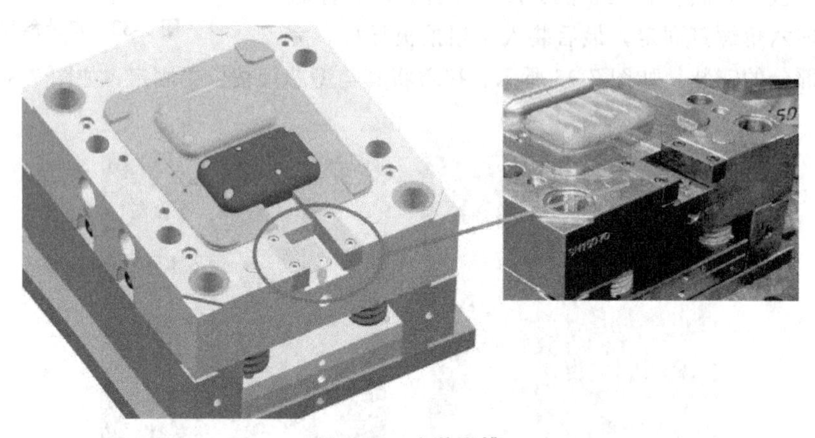

图 7-37　安装滑槽

⑪ 安装开闭器　开闭器一般用于三板式模具，主要是在开模时用于增加定、动模板之间的开模阻力，以保证开模时流道板和型腔板先打开，运动到一定位置后，在限位螺钉的作用下型腔板和型芯板才打开，以保证开模顺序。

常用的开闭器有树脂开闭器（又称尼龙塞）和弹簧开闭器两种。本模具采用树脂开闭器。使用树脂开闭器时要注意：

a. 树脂开闭器的尼龙塞应嵌入动模板 3mm。本模具采用在动模板上加工 ϕ14mm×3mm 的孔，用来装开闭器。

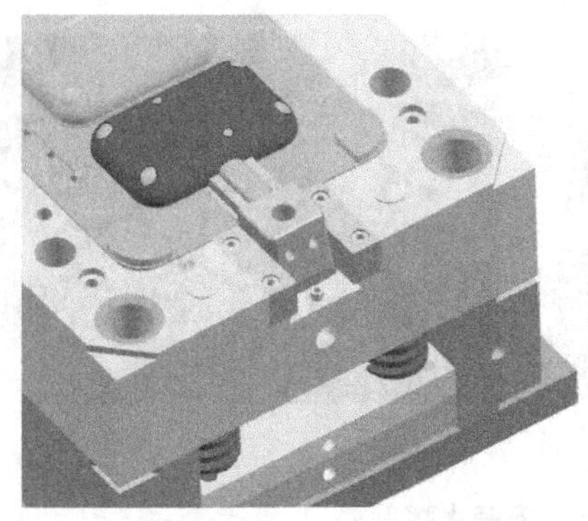

图 7-38 安装滑块

b. 因尼龙塞开闭器要插入型腔板，所以型腔板要开孔，而且孔开口处应倒圆角 R，并抛光防止刮伤尼龙塞，如做成斜面的倒角则易将尼龙塞表面磨花，降低尼龙塞的使用寿命。

c. 为防止尼龙塞开闭器插入型腔板时憋气，在型腔板孔底部应加排气装置，一般是将该孔打穿。

d. 与尼龙塞开闭器相配的型腔板内孔应抛光，以免擦伤尼龙塞开闭器，使用过程中要根据磨损情况对尼龙塞开闭器进行更换。

e. 装配和使用过程中切勿在尼龙塞上加油，因为加油会使摩擦力减小，丧失其应有的作用。

f. 该产品本身已使用精密自动车床修整过，圆度可达到 0.01mm 以内，因此提高了尼龙塞的接触面。

g. 装配时不需要将螺钉锁得太紧，否则尼龙塞开闭器的尼龙胶套可能因施压而变形，使其插入型腔板困难。

h. 尼龙塞使用数量根据模具重量来确定，模具重量在 100kg 以下用 ϕ12mm 的 4 个；模具重量在 100～500kg 之间用 ϕ16mm 的 4 个；模具重量在 500～1000kg 之间用直径 ϕ20mm 的 4 个，若超过 1000kg 则增加到 6 个以上。

本套模具采用 ϕ12mm 的 4 个尼龙塞开闭器，安装后如图 7-39 所示。

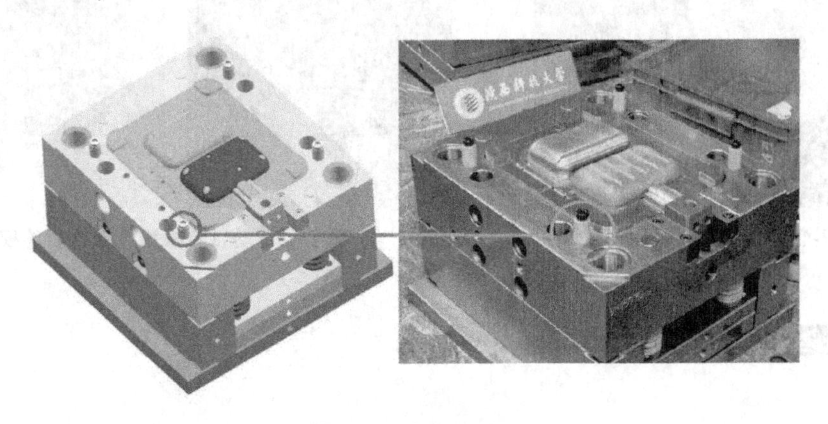

图 7-39 安装开闭器

⑫ 安装水嘴　最后安装标准水嘴，如图 7-40 所示。

⑬ 完成动模组件装配　安装完成的动模组件如图 7-41 所示。

图 7-40　安装水嘴

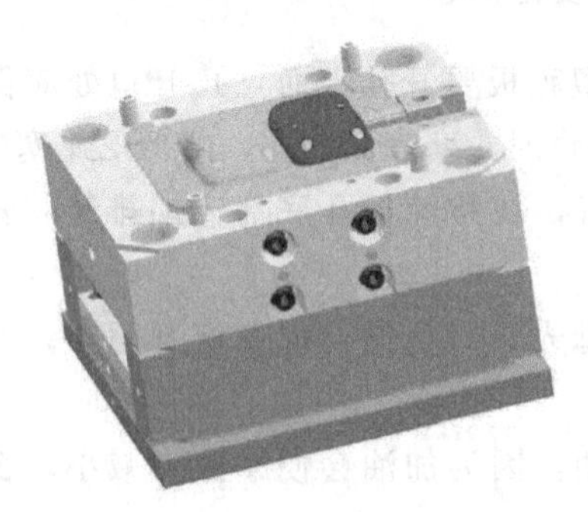

图 7-41　安装完成的动模组件

(3) 动、定模组件合模

装配完成的动、定模组件如图 7-42 所示，将动、定模组件合模，并保证开合模运动顺畅，最后装配完成的模具如图 7-43 所示。整套模具的装配视频见中国大学 MOOC“模具制造工艺”（课程编号：0802SUST006）资源库中，“案例视频/塑料模装配”文件夹下相关视频。

图 7-42　动、定模组件

图 7-43　动、定模组件合模后的模具

7.2 注塑模具的安装与调试

7.2.1 注塑模具的安装调试

(1) 安装前的准备工作

① 熟悉有关工艺文件资料　根据模具装配图纸，弄清模具的结构、特性及其工作原理，

熟悉有关工艺文件及所用注射机的主要技术规格。

② 检查模具 检查模具成型零件、浇注系统的表面粗糙度及有无伤痕和塌陷，检查模具各运动零件的配合、起止位置是否正确，运动是否灵活。

③ 检查设备 检查设备的油路、水路及电气设备是否能正常工作；将注射机的操作开关调到点动或手动位置上，将液压系统的压力调到低压；把所有行程开关调整到要求的位置，使注射机的动模托板运行畅通。

④ 检查吊装设备 检查吊装模具的设备是否安全可靠，工作范围是否满足要求。

(2) 安装前的技术参数校核

① 注射量 注射量是指注射机在对空注射的条件下，注射螺杆做一次最大的行程所注射的胶量。试模前一定要核实制件及浇道的总体积，应小于注射机额定容积的0.8倍，实际注射量一般为注射机公称注射量的25%～70%。

② 注射压力 为了克服熔料流经喷嘴、浇道和型腔时的流动阻力，螺杆或柱塞对熔料必须施加足够的压力，这种压力称为注射压力。注射压力的大小与流动阻力、制件形状、塑料性能、塑化方式、塑化温度、模具温度及对制件的精度要求等因素有关。试模前要核实注射机能提供的注射压力是否满足模具的设计要求。

③ 注射速度 注射速度的选定很重要，它直接影响到制件的质量和生产效率。常用注射速度及注射时间的参考数值见表7-1。

表7-1 常用注射速度及注射时间的参考数值

注射量/cm^3	125	250	500	1000	2000	4000	6000	10000
注射速度/(cm^3/s)	125	200	333	570	890	1330	1600	2000
注射时间/s	1	1.25	1.5	1.75	2.25	3.01	3.75	5

④ 塑化能力 塑化能力是指单位时间内能塑化的物料量。

⑤ 锁模力 锁模力是指注射机的合模机构对模具所能施加的最大夹紧力。为了使注射时模具不被熔融塑料所产生的胀型力顶开，锁模力应大于模具注射时产生的胀型力，一般为1.3～1.4倍。

⑥ 安装尺寸 注射机安装模具部分校核的主要项目包括喷嘴尺寸、定位孔尺寸、拉力柱间距、最大及最小模厚、模板上安装螺钉孔的尺寸及位置。

a. 浇口套球面尺寸。机床喷嘴孔径和球面直径一定要与模具的进料孔相适应，对于卧式或立式注射机，一般喷嘴球面半径比浇口套球面半径小1～2mm，喷嘴注胶孔直径比浇口套进胶孔直径小0.5～1mm。

b. 定位圈尺寸。注射机定模托板定位孔与模具定位圈（或主流道衬套凸缘）的关系为两者按H9/f9配合或保持0.1mm间隙，以保证模具主流道的轴线与注射机喷嘴轴线重合，否则将产生溢料并造成流道凝料脱出困难。小型模具定位圈的厚度一般为8～10mm，大型模具为10～15mm。

c. 模具尺寸与注射机装模空间的关系。模具尺寸与注射机装模空间的关系如图7-44所示，模具的最大、最小厚度及模具的闭合总高度必须位于注射机可安装模具的最大模厚与最小模厚之间，即

$$H_{max}=H_{min}+l$$

$$H_{min} \leqslant H \leqslant H_{max}$$

式中 H——模具闭合厚度；

H_{min}——注射机允许模具最小厚度；

H_{max}——注射机允许模具最大厚度；

l——注射机在模厚方向长度的调节量。

若 H 小于 H_{min} 时，可采用垫板来调整，以使模具闭合。若 H 大于 H_{max} 时，则模具无法锁紧或影响开模行程，尤其是以液压曲杆式机构合模的注射机，其曲杆无法撑直，这是不允许的。应校核模具的长、宽尺寸，使模具能从注射机的拉力柱之间装入。

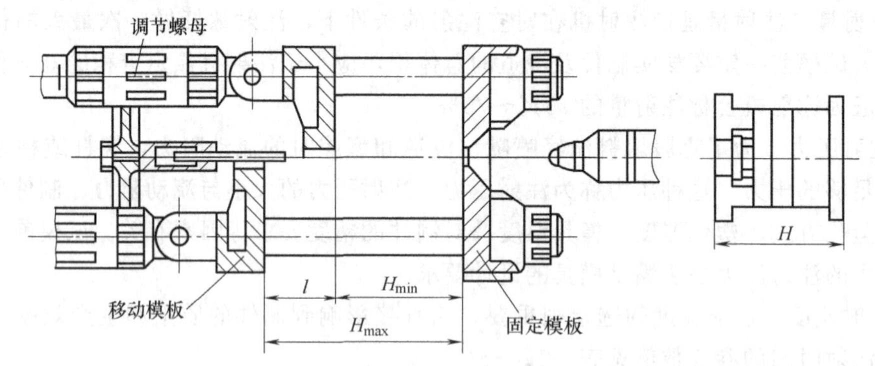

图 7-44 模具尺寸与注射机装模空间关系

d. 模具的安装固定方式。模具在注射机上的安装固定方式有两种：一是用螺钉直接固定，模具动、定座板与注射机模板上的螺孔应完全吻合；二是用压板固定，模具固定板须安放压板的外侧附近有螺孔。多数采用压板固定的方式。

e. 开模行程的校核。模具为单分型面注射模具时，注射机的最大开模行程应比包括浇注系统在内的塑件高度与推出距离之和大 5～10mm。

模具为双分型面注射模具时，注射机的最大开模行程还应在单分型面模具计算的基础上加上流道板的开模距离。

f. 推出装置的校核。注射机的推出装置主要有以下几种工作形式：中心顶杆机械顶出；两侧双顶杆机械顶出；中心顶杆液压顶出与两侧双顶杆机械联合顶出；中心顶杆液压顶出与其他开模辅助液压缸联合作用。

试模前应根据开合模系统推出装置的推出形式（中心推出还是两侧推出）、注射机的顶杆直径、顶杆间距和顶出距离等校核注射机推出机构是否合理，推杆推出距离能否达到使塑件顺利脱模的目的。

⑦ 开、合模速度 目前国内、国外都采用先进的液压传动系统，由于采用了先进精密的压力阀和速度阀控制，使开、合模速度大大提高，高速时已达到 25～35m/min，有的甚至达到 60～90m/min。

⑧ 冷却水 冷却水的多少要根据注射机的负荷程度而定。模具冷却不当，会影响成品的质量及造成脱模困难。熔胶筒尾部的冷却水圈应保持畅通及低温，以防止胶料在料斗口附近熔化，造成回料困难。

(3) 模具安装调试基本流程

① 开启注射机 接通电源启动注射机，使动模托板、定模托板处于开启状态。

② 清理杂物 清理动、定模托板平面及定位孔，模具安装面上的污物、毛刺等。

③ 吊装模具 模具的吊装有整体吊装和分体吊装两种方法。小型模具的安装常采用整体吊装。

a. 小型模具的安装和注意事项：若模具较小，重量不大，则采用人工搬装的方式进行安装。首先在机器下面两根拉力柱上垫好木板，将模具从侧面装进机架间，再抬高木板使模具定模部分的定位圈装入注射机的定位孔，同时摆正模具位置，慢速闭合注射机的动模托板，使注射机的动、定模托板夹紧模具。然后用压板及螺钉将模具的定模部分压紧在注射机的定模托板上，用同样的方法将模具动模部分初步固定在注射机的动模托板上，但不要固定太紧，保证模具不会自然移动就行。再慢速开启动模托板，经过几次开合模过程，使动模部分找准位置。在保证开合模具时平稳、灵活、无卡紧现象后再压紧固定模具动模部分。

若模具较重，利用人工进行搬装比较困难，则可以利用小型吊车或自制的小型龙门吊车进行模具的吊装。

装模时要注意：模具压紧应平稳可靠，压紧面积要大，压板不得倾斜，要对角压紧，压板尽量靠近模具的模座板。注意合模时，动模压板、定模压板及螺钉不能发生干涉。

b. 大中型模具的安装和注意事项：

吊装大中型模具时，一般可分为整体吊装和分体吊装两种。要根据现场的具体吊装条件确定吊装的方法。

整体吊装方式与小型模具的安装方法相同。应注意：如有侧型芯滑块，则滑块应处于水平方向滑动；如有液压侧抽芯机构，则模具应按照图纸技术要求规定的方向安装，不能随意改变模具安装方向。

大型模具因整体重量过大，一般安装时采用分体安装法。首先把模具的定模部分从机器上方的两个拉力柱之间吊入机器间，调整方位后，将模具定位圈对准装入注射机定模托板的定位孔中，用压板压紧定模部分。再将动模部分吊入，找正动定模的导向、定位机构后，与定模相配合，慢慢合模，确保动模部分的位置正确后初步固定动模部分。然后慢速开合模具数次，确认模具动、定模部分的相对位置已找正无误后，紧固动模部分。同样，对设有侧型芯滑块的模具，应使滑块处于水平方向滑动为宜。

吊装模具时应注意安全，当两人以上操作时，必须互相呼应，统一行动，以防在不知情的情况下造成人员的误伤或设备的损坏。模具紧固应平稳可靠，压板要和动、定模托板平行，不得倾斜，否则无法压紧模具，使模具移位或倾斜，严重时模具可能会掉落，造成安全事故。同时，要注意防止动、定模上的压板和螺钉等在合模时发生干涉。

④ 模具调整与试模

a. 调整模具松紧度。按模具闭合高度、脱模距离调节锁模机构，保证注射机动模托板有足够的开模行程和锁模力，使模具闭合后松紧程度适当。一般情况下，模具闭合后分型面之间的间隙应保持在 0.02～0.04mm 之间，既可以防止制件严重溢边，又可以保证型腔能适当通过分型面排气。

b. 调整推杆顶出距离。模具紧固后，慢速开模，直到动模托板到位停止后退，然后调整推杆的推出位置，在保证推杆能顶出制件的前提下，尽量使模具上的推板与动模垫板之间留 5～10mm 的间隙，以防止推板强推垫板，造成模具损坏。

c. 校正喷嘴与浇口套的相对位置及弧面接触情况。可用一纸层放在注射机喷嘴及模具浇口套之间，观察两者接触情况。校正后拧紧注射座定位螺钉，紧固定位。

d. 接通回路。接通冷却水路及加热系统，水路应通畅无异物，电加热器应按额定电流接通。安装调温、控温装置以控制模具温度，电路系统要严防漏电。

e. 试机。先空载运转几次，观察模具导向系统、顶出系统、复位系统、抽芯机构、冷却水路及加热系统等各部位是否运行正常，确认可靠后才可加料进行注射试模。试机前一定要将工作场地清理干净，注意安全。

7.2.2 注塑模具安装调试实例

本例将通过介绍如图 7-45 所示的香皂盒注塑模具的安装过程，来学习注塑模具在注塑机上的基本安装流程和方法。其中图 7-45（a）为香皂盒的模具实物图，图 7-45（b）为香皂盒制件图。

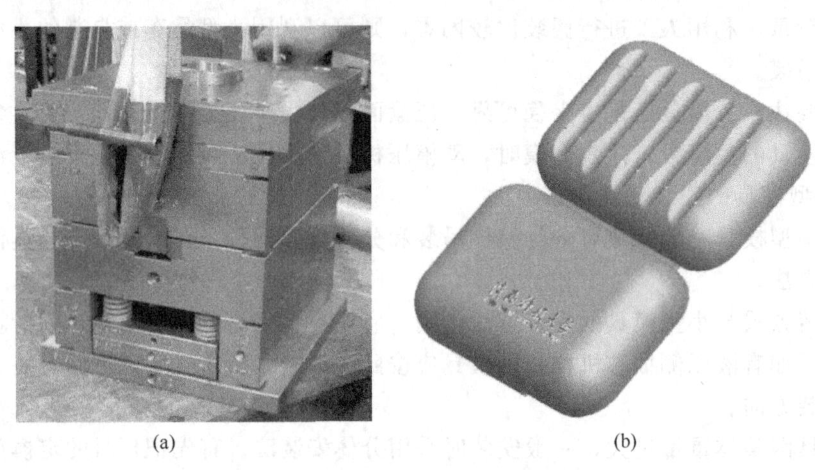

(a) (b)

图 7-45 香皂盒模具实物图及制件图

（1）准备装模所用工具

安装模具一般会用到的工具有内六角扳手、梅花扳手、活动扳手、铜棒、榔头等工具，安装前应根据模具的具体情况准备相应规格的工具。

（2）检查模具

检查模具的连接螺钉是否拧紧，清理模具动模座板、定模座板上的杂物，准备安装。

（3）启动注射机

接通注射机电源，启动电动机，检查注射机各个动作是否正常。

（4）调整注射机的动模托板

检查注射机开、合模动作，顶出动作及其他动作是否正常。调整动模托板、定模托板间的距离与模具的高度相一致。初学者可用直尺测量动、定模托板距离和模具高度，有自动调模控制的注射机可直接设定模具高度。

（5）起吊模具

将模具放在注射机动模托板、定模托板之间，应根据模具的大小和现场吊装条件选择吊装形式。起吊模具时，应注意安全、不要站在模具下面，要与模具保持一定的斜度距离。起吊模具如图 7-46 所示。

（6）定模定位

把模具吊起从注射机上面进入模具安装区域，将模具定模的定位圈对正注射机前定模托板中心的定位孔中，如图 7-47 所示。

图 7-46 起吊模具

图 7-47 定模定位

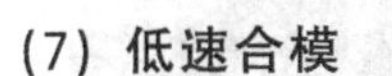

(7) 低速合模

关好安全门，然后进行低压低速合模。用低压低速压紧模具，观察模具是否压紧，可通过合模机构液压系统的压力表来观察，合模过程中，当压力表数值突然增大，说明模具完全合模，确保模具已经压紧后，关闭注射机马达，如图 7-48 所示。

图 7-48 低速合模

(8) 压块压紧定模

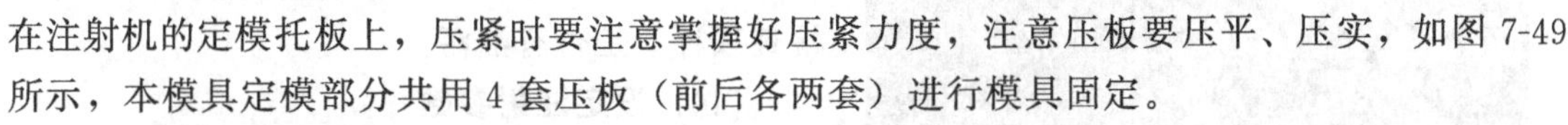

用压板及螺钉将模具定模座板压紧在注射机的定模托板上，压紧时要注意掌握好压紧力度，注意压板要压平、压实，如图 7-49 所示，本模具定模部分共用 4 套压板（前后各两套）进行模具固定。

(9) 压块压紧动模

定模固定好之后，采用同样的方法，先初步将模具动模座板固定在注射机的动模托板上。如图 7-50 所示，动模部分同样用了 4 套压板进行模具固定。

图 7-49 固定定模

图 7-50 固定动模

(10) 动定模试开合模

动定模基本固定后，慢速开启、闭合模具数次，找准动模位置，如图 7-51 所示。

(11) 固定动模

在保证开闭模具时平稳、灵活、无卡紧现象后，再借助加长套筒完全固定动模，如图 7-52 所示。

图 7-51　试开合模

图 7-52　完全固定动模

图 7-53　连接水路

(12) 连接水路

分析模具的水路走向，接装冷却水管，并通水试用，再开模，如图 7-53 所示。

(13) 检查模具

打开模具，了解型芯、型腔结构特点，检查模具内部是否有杂物，调整脱模顶出距离并检查顶杆上是否有油污。

(14) 设定注射参数

调整好模具分型面的松紧程度（0.02～0.04mm)，初步设置成型参数，如图 7-54 所示，此时只是初步对注射参数进行设定，后续根据试模情况还要不断调整。

(15) 试制产品

根据设定的注射参数试制产品，如图 7-55 所示。

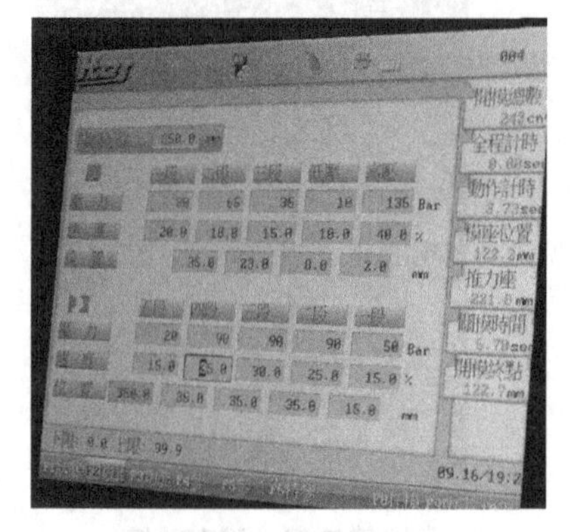

图 7-54　设定注射参数

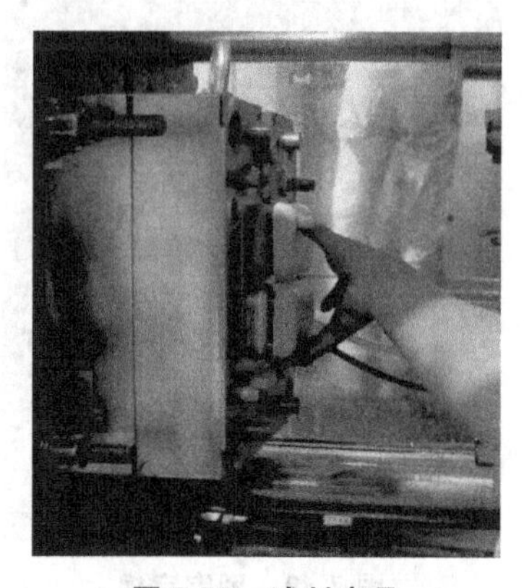

图 7-55　试制产品

(16) 撰写试模报告

根据试模过程撰写试模报告。

具体的安装调试视频见中国大学 MOOC“模具制造工艺”(课程编号：0802SUST006)资源库中，“案例视频/塑料模试模”文件夹下的相关视频。

7.3 冲压模具的装配

冲压模具的装配内容主要有：模柄的装配；导柱、导套的组装（若采用标准模架则无）；凸模组件、凹模组件的装配；定距零件的装配；卸料装置的装配；导正零件的装配；模具试模及模具间隙的调整等装配内容。在装配过程中可能会碰到因极小的零件尺寸或形状的误差引起的无法装配的情况，所以还需要在装配过程中对相关零件进行修磨。

7.3.1 冲压模具装配要点及装配顺序选择

如前所述，要制造出一副优质合格的冲模，在冲模的整个制造过程中，除了要保证每个冲模零件的加工精度外，还需要制订出合理的装配工艺来保证冲模的装配质量。冲模的装配工艺主要根据冲模的类型、结构及工作特点来确定。制订冲模装配工艺时应重点遵循以下 2 个要点：

(1) 合理选择装配方法

冲模的装配方法主要有直接装配法和配做装配法。装配过程中，必须在充分分析该模具的结构特点及冲模零件加工工艺和加工精度等因素的基础上，合理选择既方便又可靠的装配方法，以保证模具的整体质量。如果零件上的重要特征是由数控机床等精密设备加工完成的，则零件的尺寸精度、位置精度都能得到较好的保证，若再采用标准模架，则可以采用直接装配法。如果零件的加工是由普通机械加工设备加工完成的，模座板及导柱、导套都是自行加工的，则只能采用配做法装配，以保证各个零件之间的位置精度。

(2) 合理选择装配顺序

在冲模装配过程中，最主要的是保证凸模、凹模的间隙均匀。为此，在装配前必须合理考虑上模、下模的装配顺序，否则会在装配后出现间隙不易调整的麻烦，给后续的试模、调整带来困难。

一般来说，在进行装配前，首先应确定选择合理的装配基准件。基准件原则上应按照冲模主要零部件工作时的依赖关系来确定。可作为装配基准件的有导板、固定板、凸模、凹模等零件。

综上所述，冲模的装配顺序就是以基准件为基础核心，通过其他零件与基准件的位置关系来组装其他零件，其原则是：

① 以导板或卸料板作基准件进行装配时，应通过导板的导向将凸模装入固定板，再装上模座板，然后再装下模的凹模及下模座板。

② 对于连续模来说，为了便于准确地调整步距，在装配时应先将各个凹模镶块装入凹模板，再将凹模板固定在下模座板上，然后再以凹模定位来反装凸模，并将凸模通过凹模定位装入凸模固定板中。

③ 合理控制凸模、凹模间隙。要控制凸模、凹模间隙并使其在各个方向上均匀分布，需根据冲模的结构特点、间隙的大小以及装配条件和操作者的技术水平，结合实际经验

而定。

④ 进行试冲和调整。冲模装配后，一般要进行试冲。在试冲时若发现问题则需进行必要的调整，直到冲出合格的冲压件为止。

在一般情况下，当冲模零件装入上模、下模时，应先装基准件。通过基准件再依次安装其他零件。安装完毕检查无误后，可以先配钻螺钉孔，拧入螺钉，但不要拧紧，待冲裁间隙调整好之后，再将紧固螺钉拧紧，最后配钻、配铰销钉孔，并打入销钉。

对于上模、下模之间无导柱、导套作导向的冲模，其装配比较简单。由于这类冲模使用时是安装到压力机上以后再进行调整的，因此，上模、下模的装配顺序没有严格要求，一般可分别进行上、下模两部分的装配。

对于有导向装置的冲模，可按下述方法进行：

先将凹模放在下模座板上，找正位置后按凹模孔的轮廓在下模座板上划线并加工出漏料孔，然后将凹模用螺钉、销钉紧固在下模座板上。

将凸模与凸模固定板装配组合，然后以凸模导入凹模孔内为基准，将凸模部分放在下模上，并在凸、凹模间放入垫块以方便观察冲裁间隙，找正间隙并使其均匀，然后将上模座板以导柱导套为基准放在凸模上，最后用夹钳将上模座板、垫块和凸模固定板组件夹紧后从下模上拿出，在上模部分配钻出紧固螺钉孔并轻拧螺钉，但不要拧紧。

上模装配好后，将其导套轻轻套入下模的导柱内，查看凸模可否自如地进入凹模孔，并进行间隙调整，使之均匀后拧紧紧固螺钉。最后，取下上模后再配钻销钉孔，打入销钉并安装其他辅助零件。

以上安装顺序并不是一成不变的，在实际工作中应根据冲模的结构、操作者的经验和习惯采取合理的顺序进行调整。

7.3.2 凸模、凹模间隙的控制

凸模、凹模间隙均匀程度及其大小，是直接影响冲压件质量和冲模使用寿命的重要因素之一。因此，在制造冲模时，必须保证凸模、凹模间隙的大小及均匀一致性。冲模装配的主要工作是确定已加工好的凸模、凹模的正确位置，确保它们的间隙均匀。

为了保证凸模和凹模的正确位置和间隙均匀，在装配冲模时一般应依据图纸要求先确定其中一件（凸模或凹模）的位置，然后以该件为基准，用找正间隙的方法确定另一件的准确位置。在生产实际中，控制凸模与凹模间隙的方法很多，需根据冲模的结构特点、间隙值的大小和装配条件来确定。目前，最常用的控制间隙的方法主要有以下几种。

(1) 垫片法

在装配冲模时，利用垫片控制间隙是最简便、最常用的一种方法，如图 7-56 所示。其操作步骤是：

① 在装配时，分别按图纸要求组装上模与下模，但上模的螺钉不紧固，下模可用螺钉、销钉紧固。

② 在凹模刃口四周，垫入厚薄均匀、厚度等于所要求的凸凹模单面间隙的金属片或制作的垫片 8。

③ 将上模与下模合模，使凸模进入相应的模孔内，并用等高垫块垫起。

④ 观察各凸模是否能顺利进入凹模，并与垫片 8 有良好的接触。若凸模在某方向上与垫片松紧程度相差较大，则表明间隙不均匀。这时，可用软锤或铜棒朝反方向轻轻敲打上模

的固定板，最终调整到各方向凸模在凹模孔内与垫片的松紧程度一致为止。

⑤ 调整合适后，将上模螺钉紧固，并配钻、配铰销钉孔，穿入销钉。

采用垫片法控制间隙，适用于冲裁材料比较厚的大间隙冲模，也适用于弯曲模、拉深模以及成型模具的凸模、凹模间隙控制。

(2) 透光法

对于凸、凹模间隙较小的模具来说，无法使用垫片法来调整间隙，这时可以采用透光法。透光法也称为光隙法，是通过凸、凹模间隙透过的光来观察间隙大小，如图 7-57 所示。其调整步骤是：

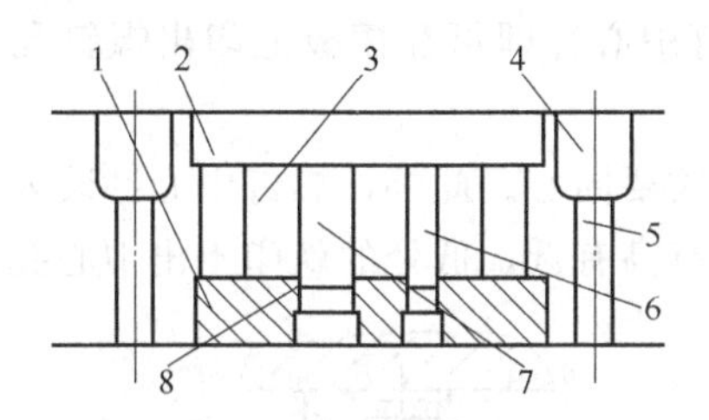

图 7-56 垫片法控制间隙

1—凹模；2—上模座板；3—垫块；4—导套；5—导柱；6—凸模 1；7—凸模 2；8—垫片

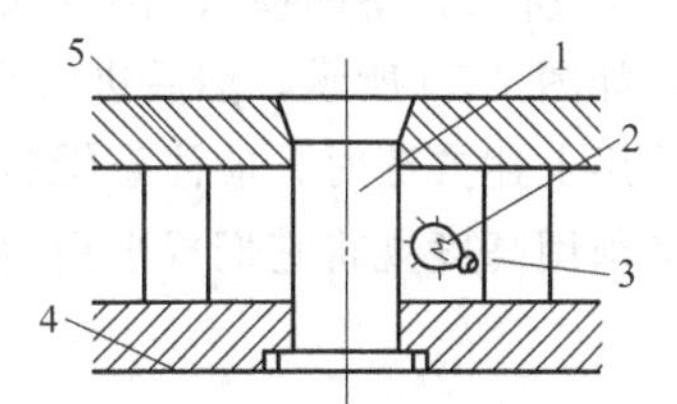

图 7-57 透光法调整间隙

1—凸模；2—光源；3—垫块；4—固定板；5—凹模

① 装配冲模时，分别装配上模与下模，但上模的螺钉不要紧固，下模可以紧固。

② 将等高垫块放在固定板 4 与凹模 5 之间，垫起后用夹钳夹紧。

③ 翻转合模后的上模、下模，并将模柄夹紧在平口虎钳上。

④ 用手电筒照射凸模、凹模，并在下模漏料孔中仔细观察。如果凸模与凹模之间所透的光线均匀一致，则表明间隙合适；若所透光线在某一方向上偏多，则表明间隙在此方向上偏大，这时可用锤子敲击固定板 4 的侧面，使上模向偏大的方向移动，反复透光观察调整直到认为合适为止。

⑤ 调整合适后，再将上模螺钉紧固，并配钻、配铰销钉孔，穿入销钉。

7.3.3 螺钉及销钉的装配

在冲模制造中，对于上、下模座板用来固定凸模固定板、卸料板及凹模板等零件的螺钉孔、销钉孔，一般均采用配做的方法进行加工。即上、下模座板的螺钉孔及销钉孔的位置不是按图纸尺寸划线确定的，而是在装配时根据被固定零件上已加工出的孔配做而确定的。上、下模座板螺钉孔及销钉孔配做的原因主要有以下几方面：

① 若采用按图纸划线加工，由于被安装的几个零件分别划线，会使孔的位置的累积误差增大，影响装配精度，严重的可能会无法装配。

② 凸模与凹模上的螺钉孔及销钉孔除要求保证孔与孔之间的位置精度外，还要求保证孔与刃口（工作部分）的相对位置的精度。在冲模装配时，均以凸模与凹模的刃口为基准，而螺钉孔、销孔钉与基准的相对位置往往会发生变化，若提前将其他板料（上、下底板）上的螺钉孔、销钉孔加工好，则装配后难以保证刃口的间隙，所以采用先保证刃口间隙，后加工螺钉孔、销钉孔的顺序。

③ 凸模与凹模一般需经热处理淬硬，若在热处理之前加工好螺钉孔与销钉孔，则经过热处理后易变形而使位置发生偏移。

由于上述原因，在冲模制造过程中，模板上的螺钉孔、销钉孔一般不预先加工，而是在装配时与凹模及凸模固定板进行配做加工。

(1) 模板上螺钉孔的配做方法

模板上螺钉孔的配做方法如下：

① 直接引钻法　直接引钻法是指将凸模与凹模的位置确定后，以该零件上已加工出的螺钉孔作为钻模，直接在模板上引钻，然后进行攻螺纹或扩孔的方法。采用这种方法时，注意钻头的直径应与用作导向的孔相适应，同时应避免损坏该孔。

② 用螺钉中心冲印孔法　在加工时，将螺钉中心冲拧入凹模（或凸模）的螺钉孔内，如图 7-58 所示，待凹模（凸模）的位置确定后，螺钉中心冲即可在模板上印出螺钉孔的中心孔，如图 7-59 所示，然后进行划线和钻孔。

采用上述方法时，应注意螺钉中心冲的尖端与螺纹要同心。此外，螺钉中心冲装入螺钉孔，必须用高度规将它们找平后再打印，否则打印时有高有低，低处的就印不出中心孔。

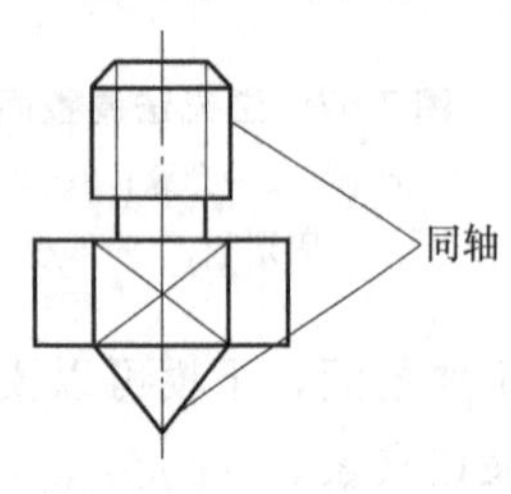

图 7-58　螺钉中心冲

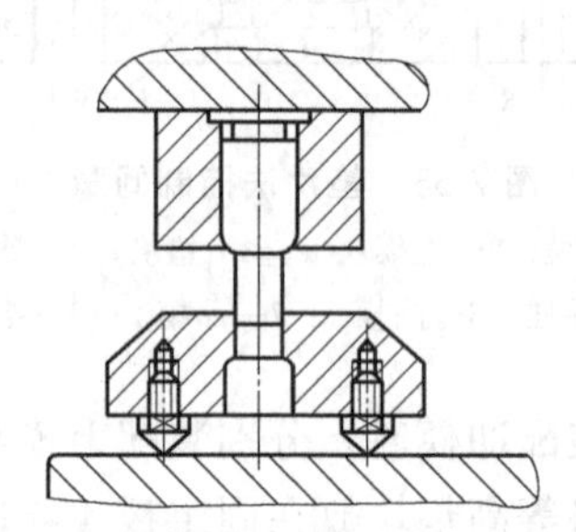

图 7-59　用螺钉中心冲定孔位

(2) 模板上销钉孔的配做方法

模板上的定位销钉孔，在装配时，只有当被固定零件的位置完全确定并用螺钉拧紧后才能与这些零件一起在钻床上配合进行钻、铰加工。

在钻、铰销钉孔时，应注意以下几点：

① 销钉孔的有效配合长度不宜过长，一般不超过孔径的 1～1.5 倍，其余部位可以扩大，以免影响铰孔精度。

② 在钻孔时，留铰孔余量要适当。若采用钻、铰工艺，一般应留 0.5mm 铰孔余量（小于 10mm 以下孔稍小些）；若采用钻、扩、铰工艺，则应留有 0.2～0.3mm 铰孔余量。

③ 铰孔时，应选用适当的切削用量，一般情况下，转速 $n=90\sim120\mathrm{r/min}$，进给速度 $v_f=0.1\sim0.3\mathrm{mm/r}$。

④ 经淬火处理的凸模、凹模销孔，在淬火后应用硬质合金铰刀再精铰一次，以消除变形对孔精度的影响。

7.3.4 冲压模具装配实例

图 7-60 所示为冲孔、落料、压印启瓶器复合模总装配图。采用中心两侧对称导柱导套导向，凸凹模设置在下模，凹模及两个小凸模设置在上模。模具由导料钉和挡料钉对条料进行导向定位，下模卸料方式为弹性卸料，上模利用打杆推卸件块进行卸料，凸凹模及两个凸模均采用螺钉连接，模柄为压入式模柄。

该复合模的冲压件图如图 7-61 所示，由图可知，该模具需要完成两个孔的冲孔、文字的压印和整体的落料几个工序。根据模具的装配图可以看出设计者的设计意图，是在落料工

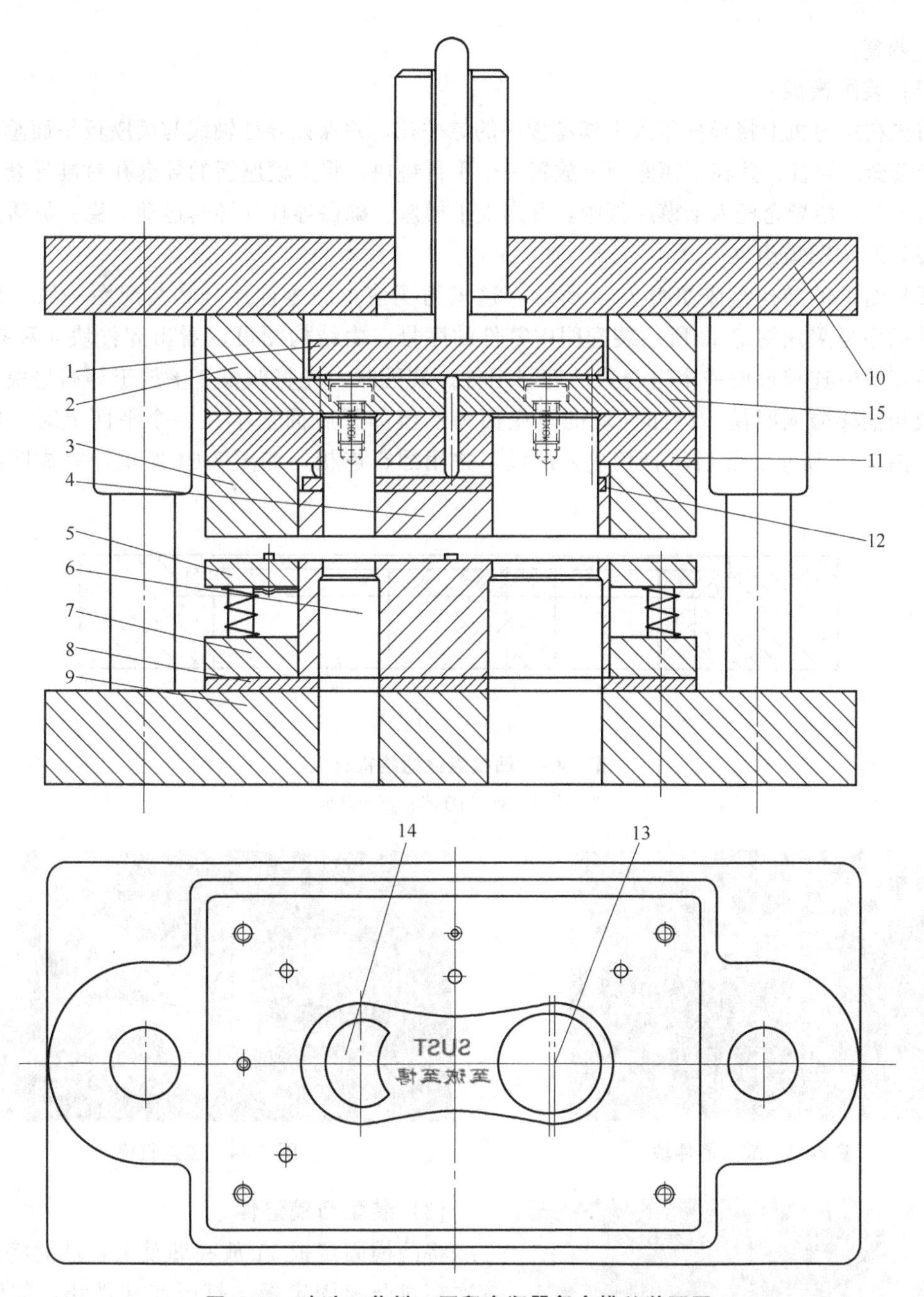

图 7-60 冲孔、落料、压印启瓶器复合模总装配图

1—顶板；2—上衬板；3—凹模；4—卸件块；5—弹性卸料板；6—凸凹模；7—凸凹模固定板；8—垫板；9—下模座板；10—上模座板；11—凸模固定板；12—打板；13—凸模 1；14—凸模 2；15—垫板

序结束后，上模继续下行一个很小的距离，以实现文字的压印。该模具装配的重点是控制凸模与凸凹模、凸凹模与凹模的间隙。整个模具上模部分零件较多，调整起来比较困难，故先装配上模部分，然后利用凹模和凸模来确定凸凹模在下模座板上的位置，调整间隙时主要对下

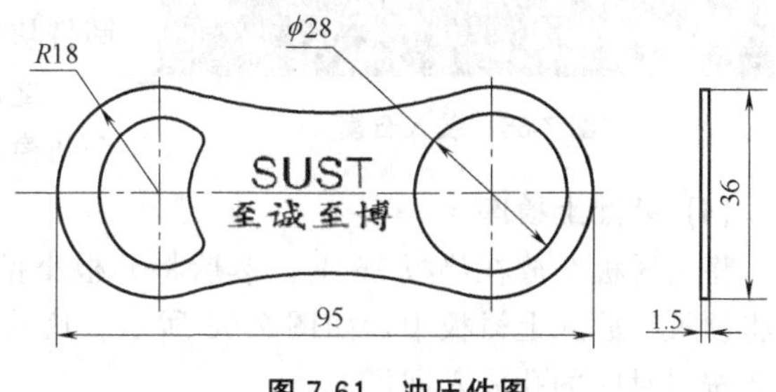

图 7-61 冲压件图

模进行调整。

(1) 装配模架

首先在压力机上将导柱压入下模座板中的导柱孔，并保证导柱轴线与模座板平面垂直。接着将导套套入导柱，并在下模座板上放置一个平行垫块，将上模座板的导套孔对准导套，利用压力机下压，使导套压入上模座板中，开启上下模座，确保导柱、导套运动平稳、灵活。

(2) 装配凹模组件

凹模组件的结构组成如图 7-62 所示，这里为了使本图零件序号和装配图一致，所以图中零件的序号采用图 7-60 所示装配图中零件的序号。由结构图可以看出卸件块 4 和打板 12 装入后用螺钉连接形成一个组合式的卸料组件。装配时，先将凹模 3 平放于等高垫块上，将卸件块用铜棒敲入凹模，待卸件块的下底面和凹模的下底面基本在一个平面上时，停止敲击，如图 7-63 所示。然后将打板放入凹模，并用螺钉连接，如图 7-64 所示，完成凹模组件的装配。

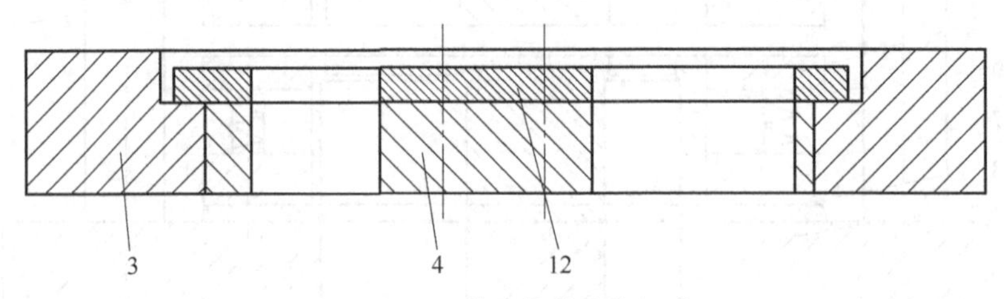

图 7-62 凹模组件的结构组成

3—凹模；4—卸件块；12—打板

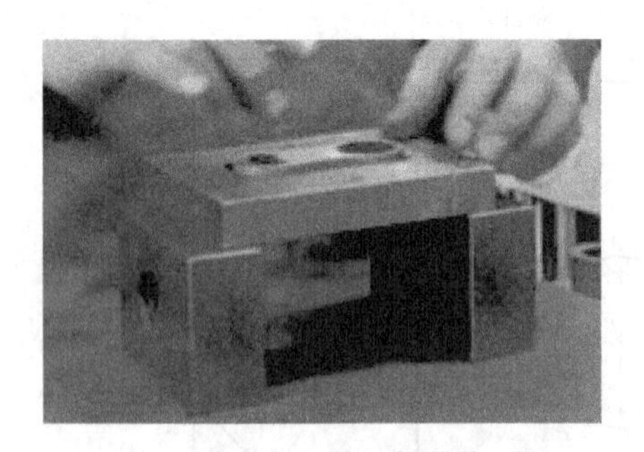

图 7-63 敲入卸件块

图 7-64 放入打板

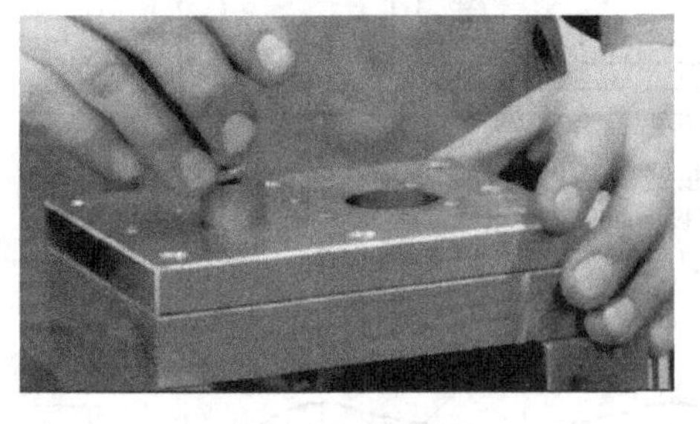

图 7-65 装入凸模

(3) 装配凸模组件

将凸模固定板 11 放在凹模上，然后将小凸模依次穿过凸模固定板、打板和卸件块，如图 7-65 所示，同样的方法装入另一个凸模。凸模组件的装配是以凹模为装配基准装配卸件块，然后利用卸件块的孔导正凸模，凸模再为凸模固定板定位。

之后放上垫板 15，然后用两个螺钉分别连接两个凸模，如图 7-66 所示，完成凸模组件的装配。

(4) 装配上模座

将上衬板 2 放在垫板 15 上，然后将 6 根小推杆依次装入对应的孔中，如图 7-67 所示。再将顶板 1 放入上衬板中，如图 7-68 所示。这几个零件与凸模组件之间并无配合关系，故只要按照对应的孔放入即可。

接着将已经装好导套和模柄的上模座板 10 放上，并用螺钉紧固，如图 7-69 所示。之后将上模部分整体进行配钻、配铰销钉孔，并打入销钉，如图 7-70 所示。

图 7-66 固定凸模

图 7-67 装入小推杆

图 7-68 装入顶板

图 7-69 装入上模座板

之后用铜棒敲击卸件块，如图 7-71 所示，检查卸件块有无卡滞现象。最后将卸件块敲到底，用卡尺测量其凹进的深度，如图 7-72 所示，根据图纸判断凹进的深度是否能保证文字的压印，经过以上步骤就完成了上模部分的装配。

图 7-70 固定上模

图 7-71 检查卸件块的运动

(5) 装配凸凹模

先将凸凹模 6 装入凸凹模固定板 7，如图 7-73 所示，然后以凹模为基准将凸凹模对准凹模孔放置，并在上面放置垫板 8，如图 7-74 所示。

(6) 装配下模座

将已经装好导柱的下模座板 9，以导柱导套定位放在垫板上，确保导柱、导套能平稳运动，拧入 4 颗螺钉，但不要拧太紧，如图 7-75 所示。仔细观察凸凹模与凹模的间隙，微量调整凸凹模的位置，保证间隙均匀后上紧螺钉，如图 7-76 所示。之后在下模座板、垫板和凸凹模固定板上配钻、配铰销钉孔，并装入销钉。

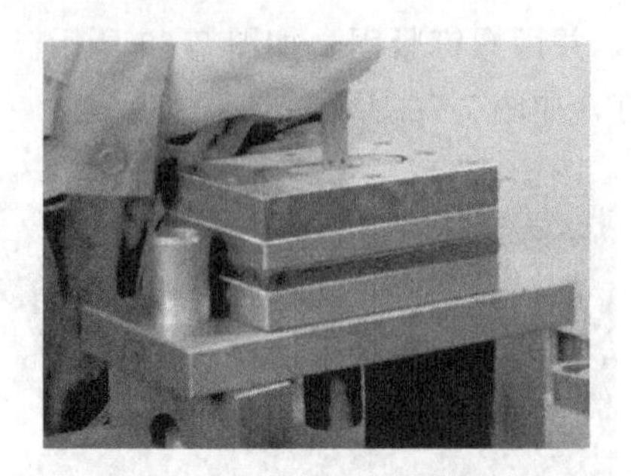
图 7-72　检查卸件块的深度

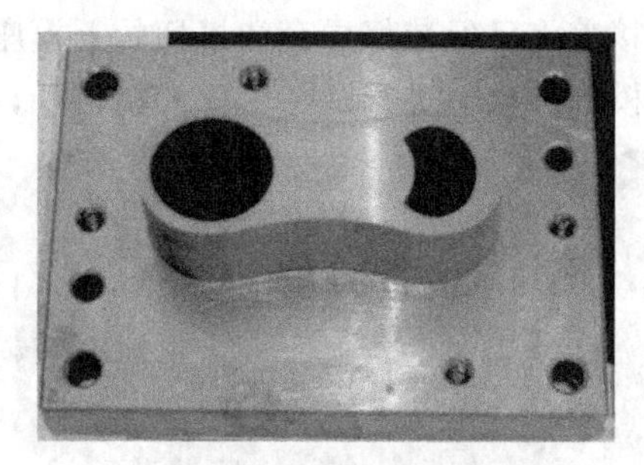
图 7-73　装配凸凹模

图 7-74　放置凸凹模组件

图 7-75　装配下模座

(7) 装配弹性卸料板

将已经装入导料钉和挡料钉的弹性卸料板 5 套入凸凹模，从下模座板底部穿入 4 颗连接螺钉，并装入弹簧，如图 7-77 所示，确保弹性卸料板运动灵活、平稳。装配完成的下模组件如图 7-78 所示。

图 7-76　调整间隙

图 7-77　装配弹性卸料板

(8) 合模检测

最后将安装好的上模组件和下模组件合模，如图 7-79 所示。确保模具运动顺畅，然

图 7-78　装配完成的下模组件

图 7-79　装配完成的模具

后在压力机上进行试模，如有不合适的地方再做调整，以保证模具装配合格。整套模具的装配视频见中国大学 MOOC“模具制造工艺”（课程编号：0802SUST006）资源库中，“案例视频/冲压模装配”文件夹下的相关视频。

7.4 冲压模具的安装与调试

冲压模具的安装与调试包括：模具和机器的清理；放置模具到压力机工作台的工作位置上；调整压力机的闭合高度（下止点位置）；安装固定下模部分；紧固上模部分；微调闭合高度使凸模进入凹模；用纸片试冲观察断面以判断凸、凹模间隙是否均匀；安装调试送料、出料装置；再次试冲直到制件质量合格，最后在压力机上检查安全装置是否有效。

7.4.1 冲压模具的安装

(1) 安装前的准备工作

① 校核压力机技术参数　曲柄压力机的主要技术参数有公称压力、滑块行程、最大封闭高度、最大装模高度、滑块行程次数、工作台面积、滑块底面积、工作台孔尺寸、立柱间距离和模柄孔径。以上技术参数反映了压力机的工艺能力及有关生产率的指标。

a. 公称压力。压力机的公称压力是指滑块下滑到距下极点（也称下止点）某一特定距离 S_p（也称公称压力行程），或曲柄旋转到距下极点某一特定角度 α（称为公称压力角）时，所产生的冲击力（即滑块上所允许承受的最大负荷）。如 JH23-40 压力机，当滑块离下止点 4mm 时滑块上允许承受的最大负荷为 400kN，即公称压力为 400kN。

在校核公称时，冲裁、弯曲时压力机的吨位应比计算的冲压力大 30%左右，拉深时压力机吨位应比计算出的拉深力大 60%～100%。

b. 滑块行程。滑块行程是指滑块在曲柄旋转一周时从上止点到下止点所经过的距离，其数值是曲柄半径的两倍。滑块行程一般为定值，如 J23-40A 压力机的滑块行程为 90mm。

c. 滑块行程次数。滑块行程次数是指滑块每分钟往复运动的次数。如果是连续作业，即为每分钟生产零件的个数。所以，行程次数越大，生产率越高。然而，当采用手动连续作业时，由于受送料时间的限制，即送料在整个作业中所占时间的比例很大，即使行程次数再多，生产率也不可能很高，例如小件加工的生产率最大不超过 60～100 次/min。所以，行程次数超过一定值后，必须配备自动送料装置，否则不能实现较高的生产率。

d. 封闭高度。封闭高度是指滑块在下止点时，滑块下表面到工作台上表面的高度。当滑块调整到上止点位置时，封闭高度达到最大值，称为最大封闭高度（H_{max}）；相反，当滑块调整到下止点位置时，其封闭高度为最小封闭高度（H_{min}）。两者差值为封闭高度的调节量。如 J23-40A 压力机的最大封闭高度为 320mm，封闭高度调节量为 65mm。

模具闭合高度与压力机的装模高度的关系理论上为：$H_{min}-H_1 \leqslant H \leqslant H_{max}-H_1$

实际上为：$H_{min}-H_1+10 \leqslant H \leqslant H_{max}-H_1-5$

压力机的装模高度是指压力机的闭合高度减去垫板厚度的差值。

模具的闭合高度（H）是指冲模在最低工作位置时，上模座上平面至下模座下平面之间的距离，如图 7-80 所示。

e. 其他参数。其他参数包括工作台板及滑块底面尺寸、漏料孔尺寸、模柄孔尺寸等。

② 熟悉有关工艺文件资料　根据图样，包括冲压件图、模具的结构、特性及其工作原

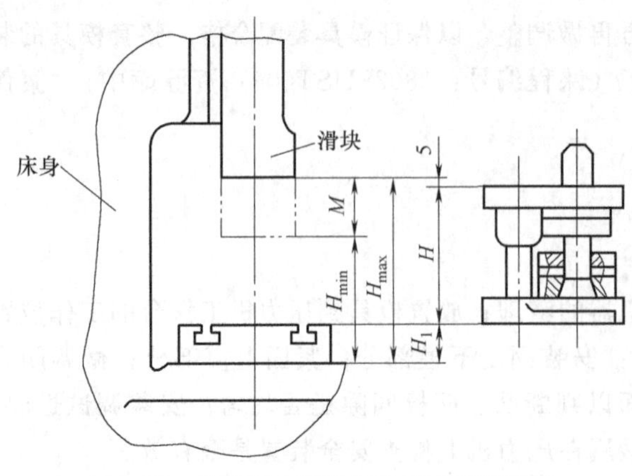

图 7-80 模具闭合高度与装模高度的关系

理，熟悉冲模冲压工艺及冲模安装方法。

③ 检查压力机 压力机的制动器、离合器及操作系统等机构的工作状态要正常，压力机要有足够的刚度、强度和精度。

按下压力机启动手柄或踏下脚踏板，滑块不应出现连冲现象，若发生连冲，则应调整后再安装冲模。

压力机工作台面与模具底面要清理干净，不允许有任何污物及金属废屑。若有污物或废屑应用毛刷及棉纱擦拭干净。

安装冲模的螺栓、螺母及压板应采用专用件，最好不要代用。用压板将下模紧固在工作台面时，其紧固用的螺栓拧入螺孔中的长度应大于螺栓直径的 1.5～2 倍。安装压板时，应使压板的基面平行于压力机的工作台面，不准偏斜。可以用目测法及采用指示表（如百分表）等量具测量。

④ 检查安装条件 安装条件的检查主要通过以下几个方面来进行：

a. 模具的闭合高度是否与压力机相适应。

b. 冲模的安装槽（孔）位置是否与压力机一致。

c. 顶杆直径及长度和下模座的顶杆位置是否与压力机相适应。

d. 推料杆的长度与直径是否与压力机上的推料机构相适应。

e. 检查压力机的制动器、离合器及操纵机构是否工作正常。

f. 检查压力机上的推料螺钉，并将其调整到适当位置，以免调节滑块的闭合高度时顶弯或顶断压力机的推料机构。

g. 检查压力机上压缩空气垫是否操作灵活可靠。

⑤ 检查模具

a. 根据冲模图样检查冲模零件是否齐全。

b. 了解冲模对调整与试冲有无特殊情况要求。

c. 检查冲模表面是否符合技术要求。

d. 根据冲模结构，应预先考虑试冲程序及前后相关的工序。

e. 检查工作部分、定位部分是否符合图样要求。

(2) 冲压模的安装流程

① 无导向冲模的安装 无导向冲裁模具的安装流程为：

a. 将冲模放在压力机工作台中心处。

b. 旋动压力机滑块螺母，用手或撬杠转动飞轮，使压力机滑块下降，与模具上模座板接触，并使冲模模柄进入滑块中。

c. 将模柄紧固在滑块上，固定时，应注意使滑块两边的螺栓交错旋紧。

d. 在凹模的刃口上垫以相当于凹模、凸模单面间隙的硬纸或钢板，并使间隙均匀。

e. 间隙调整后压紧下模。

f. 开动压力机，进行试冲。

② 有导向冲模的安装　有导向冲裁模具的安装流程为：

a. 将闭合状态的模具放在压力机台面中心位置，调节压力机闭合高度，使其应大于模具的高度。

b. 将压力机滑块下降到最低位置，并调整到使其与模板接触。

c. 把上模固定在滑块位置上，利用点动使滑块上升，使导柱、导套自由导正（导柱不能离开导套），再将下模座压紧。

d. 调整滑块位置，使其在上止点时凸模不致凸出导板之外，或导套下降距离不应超过导柱长度的1/3。

e. 紧固时要牢固，紧固后进行试冲与调整。

③ 弯曲模的安装　弯曲模在压力机上的安装方法基本与冲模在压力机上的安装方法相同。其在安装过程中的调整方法如下：

有导向装置的弯曲模的调整安装比较简单，上下模相对位置及间隙均由导向零件决定。

无导向装置的弯曲模，其上、下模的位置需用测量间隙法或垫片法来保证。如果是冲压对称、直壁的制件（如U形弯曲件），则在安装模具时，可先将上模紧固到压力机滑块上，下模在工作台上暂不紧固。然后在凹模孔壁口放置与制件材料等厚的垫片，再使上、下模吻合即可实现自动对准、且间隙均匀。待调整好闭合高度后，再把下模紧固，即可试冲。所以垫片最好选用试件，这样便于调整间隙，也可避免碰坏凸模、凹模。

④ 拉深模的安装　在使用单柱压力机拉深时，其模具在压力机上的安装固定方法基本与弯曲模相同。但对于带有压边圈的拉深模，应对压力边进行调整。这是因为压力边过大易被拉裂，压力边太小又易起皱。因此，在安装模具时应边实验、边调整，直到合适为止。对于拉深筒形零件，应先将上模固定在压力机的滑块上，下模放在压力机工作台面上，先不必紧固。在安装时可先在凹模上放置一个制件（试件或与制件等厚的垫片），再使上、下模通过调节螺杆或飞轮吻合，下模可自动对准位置。在调好闭合高度后，可将下模紧固试冲。

⑤ 校平模、整形模的安装　在安装校平模、整形模时，调节压力机的闭合高度需特别慎重。在调整时，当上模随滑块到下止点位置时，即能压实制件，又不发生硬性冲击或“卡住”现象。因此，对上模在压力机上的上下位置进行粗略调整后，在凸模、凹模和下平面之间垫入一块厚度等于或略大于毛坯厚度的垫片，采用调节压力机连杆长度的方法，用手扳动飞轮（或按下微动按钮），直到使滑块能正常地通过下止点而无阻滞或卡住的现象为止。这样就可以固定下模，取出垫片进行试冲。试冲合格后，再将紧固件拧紧。

(3) 使用冲模应注意的事项

在冲压生产中能否正确使用冲模，对于冲模的使用寿命、工作的安全性、工件的质量等有很大的影响。在使用冲模时，应注意以下几点：

① 安装冲模的压力机必须有足够的刚度、强度和精度。

在冲模安装前，应将压力机预先调整好，即应仔细检查制动器、离合器及压力机操纵机构的工作部分是否正常。检查方法是先踩脚踏板或按手柄，如果滑块有不正常的连冲现象，则应在故障排除后再安装冲模。

② 模具安装要紧固。

冲模安装固定时应采用专用压板和螺钉、螺母、压块，不可用替代品。要将模具底面及工作台面擦拭干净，不准有废屑、废渣。

用压块将下模紧固在工作台面上时，其紧固用的螺栓拧入螺孔中的长度应不小于螺栓直径的1.5～2倍，压块的位置应平行于下台面，不能偏斜。

③ 凸模进入凹模深度控制。

在冲模安装后进行调整时，凸模进入凹模的深度不能超过0.8mm（冲裁厚度在2mm以下）；对于硬质合金制成的凸凹模，不应超过0.5mm。对于拉深模，调整时可用试件先套入凸模，当其全进入凹模内，才能将下模固定，以防将冲模损坏，其试件厚度最好是制件厚度的1.2～1.4倍。

④ 凸模要垂直。

安装后的冲模的所有凸模中心线都应与凹模平面保持垂直，否则会导致刃口啃坏，而且，冲模在使用一段时间后，应定期进行检查，刃磨平口。每次刃磨时的刃磨量不应太大，一般可为0.05～0.1mm。刃磨时，应用磨石进行修正。

⑤ 润滑。

冲模在使用过程中，应经常对其导柱、导套进行润滑。

冲压用料或半成品坯件应清洗干净。在工作前对冲模所用的板料可以进行少许润滑，以减少磨损。

⑥ 防止叠片冲压。

冲压时应防止叠片冲压，以避免损坏冲模。

在冲压过程中，随时要停机检查，并用放大镜检查刃口状况，若发现有微小裂纹或啃口，应停机维修。

7.4.2 冲压模具的调试

冲模安装后进行试冲和试模，并对制件进行严格的检查。这是因为在通常情况下，仅按照图样加工和装配好的冲模还不能完全满足成品冲模的要求。产品（冲压件）设计、冲压工艺、冲模设计直到冲模制造，任何一个环节的缺陷都将在冲模调试中得到反映，都会影响冲模的质量要求。因此，必须对冲模进行调试，根据从试件中发现的问题，分析其产生原因并设法加以解决，以保证冲模能冲出合格的冲压件。

(1) 试模与调整的基本内容

① 将模具安装在指定的压力机上。

② 用指定的坯料（及板料）在模具上试冲出制件。

③ 检查成品的质量，并分析其质量缺陷、产生原因，设法修整解决后，试冲出一批完全符合图样要求的合格制件。

④ 排除影响生产、安全、质量和操作的各种不利因素。

⑤ 根据设计要求，确定模具上某些需经实验后才能确定的工作尺寸（如拉深模首次落料坯料尺寸），并修正这些尺寸，直到符合要求为止。

⑥ 经试模后，制定制件生产的工艺规范。

(2) 冲压模调试前的准备

① 试模前首先必须对设备的油路、水路和电路进行检查，并按规定保养设备，然后对模具进行一次全面的检查。检查无误后才能安装在机器上，并做好开机准备。

② 制件材料方面冲压材料应具有良好的塑性、光洁平整无缺陷的表面状态，其厚度公差符合国家标准要求；同时检查制件材料的性能与牌号、试件坯料厚度均应符合图样要求。

③ 成型设备方面检查公称压力、滑块行程、闭合高度及闭合高度调节量等是否符合

要求。

④ 模具结构方面检查模具的安装、冲压制件的脱模有无问题，定位是否可靠，导向是否灵活、稳定、准确等。

⑤ 安全方面在开始试模时，为了安全，原则上选择在空载或点动情况下进行。

(3) 调试要点

① 凸模、凹模刃口及其间隙的调整　冲模的上、下模之间的相对位置应正确。应保证上、下模的工作零件（凸模或凹模）相互吻合，深度要适中，不能太深或太浅，以冲出合适的零件为准。调整是依靠调节压力机的连杆长度来实现的。

对于有导向零件的冲模，其调整比较方便，只要保证导向件运动顺利而无发涩现象即可保证间隙值；对于无导向零件的冲模，可以在凹模刃口周围衬以纯铜皮或硬纸板进行调整，也可以用透光法或塞尺测试法在压力机上进行调整，直到上、下模的凸模、凹模相互对中且间隙均匀后，用螺钉固定在压力机上进行试冲。

在安装过程中，凸模进入凹模的深度不应超过限定值。拉深模及弯曲模应采用试冲方法确定凸模进入凹模的深度。试件的壁厚应大于被冲制件的厚度。

冲模安装后，凸模的中心线与凹模工作平面应垂直；凸模与凹模间隙应均匀。可以用直角尺测量和利用塞块或试件进行检查。

② 定位装置的调整　修边模与冲孔模的定位形状，应与前工序形状相吻合。在调整时应保证其定位的稳定性。

检查定位销、定位块、定位杆是否定位稳定且合乎定位要求。假如位置不合适及形状不准，在调整时应进行修正，必要时要更换定位零件。

③ 卸料系统的调整

a. 检查卸料板（顶件器）形状是否与冲件形状一致。

b. 卸（顶）料弹簧及橡胶弹性体弹力应足够大。

c. 卸料板（顶件器）的行程要足够大。

d. 凹模刃口应无倒锥，以便于卸件。

e. 漏料孔和出料槽应畅通无阻。

(4) 冲模闭合高度的调整方法

模具要保持正常使用必须调整好闭合高度，而这项工作是在模具的上、下模安装到压力机上之后进行的。对于冲孔、落料、弯曲、拉深等工序所采用的具有不同功能的模具，其闭合高度的调整值是不完全相同的。

对于冲孔模、落料模等模具，应使模具闭合高度调整到使凸模刃口进入凹模的深度在一个合适的范围内。

对于弯曲模，凸模进入凹模的深度与所弯制件的形状有关，一般凸模应全部进入凹模或进入凹模一定深度，将弯曲件压至成型为止。

对于拉深模，其闭合高度的调整应重点考虑两个问题：一是应使凸模必须完全进入凹模，二是应使开模后制件能顺利地从模具中卸下来。

对于各种不同的压力机，其闭合高度都有一个可调范围，其数值等于压力机最大闭合高度与最小闭合高度之差。

(5) 冲模间隙的调整方法

设计与制造冲模时要保证凸模、凹模之间留有大小合理且均匀的间隙。冲裁间隙一般在模具设计阶段便确定，装配时，在把若干加工好的模具零件装配成一副完整的冲模过程中，应把凸模、凹模之间的间隙调整均匀。

把冲模安装到压力机上时，若操作不当会破坏原有的合理间隙，所以在试模中还要进行最后的调整。试冲前，为了稳妥可靠，操作者将模具安装固定好后应进行空载循环试模，检查冲模的上模部分相对下模部分的运动是否灵活，然后再用纸片试冲一下，观察其是否已冲下和冲切周边是否一致，从而可以了解凸模、凹模间隙的均匀程度，直到调整再试模满意后才可用正式料进行冲压。

7.4.3 冲压模具安装调试实例

下面以图 7-60 所示的启瓶器复合模的安装过程为例，说明冲压模具安装调试的具体过程。

(1) 开启压力机机

接通电源启动压力机，确保压力机空运转正常，最后使压力机滑块上升到上止点，如图 7-81 所示。

(2) 清理机器与模具

清理压力机滑块底面、压力机台面和冲模上、下面的一切杂物，并擦拭干净。之后，将滑块调到下止点，如图 7-82 所示。

图 7-81 将滑块上升到上止点

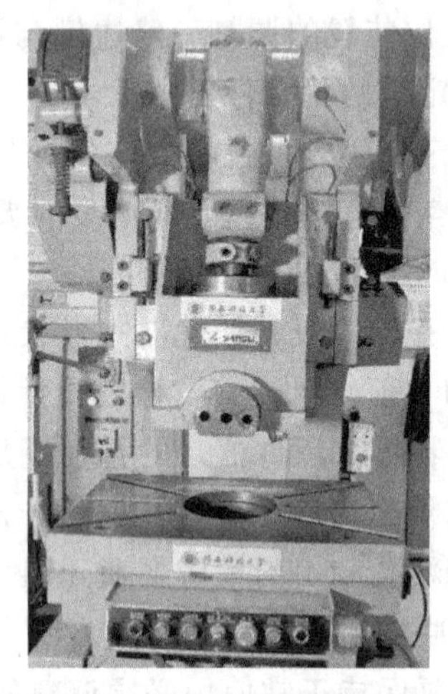

图 7-82 将滑块下降到下止点

(3) 测量压力机行程和模具高度

用压力机行程尺或钢板尺测量压力机滑块底面与工作台面的距离，即压力机的闭合高度，如图 7-83 所示。测量模具高度，如图 7-84 所示，记录这两个值。

(4) 调整闭合高度

调整压力机上的滑块距离调节螺母，如图 7-85 所示，使压力机闭合高度略高于模具厚度 3～5mm。有时为了方便调节，在测量模具高度之前，先在模具上下模的工作面之间放置 5mm 左右的等高块将上下模垫起，再测量模具高度。

(5) 安装模具

取下压力机模柄夹持块，如图 7-86 所示。把模具吊装到压力机台面规定的位置上，如果模具下模有托杆，如拉深模、成型模的顶出缓冲系统，则应先按图样位置将其插入压力机台面的孔内，并把模具位置摆正。

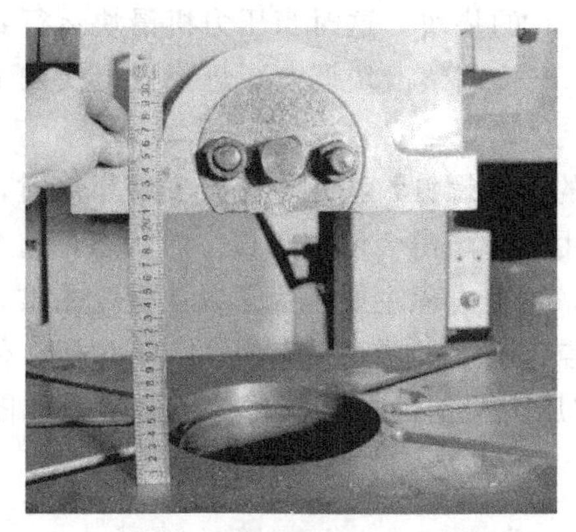

图 7-83 测量压力机闭合高度

图 7-84 测量模具高度

图 7-85 调整闭合高度

图 7-86 取下夹持块

调整夹持块圆弧面和模柄圆弧面的配合，一般夹持块的圆弧面比模柄的要大，本案例采用的J23-40A型压力机的夹持块圆弧直径为ϕ50mm，而模柄的直径为ϕ32mm，这时就需要在模柄上加装采用专门的开口衬套或对开衬套，衬套外径为ϕ50mm、内径为ϕ32mm，以保证夹持块和模柄的贴合。

滑块处于下止点位置，调节滑块高度，使滑块下平面与冲模上平面慢慢接触至吻合。检查上模座与滑块下表面的接触情况，确保滑块底面与冲模上平面吻合后，将夹持块上的安装螺钉上紧，固定模柄，如图 7-87 所示。

(6) 调整并安装下模

固定好模柄后，将下模初步固定在压力机台面上，如图 7-88 所示。然后将滑块稍向上

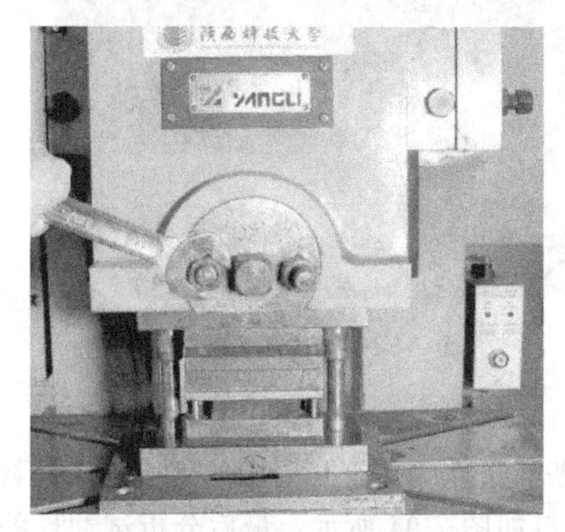

图 7-87 装模并拧紧夹持块

图 7-88 初步固定下模

调一点，取出垫在上下模工作面之间厚度为5mm左右的垫块，这时当压力机滑块运行到下止点时，上下模工作面之间还有5mm左右的距离。继续调整滑块调节螺母降低滑块的下止点位置，使上下模工作平面留有1mm左右的距离。

开动压力机，使滑块上升到上止点，松开下模的安装螺钉，注意，松开安装螺钉时，不能完全松开，应该是一种用手不能使模具移位，但用铜棒敲击会使模具移位的状态，这个过程中一定不能使下模移位。让滑块空行程移动数次，这个过程主要是为了以上模为基准，通过导柱导套来定下模的位置。最后把滑块降到下止点停止，并通过调节滑块上下位置，使模具的合模高度符合要求，如图7-89所示。同时调整压力机上的挡块限位螺钉距离，如图7-90所示。

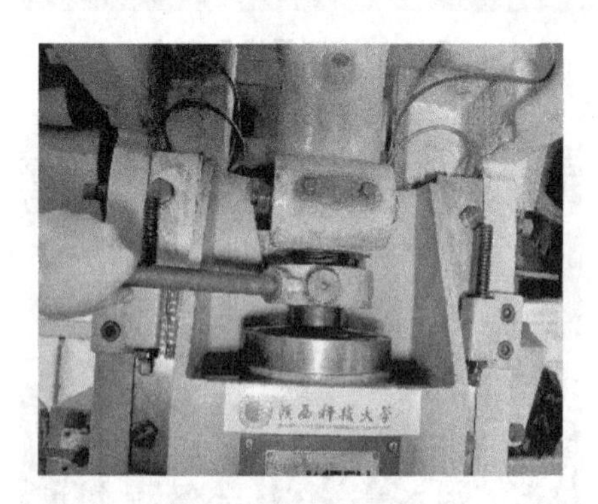

图7-89 调整间隙

图7-90 调整挡块限位螺钉距离

(7) 固定下模空载试模

拧紧下模的安装螺钉，再开动压力机使滑块上升到上止点位置。在导柱上加润滑油，并检查冲模工作部分有无异物。然后开动压力机，再使滑块空行程运行数次，检查导柱、导套配合情况。若发现导柱不垂直或与导套配合不合适，则应拆下冲模进行修理。

(8) 纸样试模

检查冲模及压力机，确认无误后方可进行试冲，先将与冲压条料等宽等厚的纸样放入模具中，然后对纸样开始试冲，如图7-91所示。试冲纸样的结果如图7-92所示。通过对纸样的分析，初步判断模具安装的效果。

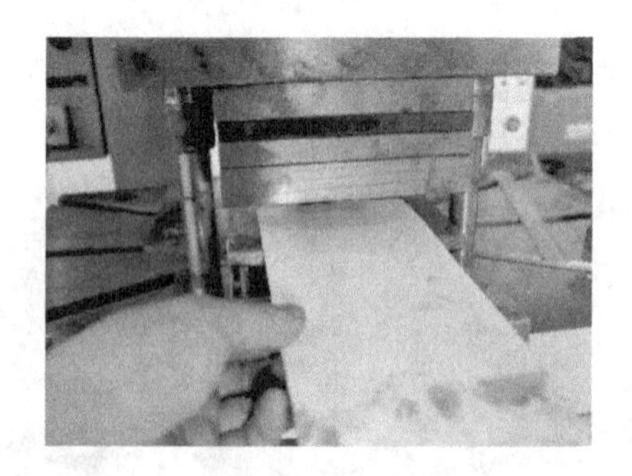

图7-91 试冲纸板

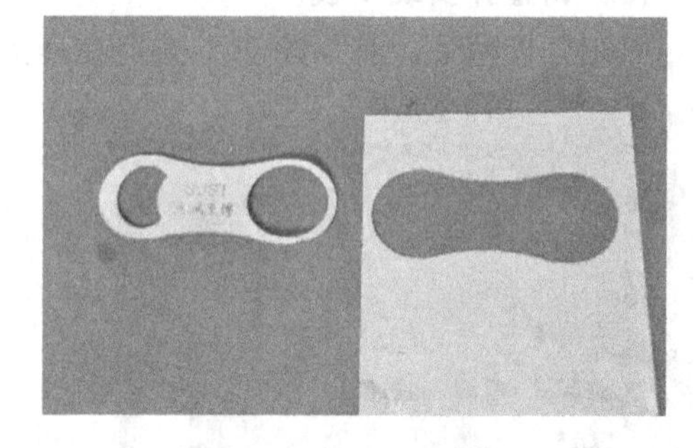

图7-92 试冲的纸样

(9) 钢板试模

确认纸样试模没有问题后，按照模具设计规定的条料尺寸，取符合要求的钢板放入模具进行试冲，如图7-93所示。试冲后得到的冲压件和条料如图7-94所示，最后分析试冲件的质量，根据分析结果进行相关安装参数的调整。若试模失败，不能试冲出合格的冲压件，则需要分析失败的原因，寻求解决方法。

图 7-93 试冲钢板

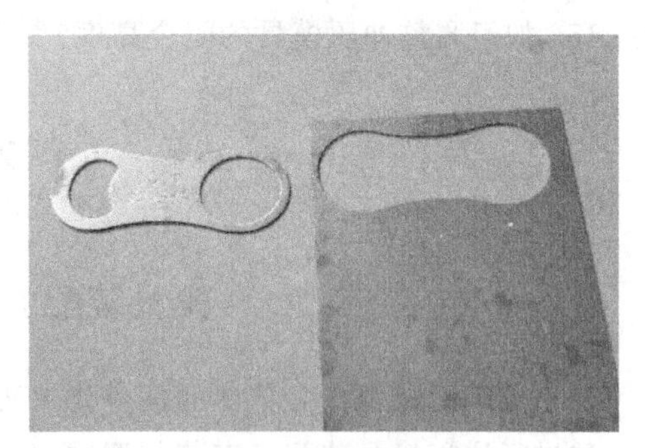

图 7-94 试冲件检验

(10) 调节推料距离

调节压力机上的推料螺栓到适当高度，使推料杆能正常工作。如果冲模使用气垫，则应调节压缩空气到合适的压力。

本章小结

本章以一套典型注塑模具和一套冲压模具的装配、安装和调试为例，重点讲解了注塑模具和冲压模具的装配流程和方法、模具在加工设备上的安装与调试方法和流程。通过本章的学习，学生可以掌握模具工作零件与固定板的连接方式和装配方法，掌握导柱、导套孔的配做方法及导柱导套的装配方法，掌握注塑模具推出机构、抽芯机构的装配方法，掌握注塑模具的安装调试流程和方法。掌握冲压模具的装配顺序和方法、冲模销钉孔的配做方法、模具闭合高度的调整方法，掌握冲压模具凸、凹模间隙的控制方法，掌握冲压设备的基本技术参数以及冲模安装与调试的基本流程和方法。

知识类题目

1. 模具装配有哪几个阶段？
2. 注塑模具在装配前的准备阶段有哪些内容？
3. 镶块与固定板的连接方式一般有哪几种？如何装配？
4. 注塑模具导柱、导套孔如何配做与装配？
5. 注塑模具的推杆如何安装与修配？
6. 注塑模具的滑块抽芯机构如何装配？
7. 在注射机上安装注塑模具前需要校核注射机的哪些技术参数？
8. 注塑模具安装与调试的基本流程是什么？
9. 冲压模具的装配顺序如何选择？
10. 常用的冲压模具凸、凹模间隙的控制方法主要有哪些？
11. 冲压模具中的销钉孔如何配做？
12. 冲压模具安装前需要校核压力机的哪些技术参数？

13. 冲压模具的安装流程是什么？

14. 冲压模具的调试要点有哪些？

15. 如何调整冲压模具的闭合高度？

能力类题目

模具装配、安装与调试训练

学生分组后按照任务单中的任务要求实施并完成任务。通过任务的实施，掌握本章的知识，并进行注塑模具装配、安装与调试相关能力的训练。每组学生 5～6 人。本章的任务单如表 7-2、表 7-3 所示。

表 7-2　任务单 1

任务名称	一般复杂程度注塑模具的装配、安装与调试 （具体模具和注塑机可根据实际情况由教师选定）		
组别号		成员	
任务要求	各组成员细分以下任务，每人负责其中的若干个小任务，每位成员都需要参与所有小任务的实施 模具装配部分： 1. 分析模具图纸，清楚模具的工作原理及各部件的运动关系，做好装配前的工作 2. 正确将型腔镶块装入型腔板 3. 正确安装浇导套、定位圈等定模部分的其他零件 4. 正确将型芯镶块装入型芯固定板 5. 安装滑块组件 6. 安装导向、顶出组件 7. 将动、定模组件合模，保证运动顺畅 模具安装调试部分： 1. 分析模具图纸，清楚模具的工作原理及各部件的运动关系 2. 分析注射机性能，了解注射机相关参数 3. 在注射机上安装、定位并夹紧模具 4. 注射机喷嘴与浇导套对正 5. 分析塑件原料性能 6. 锁模、开合模、顶出距离等参数的设定与调整 7. 确定试模的成型工艺参数 8. 分析试模结果，并根据出现的问题调整相关参数 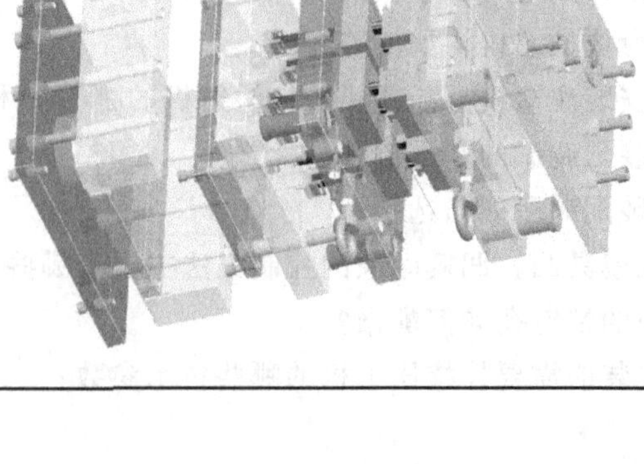		

表 7-3 任务单 2

<table>
<tr><td>任务名称</td><td colspan="3">一般复杂程度冲压模具的装配、安装与调试
（具体模具和压力机可根据实际情况由教师选定）</td></tr>
<tr><td>组别号</td><td></td><td>成员</td><td></td></tr>
<tr><td>任务要求</td><td colspan="3">各组成员细分以下任务，每人负责其中的若干个小任务，每位成员都需要参与所有小任务的实施
模具装配部分：
1. 分析模具图纸，清楚模具的工作原理及各部件的运动关系，做好装配前的工作
2. 正确将模柄装入上模板
3. 正确安装凸模组件中的零件
4. 正确安装凹模组件中的零件
5. 正确安装定距零件
6. 正确安装导向组件
7. 正确调整凸、凹模间隙
8. 将凸、凹模组件合模，保证运动顺畅
模具安装调试部分：
1. 分析模具图样，清楚模具的工作原理及各部件的运动关系
2. 分析压力机性能，了解压力机相关参数
3. 在压力机上安装、定位模具，并夹紧模具
4. 调整滑块行程
5. 调整凸凹模间隙
6. 顶件距离等参数的调整
7. 分析试模结果，并根据出现的问题调整相关参数
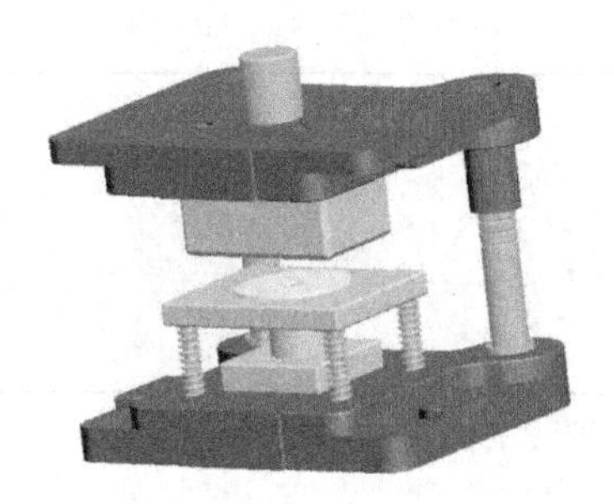</td></tr>
</table>

各组学生任务实施完成后，学生对模具装配、安装与调试的过程及结果进行评价总结，首先重点对任务实施的整个环节进行自评总结，再通过组内互评和教师评价对任务的实施进行评价。各评价表具体内容如表 7-4～表 7-6 所示。

表 7-4　学生自评表

<table>
<tr><td>任务名称</td><td colspan="4"></td></tr>
<tr><td>姓名</td><td></td><td>班级</td><td colspan="2"></td></tr>
<tr><td>学号</td><td></td><td>组别</td><td colspan="2"></td></tr>
<tr><td colspan="3">评价观测点</td><td>分值</td><td>得分</td></tr>
<tr><td colspan="3">模具图纸分析</td><td>10</td><td></td></tr>
<tr><td colspan="3">装配前的准备工作</td><td>5</td><td></td></tr>
<tr><td colspan="3">定模(下模)组件的装配</td><td>10</td><td></td></tr>
<tr><td colspan="3">动模(上模)组件的装配</td><td>15</td><td></td></tr>
<tr><td colspan="3">动、定模(上、下模)合模</td><td>10</td><td></td></tr>
<tr><td colspan="3">设备性能分析</td><td>5</td><td></td></tr>
<tr><td colspan="3">安装、定位并夹紧模具</td><td>15</td><td></td></tr>
<tr><td colspan="3">设备参数、工艺参数的设定与调整</td><td>20</td><td></td></tr>
<tr><td colspan="3">试模结果分析</td><td>10</td><td></td></tr>
<tr><td colspan="3">总计</td><td>100</td><td></td></tr>
<tr><td>任务实施过程中完成较好的内容</td><td colspan="4"></td></tr>
<tr><td>任务实施过程中完成不足的内容</td><td colspan="4"></td></tr>
<tr><td>需要改进的内容</td><td colspan="4"></td></tr>
<tr><td>任务实施总结</td><td colspan="4"></td></tr>
</table>

表 7-5 组内互评表

<table>
<tr><td colspan="2">任务名称</td><td colspan="6"></td></tr>
<tr><td colspan="2">班级</td><td colspan="2"></td><td colspan="2">组别</td><td colspan="2"></td></tr>
<tr><td rowspan="2">评价观测点</td><td rowspan="2">分值</td><td colspan="6">得分</td></tr>
<tr><td>组长</td><td>成员 1</td><td>成员 2</td><td>成员 3</td><td>成员 4</td><td>成员 5</td></tr>
<tr><td>分析问题能力</td><td>15</td><td></td><td></td><td></td><td></td><td></td><td></td></tr>
<tr><td>解决问题能力</td><td>15</td><td></td><td></td><td></td><td></td><td></td><td></td></tr>
<tr><td>责任心</td><td>15</td><td></td><td></td><td></td><td></td><td></td><td></td></tr>
<tr><td>协作能力</td><td>10</td><td></td><td></td><td></td><td></td><td></td><td></td></tr>
<tr><td>表达能力</td><td>10</td><td></td><td></td><td></td><td></td><td></td><td></td></tr>
<tr><td>实操能力</td><td>20</td><td></td><td></td><td></td><td></td><td></td><td></td></tr>
<tr><td>创新能力</td><td>10</td><td></td><td></td><td></td><td></td><td></td><td></td></tr>
<tr><td>总计</td><td>100</td><td></td><td></td><td></td><td></td><td></td><td></td></tr>
</table>

表 7-6 教师评价表

<table>
<tr><td>任务名称</td><td colspan="3"></td></tr>
<tr><td>班级</td><td>姓名</td><td>组别</td><td></td></tr>
<tr><td colspan="2">评价观测点</td><td>分值</td><td>得分</td></tr>
<tr><td rowspan="5">专业知识和能力</td><td>模具图纸分析能力</td><td>10</td><td></td></tr>
<tr><td>模具装配动手能力</td><td>15</td><td></td></tr>
<tr><td>试模能力</td><td>15</td><td></td></tr>
<tr><td>理论知识</td><td>10</td><td></td></tr>
<tr><td>装配、安装工具的使用</td><td>10</td><td></td></tr>
<tr><td rowspan="4">方法能力</td><td>自主学习能力</td><td>5</td><td></td></tr>
<tr><td>决策能力</td><td>3</td><td></td></tr>
<tr><td>实施规划能力</td><td>3</td><td></td></tr>
<tr><td>资料收集、信息整理能力</td><td>3</td><td></td></tr>
<tr><td rowspan="6">个人素养</td><td>交流沟通能力</td><td>3</td><td></td></tr>
<tr><td>团队组织能力</td><td>3</td><td></td></tr>
<tr><td>协作能力</td><td>3</td><td></td></tr>
<tr><td>文字表达能力</td><td>2</td><td></td></tr>
<tr><td>工作责任心</td><td>5</td><td></td></tr>
<tr><td>创新能力</td><td>5</td><td></td></tr>
<tr><td colspan="2">总计</td><td>100</td><td></td></tr>
</table>

第8章 模具常用材料及热处理工艺

8.1 模具材料的性能要求

8.1.1 模具用钢的性能要求

合理地选择模具材料，在模具设计和制造过程中是非常重要的。合理选材是保证模具质量、提高模具寿命的关键。好的模具材料必须具备高的机械强度、高温硬度，足够的韧性，良好的耐磨性和抗黏附能力。选用模具材料要综合考虑模具的工作条件、性能要求、形状尺寸和结构特点。材料性能可以从使用性能和工艺性能两方面进行基本的描述。

(1) 使用性能

模具材料的使用性能是指模具材料在模具工作条件下所表现出来的基本性能，包括机械负荷性能、热负荷性能和表面性能等。

① 机械负荷性能　机械负荷性能包括硬度、强度和韧性。硬度是表征材料在一个小的体积范围内抵抗弹性变形、塑性变形及破坏的能力；强度是表征材料在外力作用下抵抗塑性变形和断裂破坏的能力；韧性是表征材料承受冲击载荷的作用而不被破坏的能力。

② 热负荷性能　热负荷性能包括高温强度、耐热疲劳性和热稳定性。金属的高温强度是指其在再结晶温度以上时的强度；耐热疲劳性是表征材料承受频繁变化的热交变应力而不被破坏的能力；热稳定性是表征材料在受热过程中保持金相组织及性能稳定的能力。

③ 表面性能　表面性能包括耐磨性、抗氧化性和耐腐蚀性。耐磨性是表征材料抗磨损（机械磨损、热磨损、腐蚀磨损及疲劳磨损）的能力；抗氧化性是表征材料在常温或高温时抵抗氧化作用的能力；耐腐蚀性是表征材料在常温或高温时抵抗腐蚀性介质作用的能力。

(2) 工艺性能

工艺性能主要是指材料的加工工艺性能，是指采用某种工艺方法加工材料的难易程度，包括铸造性能、锻造性能、焊接性能、切削性能、化学蚀刻性能及热处理性能等。

铸造性能：金属材料在铸造过程中所表现出来的工艺性能，包括流动性、收缩性、吸气性和偏析性等。

锻造性能：锻压加工中材料能承受塑性变形而不被破裂的能力。

焊接性能：金属材料对焊接加工的适应性，即在一定的焊接工艺条件下获得优质焊接接头的难易程度。

切削性能：对金属材料进行切削加工的难易程度。

化学蚀刻性能：前面讲过的模具化学蚀刻工艺，就要求模具材料必须具备适应化学蚀刻工艺的性能。

热处理性能：包括淬透性、淬硬性、氧化脱碳敏感性、热处理变形倾向和回火稳定性等。

模具的性能是由模具材料的化学成分和热处理后的组织状态决定的。模具钢应该具有满足在特定的工作条件下完成额定工作量所需具备的性能。因各种模具的用途不同，要完成的额定工作量不同，工作条件也各不相同，所以对模具的性能要求也不尽相同。在选择模具用钢时，不仅要考虑其使用性能和工艺性能，还要考虑经济方面的因素，包括资源条件、市场供应情况和价格等。

8.1.2 典型模具用钢及其性能

(1) 预硬钢 3Cr2Mo（P20）

P20 钢是我国引进的美国塑料模具钢，这种钢在国际上得到了广泛的应用，同类型的有瑞典一胜百的 618、德国的 40CrMnMo7 和日本的 HPM2、PDS5 钢等。P20 钢综合力学性能好、淬透性高，可以使截面尺寸较大的钢材获得较均匀的硬度。P20 钢具有很好的抛光性能，制成模具的表面粗糙度低，所以 P20 钢也称为镜面钢。用该钢制造模具时一般先进行调质处理，硬度为 28～35HRC，在此状态下完成模具的终加工，这样既保证了模具的使用性能，又避免了热处理引起模具的变形。因此该钢种适于制造大、中型和精密注塑模具，以及锡、锌、铅等低熔点合金的压铸模具。

目前市场上常见的预硬钢有多种，如日本大同的 NAK55、NAK80 镜面塑料模具钢，这两种钢均可预硬化至 37～43HRC，NAK55 的切削加工性好，NAK80 具有优良的镜面抛光性，用于高精度镜面模具。瑞典一胜百的 718 镜面模具钢，也可预硬化交货，该钢具有高淬透性，良好的抛光性能、电火花加工性能和皮纹加工性能。其他的还有奥地利百禄的 M238、韩国的 HAM-10 等。

(2) 耐腐蚀钢 30Cr13

30Cr13 属马氏体型不锈钢，该钢机械加工性能较好，经热处理后具有优良的耐腐蚀性能，因其含碳量较 12Cr13 和 20Cr13 钢都高，所以其强度、硬度、淬透性和热强度都较高，适宜制造承受高机械载荷并在腐蚀介质作用下的塑料模具和透明塑料制品模具等。

目前市场上与 30Cr13 钢相近的牌号有日本大同的 S-STAR、瑞典一胜百的 S-136 和韩国的 HEMS-1A 等。

美国的 420SS、奥地利百禄的 M310、德国的 1.2316、瑞典一胜百的 STAVAX 和 4Cr13 钢性能相近。

(3) 40Cr

40Cr 钢是机械制造业使用最广泛的钢种之一。调质处理后具有良好的综合力学性能、良好的低温冲击韧性和低的缺口敏感性。其淬透性良好，水淬时可淬透到 ϕ28～60mm；油淬时可淬透到 ϕ15～40mm。这种钢除调质处理外还适于渗氮和高频淬火处理。该钢适于制作中型塑料模具。

(4) CrWMn

CrWMn 钢具有较好的淬透性，淬火后保留了较多的残余奥氏体，因而淬火变形很小。钨形成的碳化物硬度很高，耐磨性好，钨还能细化晶粒，提高韧性。此钢适于制作形状复杂的冲裁、弯曲类中小型模具。

(5) Cr12 型钢

Cr12 型钢通常包括 Cr12 和 Cr12MoV，是高碳高合金工具钢，属于莱氏体钢。由于含有大量碳化物形成元素，该钢的淬火硬度极高，具有高耐磨性，热处理变形小，淬透性高，也称低变形钢，常用来制造截面较大、形状复杂、经受较大冲击负荷、在冷态下使用的冲裁模、冷挤压模、拉丝模和滚丝模等，也可用于要求较高寿命的精密复杂注塑模具制造。这类钢锻造工艺要求较高。

Cr12 钢的碳含量较 Cr12MoV 钢高，碳化物数量多，分布不均匀性较严重，强度和韧性较 Cr12MoV 钢低，但耐磨性较高。

目前市场上与 Cr12 相近的牌号有美国的 D3 和奥地利百禄的 K100 等。与 Cr12MoV 相近的牌号有美国的 D2、日本的 SKD11、瑞典一胜百的 XW-42、奥地利百禄的 K460 等。

(6) 4Cr5MoSiV1 (H13)

H13 是美国牌号，4Cr5MoSiV1 是一种空冷硬化的热作模具钢，也是所有热作模具钢中应用最广泛的钢号之一。与 4Cr5MoSiV (H11) 相比，该钢具有较高的热强度和硬度，在中温条件下具有很好的韧性、热疲劳性能和一定的耐磨性，在较低的奥氏体化温度下空淬，热处理变形小，空淬时产生的氧化皮倾向小，而且可以抵抗熔融铝的冲蚀作用。该钢广泛用于制造热挤压模具、锻模、压铸模等热作模具，也可用于要求较高寿命的复杂注塑模具制造。

目前市场上与 H13 钢相近的牌号有日本的 SKD61、瑞典一胜百的 8407、奥地利百禄的 W302、韩国的 STD61、德国的 1.2344 等。

(7) 3Cr2W8V

3Cr2W8V 属钨系低碳高合金钢，具有较小的热膨胀系数、较好的耐腐蚀性和红硬性、良好的导热性，热处理变形也比较小，但高温韧性较差。3Cr2W8V 适于制造表面需要高硬度、高耐磨性的有色金属压铸模、精锻模和热挤模等，其使用温度一般低于 600℃。

目前市场上与 3Cr2W8V 钢相近的牌号有美国的 H21、日本的 SKD5、瑞典的 2730、奥地利百禄的 W100 等。

(8) 高速钢 W6Mo5Cr4V2

W6Mo5Cr4V2 为钨钼系通用高速钢的代表钢号。高速钢有很高的淬透性，空冷即可淬硬，在 600℃温度下仍保持高硬度、高强度、高韧性和高耐磨性。高速钢含有大量粗大碳化物，且分布不均，不能用热处理的方法消除，必须反复十字镦拔，用锻造方法打碎，促其均匀分布。高速钢淬火后有大量残余奥氏体，需经多次回火，使其大部分转变为马氏体，并使淬火马氏体析出弥散碳化物，提高硬度，减少变形。

高速钢适于制造冷挤压模、热挤压模、锻模中的重要镶块及大批量生产的重要模具零件，其耐用性比碳素工具钢和合金工具钢成倍增加。但高速钢的材料费、锻造费、热处理费综合比价为碳素工具钢的 4～6 倍，选用时应注意其经济性。

目前市场上与 W6Mo5Cr4V2 钢相近的牌号有美国的 M2、日本的 SKH51、瑞典一胜百的 HSP-41、德国的 1.3343 等。

(9) 硬质合金（YG）

制造模具主要采用钨钴（YG）类硬质合金，如 YG10、YG15、YG20 等。随着含钴量的增加，硬质合金承受冲击载荷的能力提高，但硬度和耐磨性下降。因此，应根据模具的使用条件合理选用。

硬质合金作为模具材料具有很大的优越性：其硬度远高于各种模具钢，有很高的耐磨性；耐高温，热稳定性强；抗氧化性和耐腐蚀性都优于钢；强度高，其抗拉强度为钢的 5～10 倍；刚性大，弹性模量为工具钢的 2～3 倍；热膨胀系数小，电导率、热导率都比较大，与铁及铁合金相近；不需热处理，故不会产生淬火和时效变形；不经轧制或锻造成型，组织一般不存在方向性。

硬质合金的缺点是韧性差，加工困难，模具成本高，但其使用寿命长，故特别适于大批量生产和自动线生产。硬质合金可用于制造高速冲模、多工位级进模、冷挤压模、热挤压模、冷镦模等。

8.1.3 常用模具用钢的选用

(1) 注塑模具常用钢材

注塑模具形状复杂，尺寸精度和表面粗糙度要求很高，因而对模具材料的机械加工性、抛光性、图案蚀刻性、热处理变形和尺寸稳定性都有很高的要求。此外，当注塑原料中含有玻璃纤维填料时，对成型零件的磨损会加剧，部分含有氟、氯的塑料在受热时还会析出腐蚀性气体，对模具型腔有一定的腐蚀作用。为此，注塑模具钢还需具有一定的强度、韧性、耐磨性、耐腐蚀性和较好的焊补性能。

在《塑料注射模技术条件》(GB/T 12554—2006) 中对模具成型零件和浇注系统零件推荐了常用零件材料及硬度要求，如表 8-1 所示。塑料模具的各类模板一般选用 45 钢，硬度要求 28～32HRC。

表 8-1 注射模成型零件和浇注系统零件推荐材料

零件名称	材 料	硬度/HRC
型芯、定模镶块、动模镶块、活动镶块、分流锥、推杆、浇口套	40Cr	40～45
	CrWMn,9Mn2V	48～52
	Cr12、Cr12MoV	52～58
	3Cr2Mo	预硬态 35～45
	4Cr5MoSiV1	45～55
	30Cr13(即 3Cr13)	45～55

(2) 冲压模具常用钢材种类

冲压模具在工作时，成型表面与坯料之间会产生许多次摩擦，模具必须在这种情况下仍能保持较低的表面粗糙度和较高的尺寸精度，以防早期失效，这就要求模具材料具有较高的硬度和耐磨性。

对于受强烈冲击载荷的模具零件，如凸模，还需要有高的韧性。冲压模具通常是在交变载荷的作用下发生疲劳破坏的，因此为了提高模具的使用寿命，需要模具材料有较高的抗疲劳性能。

冲压模具材料还应具有一定的抗咬合性。当坯料与模具表面接触时，在高压摩擦下润滑油膜被破坏，此时被冲压件金属“冷焊”在模具工作零件表面形成金属瘤，从而会在后续成型工件表面上划出道痕。咬合抗性就是对发生“冷焊”的抵抗力。

在《冲模技术条件》（GB/T 14662—2006）中对冲压模具一般零件和工作零件推荐了常用材料和硬度要求，见表 8-2 和表 8-3。

表 8-2 冲压模具一般零件常用材料及硬度要求

零件名称	材料	硬度
上、下模座	HT200 45	170～220HB 24～28HRC
导柱	20Cr GCr15	60～64HRC(渗碳) 60～64HRC
导套	20Cr GCr15	58～62HRC(渗碳) 58～62HRC
凸模固定板、凹模固定板、螺母、垫圈、螺塞	45	28～32HRC
模柄、承料板	Q235A	—
卸料板、导料板	45 Q235A	28～32HRC
导正销	T10A 9Mn2V	50～54HRC 56～60HRC
垫板	45 T10A	43～48HRC 50～54HRC
螺钉	45	头部 43～48HRC
销钉	T10A、GCr15	56～60HRC
挡料销、抬料销、推杆、顶杆	65Mn、GCr15	52～56HRC
推板	45	43～48HRC
压边圈	T10A 45	54～58HRC 43～48HRC
定距侧刃、废料切断刀	T10A	58～62HRC
侧刃挡块	T10A	56～60HRC
斜楔与滑块	T10A	54～58HRC
弹簧	65Mn、55CrSi	44～48HRC

表 8-3 冲压模具工作零件常用材料和硬度要求

模具类型	冲件与冲压工艺情况	材料	硬度	
			凸模	凹模
冲裁模	形状简单，精度较低，材料厚度小于或等于 3mm，中小批量	T10A，9Mn2V	56～60HRC	58～62HRC
	材料厚度小于或等于 3mm，形状复杂；材料厚度大于 3mm	9CrSi、CrWMn Cr12、Cr12MoV W6Mo5Cr4V2	58～62HRC	60～64HRC
	大批量	Cr12MoV、Cr4W2MoV	58～62HRC	60～64HRC
		YG15、YG20	≥86HRA	≥84HRA
		超细硬质合金	—	

续表

模具类型	冲件与冲压工艺情况	材料	硬度	
			凸模	凹模
弯曲模	形状简单，中小批量	T10A	56～62HRC	
	形状复杂	CrWMn、Cr12、Cr12MoV	60～64HRC	
	大批量	YG15、YG20	≥86HRA	≥84HRA
	加热弯曲	5CrNiMo、5CrNiTi、5CrMnMo	52～56HRC	
		4Cr5MoSiV1	40～45HRC，表面渗氮≥900HV	
拉深模	一般拉深	T10A	56～60HRC	58～62HRC
	形状复杂	Cr12、Cr12MoV	58～62HRC	60～64HRC
	大批量	Cr12MoV、Cr4W2MoV	58～62HRC	60～64HRC
		YG10、YG15	≥86HRA	≥84HRA
		超细硬质合金	—	
	变薄拉深	Cr12MoV	58～62HRC	—
		W18Cr4V、W6Mo5Cr4V2、Cr12MoV	—	60～64HRC
		YG10、YG15	≥86HRA	≥84HRA
	加热拉深	5CrNiTi、5CrNiMo	52～56HRC	
		4Cr5MoSiV1	40～45HRC，表面渗氮≥900HV	
大型拉深模	中小批量	HT250、HT300	170～260HB	
		QT600-20	197～269HB	
	大批量	镍铬铸铁	火焰淬硬 40～45HRC	
		钼铬铸铁、钼钒铸铁	火焰淬硬 50～55HRC	

（3）压铸模具常用钢材种类

在压铸成型过程中，模具要经受周期性的加热和冷却，经受高速、高压注入的灼热金属液的冲刷和侵蚀，因此，要求模具钢具有良好的高温力学性能、导热性能、抗热疲劳性能、耐磨性能和耐熔蚀性能。

在《压铸模技术条件》（GB/T 8844—2003）中对模具成型零件和浇注系统零件推荐了常用材料和热处理要求，见表 8-4。

表 8-4 压铸模成型零件和浇注系统零件推荐材料

模具零件名称	模具材料	硬度	
		用于压铸锌合金、镁合金、铝合金	用于压铸铜合金
型芯、定模镶块、动模镶块、活动镶块、分流锥、推杆、浇口套、导流块	4Cr5MoSiV1	44～48HRC	—
	3Cr2W8V	44～48HRC	38～42HRC

8.2 典型模具用钢的热处理工艺

制造模具的材料以钢、铸铁、硬质合金和有色合金等金属材料为主，其中，钢是模具制造最主要的材料。钢材可以在不改变化学成分的情况下，通过不同的加热过程和冷却条件改变其内部结构和组织状态，从而改变钢材的力学性能，以满足不同模具零件的使用要求。所以在模具设计、制造时，通过合理选择模具用钢及其热处理工艺是获得高质量模具的基础。

8.2.1 热处理工艺基础

(1) 热处理的基本概念

热处理是指将固态金属材料采用适当的方式进行加热、保温和冷却以获得需要的组织结构与性能的工艺。热处理工艺方法虽有多种，但其基本过程都是由加热、保温和冷却 3 个阶段构成的。钢材通过加热和保温获得均匀一致的奥氏体，然后以不同的冷却速度冷却下来，获得不同的组织，从而使钢材具有不同的性能，以满足不同的使用要求，这就是热处理的原理。

图 8-1 所示为铁碳合金相图，图中明确标出了碳钢在加热和冷却时的临界点位置。图中的 A_1、A_3、A_{cm} 线表示钢在极其缓慢的加热和冷却速度下，发生组织转变的临界温度，亦称临界点。但实际生产中，都是在一定的冷却和加热速度下进行的，冷却时有过冷度，加热时有过热度，因此，实际的临界温度与相图有所不同。为了区别相图中的临界点，将冷却时实际的临界点分别标为 A_{r1}、A_{r3}、A_{rcm}，将加热时实际的临界点分别标为 A_{c1}、A_{c3}、A_{ccm}。

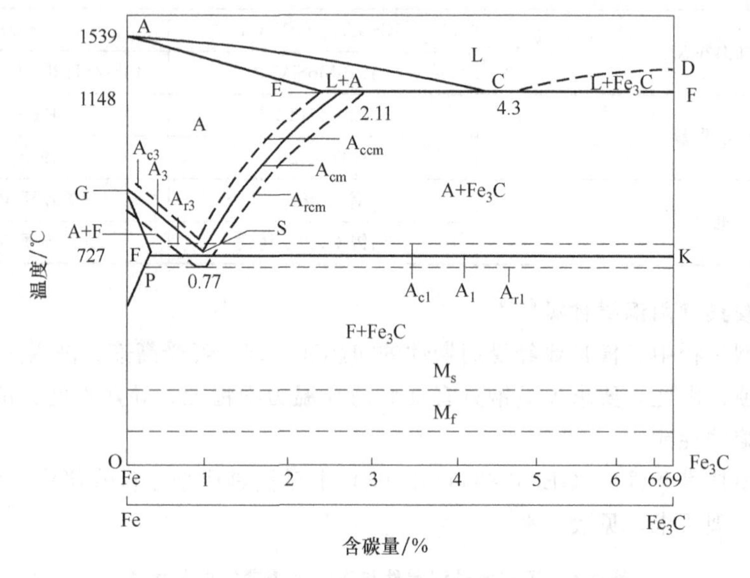

图 8-1 铁碳合金相图

金属材料的热处理可分为普通热处理、表面热处理和特殊热处理。普通热处理包括退火、正火、淬火和回火；表面热处理包括表面淬火和化学热处理，感应加热与火焰加热属于表面淬火，渗碳、渗氮、渗金属等属于化学热处理；特殊热处理则包括可控气氛热处理、真空热处理、形变热处理和激光热处理等。

(2) 普通热处理

普通热处理主要包括退火、正火、淬火和回火。模具零件加工的一般工艺路线是：铸造或锻造得到毛坯→退火或正火→切削加工→淬火及回火→精加工。其中，退火和正火工序是为了细化铸件、锻件的晶粒粗大组织，调整工件的硬度使之适于切削加工，并为以后的热处理做好组织准备，所以常把退火与回火称为预备热处理；一般情况下，经过淬火及回火处理以后，工件的性能能够满足使用要求，因此淬火与回火被称为最终热处理。

① 退火　退火是指将金属材料加热到适当温度，保持一定时间，然后缓慢冷却的热处理工艺。其目的主要是降低钢的硬度，提高塑性，以便于切削加工；消除内应力，防止工件变形和开裂；细化晶粒，改善组织，提高力学性能，为最终热处理做组织准备。

退火的种类有完全退火、球化退火、等温退火、再结晶退火和去应力退火等。

a. 完全退火。完全退火又称重结晶退火，它是将亚共析钢完全奥氏体化，然后缓慢冷却，以期获得接近平衡态组织的退火工艺。目的在于细化组织，降低硬度，改善切削加工性能，消除内应力。它的工艺过程是：将亚共析钢加热至 A_{c3} 点以上 30～50℃，保温一定时间后随炉缓慢冷却，以获得接近珠光体和铁素体的组织。它主要用于中碳钢的铸件、锻件、焊接件和热轧件。

b. 球化退火。球化退火是使过共析钢中的碳化物球状化而进行的退火工艺。目的是降低硬度，改善钢的切削加工性能，为淬火做好组织准备。

球化退火的工艺过程是将钢材加热至 A_{c1} 点以上 30～50℃，保温一定时间后随炉缓冷至室温。生产上常采用等温球化退火，即加热保温后，迅速冷却到略低于 A_{r1} 的温度进行等温转变，再出炉空冷。球化退火主要适用于共析钢和过共析钢，如碳素工具钢、合金工具钢、轴承钢等。

c. 等温退火。等温退火是将钢材加热至 A_{c3}（对于亚共析钢）或 A_{c1}（对于共析钢与过共析钢）温度以上，保温一段时间后以较快的速度冷却到 A_{r1} 以下某一温度进行等温转变，使奥氏体转变为珠光体型组织，然后在空气中冷却的退火工艺。等温退火不仅可大大缩短退火时间，而且由于组织转变时工件内外处于同一温度，故能得到均匀的组织和性能。等温退火主要用于处理高碳钢和高合金钢。

d. 再结晶退火。再结晶退火是将经过冷加工的钢材加热到再结晶温度以上、下的某一温度，保温一段时间后缓慢冷却的退火工艺。目的是使冷加工变形的金属发生再结晶，从而消除加工硬化，提高钢的塑性，以利于进一步加工。

从某一温度开始、随着温度升高而在原来经过冷变形的金属组织上产生一些新的内部缺陷较少的小等轴晶粒，这些小晶粒不断长大直至完全代替了原来的冷变形组织，这一转变过程称为金属的再结晶。由于再结晶完全消除了冷变形时形成的各种组织缺陷，因此，金属的性能完全恢复到冷变形前的状态，即强度和硬度显著下降，塑性和韧性大大提高，内应力完全消除。再结晶退火适用于各种钢材。

e. 去应力退火。去应力退火又称低温退火，是将钢材加热至 A_{c1} 以下适当温度，保温一段时间后缓慢冷却的退火工艺。主要用来消除铸件、锻件、焊接件、热轧件及冷拉件等的内应力。

去应力退火的加热温度要低于再结晶退火的加热温度。钢在去应力退火过程中也不发生组织变化，但去应力退火是利用金属材料的回复现象，使变形金属在消除内应力的同时又保持较高的强度和硬度。在加热温度不太高时，金属原子扩散能力较低，因此，显微组织无明显变化，但由于原子可以做短距离的扩散，使晶格畸变程度减轻，如异号位错互相抵消、空位与其他晶体缺陷相结合等，这些变化使金属的强度和硬度稍有下降，塑性略有提高，而内应力则大大降低。

② 正火　正火是把钢加热至 A_{c3}（对于亚共析钢）或 A_{cm}（对于共析钢与过共析钢）以上 30～50℃，保温适当时间后在空气中冷却的热处理工艺。正火的目的与退火基本相同，

即细化晶粒、均匀组织和减少内应力。正火和退火属同一类型的热处理，正火实质上是退火的一种特殊工艺，区别是正火冷却速度快些，得到的珠光体组织细小些，故同一工件正火后的强度和硬度高于退火。

对于低、中碳钢来说，经正火后，晶粒细化、碳化物分布更加均匀，切削性能良好；如改用退火，不但费时间，而且退火后的硬度偏低，切削加工时容易粘刃，切屑不易断开，切削性能不好。所以低、中碳钢常用正火取代完全退火，只有对含碳量大于0.5%以上的碳钢才采用完全退火。

高碳钢因正火后硬度高，故需采用球化退火来改善切削性能，并为最终热处理做好组织准备。不过为便于球化退火，先以正火来消除网状渗碳体。由于正火的加热温度高，能够使二次渗碳体完全消除，而且冷却速度较快，故过共析钢在球化退火前，往往先进行一次正火。

③ 淬火　淬火是最重要的模具热处理工艺之一，是将钢材加热到 A_{c3}（对于亚共析钢）或 A_{c1}（对于过共析钢）以上30～50℃，经适当保温后在冷却介质中快速冷却，使奥氏体转变为马氏体或下贝氏体，以获得力学性能良好的高硬度组织。

温度选择在临界点以上是为了向奥氏体的转变充分完成，但温度不宜过高，过高会使奥氏体晶粒长大，淬火后获得粗针状马氏体，不仅使淬火钢的脆性加大，而且容易造成变形和开裂。

合理地选择淬火冷却介质是淬火工艺的重要问题。淬火冷却应达到既能使钢材获得高硬度的马氏体，又不使钢材发生明显的变形和开裂的要求。理想的淬火冷却介质能够实现当钢材高温的时候冷却速度快，而在发生马氏体转变的低温区则冷却速度慢，这样在得到马氏体的前提下，减少了淬火内应力和变形、开裂的倾向。工业上常用的冷却剂有水、油、盐水、碱浴、硝盐浴等，应用最广泛的还是水和油。水的冷却能力很强，常会引起钢材的淬火内应力增大，造成变形和开裂。油的冷却速度较慢，难以使奥氏体获得较大的过冷度，从而难以得到晶粒细化的马氏体。目前，还找不到一种完全符合要求的理想冷却剂，因而在实际生产中采用不同的淬火方法，来弥补这种不足。

④ 回火　回火是将淬硬后的钢材再加热到 A_1 点以下的某一温度，保温一定时间后，在空气中冷却到室温的热处理工艺。淬火钢均需经回火后使用。回火可以降低或消除淬火内应力，稳定钢材的尺寸，并获得一定的强度和韧性的良好配合，达到所要求的综合性能。

回火按加热温度所在范围的不同，分为低温回火、中温回火和高温回火。随回火温度的升高，钢材的强度、硬度降低，而塑性、韧性提高。

低温回火的加热温度一般在250℃以下，得到具有高硬度、高耐磨性的回火马氏体。低温回火的目的是在减小淬火内应力的同时，能够保持钢在淬火后所得到的高硬度和高耐磨性，如各种刀具、量具、轴承及渗碳后的零件等都采用低温回火。低温回火后的硬度为56～64HRC。

中温回火的加热温度一般为350～500℃，得到具有高强度、高弹性极限的回火屈氏体。中温回火的目的是在消除淬火内应力的同时，获得一定的弹性和韧性，主要用于各种弹簧处理。中温回火后的硬度为40～48HRC。

高温回火的加热温度一般为500～650℃，得到既有一定强度，又有较高塑性和冲击韧性的回火索氏体。高温回火的目的是在消除淬火内应力的同时，使钢获得强度、韧性都较好的综合力学性能。高温回火后的硬度为25～35HRC。淬火加高温回火的处理叫作调质处理，主要用于要求综合性能优良的零件，如齿轮、连杆、曲轴等。调质用钢通常是含碳量在0.25%～0.50%的中碳钢，因为碳量过低则不易淬硬，高温回火后达不到所需的强度；碳量过高则调质后又达不到所需的韧性。

(3) 表面热处理

表面热处理的目的是达到“表硬内韧”。有些模具零件如导柱等，一方面要求其表层具有高硬度和高耐磨性，另一方面又要求心部具有足够的塑性和韧性来承受冲击载荷，此时只有采用表面热处理才能够满足要求。表面热处理有表面淬火和化学热处理两种方法。

① 表面淬火　表面淬火即仅对工件表层进行淬火，是利用快速加热使工件表层很快达到淬火温度，而不等热量传到工件中心就迅速予以冷却，这样钢的表面淬硬了，中心则仍保持原来的塑性与韧性。表面淬火适用的钢材为中碳钢和中碳低合金钢。高速加热的方法有火焰加热和感应加热两种。

火焰加热是应用火焰对零件表面进行加热，这种方法的优点是设备简单、使用灵活，缺点是温度不好控制，表面容易过热。它主要用于大型工件的表面淬火。

感应加热是将工件置于通有高频、中频或工频的交流电线圈内，使工件表面感应产生相同频率的交流电流而迅速加热。频率越高，感应电流透入工件表面的深度越浅，则淬硬层越薄。高频淬火后的工件，再经180～250℃低温回火以降低淬火应力，并保持高硬度及高耐磨性。由于这种方法淬硬层的深度容易控制，便于实现机械化和自动化，因此，在生产上获得广泛应用。

② 化学热处理　化学热处理是将钢材放在具有一定活性的化学介质中加热，使介质中的某种或某几种元素的活性原子渗入钢材表面并扩散，从而改变表面层化学成分、组织和性能的一种热处理过程。化学热处理的特点是既改变表层的化学成分，又改变其组织，显然能更好地提高表层性能，且可获得一些特殊性能。常用的化学热处理有渗碳、渗氮和渗金属等。

a. 渗碳。渗碳是把工件放入渗碳介质中，加热至900～950℃并保温，使钢材表面层增碳，目的是使工件表面含碳量增加，在热处理以后表层具有高硬度和耐磨性，而心部仍保持一定强度和较高的韧性，因此，渗碳用钢是含碳量为0.15%～0.25%的低碳钢和低碳合金钢。按照渗碳剂的不同，分为气体渗碳、固体渗碳和液体渗碳，在大量生产中多使用气体渗碳法。渗碳后一般采用淬火加低温回火热处理工艺。

b. 渗氮。渗氮是在低于 A_{c1} 的温度，一般为500～600℃，使活性氮原子渗入工件表面层，目的是提高工件表面层的硬度、耐磨性、疲劳强度和耐腐蚀性。常用的渗氮方法有气体渗氮、离子渗氮和液体渗氮等。

由于加热温度低，钢材的热处理变形小，渗氮处理往往是零件加工路线中的最后一道工序。为了保证渗氮零件心部具有良好的综合力学性能，在渗氮前应进行调质处理；为了减少渗氮时的变形、保证零件的形状尺寸精度，在精加工后、渗氮前应进行去应力退火。渗氮用钢通常是含有铝、铬、钼等易形成氮化物和提高淬透性的合金元素的合金钢。

c. 渗金属。渗金属是在高温下向碳钢或低合金钢所制成的零件表面，渗入铬、铝等各种合金元素，使表面合金化，目的是获得某些特殊性能，代替某些高合金钢，如不锈钢、耐热钢等。与渗碳、渗氮相比，渗金属是金属原子间的互扩散，碳、氮等非金属原子的半径较小，较易于融入铁中形成间隙式固溶体，而金属元素渗入时则形成替代式固溶体，金属原子在晶格中的迁移比较困难，为了使金属原子获得足够的能量，就需要更高的温度和更长的时间。

(4) 特殊热处理

① 可控气氛热处理　可控气氛热处理是工件在炉气成分可以控制的炉内进行热处理，其目的是减少和防止工件在加热时的氧化和脱碳；控制渗碳时渗碳层的碳浓度，而且可以使脱碳的工件重新复碳。它主要用于渗碳、碳氮共渗、保护气氛淬火和退火等。

② 真空热处理　真空热处理是将工件放在低于一个大气压的环境中进行热处理，包括真空退火、真空淬火和真空化学热处理等。真空热处理的特点是：工件在热处理过程中不氧化、不脱碳，表面光洁；减少氢脆，提高韧性；工件升温缓慢，截面温差小，热处理后变形小。

③ 形变热处理　形变热处理是将塑性变形和热处理有机结合在一起的复合工艺，目的是提高材料力学性能。这种方法能同时收到形变强化与相变强化的综合效果，除可提高钢的强度外，还能在一定程度上提高钢的塑性和韧性。

形变热处理包括低温形变热处理与高温形变热处理。低温形变热处理是将钢材加热至奥氏体状态，保持一定时间后急速冷却至 A_{r1} 以下、M_s 以上某温度进行塑性变形，并随即进行淬火和回火。高温形变热处理是将钢材加热至奥氏体状态，保持一定时间后进行塑性变形，并随即进行淬火和回火，锻热淬火、轧热淬火均属于高温形变热处理，钢材经高温形变热处理后，塑性和韧性、抗拉强度和疲劳强度均有显著提高。

④ 激光热处理　激光热处理是利用高能量密度的激光束对工件表面扫描照射，使其极快被加热到相变温度以上，停止扫描照射后靠零件本身的热传导来冷却，即自行淬火。激光热处理的特点是加热速度快，加热区域小，不需要淬火冷却介质，变形极小，表面光洁。

8.2.2 典型模具用钢的热处理工艺

(1) 预硬钢 3Cr2Mo（P20）

3Cr2Mo 的相变点温度：A_{c1} 为 770℃，A_{c3} 为 825℃，A_{r1} 为 640℃，A_{r3} 为 755℃，M_s 为 335℃，M_f 为 180℃。

钢坯锻造加热温度为 1120～1160℃，始锻温度为 1070～1100℃，终锻温度大于或等于 850℃，锻后缓冷。

热处理工艺规范如下。

① 预备热处理：锻后进行等温退火。加热温度为 840～860℃，保温时间为 2～4h；等温温度为 710～730℃，等温时间为 4～6h；炉冷至 500℃，出炉后空冷。

② 最终热处理：淬火、高温回火，即调质处理。淬火温度为 840～860℃，油冷，硬度为 50～54HRC；回火温度为 600～650℃，空冷，硬度为 28～36HRC。

(2) 耐腐蚀钢 30Cr13

30Cr13 钢坯锻造工艺：钢坯锻造加热温度为 800℃，始锻温度为 1100～1150℃，终锻温度大于或等于 850℃，锻后炉冷。

热处理工艺规范如下。

① 预备热处理：软化退火，加热温度为 750～800℃，炉冷，硬度≤250HBS；完全退火，加热温度为 860～900℃，炉冷，硬度≤207HBS。

② 最终热处理：淬火温度为 1020～1050℃，油冷或空冷，硬度为 52～54HRC；回火温度为 200～300℃，硬度为 50～52HRC。

(3) 40Cr

40Cr 钢的相变点温度：A_{c1} 为 770℃，A_{c3} 为 805℃。

钢坯锻造加热温度为 1150～1200℃，始锻温度为 1100～1150℃，终锻温度大于 800℃，锻后缓冷。

热处理工艺规范如下。

① 预备热处理如下。

退火：加热温度为 825～845℃，保温 2h，炉冷，硬度≤207HBS。

正火：加热温度为 850～880℃，保温一定时间，空冷，硬度≤250HBS。

高温回火：加热温度为 680～700℃，炉冷至 600℃，出炉空冷，硬度≤207HBS。

② 最终热处理：淬火温度为 830～860℃，油冷，硬度≥50HRC；回火温度为 140～200℃，空冷，硬度≥48HRC。

回火温度为 400～600℃，空冷，硬度为 25～43HRC。

(4) CrWMn

CrWMn 的相变点温度：A_{c1} 为 750℃，A_{ccm} 为 940℃，A_{r1} 为 710℃，M_s 为 155℃。

钢坯锻造工艺：钢坯锻造加热温度为 1100～1150℃，始锻温度为 1050～1100℃，终锻温度 800～850℃，锻后先空冷然后缓冷。

热处理工艺规范如下。

① 预备热处理如下。

锻后退火：加热温度为 770～790℃，保温 1～2h，炉冷至 550℃以下出炉空冷，硬度 207～255HBS。

锻后等温退火：加热温度为 770～790℃，保温 1～2h，等温温度为 680～700℃，保温 1～2h，炉冷至 550℃以下出炉空冷，硬度 207～255HBS。

高温回火：加热温度为 600～700℃，炉冷或空冷，硬度 207～255HBS。

正火：加热温度为 970～990℃，空冷，硬度 388～514HBS。

② 最终热处理：淬火温度为 820～840℃，油冷，硬度 63～65HRC；回火温度为 170～200℃，油冷，硬度 60～62HRC；回火温度为 150～600℃，油冷，硬度为 39～62HRC。

(5) Cr12

Cr12 钢相变点温度：A_{c1} 为 810℃，A_{ccm} 为 835℃，A_{r1} 为 755℃，A_{r3} 为 770℃，M_s 为 180℃。

钢坯锻造工艺：钢坯锻造加热温度为 1120～1140℃，始锻温度为 1080～1100℃，终锻温度 880～920℃，缓冷。

热处理工艺规范如下。

① 预备热处理如下。

锻后退火：加热温度为 850～870℃，保温 4～5h，炉冷至 500℃以下出炉空冷，硬度≤229HBS。

锻后等温退火：加热温度为 830～850℃，保温 2～3h；炉冷至 720～740℃，保温 3～4h，炉冷至 550℃以下出炉空冷，硬度≤269HBS。

② 最终热处理：淬火温度为 950～980℃，油冷，硬度 62～64HRC；回火温度为 180～200℃，油冷，硬度 60～62HRC。

回火温度为 200～650℃，油冷，硬度为 44～63HRC。

(6) Cr12MoV

Cr12MoV 钢相变点温度：A_{c1} 为 810℃，A_{c3} 为 1200℃，A_{ccm} 为 982℃，A_{r1} 为 760℃，M_s 为 230℃。

钢坯锻造工艺：钢坯锻造加热温度为 1050～1100℃，始锻温度为 1000～1050℃，终锻温度 850～900℃，缓冷。

热处理工艺规范如下。

① 预备热处理如下。

锻后退火：加热温度为 850～870℃，保温 1～2h，炉冷至 500℃以下出炉空冷，硬度 207～255HBS。

锻后等温退火：加热温度为 850～870℃，保温 1～2h；炉冷至 720～750℃，保温 3～4h，炉冷至 500℃以下出炉空冷，硬度 207～255HBS。

② 最终热处理：淬火温度为 1020～1040℃，油冷，硬度 60～65HRC；回火温度为 150～170℃，油冷，硬度 60～63HRC。

回火温度为 200～700℃，油冷，硬度为 37～60HRC。

(7) 4Cr5MoSiV1

4Cr5MoSiV1 钢相变点温度：A_{c1} 为 860℃，A_{c3} 为 915℃，A_{r1} 为 775℃，A_{r3} 为 815℃，M_s 为 340℃，M_f 为 215℃。

钢坯锻造工艺：钢坯锻造加热温度为 1120～1150℃，始锻温度为 1050～1100℃，终锻温度 850～900℃，缓冷。

热处理工艺规范如下。

① 预备热处理如下。

锻后退火：加热温度为 860～890℃，保温 3～4h，炉冷至 500℃以下出炉空冷，硬度≤229HBS。

去应力退火：加热温度为 730～760℃，保温 3～4h；炉冷。

② 最终热处理：淬火温度为 1020～1050℃，油冷或空冷，硬度 56～58HRC；回火温度为 560～580℃，油冷，硬度 47～49HRC。

(8) 3Cr2W8V

3Cr2W8V 钢相变点温度：A_{c1} 为 830℃，A_{c3} 为 920℃，A_{ccm} 为 1100℃，A_{r1} 为 773℃，A_{r3} 为 838℃，M_s 为 230℃。

钢坯锻造工艺：钢坯锻造加热温度为 1130～1160℃，始锻温度为 1080～1120℃，终锻温度 850～900℃，先空冷，后坑冷或砂冷。

热处理工艺规范如下。

① 预备热处理如下。

退火：加热温度为 800～820℃，保温 2～4h，炉冷至 600℃以下出炉空冷，硬度 207～255HBS。

等温退火：加热温度为 840～880℃，保温 2～4h；等温温度 720～740℃，保温 2～4h，炉冷至 550℃以下出炉空冷，硬度≤241HBS。

② 最终热处理：淬火温度为 1050～1100℃，油冷，硬度 49～52HRC；回火温度为 600～620℃，油冷，硬度 40～47HRC。

(9) 高速钢 W6Mo5Cr4V2

W6Mo5Cr4V2 钢相变点温度：A_{c1} 为 880℃，A_{r1} 为 790℃，M_s 为 180℃。

钢坯锻造工艺：钢坯锻造加热温度为 1140～1150℃，始锻温度为 1040～1080℃，终锻温度≥900℃，砂冷或堆冷。

热处理工艺规范如下。

① 预备热处理如下。

锻后退火：加热温度为 840～860℃，保温 2～4h，缓慢炉冷至 500℃以下出炉空冷，硬度≤285HBS。

锻后等温退火：加热温度为 840～860℃，保温 2～4h；炉冷至 740～760℃，保温 4～6h，炉冷至 500℃以下出炉空冷，硬度≤255HBS。

② 最终热处理：淬火温度为 1150～1200℃，油冷，硬度 62～64HRC；回火温度为 560℃，回火 3 次，硬度 62～66HRC。

本章小结

本章对模具常用材料及热处理工艺做了简单介绍。首先以模具用钢的性能要求为基础，重点讲解了常用模具钢的种类及性能。其次依据模具及模具零件的应用特点和工作条件，对模具常用钢材进行了应用分类，方便模具设计者合理选择模具零件材料。最后对常用模具钢的热处理工艺做了介绍。通过本章的学习，应该能够根据模具零件的工作条件和使用要求，合理地选择零件材料，并能够根据材料的性能和特点选择合理的热处理工艺，这将为合理地编制模具零件加工工艺规程提供理论支持。

知识类题目

1. 模具用钢的基本性能要求有哪些？
2. 总结出至少 5 个常用的模具钢，并分析其性能特点。
3. 常用的塑料模具用钢有哪些？各适合用于哪类模具零件？
4. 常用的冲压模具用钢有哪些？各适合用于哪类模具零件？
5. 注塑模具、冲压模具和压铸模具在模具材料和热处理方法的选择上各有何特点？
6. 金属材料的热处理方法有哪些类型？
7. 退火、正火、淬火和回火的目的是什么？
8. 哪类模具零件适合采用低碳钢配合渗碳或渗氮热处理工艺？渗碳或渗氮的目的是什么？
9. 模具零件为什么要进行预备热处理和最终热处理？

·第9章·

模具制造管理及非技术因素

9.1 模具制造管理

9.1.1 模具制造管理涉及的内容

(1) 模具制造全过程

模具制造过程的管理包括模具制造前期管理、模具制造生产管理、模具制造后期管理、模具制造库存管理、模具制造成本管理、模具制造质量管理等内容。

模具制造前期管理包括客户订单管理、产品资料管理、模具制造分析、模具造价评估等内容。客户的订单及产品资料是整个模具制造的核心信息，根据客户的下单情况掌握模具制造与生产的进度，围绕客户提供的产品资料把握模具制造全过程中的各个环节。在模具制造前期，对模具成型的模拟与分析，消除潜在的制造生产隐患与风险，可以很好地控制模具的质量与成本。模具造价评估管理可以提前预算模具制造全过程中产生的费用，对模具的成本控制有指导与参考作用。

模具制造生产管理有模具结构设计、模具工艺设计、物料采购与管理、模具零件生产、模具零件特殊处理、模具质量检测、模具装配等内容。模具结构设计是模具制造全过程的关键节点，设计的优劣直接影响后续的模具零件的生产制造、加工精度和质量。合理的模具加工工艺让制造生产流程更加顺畅，模具零件可以进行协同与并行生产，节约生产时间提高生产效率。物料采购与管理分为物料采购、物料使用、做账及物料回收等事项，与生产有效配合，提高设备利用率和工厂的生产产能。高精度特种加工设备的使用提高了模具制造的精度和效率，保障了模具的质量，对加工零件进行全面品质检测，使模具达到制造品质要求。模具零件加工完成后，经过组装形成完整的模具，在装配过程中必须保证各模具零件的数量与质量。

模具后期管理包括模具完成装配后，进行的试模、检验与验收。模具制造成本管理包括核算人力成本、设备成本等。模具制造质量管理方面包括整套模具的品质管控和模具零件的质量管控。另外在模具制造过程中，还有人力资源的管理、设备的管理等方面。

模具制造企业的管理中的重点是生产部门与销售项目、设计、仓库、采购、工艺等部门有效的配合；合理制订模具交期，缩短生产制造周期；在模具制造全过程中积极与客户沟通，减少设计的变更；加强质量控制，减少返工或者零件报废等异常情况；制作模具标准件，加大通用零件的使用来减少加工时间。

(2) 模具企业管理理念

许多中小模具企业的管理都建立在经验的基础上，靠着一些有经验的人支撑，管理的对策都存在于人的头脑之中，尤其对于生产运作管理，他们凭着自己在车间干了多年的经验，来判断订单的完工期，并组织生产。但这种判断和组织有没有充分的根据？是否科学？却一概不知。

生产是一种非常复杂而又需要精确掌控的过程，一个订单有许多的品种，一种产品又有许多的零部件，每个零部件又需要经过若干道工序，一道工序又需要物料、人工、设备等各种生产要素的准确的配合，这一切都如同一台精确运作的机器，它需要内部各个环节的运作都恰如其分地吻合上，它需要精密的计算和管控，才能生产出好的产品，才能保持高效。

初级的管理者认为管理就是管人、管物，他们认为管理就是与活生生的人打交道，所以，他们以为只要工人们不敢偷懒，不让人闲着，不让设备停着，不让地方空着，工厂就管好了，管理就到位了。这样的管理带来的是车间显得热火朝天，呈现一片繁忙景象，但却不能保证什么时候出货，原因可能是有几种物料没能准时送到、设备出了突发故障、中途穿插了一个订单等。在这样的管理背景下，生产混乱和低效是必然的事。

分析这种管理产生的原因，首先，企业生产者或管理者，都从事着某一个部门或某一个岗位的工作，他们亲眼所见、亲手所做的大多是局部的细节的工作，而企业的分工所造成的局部和细节是整体的分解，缺乏全局观念是他们的位置和视野所决定的。其次，对于处在一种统畴、协调位置上的人而言，对细节的真实把握又是他们的难点，因为他可以游走于各个车间或各个部门，能看到正在发生的一切，这也就是我们平常所说的“真实”，而这种“真实”的价值却非常低。

因为这种“真实”与最终的结果之间有一个漫长的过程，这一漫长的过程是由无数个这种“真实”的片断所构成的，就如同一个产品，是经过原材料的采购、验货、入库、发货、车间的准备、分工、领料、上机、加工、运送、等待、再加工、入库等许多个环节所构成的，而这么多个环节是由不同的人、不同的部门，在不同的地点完成着。

然而，最终的产品却出在这无数个“真实”片断的集成上，我们仅仅能看到车间正在做什么是远远不够的，还必须知道要做多久，什么时间可以到达另一道工序或车间，而另一道工序或车间在哪个时间又处在一种什么状态。也就是说，我们要了解，现在各个地方所发生的一切，在今后的许多时间内，将会怎样变化，我们才能准确判断出结果怎样，否则就只能等结果出来了再说。所以所有的工作必须是量化的，只有数量化地掌握了这诸多事情的关系，才能得出一个精确的结论，否则就只能是大概或者可能。因此，数据化管理的落后是模具企业初级管理体制水平低下的核心。只有依据信息化的管理才是提升管理水平的有效途径。

(3) 模具企业信息化管理

模具企业经营者往往认为生产就是把产品做出来，把货交出去，再把订单争回来，再生产出来，再交出去，如此循环往复。所以他们关注的点都是过程结束的点，对于过程是不太关注的。所以生产过程的数据采集、分析、研究、改进等都不是企业最高管理者关注的重点。

这其实是生产管理的盲点，只有人和事，而没有数据，这是中小模具私企的弊病。这些企业的管理者的眼睛里、头脑中只有活生生的人和事，而看不到这些人和事背后的“数”。其实恰恰是这个“数”才反映了事物之间的本质联系和发展变化的规律，人和事是表象，它很容易引起人们的关注，但数据才是事物之间的本质关系。

严格意义上说，管理的对象应该是各种各样的数据。因为中小模具企业用得最多的管理工具是人的大脑，而我们大脑加工的对象就是各种各样的资讯、信息，而管理水平不高的企业内这些资讯、信息都是以经验、感觉、印象等形式存在，其特征是模糊、不精确、不确定。所以许多企业管理中的不确定性就深藏在大脑这种管理工具加工的材料的特性中。只有改变这些输入大脑的材料，让它们具有数据化的、精确的、可度量的特征，经过处理后输出的才有可能是精确的、可衡量的。

管理软件的应用意味着管理模式的变革，意味着凭经验、凭感情、凭感觉来进行的管理将让位于凭数据来进行管理，人们互相沟通、交流的内容将由大量的数据构成，人们思维的元素也将以数据为主，关注的焦点也将是各种数据化了的指标，而不仅仅是现场，当然不是说感性的管理、对人和物的现场控制就不需要了，而是在整个管理内容的构成上，数据化的内容将占到较高的比例，而情感管理则处在一种辅助的位置上，人对人和物的现场控制成为了许多数据的来源，同时也是实现各种数据化指令的途径。

采用模具制造信息化的生产管理系统可以为企业提供共享的、一致的、忠实的进程监控平台。在信息化系统中，通过项目计划与进程监控，可以对模具的整个生命周期，即从确定订单到模型设计、原材料采购、加工生产、首次试模一直到模具修改并按时交货的整个周期，进行实时管理。处在生产一线的管理人员可以直接在该系统中反馈模具生产的实际进度，系统忠实地监控该项目进程的每一个任务，当某一控制点出现延期时，系统会自动发出报警邮件给相关人员，以便及早发现并予以解决。而且，对于一些关键任务，还可以让系统提前预警，以使有关人员及早准备和安排。而且模具制造企业推广信息化在提高其生产率、降低生产成本以及提高产品品质等方面有着意想不到的收益。

① 现代管理理论　现代管理理论出现于20世纪70年代，它是继科学管理、行为科学和管理科学的三个阶段后产生的最新的管理理论，是科学管理、行为科学和管理科学进化后有着不同的特征产物。现代管理的发展主要有以下五个方面：

a. 管理内涵的进一步拓展，是更重视人的管理、市场与顾客等问题，管理的内容不仅限于成本的降低、产出的增加，管理的核心在于正确、迅速的决策。

b. 管理的手段自动化。

c. 更加科学的管理方法。现代管理传统的有效管理方法，融合现代科学技术，都是现代管理方法的新发展。

d. 多样化发展的管理组织。现代企业需要接收和处理大量信息，需要迅速找到解决问题的方案，计算机与网络技术使现代管理在管理手段方面的研究与使用有了突破性进展。

e. 管理体系有着不同的形式，并没有一个可以适合一切企业的管理体系，企业要根据现代管理的基本法则结合自己企业的特点，创造性地形成企业自己的管理特色。

② 企业信息化管理　企业信息化是一个系统的工程，包括了人员、计算机、网络及硬件、数据库、系统通用或应用软件、设备等，企业信息化涉及企业各个部门，如生产、运营、生产制造、管理等。信息技术、现代管理技术、自动化与制造技术作为企业信息化的技术基础，通过收集、加工、传输、更新、维护及存储信息，实现产品的设计、制造和管理的

信息化、智能化和数字化，进而提高企业的竞争力。

企业信息化管理系统的确立可分为外购通用企业资源计划（enterprise resource planning，ERP）软件和自主开发软件。两者的不同体现在：

a. 外购软件主要的工作是前期实施时，需要对应软件的功能梳理企业流程，对企业的作业流程影响大，实施阻力较大。自主开发的软件可以根据工厂实际情况进行开发，在合理的范围里进行流程的优化，实施过程受阻较小。

b. 系统运行管理过程中，外购软件在软件或数据方面，需要额外收费，运行与维护费用成本高。而对于自主开发软件，开发人员可兼职日常维护工作，运维成本相对低。

c. 随着企业发展，系统需要扩展功能时，外购软件的二次开发需要另外收费且费时，自主开发软件可随时根据需求进行开发更新，成本低且效率高。

企业信息化管理系统中的信息资源管理包括信息管理、技术管理及人员管理。在资源管理的过程中，保证了企业信息化的技术经验的积累、人员技能的提升，使企业的信息化得到不断的完善与补充。

在企业信息化管理过程中，运用现代的信息技术和资源，实现对生产、管理和运营流程的全面更新，重新组合资源，把企业的资金流、信息流和物流进行合理集成，达到提升信息化管理能力，及时为管理者提供相关数据，提高管理水平，最终将提升企业的经济效益与市场竞争力。

管理信息系统的主要功能包括在管理过程中对有需要的信息进行收集、处理、存储、管理、传输及系统本身的维护管理等。采集信息就是要确定管理系统里的数据来源的收集方式、格式及检验方式。信息通过制订的方案进行处理后，可以形成统一的信息形式，完成各种统计汇总工作。信息的存储就是要对系统的信息进行存储管理。当系统依托的组织部门非常庞大的时候，需要存储的信息量很大，可以借助合适的介质进行存储，如硬盘、光盘等。管理信息是对数据的组织、编码、权限、定义等进行有效的管理。在信息化时代，信息的传输依靠互联网技术已经大大提高了信息传输的数量与速度。在我国把信息化管理的发展分成以下几个阶段，但并不是每个企业都会经历这些阶段，在实施信息化的过程中，可以略过某些阶段。

企业信息化管理的初级阶段，是指企业使用计算机进行一些简单的信息处理，计算机只应用在少数工作节点，信息化的基础建设和使用水平比较低，对现代信息技术的认识层次低，工作中的参与度较低。

企业信息化管理的中级阶段，包括信息化集成与成熟使用。这个阶段，企业已经意识到信息的重要性，利用互联网及现代信息技术让企业的管理与生产有了改变与提升，进而通过完善的信息化基础设施，把企业的人力资源、生产管理、成本等各方面的信息进行集成，进入到 ERP 阶段。在这个阶段，企业的信息化水平已经比较高，应用水平与管理人员的使用能力都提高。

企业信息化管理的高级阶段，指的是企业利用互联网，供应链管理、销售管理等全面参与的阶段。这个阶段，企业的信息化基础设施比较完备并得到充分应用，企业的信息化进入到全社会甚至全球化的发展阶段。

9.1.2 模具制造并行工程

生产管理系统的主要计划对整个生产计划起着指导性和承上启下的作用。对于进行单件生产的模具来说，其生产过程主要包括从接受订单后拿出的概念设计，到最终进行试模合格交货的许多活动细致环节。管理系统的整个主要计划的内容也就是为了确定模具生产的各个活动环节的作业时间和作业工序。而在整个过程中，不同的活动环节既能是串行的，也能是并行的。而在当前市场上，客户对模具交货时间的要求也越来越短，这样串行方式就很难满足交货期短、质量高的要求。对于那些工艺比较复杂的模具制件，每个不同的环节活动基本上都要需要“团队协作”。但是串行工作方式的这种信息传递通常都是“单通道”“单向”的，会造成信息交互、资源共享不够及时和充分，在技术层面上的衔接可能也不够合理和顺利，这不仅会影响模具产品的质量，有时候还会造成返工等，会延长模具的生产周期、降低模具企业的信用。所以，并行设计技术在模具企业生产管理系统中的实施是非常必要的，这就要求设计人员在开发模具企业管理系统时要充分考虑各个不同阶段的并行性。

具体点来说，模具生产过程本身就是个并行的过程。其最终的目的都是提高质量、降低成本、缩短开发周期以及产品最终的上市时间，这和模具企业的整个绩效目标是高度统一的。并行工程技术在实现以上这些目标时，主要通过设计质量改进，可使早期生产中工程变更次数减少50％以上；产品设计和相关过程的并行设计，可使产品开发周期缩短40％～60％；设计及其制造过程并行设计，可使制造成本降低30％～40％。并行工程技术主要有以下几方面的特点：

① 综合考虑模具生产的后续过程。并行设计主要强调的是在产品设计时能尽早综合考虑到生命周期中所有的过程，只有在一开始宏观掌控了这些信息，才能减少修改和返工的次数，进而缩短产品的交货时间和最终上市时间。

② 并行设计技术还强调产品设计和工艺过程设计、生产技术准备、采购、生产等不同阶段的活动并行实行。

③ 并行设计技术要求模具企业能尽早开始模具生产。由于它比较强调不同活动之间的相互并行交叉，因此它要求设计和制造人员能学会在信息不是非常完备的情况下就开始预估并进行工作，来缩短开发周期。

④ 并行工程强调系统集成和整体的最终优化。因为对系统的评价并不是对某一个部分进行性能评价，而是对整个系统进行全局的优化评价，是以整体最终的成果来对整个开发过程进行定论。

在模具的开发制造过程中，设计所占的时间相当长，约达到整个开发周期的1/3。要缩短模具的开发周期，设计过程必须并行进行。面向制造的设计（Design for Manufacture, DFM）是并行设计中的一项重要内容。其目的在于能够在设计的早期阶段就考虑与制造相关的问题，以减少设计错误和尽早发现设计错误，以便缩短产品开发周期和降低成本。设计组提出模具总体结构设计方案的CAD模型，并对设计方案做CAE模流分析。而数控编程的验证则是通过CAD模型来设计并仿真走刀过程，以避免刀具干涉，保证加工型面的正确性。这样便在一定意义上实现了模具设计制造的CAD/CAM/CAE的集成。同时，通过计算机可以在模具生产管理系统中查询各种制造资源的负荷，使得在做工艺设计时就可以考虑相关制造资源的约束，这样就尽可能地保证了设计方案的可行性，一定程度上实现了模具DFM。

模具订单是陆续随机到达的，因此企业就需要针对每一份订单编制相应的生产进度计划。更进一步，在模具开发的不同阶段，随着对该套模具特性的进一步细化，要对生产进度计划由粗到细多次进行制订和修改。企业在接到用户的询价和订货意向之后，需要对用户提出的模具进行成本估计和交货期估计，并进行产品报价。

这时，企业销售部门与有关的项目组，通过会商的方式，共同分析合同模具的技术性能、结构形式、复杂程度、制造材料及有关配套件的构成情况。然后根据过去生产同类模具的经验，估算该模具的设计工作量、关键工件的加工工作量及装配试模的工作量，从而粗略地确定模具的设计周期、制造周期、交货日期、模具报价等。

在合同正式签订之后，企业将根据合同要求，逐步编制正式的模具进度计划。根据模具的特点，项目组必须确定模具并行制造过程网络规划管理图的网络拓扑结构。根据以往的经验和历史数据，估计和安排各制造阶段所需的时间。其中包括安排结构和零件设计、工艺设计、数控编程、模架采购和粗加工等可并行执行的工作，即制订模具开发项目规划方案。然后以可开工日期为基准，以推动的方式顺排，同时根据当前的生产负荷情况，进行适当调整，确定各阶段的开工时间和完工时间。如果订货决策正确，合同的计划完工期应小于合同的交货期，即制订模具开发项目调度方案。

制订前面两个阶段的模具生产进度计划，主要依据同类模具的历史资料。由于模具制造的特殊性，计划与实际情况有一定的出入。在模具设计过程基本完成之后，项目组可以根据模具的物料清单（Bill of Material，BOM）和主要零部件的加工工艺，对上述项目计划中未执行的部分进行适当修正，同时滚动编制相应的零件进度计划和工序进度计划。

在安排零件生产时，不是一套模具全部设计完毕之后才安排相应的生产计划，而是一旦某个零部件设计完毕，就对该零部件安排对应的生产计划。各项目组按照各自承担的模具订单任务，提交有关的零件加工要求。此时从生产车间的全局出发，需要解决并行执行的多个项目如何共享有限的关键资源问题。针对这样一个动态资源调配问题，一般采用优先级指标排队的原则，对每个项目进行关键资源的协调配置。

在工艺规划阶段，针对许多加工工序，一般将非关键资源分配给优先级较低的任务，来减少资源冲突，分散资源负荷，达到减少瓶颈资源压力的目的。根据项目网络计划中总装开始时间，按照装配顺序，考虑装配提前期偏置，项目组能够确定每个零件的交货期。由零件进度计划、工艺路线卡和额定工时，通过优化排序，项目组能够确定每个零件上的每道加工工序的开工期。车间调度员可以调用工序冲突检测模块，检查工序间的紧前约束关系；还可以用加工能力验证模块，检查工作中心的工序能力与负荷。工序进度计划一般采用双日滚动制，即每日根据当天的计划执行情况，修正第二天的计划，同时考虑到工装准备等问题，计划向前再延伸一天。

车间调度员根据各工序的工时定额来安排制订车间作业计划。但是，由于模具没有样件的试制过程，他就无法准确估计各工序的工时定额，只能根据以往的经验编制作业计划，所以计划与实施经常出现进度差异是不可避免的。

要使生产在总体上按计划进行，生产监控是解决这些问题的必要手段。首先，车间监控系统需要不断反馈各项订单当前的执行状况，预报其可能的完工期，如有必要，还必须提出特定的误工警告；其次，针对生产过程中出现的主要问题，车间监控系统与项目组还要采取急件插入、任务转移、加班外协等方法来动态地调整工序进度计划。如果通过这些必要的手段还无法满足零件的交货期，项目组则通过调整零件进度计划，进而调整模具网络规划，甚至与客户进行协商以便重新调整交货期。监控过程中的另一个重要问题是成套性控制和前后工序的相互有机衔接。要解决这一问题，调度员可以通过在线监视各工序的完工情况，并根据各工序的先后顺序约束，实时调整各工序的开始时间，同时在线动态地进行制造资源的分配。

模具质量管理是由用户参与的多层次质量管理系统。在模具报价与合同订单的签订时，企业就需要与用户协商确定产品图，以及有关的技术要求；在进行模具结构设计、详细设计、工艺设计等阶段中，企业均需要与用户进行协调；在最终产品的验收过程中，企业还需要用户的大力合作。模具的质量管理涉及模具报价、客户订货、模具设计、模具制造，以及售后服务等模具产品生命的全过程，并且是在并行设计、并行加工以及过程信息经常变动和更改的情况下进行的。

9.2 模具企业的生产管理

9.2.1 模具生产管理业务内容

模具生产的业务内容一般主要有以下几个方面：业务谈判、制订计划、模具设计、物料准备、生产任务下达、加工工艺设计、模具制造及模具交付与维护。

(1) 业务谈判

首先客户要向模具生产企业提出模具设计要求。模具企业根据客户提供的产品图、产品模型或者是产品文字描述等这些技术资料，对模具生产进行报价，并确定订单的交货期。双方如果就模具的价格、交货时间、付款的方式条款等达成一致意见后，便可以签订订购合同。在合同谈判的同时，模具企业相关的技术部门一般与客户会对标准、材料、配置等技术方面的具体要求进行沟通，最终必须要形成相关的技术协议文件，作为双方签订的合同的一个重要组成部分。

(2) 制订计划

在这个阶段中，主要是模具生产管理企业要根据自身的一些生产特点和具体的订单数目及实际要求，来确定出订单生产过程中的几个主要阶段，比如说设计、关键加工点、零部件、材料的具体采购等这些主要计划的完成时间。

(3) 模具设计

模具企业的相关技术部门一般先要根据客户提供的产品资料，形成模具的初步整体设计方案。双方共同确定方案后，设计人员进行初步的模具装配图的设计，设计出来的结果通常还需要和客户进行进一步的沟通、优化和确认。

初步出来的装配图得到客户和模具企业上级设计人员的确认后，就要进行模具的详细设计。最后根据装配图的具体文字描述进行物料清单的编写，并将设计图纸以及物料清单发送到模具企业中的相应部门。

(4) 物料准备

这个阶段主要是由物料部门对物料清单来进行审核的，根据库存多少来进行判断决策是否需要外购，如果需要，必须要按流程来报详细的采购计划和采购合同等。

(5) 生产任务下达

模具企业的技术设计部门在即将完成模具设计的时候，通常要向企业中的相关生产部门下达生产任务。

(6) 加工工艺设计

模具的设计图纸下发之后，技术部门的工艺人员就要对模具的具体加工工序进行工艺设计，编写工艺卡。

(7) 模具制造

这个阶段是模具加工过程中一个关键的阶段，一旦在加工过程中出现了问题，对模具的加工精度以及最终的交货期都会产生非常严重的影响。

模具零部件完成加工并通过质检后，模具企业生产部门的钳工组就对模具进行装配，一般在这个时候会暴露很多设计、制造的问题，这些方面的缺陷可能会影响模具的装配和运动，设计人员和加工人员需要进行相应的修配和改进处理。顺利装配完成后要进行简单的试模检验，在试模这个阶段暴露出来的问题同样需要修复，直到满足客户的需求为止。

(8) 模具交付与维护

一般情况下，试模后的第一件样件要交给客户进行验收。样件经客户验收合格后，基本上就可以进行模具交付，进入售后服务阶段和后期维护阶段。

9.2.2 模具制造企业组织架构与制度建设

(1) 组织构架与工作细则

① 设计部　主要负责前期评估（Early Supplier Involve，ESI）、模具设计、与客户进行信息沟通等，也可以对报价提供技术支持等。如果产品单一，周期短的模具，可做标准件，像压块、耐磨片、限位柱、撑头、斜导柱等甚至前后模与行位也可设计成标准零件，大大加快新模具的制造周期。

② 制造部　主要负责各加工设备和工段的生产调配，工序可以协调互相交叉进行，让加工工段可以保持全面通畅，让阻塞工序及时转到下道工序进行，可以大大减少各小组之间的来回协调，缩短互相沟通的时间，使模具能及时投入生产，保证模具质量与交期。

③ 装配部　装配部负责模具装配、试模、修模、模具保养的执行。

④ 计划与工艺组　制订生产计划，跟进生产进度。包括制订零件工时、统计模具成本、零件加工的工艺编排等。

上述 4 个部门是技术相关的核心部门，当然一个模具企业还必须有各种行政职能部门才能保证企业的正常运营。

(2) 制造车间的部门划分及职责

① CAM 编程组　CAM 编程在模具生产中起着至关重要的作用，编程员编制的数控加工程序合理与否，直接影响模具制造的周期。另外，若企业对某一数控编程软件进行二次开发，编程员统一使用，建立刀具库，对参数进行统一设置，无需调整过多的参数，可减少手工输入加工参数的烦琐和错误，提高编程工作效率和提高 CNC 机床加工效率、提高加工精度、至少可节约 1/4 左右的人力，并且可使机床的使用效率提高。

② CNC 加工组　CNC 加工组是模具制造的重要部门，其加工品质和效率直接关系到模具成败。此小组需要由硬件资源、操机人员、生产技术流程、部门规范等几部分软硬件有效结合，使生产品质和效率完全满足生产要求。

采用自动刀库来装夹刀具进行工件加工，可有效节省换刀时间、降低刀具误差。

采用局域网信息传输模式，便于管理、节省硬件成本。

采用快速装夹的 EROWA 或者 3R 夹具系统，与电火花机同步使用，所有电极也无需对刀定位，直接调用编程程序即可加工，所有零件加工，操作员所需要做的是装夹工件与调用编程程式，所有程式的加工进给速度由编程程序来控制，为了规范和统一加工的速度，防止操作员对机床加工速度控制的随意性，要求操作员将机床的进给旋钮开关打到100%即可，然后由机床自动换刀，自动加工，加工完成只需查看工件是否合格，然后清理干净，下机即可。

③ EDM组 电火花放电加工（EDM）在模具制造车间有着举足轻重的地位。

同样，若采用EROWA或者3R快速装夹定位，并开发自动放电系统，所有电极，包括斜浇口电极放电加工，均不用碰刀定位，不用输入任何放电参数，只要在机床里面输入电极编号，即可进行全自动放电加工。这样，每台机每天可节约2小时左右的装夹时间，而且还可以避免因手动输入放电参数出现错误而导致的工件出错。

④ EDW组 在模具行业当中，线切割（EDW）是不可缺少的组成部分，由原来的快走丝发展成现在的精密慢走丝。线割需要配置多款零件快速装夹的夹具，能有效地提高装夹时间，减少零件对丝时间，节约人工成本，加工非精密零件可以使用中走丝机床进行粗加工，如镶件、滑块、斜顶等，中走丝粗加工的时间是快走丝的2倍，加工精密零件，可以使用慢走丝机床加工，但成本会比中走丝高。

⑤ 常规机械加工组 车床主要用于加工外形、内孔及螺纹、圆形材料加工。铣床主要用于加工顶针孔、螺孔、运水孔、弹簧孔、攻牙以及模具组件外形粗加工。磨床主要用于模具组件外形的精加工，可以进行各种高硬、超硬材料的加工。

⑥ 模具装配组 装配是继所有加工都完成后的最后一道工艺，在整个模具制造中处在关键重要位置。装配操作属手工作业，要求做到思路清晰、手工细致。拿到工件装配之前要先检查，每一处胶位、清角位、装配位置有没有遗漏或出错。

⑦ 模具TE组 测试工程（Test Engineering，TE）组主要对试模结果进行分析，并对出现的问题提出修模方案。修模方案非常关键，有些模具厂的TE专业能力不强，导致修模频繁。一次修模的成本少则千元，多则几千近万元，而修模过多也是一个模具厂不盈利的主要原因之一。

⑧ 工艺计划组 计划关系到整个模具的进度管控与交期达成，工艺直接影响模具的精度与效率，以及最终模具产品的品质。每一种零件都有不同的加工方式，需要结合加工成本、操作难易、工时效率来全面考虑，合理安排工艺流程。计划组需要列出模具制造详细的进度表，包括设计、备料、出图、标准件、散件、模芯、镶件、斜顶、滑块、压块、耐磨片等的详细加工过程。

(3) 生产线场管理

① 机床设备 深入了解每台机床的性能及操作方法，为每台机制订《机床操作使用指导书》，以使技工合理有效使用机床。整理日常生产中常见故障及处理方法，汇集制订《常见故障及处理方法》，培训所有操作技工。按照机床厂家的相关建议及结合实际情况，为机床的耗材使用及日常保养制订《机床维护保养程序》，确保机床有稳定的加工精度。

② 工装刀具

a. 工量具管理：对校表、分中棒、卡尺、对刀器、电子检测头、正弦台等工量具做《工具使用保养指导书》，确保所有技工都可以正确使用、精心保养，对异常损坏者按制度规范处罚。

b. 夹具管理：对圆铁、方铁、垫块等夹具做定期磨床处理，并做尺寸变更记录，保证其精度。虎钳、吸盘、EROWA夹具等做《夹具使用保养指导书》，让每位工人都可以熟练装夹。

c. 刀具管理：为保证加工精度，控制加工成本。将刀头、筒夹、刀把、刀具、刀片集中统一管理，粗、中、精以及车间、库存分开存放。定期做刀具盘点、清算和采购申请。对新入刀具的使用做评估记录，了解不同类型的刀具加工不同材质的特性，合理使用刀具，在保证品质效率的前提下降低刀具成本。

③ 电脑系统　在公司局域网中构建局域网，对主管、文员、编程师、传输电脑设置不同的访问权限。对不同职位的电脑按工作性质装机，只安装工作相关软件，杜绝用公司资源做与工作无关的事情。对文档做统一命名管理，制定《文档管理规范》。

④ 车间环境5S管理　5S管理是指整理（Seiri）、整顿（Seiton）、清扫（Seiso）、清洁（Seiketsu）和素养（Shitsuke）。好的工作环境才可以做出好的东西，制订卫生值勤表及区域划分，做好现场环境的5S管理，才可以保持赏心悦目的工作环境，才可以生产出好的东西。

⑤ 生产现场　将区域划分并将标示出来，机床设备区、装夹区域、待加工区、已完成区、刀具柜、通道等区域文字标示，并将整洁整理工作责任到人，制定《车间5S管理规范》。推行透明化管理，将日常生产计划、生产编排、生产总结、品质效率等内容公布在车间公告栏，形成良好的工作氛围。

⑥ 人员管理　再好的硬件资源也需要人去操作和完成，人的素质直接关系到设备使用效率的高低以及产品质量的好坏。品质及效率主要由硬件装备、流程、技工的素质、生产管理等决定。而工人的素质又是重中之重，其素质直接影响到工件品质的好坏、效率的高低。

⑦ 制度规范　有了一流的硬件系统和优秀的人员，还需要合理的制度规范来引导大家，形成一个公平、积极、富有朝气的工作氛围。

9.3 模具设计制造的非技术因素

近几十年工业得到了迅速发展，但同时，工业的发展也给环境带来了很多的负面影响，人们逐渐意识到工业的发展对环境、社会的影响。因此，在我们在确定成型制件结构、模具设计方案、制造工艺方案时，要充分考虑社会、健康、安全、法律、文化以及环境等非技术因素。

设计制件结构或进行模具设计时，为了让设计的制件和模具对社会、健康、安全、法律、文化以及环境的不良影响降到最低，学者们提出了绿色设计的设计理念，并很快得到了设计人员的认可。绿色设计（Green Design），也被称作可持续设计、生态设计、针对环境的设计等。绿色设计是在环境保护观念和可持续发展理念的基础上，在明确产品生命周期时考虑双重属性，也就是环境属性（比如可回收、可反复运用等）和基础属性（比如功能、生命周期等）的一种产品现代设计模式。

绿色模具是在绿色设计理念下提出的概念，是指在设计模具的初期就融入绿色设计理念，以模具环境属性为宗旨，就材料、使用寿命、加工工艺、报废回收等方面衡量模具对生态环境可能造成的影响而设计出的模具。从具体设计内容上来看，主要分为制件设计、模具设计、模具制造几个方面。

（1）制件绿色设计

设计制件时，要根据制件的使用性能和外观要求从制件的使用性能、力学性能、美学要求、成型工艺性、模具设计和制造的经济性等多方面进行考虑才能设计出完美的制件。

制件的外观极大地影响人们对制件的第一印象，外观主要包括塑件是否透明，塑件的原色和可染色性，塑件的表面粗糙度、光亮度，是否具有良好的光学性能等。制件的造型设计应遵循一定美学法则，比如采用对比与协调、概括与简单、对称与平衡等手法，对制品的外观、形状、图案及其相互间的配合进行设计。在造型设计中还要体现环境和时代的需求，是人们在使用该制品时有一种美的享受，同时在使用时感到方便、安全、舒适、可靠。

作为一名产品设计师，要尽可能多地了解模具设计相关方面的知识，使得设计出的产品尽量适合采用模具的生产工艺进行，尽可能降低产品的制造成本。同时，产品设计师要和模具设计师保持良好的沟通，以降低模具的加工制造难度和成本。

在制件的选材方面，选材一定要符合国家规定，不能对环境造成污染。目前，国家出台了相关的法律法规来约束企业在生产过程中的行为，以达到保护环境，促进人与自然和谐发展。例如：《生产者责任延伸制度推行方案》《食品国家标准、食品接触材料及制品通用安全要求》《先期产品质量策划与控制计划》《中华人民共和国产品质量法》《潜在失效形式与影响分析》《废塑料综合利用行业规范条件》《中华人民共和国环境保护法》《中华人民共和国专利法》等。

(2) 模具绿色设计

① 绿色模具整体设计。关于模具整体设计，主要遵循可拆卸、可重复利用的目的和原则。比如对于易损的模具零部件，为了便于检修和维护，采取针对产品维修的设计，因此在设计过程中大多选用可拆卸的镶拼结构，防止拆解时只能采取破坏式拆卸，还要避免使用铆接、焊接等连接形式。

② 模具设计规范化、标准化。随着模具行业的飞速发展，行业内的各项标准也在不断地完善。基于确保模具零部件的通用性、可互换等目标，零部件设计要采用标准通用零部件，且尽量系列化等。采用标准模架或者模具标准件，在一定程度上降低了材料的浪费，减轻了能源的消耗，避免单个工厂加工生产单个产品的情况。由某一公司专门生产，其他公司购买使用，节省了制造时间，避免了资源浪费。

③ 模具选材。绿色材料是绿色模具的另一主要内容，是绿色制造的基础前提，涵盖内容较多，比如绿色材料生产、选择、加工、管控等。和普通机械零部件不同，模具是用于制造机械产品的工具，使用过程中基本处在高压、高温状态，并且模具还要具备寿命长、耐损耗、耐腐蚀等特征，因此在模具绿色材料选择方面，除了要考虑材料的经济性和可行性之外，还要衡量模具的绿色环保。一般而言，关于模具绿色材料的选用，要遵守环境协调原则，即 3R1D 原则，也就是减量化（Reduce)、重复利用（Reuse)、循环使用（Recycle）和可降解（Degradable)。就企业材料管控而言，要制订完善的绿色采购方案，多选购有绿色环保安全标志的材料，从社会职责角度出发充分和有效运用材料。

④ 绿色模具设计。在模具设计阶段，不仅要考虑模具的绿色结构、绿色材料，还要重视先进绿色技术的引入和运用。比如，关于塑料模具制造可采取热流道技术，以杜绝料头的额外产生，避免对料头的粉碎、回收等二次处理，可有效节约塑料原料，简化人员、工艺和设备。除此之外，模具制造企业还要重视 CAX 平台的构建，实现电子化工作，集成模具设计、制造和管控等模块，从而加强工作效率和减少产品研发周期。

(3) 模具绿色制造

从宏观角度而言，绿色制造涉及范围较广，涵盖内容较多。这里所讲的绿色制造是模具制造加工过程中采取的制造工艺和生产工序对资源和环境影响最小的制造模式。所谓的绿色模具，不只是代表绿色模具产品本身，还强调模具零部件制造过程的绿色程度，而绿色制造是绿色模具的重要前提。

根据模具零部件精细程度高、表层质量好、材料硬度大、结构复杂异构等特点，使其加工制造过程和普通机械零部件有所不同，比如线切割、磨削、数控铣等加工技术已普遍运用在模具制造之中，而上述传统加工技术都是湿式加工，也就是要采用切削液，该液体的随意排放会污染自然环境和损害人体健康；关于模具电加工，电极材料的消耗会导致资源减少，模具成型时排出的油雾会造成空气污染，提高社会上呼吸疾病和皮肤病的发生率等，由此可见，关于模具零部件的绿色制造，还需加强对新制造技术和生产工艺的研究。当前，模具制造业比较有效的绿色制造技术有如下几种：

① 洁净处理技术　即在加工制造时，尽量少用或不用切削液，采取干切削、绿色切削等方式，从源头上杜绝切削液污染生态环境，促进加工制造工艺由原先的大量使用切削液转变为无切削液、绿色切削等，实现高效切削、节能环保、绿色安全的目的。如今，国外已采用干切削、干铣削等加工技术，国内也有许多专家学者已投入研究。

② 高速切削技术　其主要应用于模具制造行业。模具型腔采用的材料硬度较高，因而往往采取电加工方式，然而这种方式效率不高且伴有电极资源损耗，高速切削的切割效率较高且表层质量较好，切削硬度高达60HRC，由此可见，将高速切削取代传统电加工，可提升切削效率，减少电极能源消耗，降低制造成本。

③ 虚拟制造技术　其在模具生产制造前期预测产品功能和可能产生问题，是仿真模拟、模型构建和数据分析技术和工具的集中运用。比如冲压模具中拉深工艺的仿真分析、塑料模具中模流的分析等，借助虚拟制造技术预测产品性能，及时解决相关问题，减少能源损耗，降低生产成本，缩短产品研发周期。

④ 生产降噪技术　生产设备的生产过程中产生的噪声会对环境、人员健康等造成污染。机械生产车间，尤其是冲压车间的噪声污染非常严重，对工作人员的身体健康造成非常大的威胁，所以，在进行模具设计加工的时候要对产生噪声的因素加以控制，甚至达到消除效果，比如采用有减振器的无冲击模架等。

本章小结

本章以模具制造全过程涉及的内容为主线，讲解了模具制造管理的基本内容、模具制造管理理念和信息化管理等内容，并对模具企业的组织构架进行简单介绍，并在此基础上对模具生产管理做了详细介绍，最后对模具设计制造过程中的非技术因素做了简单介绍。通过本章的学习，学生可以对模具企业的运作模式、机构组成、生产流程等有一个框架式的认识，能够对模具生产管理有一个基本的认识，能够意识到信息化管理对模具企业生产运营的重要性，能够在模具设计制造过程中充分考虑社会、健康、安全、法律、文化以及环境等非技术因素。

知识类题目

1. 模具制造全过程包括哪些内容？
2. 模具制造生产管理有哪些内容？
3. 如何看待信息化管理对模具企业的重要性？

4. 模具设计制造过程中如何利用并行工程技术提高生产效率？

5. 模具生产的业务内容一般主要有哪几个方面？

6. 模具企业一般有哪几个技术相关的核心部门？

7. 模具制造车间一般由哪几个部门组成？

8. 模具生产现场管理主要包括哪几方面的管理？

9. 什么是绿色设计？什么是绿色模具？

10. 谈谈你在进行模具设计制造过程中如何考虑社会、健康、安全、法律、文化以及环境等非技术因素。

参考文献

[1] 田普建，葛正浩. 现代模具制造技术［M］. 北京：化学工业出版社，2018.
[2] 田普建，葛正浩. 模具装配、调试与维护［M］. 北京：化学工业出版社，2017.
[3] 许发樾. 模具制造工艺与装备［M］. 第2版. 北京：机械工业出版社，2015.
[4] 许发樾. 实用模具设计与制造手册［M］. 北京：机械工业出版社，2001.
[5] 林承全. 模具制造技术［M］. 北京：清华大学出版社，2010.
[6] 宋满仓. 模具制造工艺［M］. 第2版. 北京：电子工业出版社，2015.
[7] 郑家贤. 冲压模具设计实用手册［M］. 北京：机械工业出版社，2007.
[8] 杨金凤，黄亮. 模具制造工艺［M］. 北京：机械工业出版社，2017.
[9] 黄毅宏，李明辉. 模具制造工艺［M］. 北京：机械工业出版社，2011.
[10] 李云程. 模具制造工艺学［M］. 第2版. 北京：机械工业出版社，2018.
[11] 陈锡栋，周小玉. 实用模具技术手册［M］. 北京：机械工业出版社，2002.
[12] 骆志斌. 模具工实用技术手册［M］. 南京：江苏科学技术出版社，2000.
[13] 刘国良，张景黎. 模具数控加工实训教程［M］. 北京：化学工业出版社，2010.
[14] 邱言龙. 模具钳工实用技术手册［M］. 第2版. 北京：中国电力出版社，2018.
[15] 模具实用技术丛书编委会. 模具制造工艺装备及应用［M］. 北京：机械工业出版社，2002.
[16] 模具实用技术丛书编委会. 模具精饰加工及表面强化技术［M］. 北京：机械工业出版社，2002.
[17] 祁红志. 模具制造工艺［M］. 第2版. 北京：化学工业出版社，2015.
[18] 成虹. 模具制造技术［M］. 第2版. 北京：机械工业出版社，2019.
[19] 模具制造手册编写组. 模具制造手册［M］. 北京：机械工业出版社，2003.
[20] 赵世友，郭施霖. 模具装配与调试［M］. 北京：北京大学出版社，2016.
[21] 李玉青. 特种加工技术［M］. 北京：机械工业出版社，2014.
[22] 模具实用技术丛书编委会. 模具材料与使用寿命［M］. 北京：机械工业出版社，2006.
[23] 刘铁石. 模具装配、调试、维修与检验［M］. 北京：电子工业出版社，2012.
[24] 朱磊. 模具装配、调试与维修［M］. 北京：机械工业出版社，2012.
[25] 莫健华. 快速成形及快速制模［M］. 北京：电子工业出版社，2006.
[26] 淮遵科，王建军. 模具制作与装配技术［M］. 北京：机械工业出版社，2013.
[27] 周跃华、李健平、周玲. 模具装配与维修技术［M］. 北京：机械工业出版社，2012.
[28] 王广春，赵国群. 快速成型与快速模具制造技术及其应用［M］. 第3版. 北京：机械工业出版社，2019.
[29] 赵华. 模具设计与制造［M］. 第3版. 北京：电子工业出版社，2016.
[30] 李奇. 模具材料及热处理［M］. 第3版. 北京：北京理工大学出版社，2012.
[31] 杨华. 精益生产管理实战手册［M］. 北京：化学工业出版社，2018.
[32] 邬献国. 模具生产管理［M］. 北京：电子工业出版社，2012.

参考文献